主编 李仰斌

村镇供水工程设计100例

水利部农村饮水安全中心
扬　州　大　学　编

黄河水利出版社
·郑州·

内容提要

本书汇集了近年来全国各地农村饮水安全工程规划设计工作的最新成果，着重介绍了100例不同地区、不同水源、不同规模和不同类型工程的先进设计理念，采用的工艺、技术和设备选型，以及所取得的社会效益和经济效益，并对工程布置、结构设计、工艺流程等以图示形式进行举例说明。书中提出的技术数据和结论，对确定农村饮水工程规模、科学论证水源、合理布局和选择适宜水处理工艺等，具有较强的针对性，可供村镇供水工程规划设计工作者借鉴和参考。

图书在版编目(CIP)数据

村镇供水工程设计100例／李仰斌主编.—郑州：
黄河水利出版社，2008.11
ISBN 978-7-80734-537-4

Ⅰ.村…　Ⅱ.李…　Ⅲ.农村给水-给水工程-工程设计-图集　Ⅳ.S277.7-64

中国版本图书馆CIP数据核字(2008)第179253号

策划组稿：马广州　电话：0371-66023343　E-mail:magz@yahoo.cn

出 版 社:黄河水利出版社
地址:河南省郑州市金水路11号　邮政编码:450003
发行单位:黄河水利出版社
发行部电话：0371-66026940、66020550、66028024、66022620(传真)
E-mail：hhslcbs@126.com
承印单位:河南省瑞光印务股份有限公司
开本:890 mm×1 240 mm　1／16
印张:24
字数:401千字　印数:1—4 100
版次:2008年11月第1版　印次:2008年11月第1次印刷

定价:96.00元

《村镇供水工程设计 100 例》编委会

主　编： 李仰斌

副主编： 程吉林　张汉松　何　莲

主要编写人员：

梁　敏　秦　莹　张　艳　荣　光

刘昆鹏　蔡　勇　汤建熙　王滇红

周健康　蒋晓红　鲁梦江　叶亚玲

张　健

序

我国人口众多，水资源相对短缺，受自然和经济社会条件制约，我国农村居民饮水不安全问题仍非常突出。

党中央、国务院高度重视农村饮水安全问题。胡锦涛总书记对解决好农村饮水安全问题做过多次重要批示，并在2005年全国人口资源环境座谈会上，明确提出要把“切实保护好饮用水源，让群众喝上放心水”作为首要任务。温家宝总理在政府工作报告中提出了“让人民群众喝上干净的水、呼吸清新的空气，有更好的工作和生活环境”的工作目标。2006年8月，国务院常务会议审议通过《全国农村饮水安全工程“十一五”规划》时决定，力争用十年时间基本解决全国3.2亿农村人口的饮水安全问题，其中“十一五”期间计划投资655亿元用于解决全国1.6亿农村人口的饮水安全问题，兴建15万处集中供水工程和52万处分散供水工程。

实施农村饮水安全工程深受广大农民群众的欢迎和拥护，被誉为“德政工程”、“民心工程”。各级党委和政府高度重视，各级水利部门认真组织饮水工程建设，在工程规划、设计和实施过程中，积累了许多好的经验和做法。集中整理、全面分析、深入总结这些好的经验和成功做法，对于指导和推动今后的农村饮水安全工作，确保工程建得成、用得起、管得好和长受益，有着十分重要的意义。为此，水利部农村饮水安全中心、扬州大学联合组织专家，在对各地前期规划设计工作调查研究的基础上，编写了《村镇供水工程设计100例》。

该书吸收了近年来各地农村饮水安全工程规划设计工作的最新成果，着重介绍了100例不同地区、不同水源、不同规模和不同类型工程的先进设计理念，采用的工艺、技术和设备选型，以及所取得的社会效益和经济效益。书中提出的技术数据和结论，对确定农村饮水工程规模、科学论证水源、合理布局和选择适宜水处理工艺等，具有较强的针对性，可供村镇供水工程规划设计借鉴和参考。

我相信，《村镇供水工程设计100例》的出版，能使我们更科学、更有效地借鉴我国农村饮水安全工程已有的经验和教训，不断研究新情况、新问题，掌握工程规划设计的先进理念和要点，及时总结各地通过利用新技术、新工艺、新材料和新设备等优化工程方案，提高工程建设质量和管理水平的新经验，在实践中创作出更多质量优、科技含量高、效益好的工程设计方案，为推动农村饮水安全工作又好又快发展奠定坚实的基础。

水利部农村水利司司长

王晓东

二〇〇八年十月

前　言

水是生命之源。获得安全饮用水是人类的基本需求。解决农民饮用水安全问题，让群众喝上干净、放心的水，有利于保障农民群众身体健康、促进农村经济发展，是广大农民共同的迫切要求，也是建设社会主义新农村的重要内容。近年来，国家加大了解决农村饮水问题的投入，地方各级政府也将该项工作列入重要工作内容之一。

保障农村饮水安全，是一项系统工程，涉及水源保护、水处理技术以及工程建设管理等，并且需要有关行政主管部门、不同行业密切协作。建好管好农村饮水安全工程，科学的工程规划和设计是关键。我国农村地区自然条件、经济发展水平差异大，决定了各地农村供水工程建设不可能采取相同的发展模式。农村饮水安全工程规划设计应因地制宜，结合当地自然、社会、经济、水资源等条件以及村镇发展需要，充分发挥现有水利工程供水潜力，合理利用水资源；应符合国家现行的有关生活饮用水卫生安全规定；应采用适宜技术，力求工程方案经济合理、运行管理简便；有条件的地方，提倡发展适度规模的集中式供水，供水到户。

几十年来，各级水利部门在实施农村饮水解困、农村饮水安全项目工作中，积累了较为丰富的经验和教训，特别是村镇供水工程规划设计的经验、教训更是十分宝贵。对各地工程规划设计经验和教训的归纳、总结，对于进一步提高我国村镇供水工程规划设计水平具有重要的意义。我们组织编写的《村镇供水工程设计 100 例》重点介绍了经过农村长期使用行之有效的村镇供水工程的工程型式、水处理工艺以及技术、设备等，可供基层从事村镇供水工程规划设计的技术人员借鉴和参考。我们希望通过本书的出版为我国农村供水事业的发展作出应有的贡献。

本书获国家“十一五”科技支撑计划重点项目“农村安全供水技术集成与示范”(2006BAD01B09)资助。在编写过程中得到了全国有关省、区、市各级水利部门、科研设计单位的大力支持，提供了宝贵的资料，在此深表感谢！

编　者

2008 年 9 月

目　录

北京市通州区三元水厂

一、自然条件

工程所在地处于永定河、潮白河冲积洪积平原地带，是华北大平原的一部分，地质构造为第四纪沉积物覆盖。由于近代河流泛滥堆积，使得地势近河床高，远河床低，整体是自西北向东南缓慢倾斜，坡降3‰～6‰，该地区属堆积类地貌单元。

气候类型属温带大陆性季风气候。气候受季风影响显著，四季分明，雨量充沛，但时空分布不均。夏季炎热多雨，降雨集中。多年平均降水量617.4 mm，但多集中于汛期。年平均蒸发量为1 815.5 mm，相当于降水量的3倍。

工程所在地属冲积洪积扇末端，表明岩性多为砂黏。土壤地质以沙壤土、黄土、两合土为主。

二、工程概况

三元水厂位于北京市通州区胡各庄三元新村附近，工程于 2002 年竣工投入运行，主要为解决胡各庄辖区内的魏庄、杨庄、霍屯、古城、辛安屯、杨坨、郝家府等7个村庄的居民及周围学校等单位的饮水问题而兴建，工程设计水平年为2001年，设计年限为10年。根据工程所在地实际情况，工程分两期实施，一期规模为3 000 m^3/d，二期规模可达到6 700 m^3/d，将满足供水区范围内1.9万人生活用水要求。该工程总投资1 071.3万元。

三、水源水质与工艺流程

(一)水源水质

工程在三元新区附近开采深层地下水为水源。该地区的主要含水层大多埋藏在地表 20 m 以下，地下水的主要补给来源是大气降水的入渗和地下径流由西北向东南补给。根据胡各庄水管站实地探采情况，该地区深层地下水属于第四系砂卵石层组成的含水层，地层岩性为燕山山脉的山洪冲积物，含水层以中砂含砾、粉砂、细砂等为主，含水层渗透性极强，且地下水质好，无污染，是较为理想的水源地。

(二)工艺流程

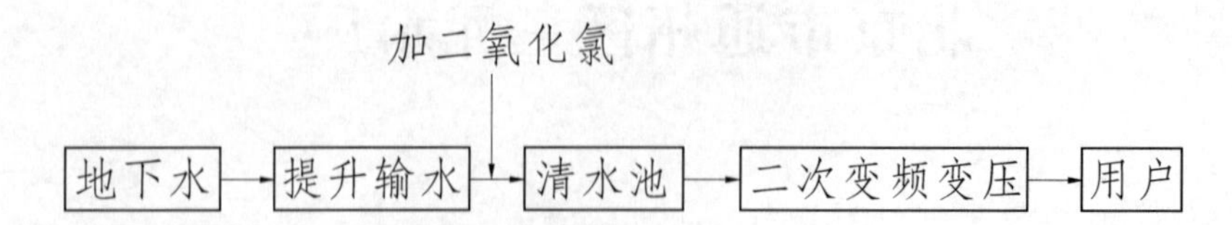

四、工程主要构筑物

工程由水源井工程、净配水厂工程和配水管网工程3个单位工程组成。其中净配水厂工程包括配水泵房及控制室、消毒间、清水池、维修间、车库和仓库等。

五、工程经济效益

该工程近期规模投资646.68万元，远期规模投资424.62万元，总投资1 071.3万元。工程制水成本1.6元/m^3，制水经营成本1.33元/m^3，分析表明，整个项目经济效益良好，经济上可行，具有较高的投资价值。

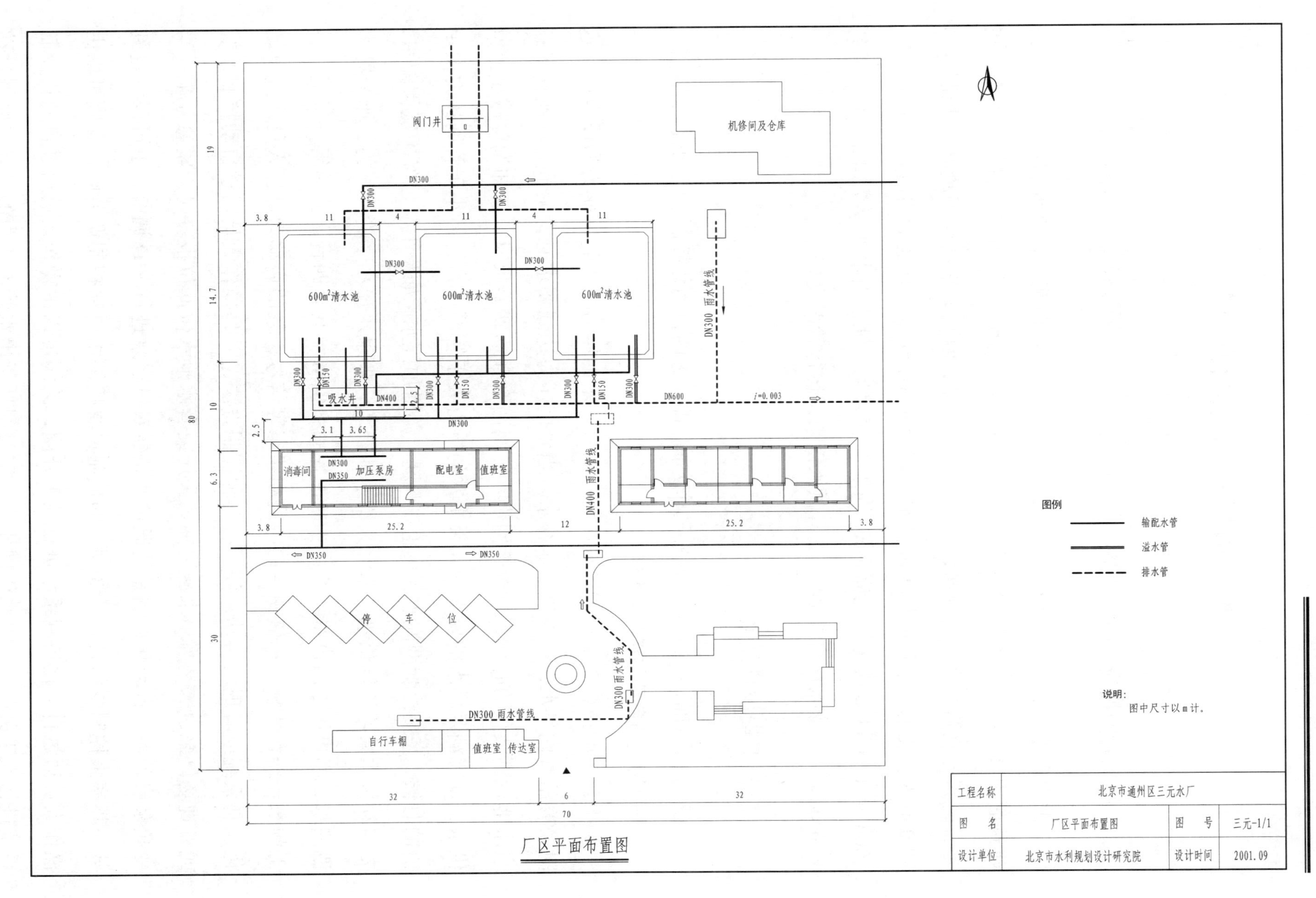
阀门井
机修间及仓库
DN300
DN300
DN300
600m²清水池
600m²清水池
600m²清水池
DN300 雨水管线
吸水井
DN400
DN150
DN600
i=0.003
DN400 雨水管线
消毒间
加压泵房
配电室
值班室
DN300
DN350
DN350
DN350
停
车
位
DN300 雨水管线
DN300 雨水管线
自行车棚
值班室
传达室
19
14.7
10
6.3
30
80
3.8
11
4
11
4
11
2.5
3.1
3.65
2.5
10
3.8
25.2
12
25.2
3.8
32
6
32
70
图例
输配水管
溢水管
排水管
说明:
图中尺寸以m计。
工程名称
北京市通州区三元水厂
图名
厂区平面布置图
图号
三元-1/1
设计单位
北京市水利规划设计研究院
设计时间
2001.09
厂区平面布置图

北京市昌平区北七家水厂

一、工程概况

北七家水厂位于北京市昌平区北七家镇东二旗村西侧，占地面积约 1 hm^2，总建筑面积 1 400 m^2。水厂设计规模 15 000 m^3/d，控制区域 30 km^2(具体的四至范围是：南到七北路，北到温榆河，东到水源九厂路，西到原平西府镇政府)，控制人口 80 000 人。北七家水厂一期工程供水规模为 8 000 m^3/d，于 2002 年 11 月 6 日开工，2004 年 1 月 11 日竣工。工程完成了水厂厂区建设，铺设引水管线 7.1 km、供水管线 12.6 km。北七家水厂自 2004 年 2 月供水以来，运行状况良好。

二、工程设计特点

该工程设计的主要特点体现在两个方面，即先进的自动化控制系统和较低的能耗。

(一)先进的自动化控制系统

工艺功能描述如下：①供水控制：如果来水的压力大于管网压力的设定值，这时一要给管网供水，二要给水池补水。当管网压力达到要求时，调节给水池补水；当水池达到液位的时候，只给管网供水；当两个都达到要求时，通知调度减小上游供水，动态满足供水的要求。如果来水的压力大于管网压力，但小于管网压力设定值的时候，直接给管网配水，并通知调度上游增加配水，如果上游已经不能再配水，要启动供水泵给管网供水，来水只给水池补水；如果水压小于管网压力，则只补水池的水，不再给管网供水。②供水泵的控制：供水泵共有四台，分两组，每组一台工频泵、一台变频泵；监视泵的电流和状态等信号；泵的启动为操作人员通过自动化控制系统或者现场启动；停泵有两种控制方法，一是操作人员通过自动控制系统或者现场停泵，二是当出水压力突然失压或者水池水位低位报警时，紧急停泵；当变频泵启动后，自动化控制系统通过变频器对供水泵进行 PID 调节，也可以设定到某一频率来控制泵的转速。③阀门的控制：直接供水电动控制调节阀，开阀可以由操作人员通过自动化控制系统进行人工开阀，关阀可以由操作人员通过自动化控制系统进行人工关阀，当进水管网压力一定时间低于出水管网压力的时候，此阀自动关闭；水池补水调流阀，开阀可以由操作人员通过自动化控制系统进行人工开阀，关阀可以由操作人员通过自动化控制系统进行人工关阀，当水池水位达到高位报警的时候，此阀自动关闭，系统能够监视阀门的开度。④加氯系统的监视：包括加氯机的开/停状态、加氯机加氯量、加氯机电子秤称重及氯瓶低重报警、加氯机漏氯报警信号、加氯机水射器电动球阀的开/关状态、加氯机水射器水压力信号、加氯机电动蝶阀开/关状态、加氯机采样泵开/关状态、加氯机加压泵开/关状态。⑤配水和供水的计算：通过电磁流量计来实现，其中在配水管线上的电磁流量计计量进水量，在两条出水管线上的电磁流量计计量供水量，两个供水量的和为北七家水厂的总水量。⑥水质参数的监测：对出厂水余氯值进行监测。⑦排水泵的报警监测：液位高报警，泵状态报警。

(二)低能耗

上苑水厂高程在75 m左右，北七家水厂高程在36 m左右，二者地势高差近40 m，因此在一般情况下，上苑水厂的水经水源井泵房提升后可直接给北七家地区供水，无须再进北七家水厂进行补压，大大节省了动力运行费用。

三、水源水质与工艺流程

(一)水源水质

北七家水厂取水水源为地下水，一期工程水源由上游上苑水厂提供。

(二)工艺流程

取水工艺：根据对水源井的化验，取水水源各项理化指标均符合《生活饮用水卫生标准》(GB 5749—85)，只需消毒即可作为饮用水。水厂采用液氯消毒工艺，液氯加注点位于清水池前。

四、工程设计及构筑物

主要建筑物包括二次加压泵房、发电机房、加氯间、管理用房及其他附属设施；构筑物为四座地下式容积为2 000 m^3/座的蓄水池。

五、工程运行及效益分析

北七家水厂建成后，切实担负起了该区域内企事业单位及小区内的生产生活用水供应，保障了人民群众的生活用水，提高了人民群众的健康水平，与此同时，北七家水厂的建设有机地实现了经济效益、社会效益和生态效益的统一。

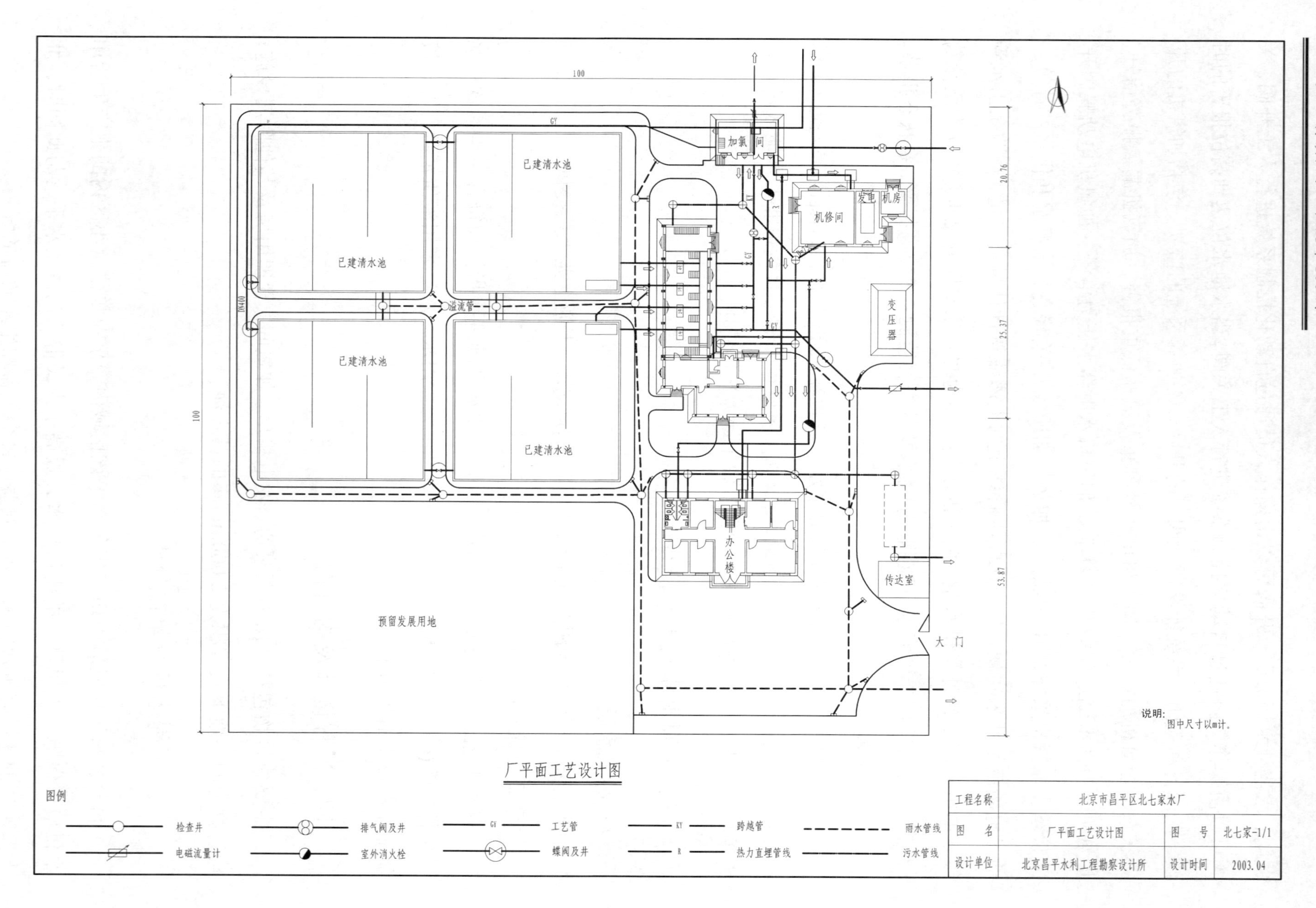
100
100
20.76
25.37
53.87
GY
加氯间
已建清水池
已建清水池
已建清水池
已建清水池
溢流管
DN400
机修间
发电机房
变压器
办公楼
传达室
大门
预留发展用地
说明:
图中尺寸以m计。
厂平面工艺设计图
图例
检查井
电磁流量计
排气阀及井
室外消火栓
工艺管
蝶阀及井
跨越管
热力直埋管线
雨水管线
污水管线
工程名称
北京市昌平区北七家水厂
图名
厂平面工艺设计图
图号
北七家-1/1
设计单位
北京昌平水利工程勘察设计所
设计时间
2003.04

北京市怀柔区雁栖镇饮水工程

一、自然条件

雁栖镇饮水工程位于北京市怀柔区雁栖镇下庄村南，距怀柔县城 6 km，距北京市区 55 km。雁栖镇区域内有怀丰公路、范崎公路穿过，西临京通铁路，交通便利。雁栖镇区的规划范围总面积约 4.5 km^2。

供水区域处于雁栖河、怀沙河冲积洪积扇顶部，属冲积洪积平原一级阶地，由北向南缓慢倾斜，地面高程由北台上的 89.9 m 至陈各庄南降低为 50 m，平均地面坡降约为 7.5‰。

供水区气候类型属于温带半干旱半湿润大陆性季风气候区，其特点是四季分明，春季干旱多风少雨，夏季炎热多雨，秋季天高气爽，冬季干燥寒冷。多年平均气温 12.2 ℃，年最低气温出现在 1 月份，最大冻土层厚度为 0.8～1 m；多年平均无霜期 180～200 d，多年平均降水量为 668.1 mm，降水年内分布不均，汛期 6～9 月降雨占全年降水量的 84.8%。

该区由雁栖河与怀沙河交错冲积沉积而形成的第四系松散沉积层，地质条件良好，适合于工程建设。供水区域属潮白河子流域的怀河支流，主要地表水体为雁栖河。

二、工程概况

该工程于 2004 年建成投产，水源为地下水。工程总投资为 647.84 万元。供水范围涉及规划镇区内雁栖新村、陈各庄、下庄、范各庄 4 个村和周边 49 家企事业单位，现有人口约 10 000 人，大牲畜 1 000 头，耕地约 1 959 亩。

三、工程水源

工程水源选择在下庄村南，怀丰公路与陈各庄之间的农田，凿水源井 3 眼，该水源地地下水含水层由单一的砂卵砾石组成，渗透性、富水性、径流条件良好，是较理想的水源。

四、工程设计和构筑物选型

(一)水源工程

打井 3 眼，其中 1 眼备用，钻井口径 800 mm，井管口径 530 mm，井深约 80 m，井距不小于 300 m，各井之间设ϕ300、ϕ400 的 UPVC 管引至水厂。潜水泵选用 250QJ170–60/3，性能参数为：Q=170 m^3/h，H=60 m，N=45 kW。每眼水井设半地下式泵房一座，面积约 20 m^2，泵房内设有 2 t 的电动葫芦一台。井管出口处依次设压力表、伸缩节、流量计、蝶阀、止回阀、配电设备等。

(二)水厂设计

设置清水池两座，单池容积均为 500 m^3，选取 BTT–400 g 型二氧化氯发生器一台。

配水泵房选用 4 台 BPDL100–40 型水泵，性能参数为：Q=100 m^3/h，H=40 m，N=18.5 kW。为提高效率，降低能耗，选用变频调速设备。配水泵房采用半地下式 Q=100 m^3/h，地下深 2.5 m，地面高 3.5 m，面积约 60 m^2。泵房内设有集水井，井内设 1G16WFB–A 型排污泵一台，性能参数为：Q=1.1 m^3/h，H=6.5 m，N=0.75 kW，并配 2 t 电动葫芦一台。

(三)配水管网

该工程仅铺设配水干管，干管部分到各村口。配水主干管从水厂出来后，铺设树枝状供水干管，干管长约 3 850 m。

五、工程运行及效益分析

经过计算，当平均售水单价为 2.0 元/m^3 时，投资回收期为 8 年，小于行业基准投资回收期 15 年。因此，从财务角度分析，雁栖镇饮水工程方案是可行的，经济效益显著。从工程本身的特点来看，工程的建设有利于城市的发展、人民生活水平的提高，具有良好的国民经济效益。

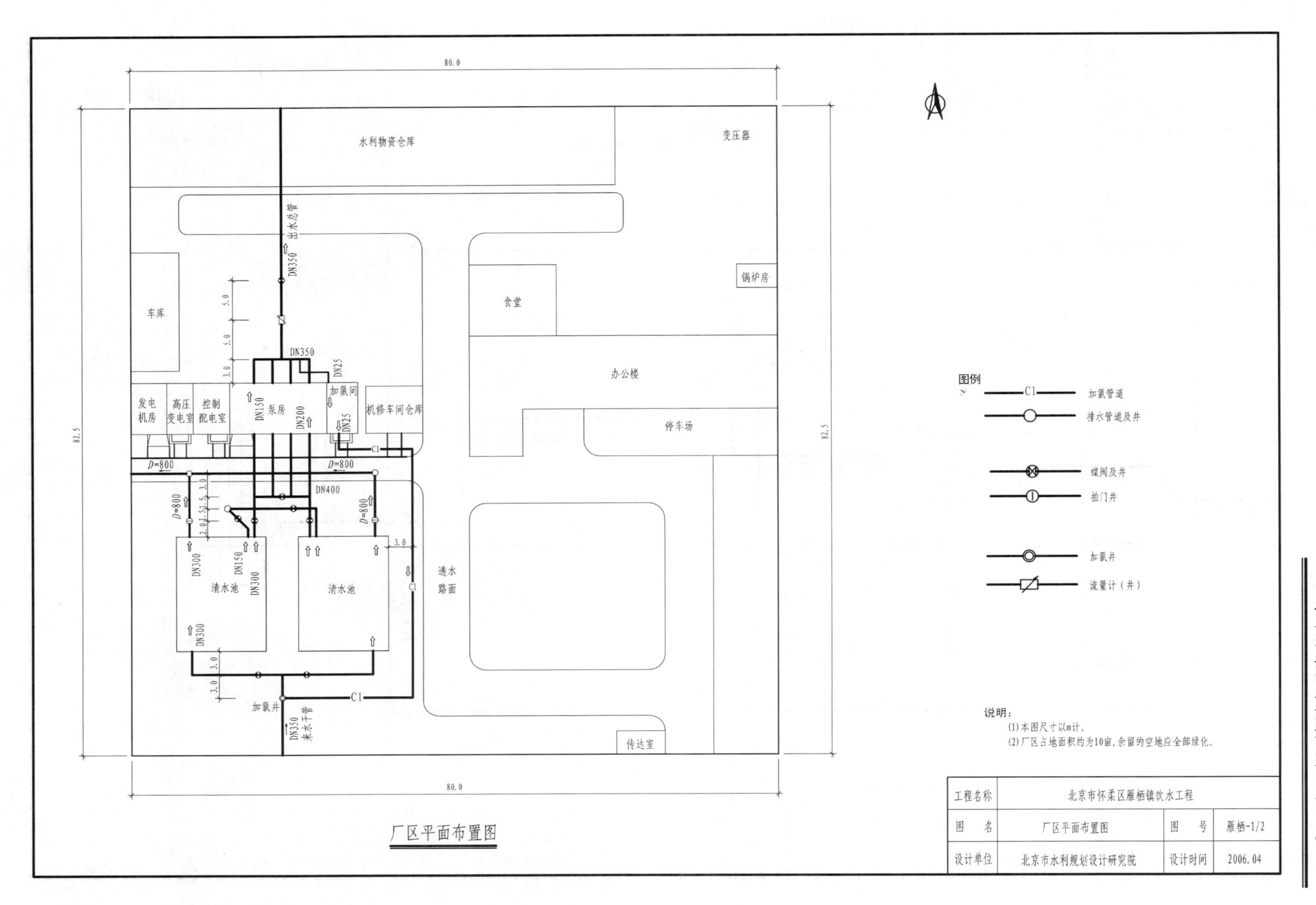
80.0
82.5
水利物资仓库
变压器
出水总管
DN350
锅炉房
车库
食堂
办公楼
DN25
加氯间
发电机房
高压变电室
控制配电室
泵房
DN150
DN200
机修车间仓库
停车场
C1
D=800
DN400
清水池
DN300
透水路面
加氯井
来水干管
传达室
图例
加氯管道
排水管道及井
蝶阀及井
拍门井
加氯井
流量计（井）
说明：
(1)本图尺寸以m计。
(2)厂区占地面积约为10亩，余留的空地应全部绿化。
工程名称 北京市怀柔区雁栖镇饮水工程
图名 厂区平面布置图
图号 雁栖-1/2
设计单位 北京市水利规划设计研究院
设计时间 2006.04

厂区平面布置图

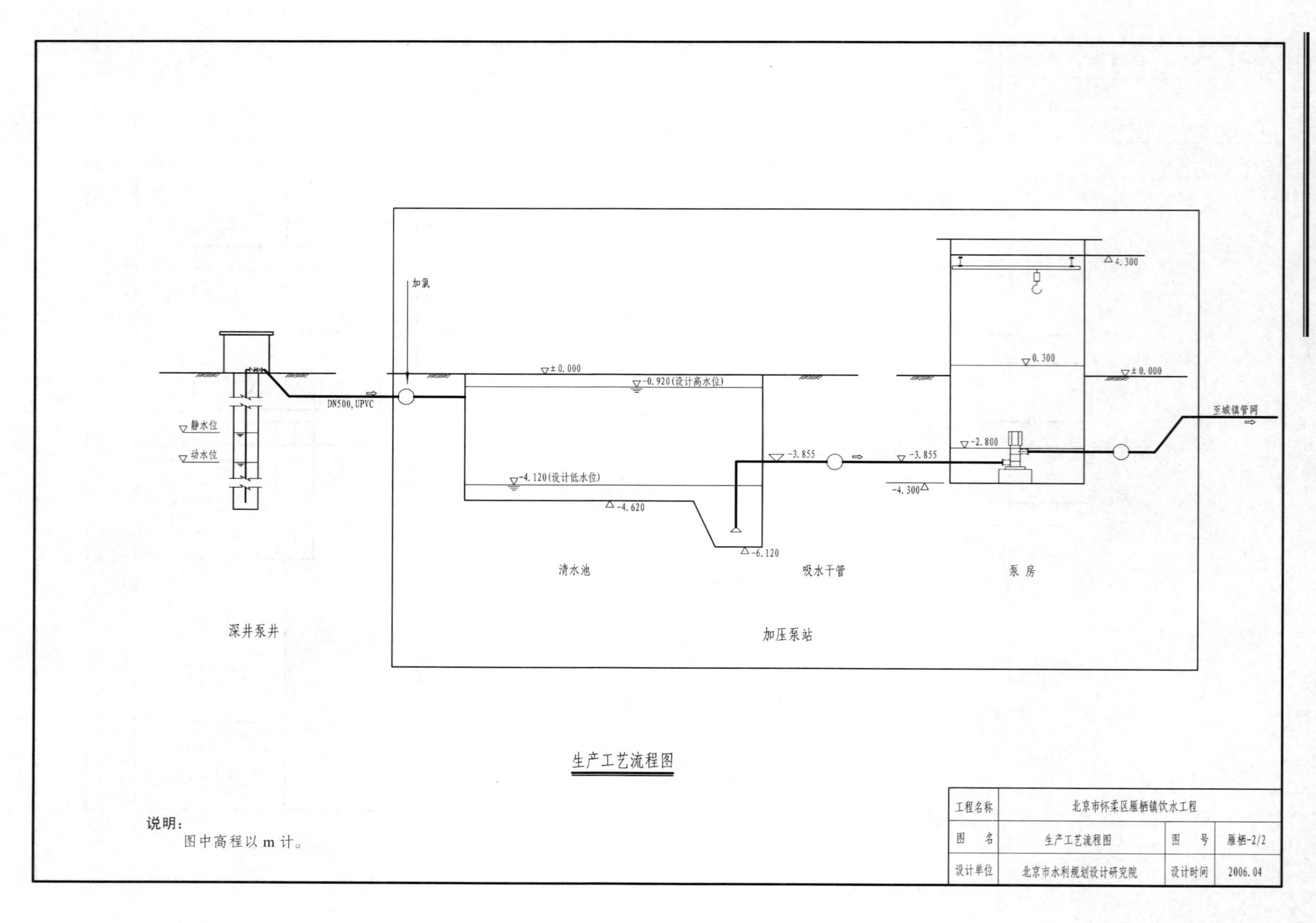

说明：
图中高程以m计。

工程名称	北京市怀柔区雁栖镇饮水工程		
图 名	生产工艺流程图	图 号	雁栖-2/2
设计单位	北京市水利规划设计研究院	设计时间	2006.04

河北省唐山市王辇庄乡饮水工程

一、自然条件

本区属东部季风暖温带半湿润气候，春季干旱少雨，夏季潮湿炎热，多东南风，冬季多偏北风，干燥寒冷。最深冻土层厚度 75 cm。年平均气温 10.5 ℃，最低气温 –24.8 ℃，最高气温 39 ℃。多年平均降水量 648.1 mm，降水多集中在 6 ~ 9 月份，占全年降水量的 80%左右。多年平均蒸发量为 1 812 mm，4 ~ 6 月份蒸发量最大，1 月份最小，陆面蒸发量为 426.7 mm。

项目区地表水不发育，仅有一条石榴河，该河是一条季节性河流，发源于古冶区赵各庄北水峪村，经王辇庄乡、开平镇，在西王盼庄村西入陡河，全长 35.8 km，流域面积 165.4 km²。该河除汇集流域内雨水外，还接收古冶区及开平镇部分工业废水，其水不可以作为该区的饮用水源。

该区地处燕山南麓，地势北高南低，属低山丘陵地形，北部有巍山、高山等，山峰海拔 240.6 m 和 256.4 m。山前地形波状起伏，侵蚀较强，冲沟发育。河谷发育方向大部分为北西—南东向。

二、工程概况

古冶区王辇庄乡饮水工程位于河北省唐山市古冶区境内，共涉及 16 个行政村，东至小古庄，西至小笪庄，南至王辇庄一街，北至东白村。在 16 个村中心地带建一座日供水量 1 370 m³ 的水厂，水厂到各村共铺设输水管道 10 664 m，共解决 1.2 万人农村人畜饮水问题。

工程核定总投资 278 万元。核定工程设计等级为Ⅳ等，主要建筑物为 4 级，设计地震烈度为Ⅶ度。水源井单井出水量 20 m³/h，蓄水池容积 400 m³，管道工作压力为 0.6 MPa，水厂日供水量为 1 370 m³。批准建设工期 2003 年 3 月 15 日开工，至 2003 年 12 月 30 日竣工。

三、水源水质与工艺流程

(一)水源水质

根据卫生防疫站检测结果，项目区地下水资源的各项指标均符合《生活饮用水卫生标准》(GB 5749—85)，可作为生活饮用水水源。

(二)工艺流程

水源井→潜水泵→清水池→加压水泵→消毒室→输配水管网→各村用户

四、工程设计及主要构筑物

(一)水源井

根据日需水 1 370 m^3 的要求及当地水文地质条件，拟布水源井三眼，其中备用一眼，依次从南向北布设，最南端 1 号井为探采结合孔，已成井，出水量为 20 m^3/h。3 号、4 号井也已成井，出水量都为 65 m^3/h，此两眼井作为供水水源。

(二)清水池

清水池的结构尺寸为 7.8 m×7.8 m×3.5 m，两个清水池蓄水量为 2×200 m^3，为柱式钢筋混凝土箱型结构，两池相距 3 m，由ϕ300 连通管相连，中间设闸阀和阀门井。由于水源井的含沙量微乎其微，不再设沉沙装置。清水池顶及池壁均覆盖 500 mm 土层用于保温。

(三)加压设备

装机 250QJ80–60 潜水泵 5 台，用 4 备 1，最大供水能力为 320 m^3/h，扬程为 60 m。为了减少占地，潜水泵直接安装在清水池中。4 台潜水泵的出水管分别汇入分水器，后由配水管线送至各村。

(四)厂房与办公室

厂区建一层房屋一排，建筑规模为 5.6 m×27.8 m，设有调度室、消毒室、办公室、锅炉房、仓库及厨房。

(五)输配水管网

水源地取水到清水池，经泵加压到 16 个自然村。输配水管材均采用 UPVC 管，配水管径分别为ϕ250 mm，ϕ200 mm，ϕ160 mm，ϕ125 mm，ϕ110 mm，ϕ90 mm，ϕ75 mm 不等。在穿越沟、坑采用倒虹吸工程时，管线与水平方向的交角(锐角)控制在 40°以内，沿线适当位置布设排水阀、自动排气阀、闸阀、减压阀和水表。管线埋深为管径的上壁距地表不小于 0.8 m。根据当地的地质条件，直接埋设基底，原土回填夯实，密实度达到 90%。

五、工程效益分析

工程建设期间，工程运用情况良好，发挥了应有的效益，保证了古冶区王辇庄乡 16 个村人畜饮水。

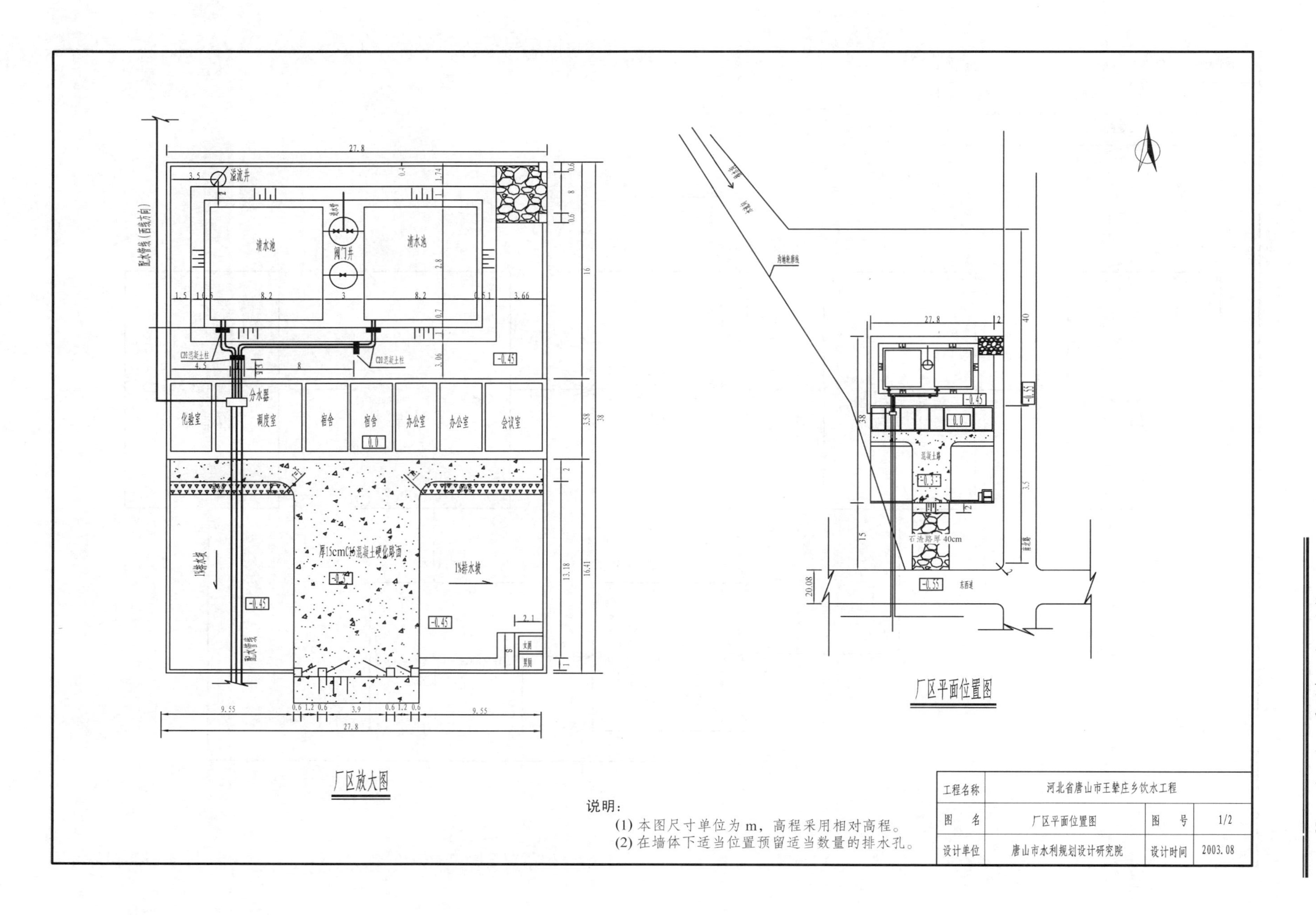
溢流井
清水池
阀门井
清水池
分水器
化验室
调度室
宿舍
宿舍
办公室
办公室
会议室
厚15cmC15混凝土硬化路面
1%排水坡
1%排水坡
厂区放大图
石渣路厚40cm
东西道
厂区平面位置图
工程名称 河北省唐山市王辇庄乡饮水工程
图名 厂区平面位置图
图号 1/2
设计单位 唐山市水利规划设计研究院
设计时间 2003.08
说明:
(1) 本图尺寸单位为m，高程采用相对高程。
(2) 在墙体下适当位置预留适当数量的排水孔。

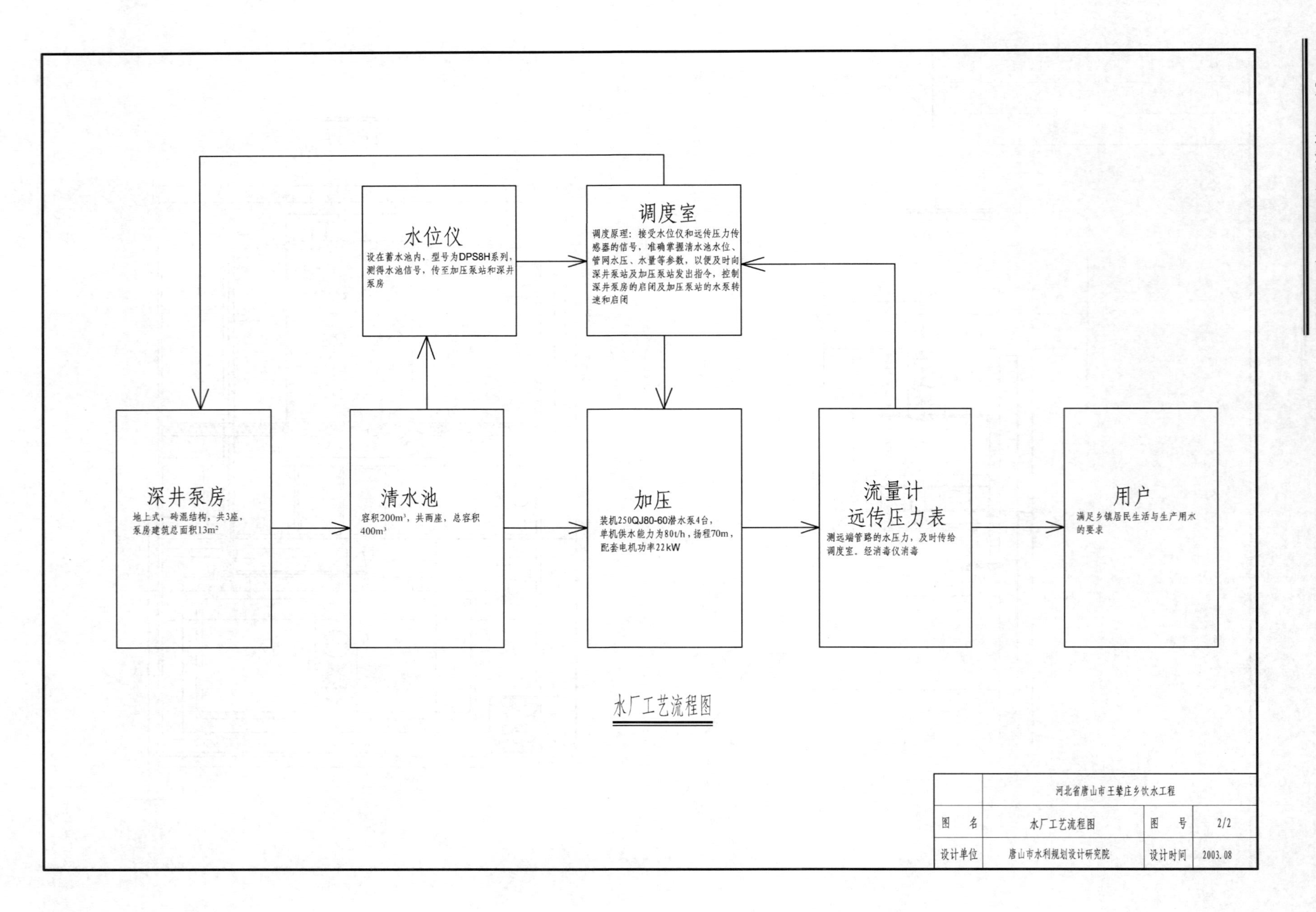
深井泵房
地上式，砖混结构，共3座，泵房建筑总面积13m²
清水池
容积200m³，共两座，总容积400m³
水位仪
设在蓄水池内，型号为DPS8H系列，测得水池信号，传至加压泵站和深井泵房
调度室
调度原理：接受水位仪和远传压力传感器的信号，准确掌握清水池水位、管网水压、水量等参数，以便及时向深井泵站及加压泵站发出指令，控制深井泵房的启闭及加压泵站的水泵转速和启闭
加压
装机250QJ80-60潜水泵4台，单机供水能力为80t/h，扬程70m，配套电机功率22kW
流量计
远传压力表
测远端管路的水压力，及时传给调度室，经消毒仪消毒
用户
满足乡镇居民生活与生产用水的要求
水厂工艺流程图
河北省唐山市王辇庄乡饮水工程
图 名
水厂工艺流程图
图 号
2/2
设计单位
唐山市水利规划设计研究院
设计时间
2003.08

河北省遵化市芦子峪村饮水工程

一、自然条件

该区位于燕山南部，属丘陵山区。测区东西两侧有大面积基岩出露。地形总趋势为北高南低，地下水来源为大气降水补给，流向由东北向西南。测区内为震旦系中下统地层碳酸性盐类石灰岩，由西北向东南有一较明显构造破碎带。该岩层普遍发育岩溶裂隙，储存有较丰富的岩溶裂隙水和裂隙岩溶水。测区的基岩地下水主要由一个径流导水带补给。该构造破碎带由西北向东南通过山前断裂的局部透水部位补给测区。该断裂规模较大，破碎带最大宽度达 50 m，布在该破碎带上的机井，出水量达 25 m^3/h。

二、工程概况

芦子峪村隶属河北省遵化市地北头镇西峪村，现有 80 户，273 口人，大牲畜 39 头，猪 80 头，鸡 7 628 只。该村地处深山区，外出买菜不便，有庭院种菜习惯，全村共有庭院蔬菜 4 亩。该村地处石灰岩地区，为北高南低的狭长沟谷，沟谷东西两侧为陡坡，地形起伏变化十分复杂，房屋坐落分散凌乱，最大高差 27 m。

根据《给排水管道设计与施工》、《农村自来水》等资料，取平均日用水量标准：农户 50 L/(人·d)、大牲畜 50 L/(头·d)、猪 30 L/(头·d)、鸡 0.5 L/(只·d)。取日变化系数 K_d=2，则上述人畜禽最高日用水量标准：农户 100 L/(人·d)、大牲畜 100 L/(头·d)、猪 60 L/(头·d)、鸡 1 L/(只·d)。庭院蔬菜灌水定额按 60 m^3/亩，轮灌周期为 10 d，则日用水量标准为 60×1 000/10=6 000 L/(亩 · d)。

三、工程自来水系统流程

水源井 → 水泵 → 变频器 → 管网 → 户外集中式水表池 → 入户

四、工程主要构筑物及设备的设计

(一)泵房设计

泵房建于井口上，设计长 3.6 m、宽 3.6 m，墙体采用 24 cm 厚砖砌，上盖采用

C20 钢筋混凝土浇筑，预留天窗，并设置吊装梁，以便起吊水泵设备。室内安装变频开关及管首闸阀控制设备。

(二)分水器及水表池的设计

按照用水户的分布状况，于户外 4 ~ 7 户设一分水器，在分水器上焊有进出水管丝头。分户及进水管均以球阀控制，并安装活接头以便拆装，在分户球阀后边安装水表，并建水表池防护。

水表池净长 0.9 m、宽 0.6 m、深 1 m，高出地面 0.2 m，墙宽 0.08 m，采用 C15 混凝土浇筑成型，池上口安装铁框，并加铁板盖，加锁保护。

(三)用户水龙头防冻设计

该村冬季冻层 80 cm，冬季院内水龙头极易发生水管冻害而停水。采用措施是用户立水管砌砖池防护，在进户立水管底部进水口处安装一个球阀，底弯头与球阀之间安装一个三通，三通侧口安装一个水嘴。冬季使用时，夜间将底部球阀关闭，打开底侧水嘴，将立水管内残留水排空，以达到立水管及地下龙头防冻的目的。

(四)变频调速装置

变频供水设备按用户要求，先设定供水压力值，然后通电运行。压力传感器检测管网压力，并将其转变为电信号送编程控制器，经分析处理后将信号传至变频器来控制水泵运行。当用水量增加时，其输出电压及频率升高，水泵转速升高，出水量增加；当用水量减少时，使管网压力维持设定压力值，既保障了向管网恒压供水，又节省了能源。

五、工程效益分析

(一)社会效益

该工程切实解决了项目村农民的饮水困难问题，真正实现了水质达标、水量充足、用水方便的安全饮水，提高了项目村群众的生活质量，改善了群众的生产生活条件，促进了经济快速发展和农民增收，对农民生活质量的提高及生态环境的改善发挥了重要作用。

(二)经济效益

饮水工程的修建使农民从繁重的挑水、背水劳动中解放出来，集中精力投入到农业、工副业生产中。农户还利用饮水工程的多余水源，积极发展养殖业、种植业，搞庭院经济，拓宽了致富门路，促进了农村经济的发展。

饮水工程建成后，人们饮用了优质水，改善了生活条件，传染病发病率明显下降，减少医药费开支 5 460 元，节省劳动力效益 39 858 元，庭院经济收入 15 600 元。工程的建成降低了取水成本，并根据运行成本合理制定水价，计量收取水费，用于工程的运行和维护，达到饮水工程的良性循环。

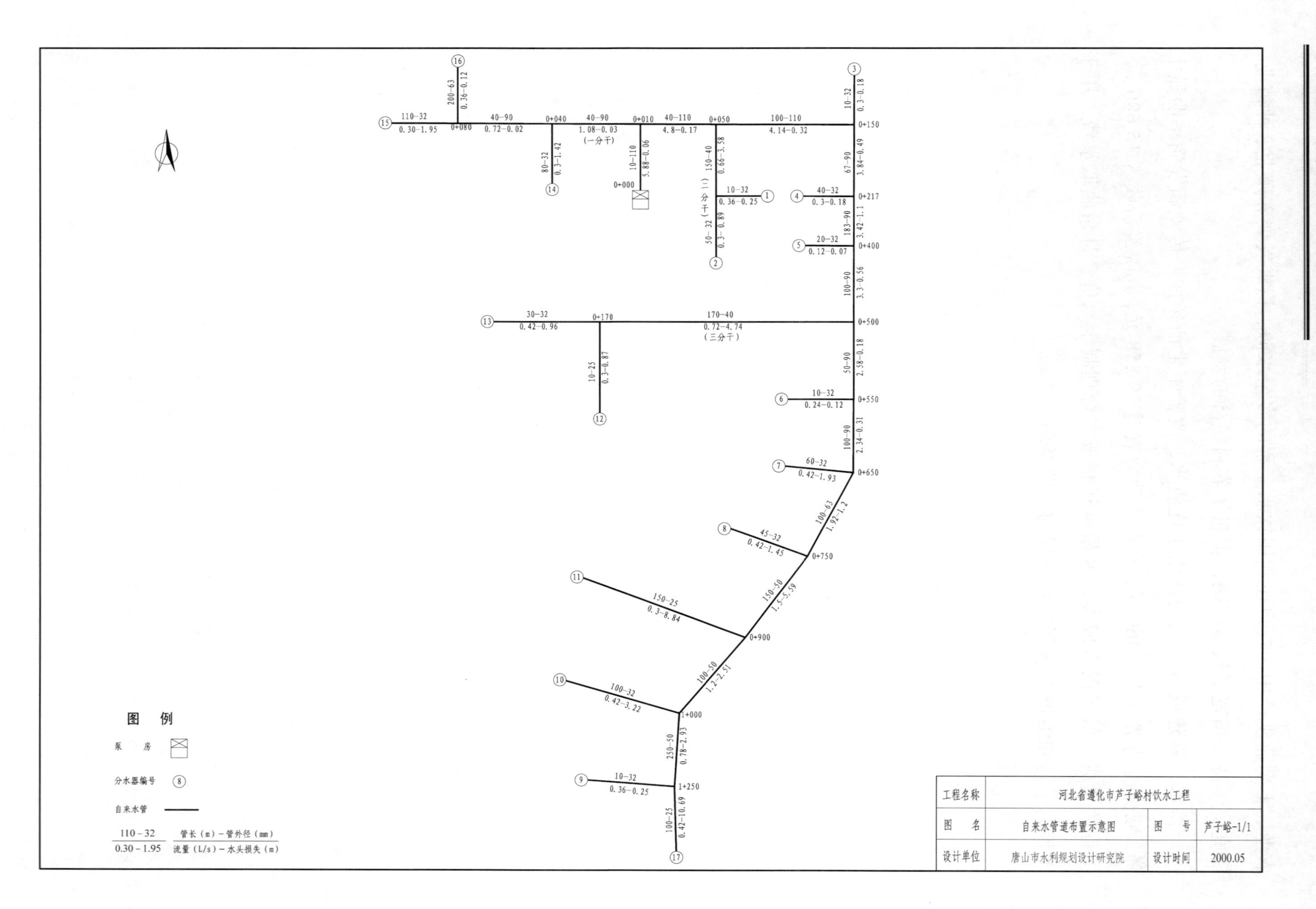

图例
泵房
分水器编号
自来水管
110－32 管长(m)－管外径(mm)
0.30－1.95 流量(L/s)－水头损失(m)
工程名称
河北省遵化市芦子峪村饮水工程
图名
自来水管道布置示意图
图号
芦子峪-1/1
设计单位
唐山市水利规划设计研究院
设计时间
2000.05

河北省青龙县青龙镇前庄村饮水工程

一、工程概况

前庄村位于河北省青龙县城东部，距县城 1.5 km，隶属青龙镇。经工程技术人员实地考察，符合人畜饮水解困标准，全村现有 1 700 人饮水困难，被列为二期二批人畜饮水解困项目村。该工程按 15 年进行设计，供水规模为 170 m^3/d，供水服务人口为 2 033 人。工程共铺设管路 52 300m，建设水源井 1 眼、泵房 1 间，设置阀门井 26 眼、分水井 1 眼。

工程决算总投资 81.2 万元。

二、工程设计特点

该工程设计特点是利用变频设备代替高位水池供水，实现了泵房操作无人化管理，减少了土建工程量，大大缩短了工期。与传统泵站相比，缩短主输水管路 400 m，可节约投资 0.8 万元，节约水池管路占地 200 m^2。

三、水源水质与工艺流程

(一)水源水质

该工程的水源为浅层地下水。经卫生防疫部门化验，该水源的水质较好，满足供水水源要求。

(二)工艺流程

浅层地下水 → 大口井 → 水泵 → 变频设备 → 管网 → 用户

四、工程效益分析

(一)社会效益

该项目实施后，能有效解决前庄村群众的饮水困难，提高农民生活质量，促进该区早日脱贫致富，加快农村经济发展。农民饮用卫生水，能够降低各种肠道疾病的发病率，部分传染病也随之消失。农村居住环境得到很大改善，达到了申报文明村的要求，为实现县域经济快速发展和推动社会主义新农村建设奠定了基础。因此，就取得社会效益方面，与同行业解困项目工程相比较效益更明显。

(二)经济效益

由于前庄村与县城邻近，具有优越的地理位置，处在特殊的经济环境中，尤其是采用变频设备，使工艺流程更加先进。在节约医药费、取水工日上，增收节支差距不大，可忽略不计，其差距在于受益人口规模的不同而产生的经济效益差异。综合各方面，经济效益十分显著。

(三)环境效益

前庄村通水后，环境卫生状况得到了明显改善，街道变得干干净净，人们精神面貌焕然一新，环保意识增强了，环境效益可观。

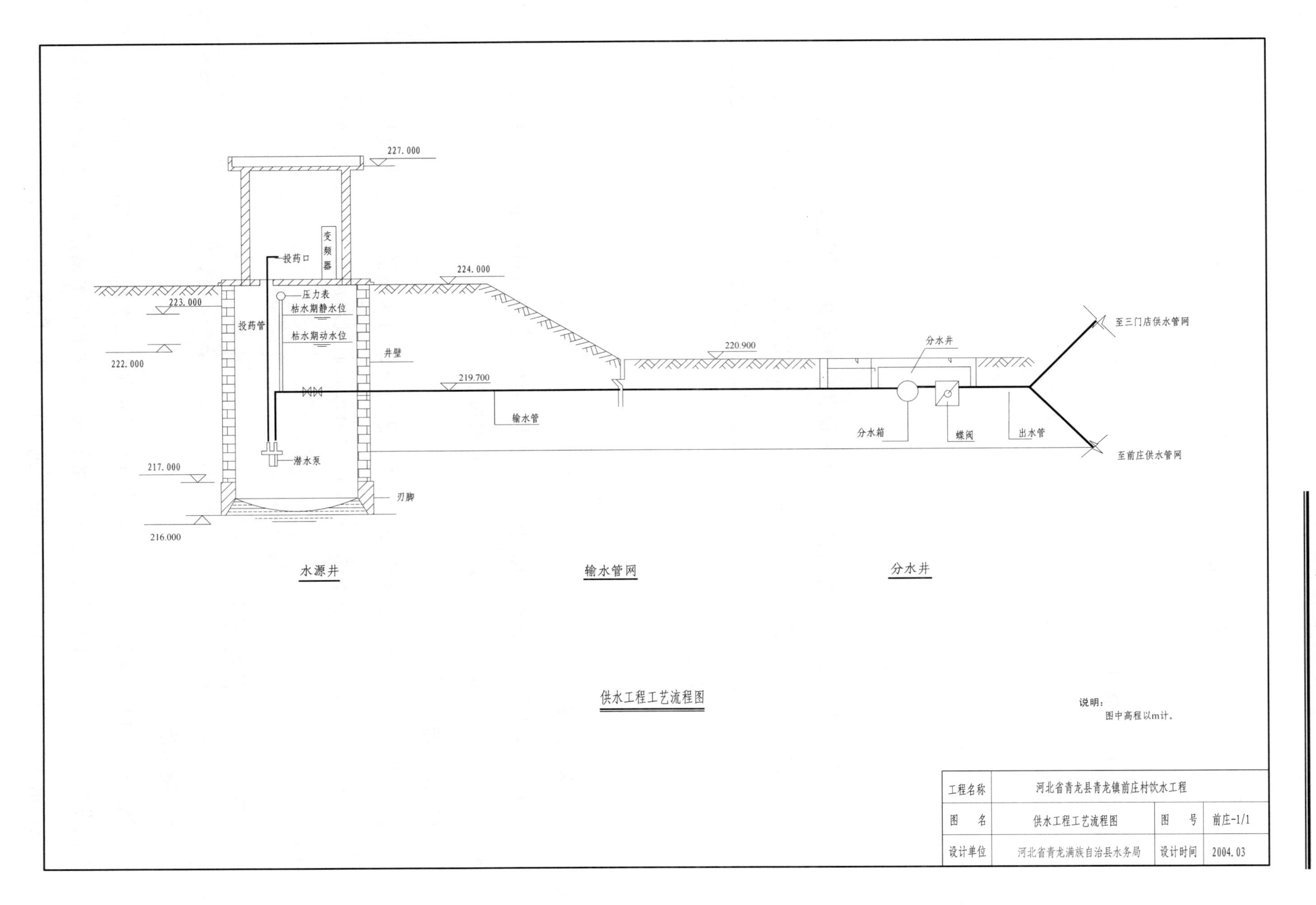

工程名称	河北省青龙县青龙镇前庄村饮水工程		
图　名	供水工程工艺流程图	图　号	前庄-1/1
设计单位	河北省青龙满族自治县水务局	设计时间	2004.03

河北省易县流井乡饮水工程

一、自然条件

项目区位于河北省易县流井乡乡政府所在地，属温带大陆性季风气候，气候温和，四季分明，多年平均气温 11.9 ℃，多年平均降水量 622 mm，最大冻土厚度 90 cm，地震烈度Ⅶ度。

二、工程概况

该供水项目涉及到 6 个行政村，包括东流井、西流井、北流井、南流井、流井半道、李家坟村，位于县城北部，距县城 10 km，北依太行山脉，地形特点北高南低。有 2 021 户，8 086 人，大牲畜 929 头，猪 2 200 头，羊 1 212 只。总面积 2.32 km^2。村中有京广西线经过，交通便利。

三、水源水质与工艺流程

(一)水源水质

选用水源地含水层为震旦纪白云岩含水层，经县防疫站对此处同一水系的成井水进行水质化验分析，水质良好，满足供水水源要求。

(二)工艺流程

工程水源为地下水，水质良好，处理工艺简单，用深井泵将水从水源井提升，以压力输水管道送入水厂清水池，加氯混合消毒后通过自流方式送入配水管网供给用户使用。

四、工程主要构筑物

(一)清水池

清水池为 12 m×4.2 m、深 3.5 m 的矩形钢筋混凝土水池，两座总容积 300 m^3。水池设有 100 mm 进出水管及溢流管。水池采用作业面潜水泵排空，并设有水位检测仪。清水池各设一个水池检修孔和两个通气孔。两个出水管间设检测井。

(二)加氯间

加氯间设置清水池附近，与氯库合建，水厂加氯量按 1 mg/L 考虑，每日加氯量为 800 g。

(三)其他

为方便使用，水厂还设有检修设备仓库、工作间、办公室、宿舍和警卫值班室等。

五、工程效益分析

该项目是农村公共基础设施建设，不仅具有较好的经济效益，而且项目的建设关系到当地居民的生活和工作需要，关系到当地社会经济的发展，具有极其重大的社会效益和环境效益。

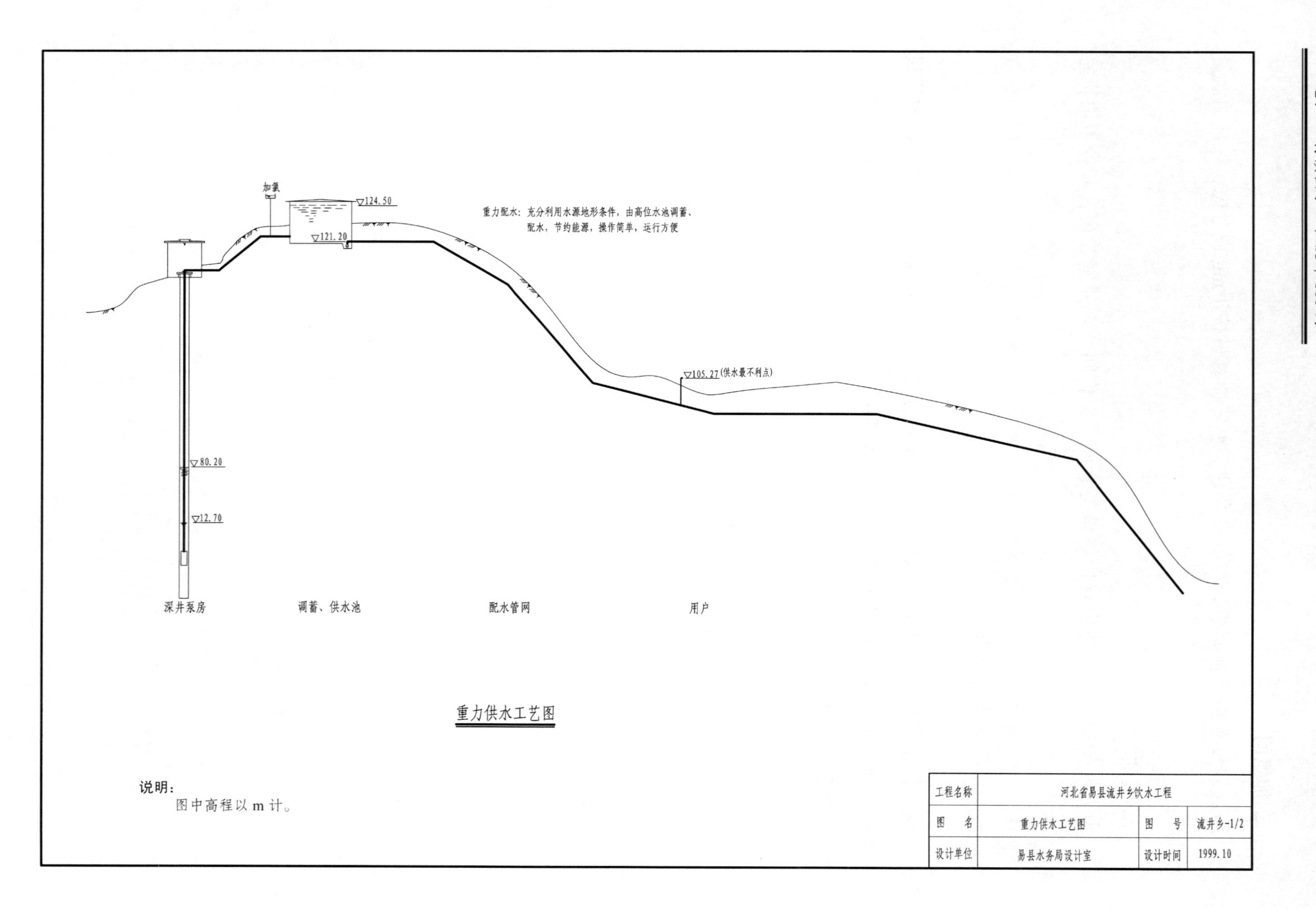
加氯
▽124.50
▽121.20
重力配水：充分利用水源地形条件，由高位水池调蓄、
配水，节约能源，操作简单，运行方便
▽105.27(供水最不利点)
▽80.20
▽12.70
深井泵房
调蓄、供水池
配水管网
用户
重力供水工艺图
说明：
图中高程以 m 计。
工程名称
河北省易县流井乡饮水工程
图 名
重力供水工艺图
图 号
流井乡-1/2
设计单位
易县水务局设计室
设计时间
1999.10

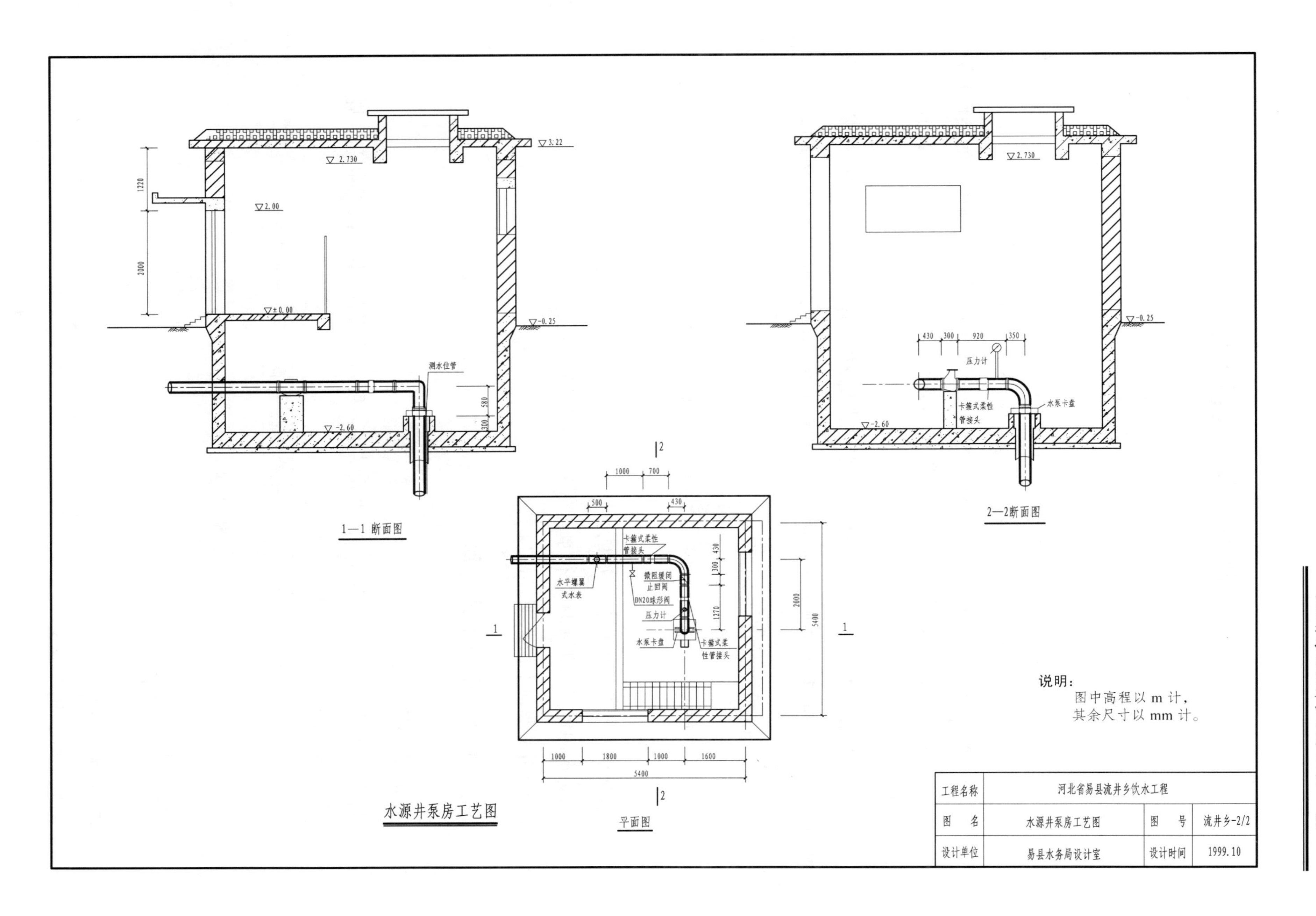
1—1 断面图
测水位管
2—2断面图
压力计
卡箍式柔性管接头
水泵卡盘
平面图
水平螺翼式水表
微阻缓闭止回阀
DN20球形阀
水源井泵房工艺图
说明：
图中高程以 m 计，
其余尺寸以 mm 计。
工程名称
河北省易县流井乡饮水工程
图 名
水源井泵房工艺图
图 号
流井乡-2/2
设计单位
易县水务局设计室
设计时间
1999.10

河北省丰宁县土城饮水工程

一、工程概况

土城饮水工程为河北省丰宁满族自治县利用世界银行贷款第三期修建的农村饮水工程，工程总投资947.74万元。该工程采用国内竞争性招标的方式，由承德丰泰建设集团有限责任公司以最低评标价中标承建，施工中聘请丰宁满族自治县前程建设监理公司对工程进行全程监督。该工程于2001年4月1日开工，于2001年10月31日完工。

土城水厂位于县城以北7.8 km处，水厂占地面积10亩，工程设计规模5 110 m^3/d，设计供水范围为土城、大阁两镇共25个自然村，设计供水人口58 882人。

二、水源地环境保护措施

(1)在水源地周围划定了饮用水水源保护区,保护区范围为供水水源井上游2 000 m、下游200 m。

(2)对水源地保护区进行隔离防护。

(3)对水源地上游汇流区进行水土保持与水源涵养规划。

(4)关闭水源地上游入河排污口。

三、水源水质与工艺流程

(一)水源水质

土城饮水工程以地下水为水源,化验结果表明水质符合《生活饮用水卫生规范》。

(二)工艺流程

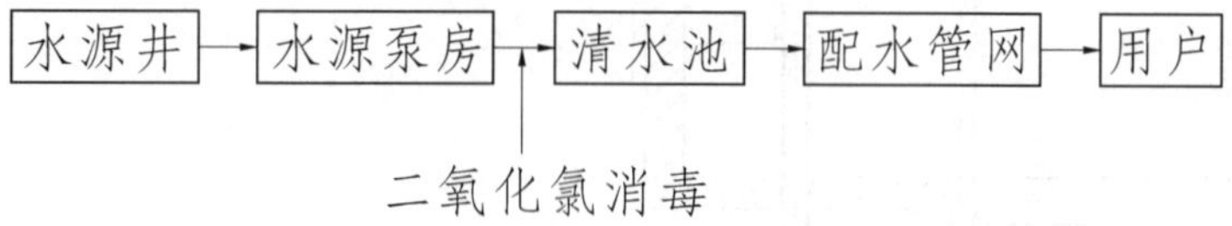

水源井 → 水源泵房 → 清水池 → 配水管网 → 用户

（水源泵房与清水池之间：二氧化氯消毒）

四、工程主要构筑物

(一)水源井工程

凿井5眼，建井房5座。

(二)输配水主管路

共埋设输配水主管路 36 470 m，其中输水主管路采用 3 根ϕ225 mm 的 UPVC 管，长度 6 870 m；配水主管路采用ϕ225 mm ~ ϕ400 mmUPVC 管，长度为 29 600 m。

(三)水厂

水厂建设包括五部分：第一部分为调节构筑物，为 2 座 800 m^3 清水池。第二部分为生产构筑物，建加氯间、化验室、变配电间、办公室等综合用房，合计建筑面积 198.02 m^2。第三部分为附属建筑物，建库房 12 间，门卫室 2 间，合计建筑面积 384.17 m^2。第四部分为化验、消毒设备，其中化验设备 1 套，主要包括光度计、显微镜、培养箱、干燥箱、分析天平、水质检验箱等；消毒设备 1 套，采用 BD–500 型二氧化氯发生器进行消毒。第五部分为厂区其他工程，建围墙 270 m，厂区及道路硬化面积 1 202.38 m^2，厂区绿化及厂区照明。

(四)25 个自然村管网工程及入户安装工程

共埋设各种管路 300 284 m，入户安装 9 377 户。

(五)阀门井工程

共修建各种水表井、阀门井、减压井、放弃阀门井及放空井总计 134 座。

五、工程效益分析

(1)取得了巨大的社会效益。土城饮水工程饮水范围内居民大多数为满族，是少数民族聚居区，经济欠发达，农民不富裕。该工程的实施符合民意，产生了巨大的社会效益。项目区群众十分感谢水利部把“三个代表”重要思想真正落实到基层。

(2)提高了农民群众的健康水平。土城水厂饮水工程在“保障饮水安全，维护生命健康”上迈出了坚实的一步。该工程建成投产运行，首先是降低了疾病的发病率，其次是提高了农民群众的生活质量。

(3)促进了农村经济的发展。解决了农民饮水困难问题，缩短了取水时间，解放了农村劳动力。

(4)改善了农村生活环境。土城饮水工程在建设饮水工程的同时，增加了环境卫生和健康教育内容，通过这种“三位一体”的综合模式，全方位地改善了农村的饮水卫生状况。

(5)自来水公司取得了显著的经济效益。

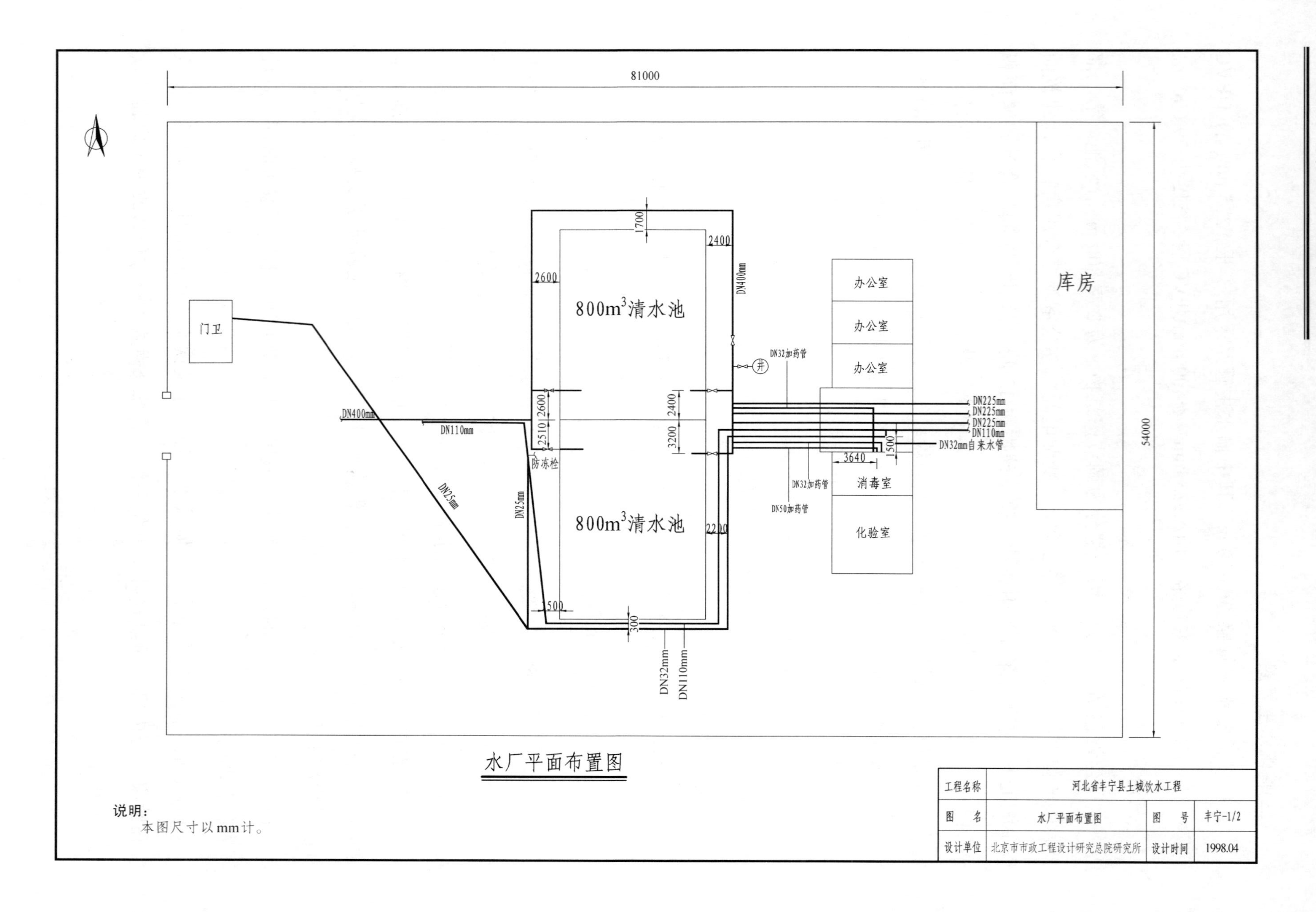

水厂平面布置图

说明：
本图尺寸以mm计。

工程名称	河北省丰宁县土城饮水工程		
图 名	水厂平面布置图	图 号	丰宁-1/2
设计单位	北京市市政工程设计研究总院研究所	设计时间	1998.04

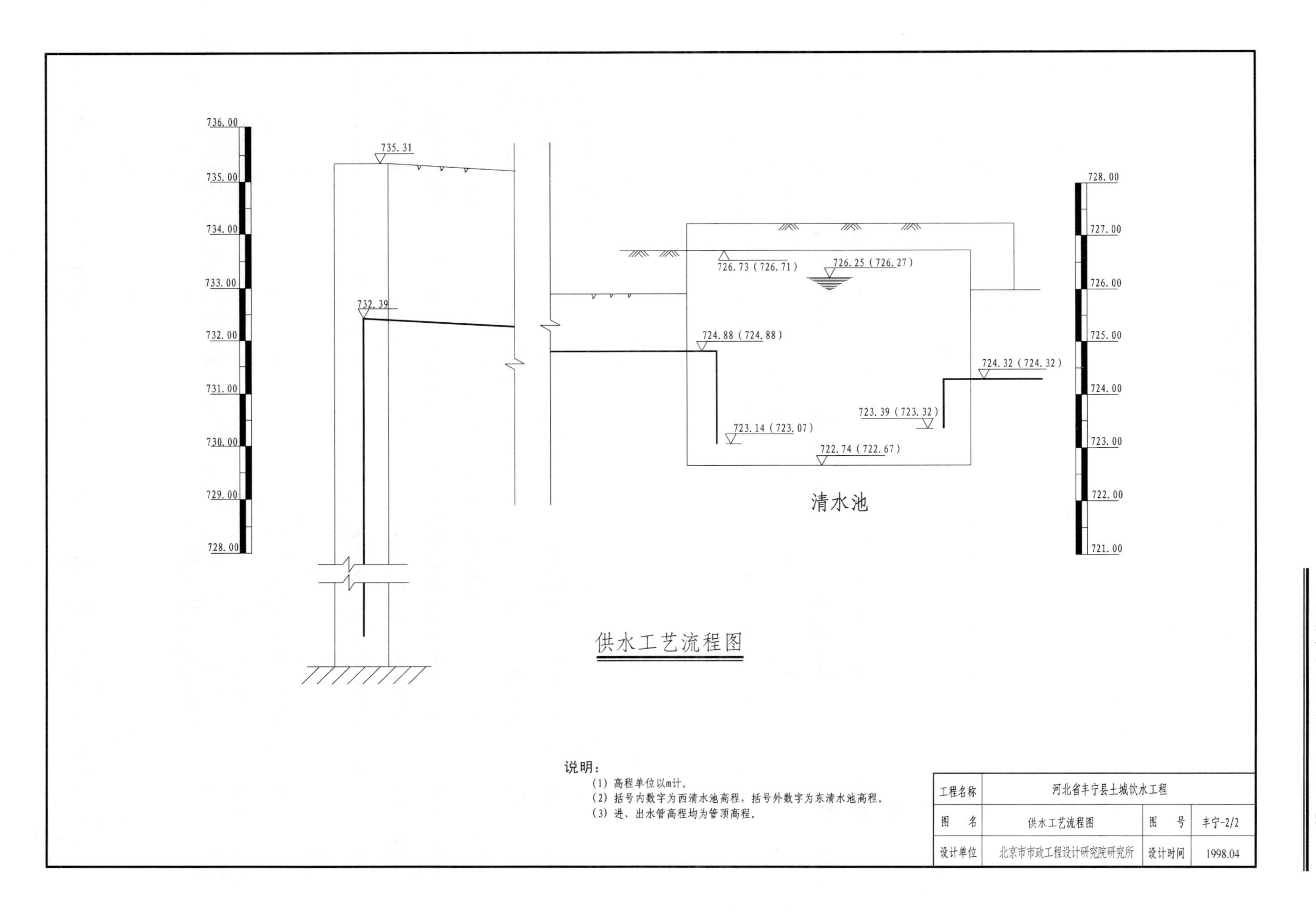
736.00
735.00
734.00
733.00
732.00
731.00
730.00
729.00
728.00
735.31
732.39
726.73（726.71）
726.25（726.27）
724.88（724.88）
724.32（724.32）
723.39（723.32）
723.14（723.07）
722.74（722.67）
清水池
728.00
727.00
726.00
725.00
724.00
723.00
722.00
721.00
供水工艺流程图
说明：
（1）高程单位以m计。
（2）括号内数字为西清水池高程，括号外数字为东清水池高程。
（3）进、出水管高程均为管顶高程。
工程名称 河北省丰宁县土城饮水工程
图 名 供水工艺流程图
图 号 丰宁-2/2
设计单位 北京市市政工程设计研究院研究所
设计时间 1998.04

河北省永清县大良村饮水工程

一、自然条件

永清县位于河北省中部，地处京、津、保三角中心地带，行政隶属于廊坊市。大良村集中供水示范工程位于永清县城北东侧，涉及8个自然村庄。

永清县位于永定河山前冲积平原与山前洼地低平原的交界地带。总的地势是西北高东南低，县城北部绝大部分是山前冲积平原，地面平坦，地表以亚黏土、亚砂土、粉细砂为主。

永清县属暖温带半湿润大陆季风气候，四季分明，光照充足。春季干旱多风，夏季高温多雨，秋季晴朗凉爽，冬季寒冷干燥。夏季主导风向为东南风，冬季主导风向为北风、东北风。年平均气温11.5 ℃，无霜期183 d，全年日照时数为2 740 h，日照率62%。年平均降水量540 mm，七八月份降雨占全年总量的63%左右。

二、工程概况

大良村饮水工程位于永清县城北东侧，涉及8个自然村庄，1 320户，总人口4 758 人。该地区土壤沙化非常严重，加之多年来的严重干旱，地下水位逐年下降，耕地无水源，靠天吃饭，农作物产量低而不稳定，生活饮水均依靠自打压把井或到几公里以外去拉水解决。自打压把井井水水量和水质均得不到保证，到附近拉水又耗费大量的人力、物力。当地村街由于经济条件落后，无法解决当地农村饮水困难，群众吃水难已成为各村的重点和难点问题。永清县水利局通过周密细致的现场调查、勘探，针对8个村距离比较近，每个村人口比较少，研究制定了集中供水工程建设项目实施方案，结合国家人饮解困工程建设，决心解决附近8个村多年来的饮水困难问题。

工程供水规模为780 m^3/d。

工程总投资98.62万元。

三、水源水质与工艺流程

(一)水源水质

该工程的水源为地下水。据卫生防疫部门检测，该水源的水质较好，满足供水水源要求。

(二)工艺流程

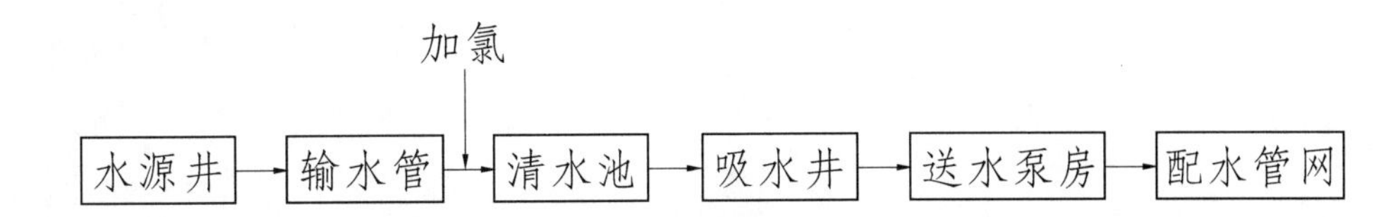

四、工程效益分析

该项目是农村公共基础设施建设，不仅具有较好的经济效益，而且项目的建设关系到当地居民的生活和工作需要，关系到当地社会经济的发展，具有极其重大的社会效益和环境效益。

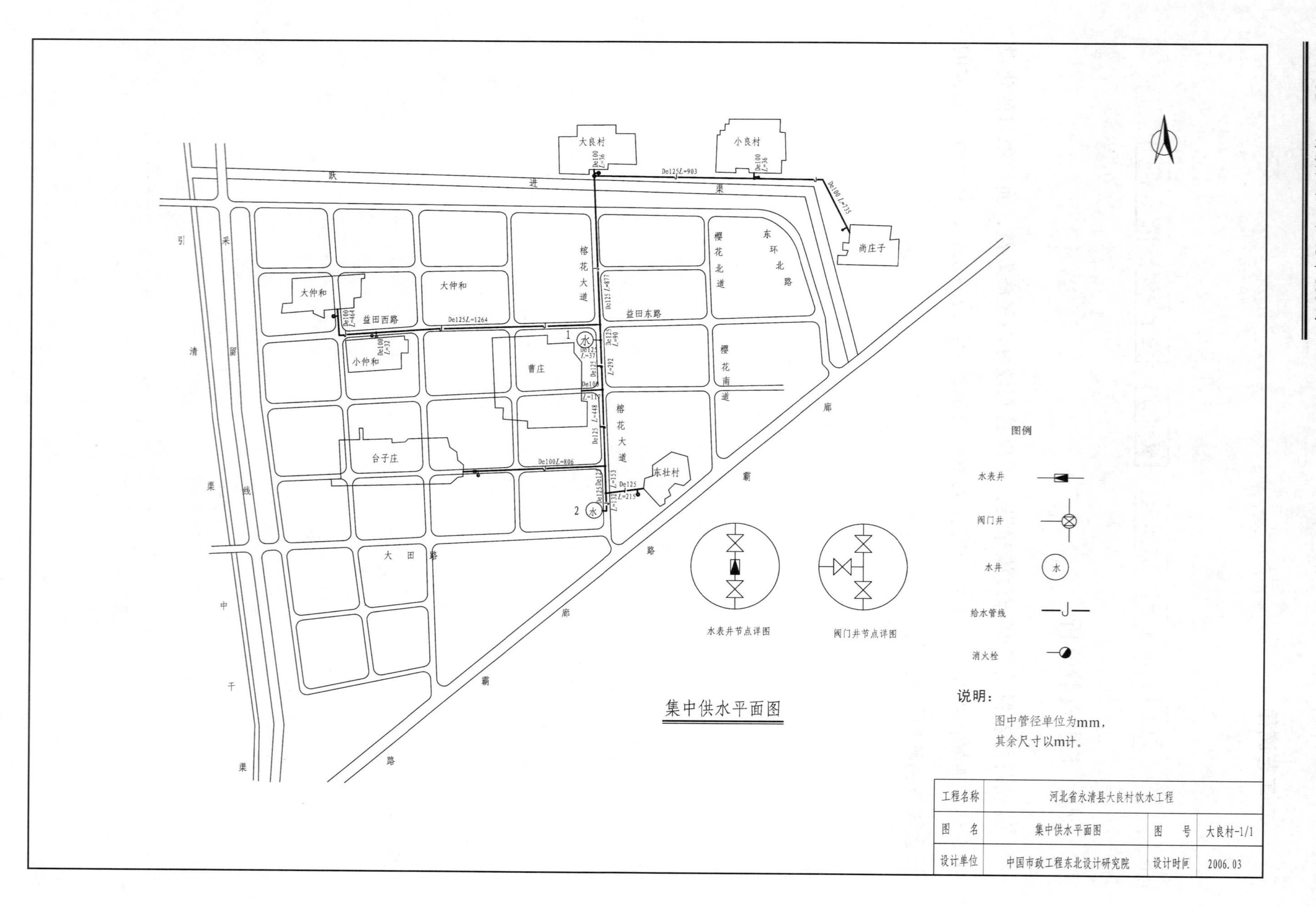

工程名称	河北省永清县大良村饮水工程		
图　名	集中供水平面图	图　号	大良村-1/1
设计单位	中国市政工程东北设计研究院	设计时间	2006.03

内蒙古宁城县大城子乡大梁东村饮水工程

一、工程概况

宁城县大城子乡大梁东村位于内蒙古赤峰市南部宁城县境内，距宁城县政府所在地45 km。大梁东村坐落于黄土丘陵区，地下水贫乏，尤其是连续几年的干旱少雨，使该屯的饮水困难问题日渐突出。解决吃水难问题成为全村广大群众的共同期盼。

工程共解决3 230人、310名在校师生和1 825头(只)牲畜的饮水困难问题。

工程现状水平年供水能力为244.4 m^3/d，设计水平年供水能力为360 m^3/d，年用水量为13.03万m^3。

二、新工艺及新设备

(1)由于工程水源地距大梁东村比较远，水平距离5.5 km，垂直落差大，垂直提水高度为96.55 m，在工程设计中充分考虑了供水的安全性和供水成本。根据该村居住分散和高低起伏的特点，确定采用二级提水、两座高位水池调节、部分用户通过一级提水供水的供水新工艺，既减轻了通过一级提水落差大引起的水锤压力过大的难题，同时也减小了供水成本。

(2)工程一级提水高度为68 m，二级提水高度为40.8 m，为减少水锤压力对管路和水泵的破坏，工程采用了300X型缓闭式逆止阀。这种新型阀体是能够调控启闭速度的止回阀，在水泵启动或停止运行时，可配合现场至最佳开启或关闭速度，可以减小水锤现象，以达到安全及安静的启闭效果。

(3)由于村庄在黄土丘陵区，村庄之间高差较大，在满足最高用户吃水时，居住在低处的居民管网压力水头达到35.2 m，为保证用户及管网的用水安全，在工程设计中采用了YSA416型减压阀。该设备的主要作用是调节与控制主阀的出口压力，主阀出口压力不因主阀进口压力变化而变化，亦不因主出口流量的变化而改变其出口压力，运用后效果非常理想。

(4)根据两座高位水池均距一级泵站和二级泵站较远，在控制水泵的启动和运转方面带来不便，在工程设计中采用了当前国内最新研制开发的新型水位监控设备

YWJK–3型无线遥测压力水位监控仪。该设备能够满足无交流供电场所远距离传输水池水位、管网压力或其他参数而设计的智能化仪器，由水位传感器、发送机、接收机三大部分组成。水位传感器和发送机装在高位水池的高处，接收机装在泵站。传感器采集到的水位信号或其他信号通过发送机发送天线发送到泵站接收机，接收机在程序控制下，将池水位或其他参数以及发送机电池电压在显示窗口上显示出来。经过一年多的使用运行，信号传输准确，水泵启停灵活，达到了远程监控的目的。

三、工程水源

该工程的水源为地下水，经卫生防疫部门化验，水质符合饮用水标准。

四、工程效益分析

(一)改善了饮水条件

该地区长期饮水困难给当地群众生产、生活带来极大的不便，供水工程建成后，使大梁东村群众、企业从业人员、学校师生都能饮上安全卫生水，提高了健康水平。

(二)促进了社会进步和发展

饮水工程建成后，为人们摆脱贫困、解放大量的劳动力奠定了基础，可以积极发展养殖业、种植业，大搞庭院经济，拓开致富道路，促进经济发展。农村经济发展了，生活改善了，农村卫生、科技教育事业也将得到长足发展。对提高农民的思想、道德素质和科学文化素质，带动广大农村精神文明建设，保持社会稳定，推动社会发展都将起到积极作用。

(三)改善了生态环境

工程的建成，使水成为商品，增强了广大群众及师生的爱水、节水、保护水资源的意识。同时，必定会使生态环境逐步得到改善。

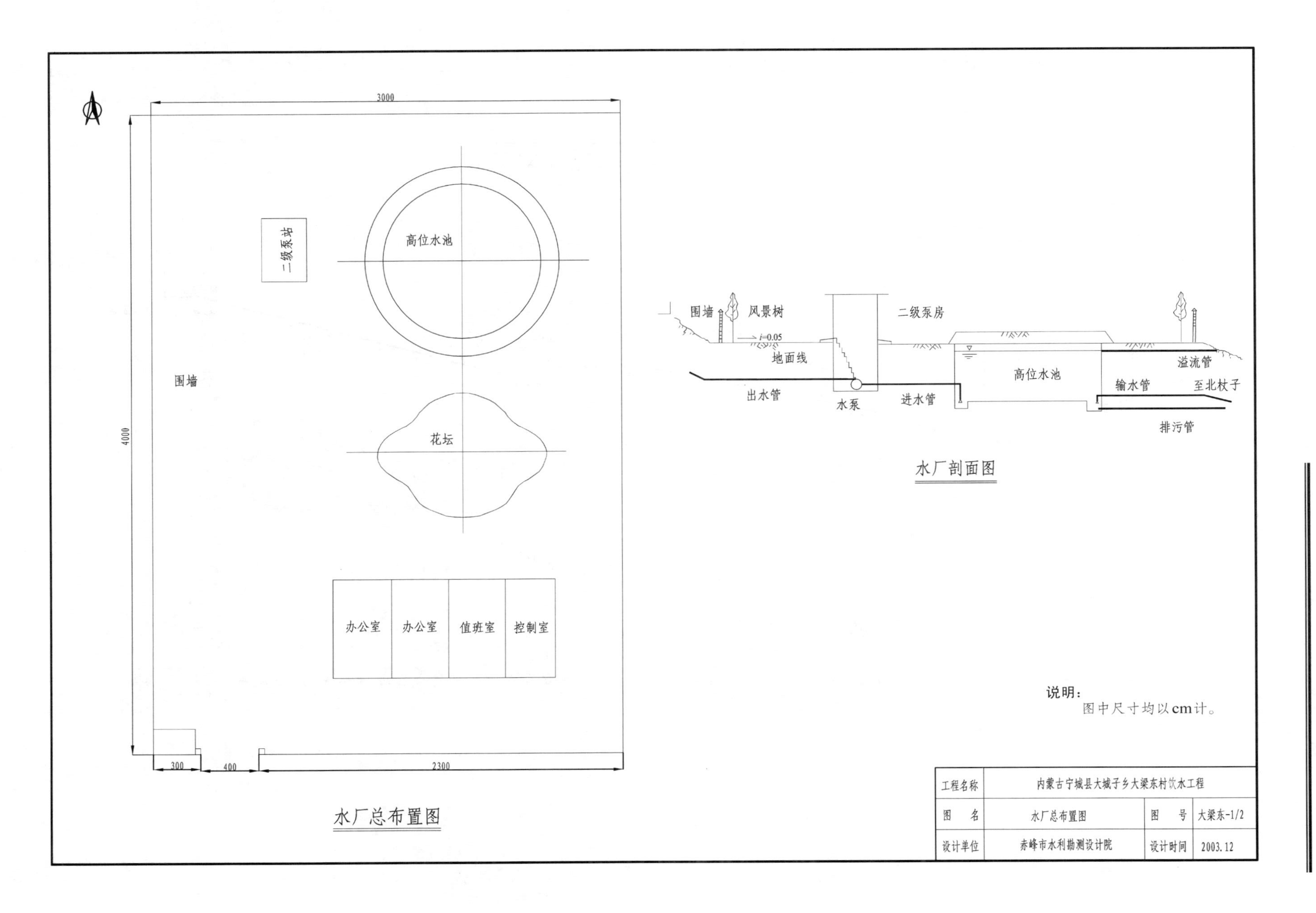
3000
4000
300
400
2300
二级泵站
高位水池
围墙
花坛
办公室
办公室
值班室
控制室
水厂总布置图
围墙
风景树
i=0.05
地面线
出水管
水泵
二级泵房
进水管
高位水池
溢流管
输水管
至北杖子
排污管
水厂剖面图
说明：
图中尺寸均以cm计。
工程名称
内蒙古宁城县大城子乡大梁东村饮水工程
图 名
水厂总布置图
图 号
大梁东-1/2
设计单位
赤峰市水利勘测设计院
设计时间
2003.12

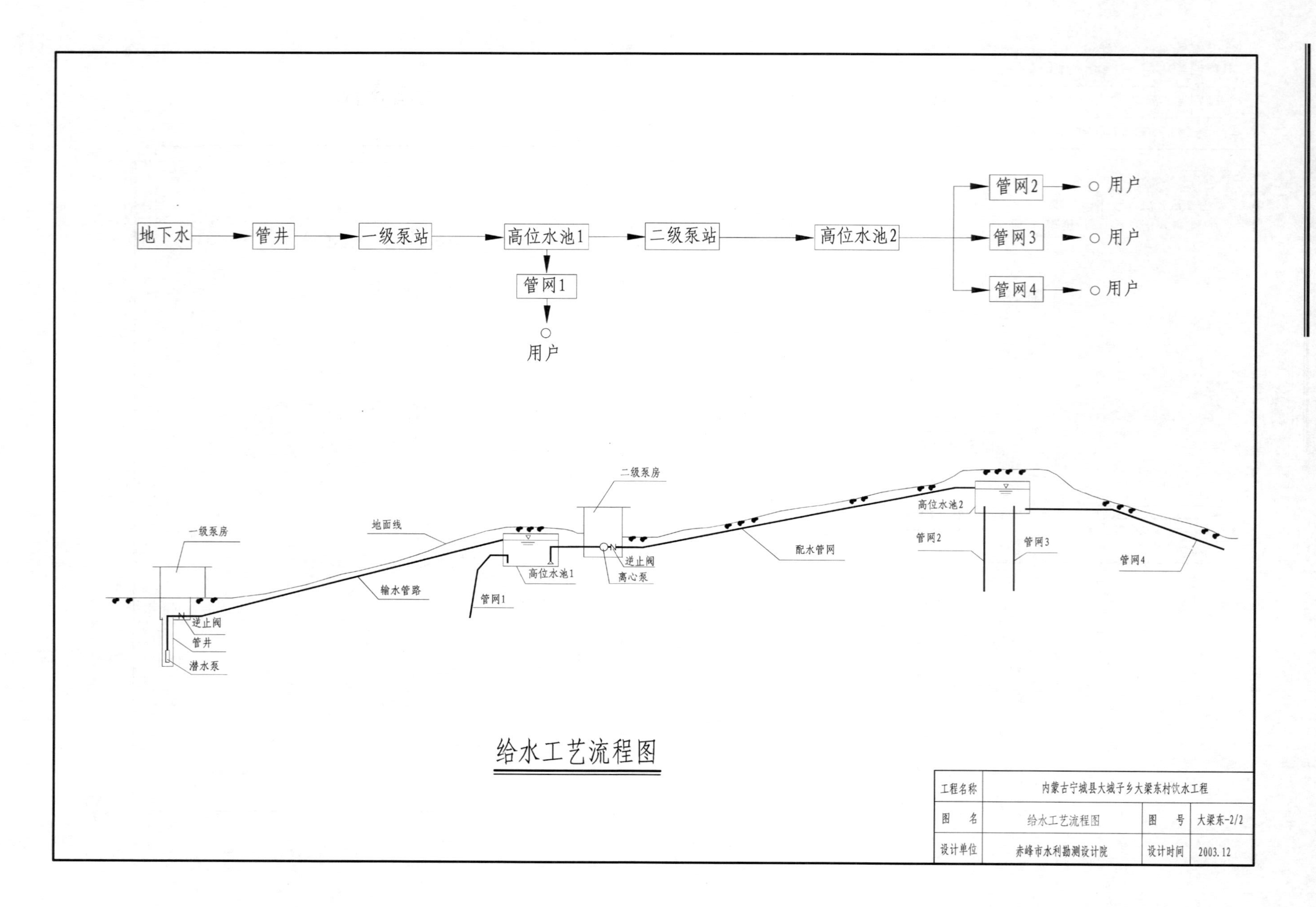
地下水
管井
一级泵站
高位水池1
二级泵站
高位水池2
管网2
管网3
管网4
用户
用户
用户
管网1
用户
一级泵房
地面线
二级泵房
逆止阀
管井
潜水泵
输水管路
高位水池1
管网1
逆止阀
离心泵
配水管网
高位水池2
管网2
管网3
管网4
给水工艺流程图
工程名称
内蒙古宁城县大城子乡大梁东村饮水工程
图名
给水工艺流程图
图号
大梁东-2/2
设计单位
赤峰市水利勘测设计院
设计时间
2003.12

内蒙古奈曼旗小城子村饮水工程

一、自然条件

奈曼旗位于内蒙古通辽市西南部，地形自南向北由低山丘陵逐渐过渡到黄土丘陵台地、波状冲积洪积平原。南部地区的地形高差较大，宜建集中供水工程，配套设施为高水位池。项目区小城子村位于奈曼旗南湾子乡东北 5 km 处。项目区处于低山丘陵区，冲沟发育，沟深 10 ~ 30 m。地貌类型分为构造剥蚀地形和堆积地形。供水区地下水以碎屑岩空隙裂隙潜水存在，含水层岩性上层为山前堆积坡积的夹砾亚黏土和夹砾红黏土，下层为板岩夹灰岩碎屑岩。含水层厚 29 m，地下水埋深 15 m。

供水区属于温带大陆性半干旱季风气候，年平均气温 6.3 ℃，极端最高气温 41 ℃，极端最低气温为–29 ℃，最大冻土深 1.5 m，多年平均降水量为 366.1 mm。

二、工程概况

该工程是 2000 年国家农村饮用水解困工程项目，当年 12 月竣工并投入使用。工程地点位于通辽市奈曼旗青龙山镇小城子村。以前这个村吃水要到 2.5 km 以外的山泉处拉水或担、抬水，冬季冰雪封路，雨天泥泞路滑，每年要在运水路上摔坏几匹驴骡或摔伤人。

该饮水工程动用土方 3.26 万 m^3、石方 246 m^3，埋设主管道 7 300 m，入户管道 9 360 m，修建高位水池 30 m^3。截流墙 28 m，护井坝 30 m，低压线路 550 m。设计供水能力 80.8 m^3/d，设计最高日最高时供水量 2.81 L/s。

三、工程水源与工艺流程

(一)工程水源

工程水源为地下水，水质良好，符合生活饮用水取水标准。

(二)工艺流程

山泉→大口井→水泵高位水池→管网→用户

四、工程设计及主要构筑物

该工程主要由水源工程、输配水管网和水厂组成，其中输配水管网附属建筑物有基础、阀门及阀门井和室内水表等。

五、工程经济效益分析

小城子村饮水工程总投资27.60万元。工程制水经营成本1.07元/m^3，制水总成本1.29元/m^3，分析表明，整个项目经济效果良好，经济上可行，具有较高的投资价值。

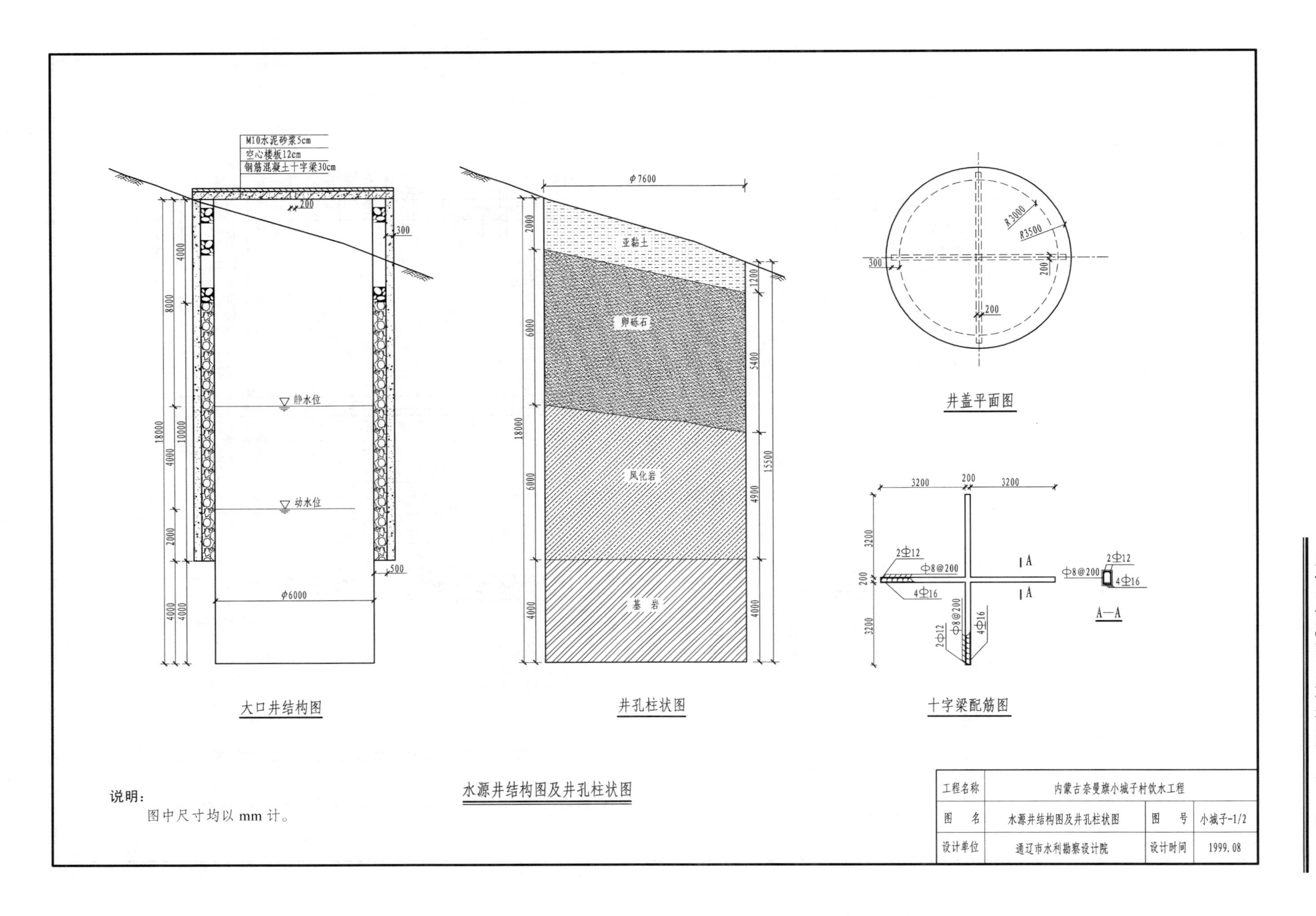

水源井结构图及井孔柱状图

说明：

图中尺寸均以 mm 计。

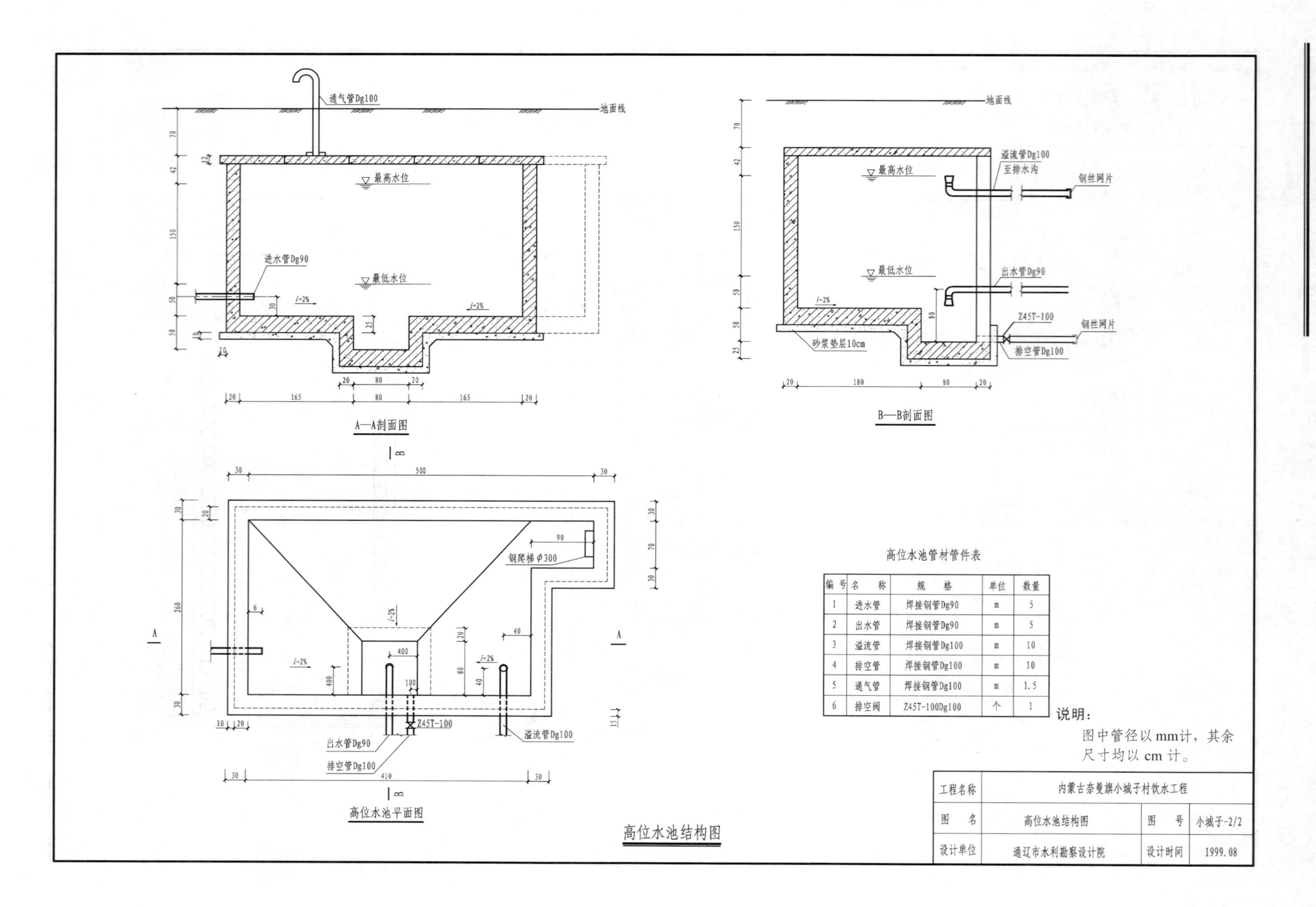

高位水池管材管件表

编号	名称	规格	单位	数量
1	进水管	焊接钢管Dg90	m	5
2	出水管	焊接钢管Dg90	m	5
3	溢流管	焊接钢管Dg100	m	10
4	排空管	焊接钢管Dg100	m	10
5	通气管	焊接钢管Dg100	m	1.5
6	排空阀	Z45T-100Dg100	个	1

说明：

图中管径以mm计，其余尺寸均以cm计。

工程名称	内蒙古奈曼旗小城子村饮水工程		
图　名	高位水池结构图	图　号	小城子-2/2
设计单位	通辽市水利勘察设计院	设计时间	1999.08

高位水池结构图

内蒙古商都县玻璃忽镜乡镇饮水工程

一、工程概况

玻璃忽镜乡镇饮水工程为国家人畜饮水解困工程。该项目为乡政府所在地，有医院、信用社、中小学、变电站、粮库等16个机关单位，住户350户，总人口2 900人，大小牲畜4 500头(只)。长期以来，玻璃忽镜乡居民主要靠大口井取水，取水难度大，又极不卫生，且水质较差，吃水非常困难。根据该地区水文地质条件，工程技术人员进行实地踏勘，并通过电测找水仪在该村西300 m处选择水源地，新打水源井1眼，井深65 m，出水量40 m^3/h，静水位1.6 m，动水位35 m，配套200QJ25–56型潜水泵一台，额定功率7.5 kW。配置液位传感微机定时供水控制设备一套。新建管理房4间，建筑面积103.6 m^2。建蓄水池一座，设计蓄水能力35 m^3。埋设主管道ϕ90PE管2 630 m，支管道ϕ63PE管1 800 m，配水管道ϕ32PE管9 660 m，入户给水设备370套。埋设低压地埋电缆250 m，架空输电线路150 m。供水管网共设置检查井4眼。

工程设计日供水量为370 m^3/d。

工程总造价108万元。

二、工程设计特点

根据该项目的地理位置，我们选用了高位蓄水池供水。高位蓄水池适用于山丘区乡镇、农村牧区供水，水源井无需盖井房。设计高位水池采用水窖结构形式，首先要满足最低水位自压重力给水条件。这种蓄水池的优点是：

(1)降低了工程投资。由于蓄水池建在地下，省去了房屋土建工程，设计35 m^3蓄水池(包括机房)2.1万元，比压力罐便宜。

(2)抗压承载力强，施工方便，防冻性能好，顶部建蒙古包造型的控制机房，可起到保温作用。

(3)运行费用低，不用专人看管，冬季不需防冻加温。

供水系统采用微电脑定时供水液位传感控制及无线数传遥控设备，是在人饮工程施工中的一项技术发明。它适用于远距离输水的自动控制，手动和自动可随意切换，上限水位可任意设定，实现了远距离无人看管的水位自动控制，对两相运转、超压、过流等有自动保护功能，运行安全可靠，运行费用低，便于自动化管理，极大地提高了工程运行管理效益和安全程度。

三、工程水源

该工程的水源为地下水，经市级卫生防疫部门化验，水质符合饮用水标准。

四、工程效益分析

饮水工程建成以后，不仅解决了农民群众的饮水困难问题，而且解决了水质超标问题，使该地区2 900人、4 500头(只)大小牲畜饮用上了安全健康水，极大地提高了农民群众的生活质量，为该地区的经济发展奠定了基础。

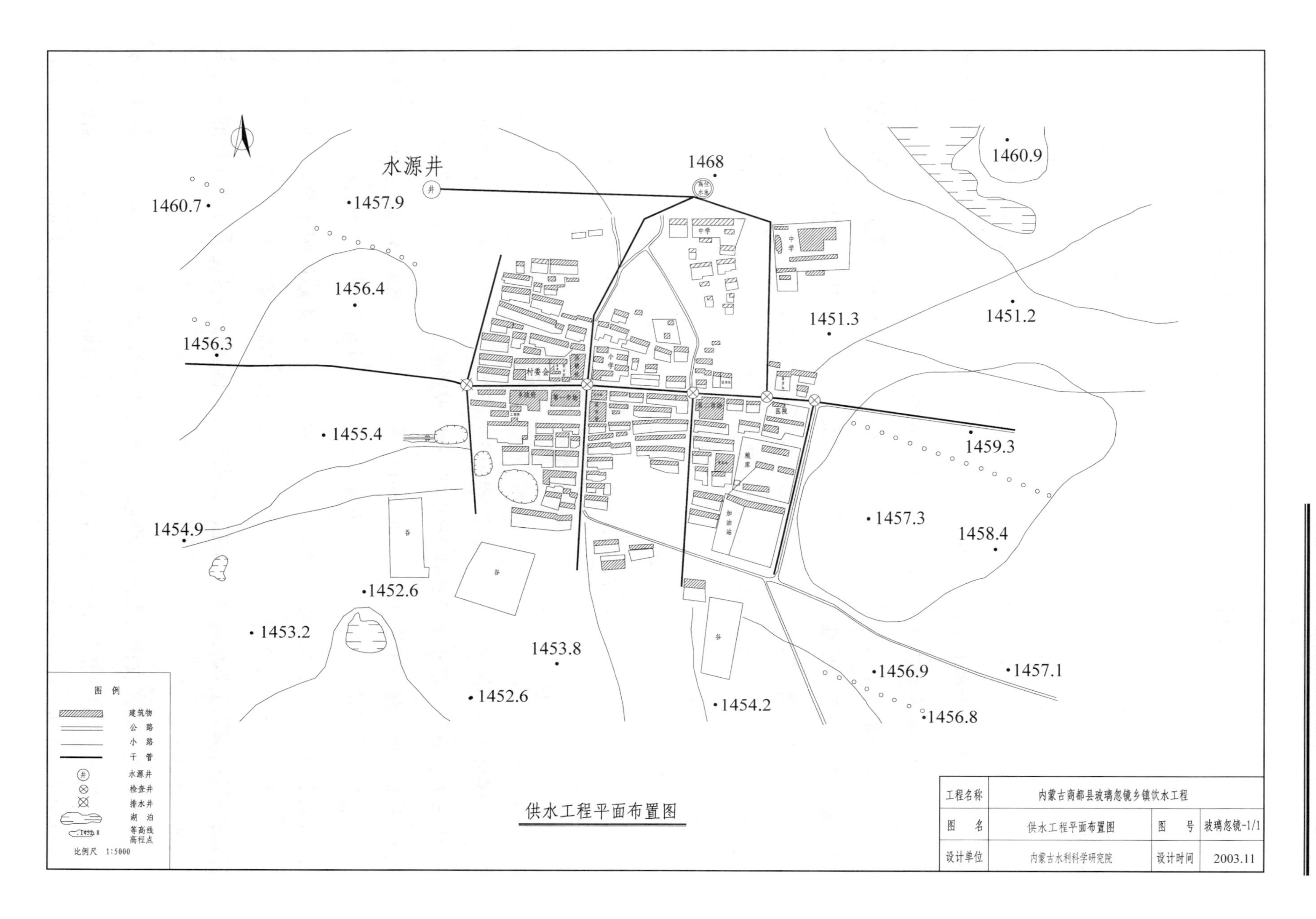
水源井
1468
1460.9
1460.7
1457.9
1456.4
1456.3
1451.3
1451.2
中学
小学
村委会
医院
加油站
1455.4
1459.3
1457.3
1458.4
1454.9
1452.6
1453.2
1453.8
1452.6
1456.9
1457.1
1454.2
1456.8
图 例
建筑物
公 路
小 路
干 管
水源井
检查井
排水井
湖 泊
等高线
高程点
比例尺 1:5000
供水工程平面布置图
工程名称
内蒙古商都县玻璃忽镜乡镇饮水工程
图 名
供水工程平面布置图
图 号
玻璃忽镜-1/1
设计单位
内蒙古水利科学研究院
设计时间
2003.11

辽宁省沈阳市新城子区新东水厂饮水工程

一、自然条件

新城子区煤矿沉陷区内的 11 个行政村均坐落在山前地带和辽河谷的二级阶地上，属于第四纪上更新统 Q_3 地层。根据煤田地质勘察，0 ~ 80 m 为弱透水的黏土，80 ~ 200 m 为不透水的淤泥，200 m 以下为黑页岩，再往下就是煤层，无地下含水层。通常地下水来源于两个方面：一是垂直方向来的大气降水和地表水的渗入；一是水平方向来的地下水从邻区渗流。而沉陷区内的 11 个村的地理位置恰恰是这两个补给条件都不具备。该地区为分水岭，地势高，地层又是黏土，弱透水性，大气降水产生的地表径流渗入补给困难，大部分水量随径流流走，邻区河流较远，侧向补给来源没有。因此，该地区是雨季有少量降雨渗水，旱时干涸，水资源枯竭。沉陷区内的地下水类型属于浅层地下水中的上层滞水，是季节性存在，而且水量也不大，因此广大群众把它叫做“空山水”或“浮山水”。上层滞水的水量取决于气候，分布范围、透水性等在供水方面的实际意义不大，因此沉陷区域不具备开采水资源的条件。

二、工程概况

采煤沉陷区共涉及 11 个行政村 2 499 户 8 589 人、875 头大牲畜，区域内工业产值 5 762 万元。多年来受矿井采煤沉陷及排水影响，形成了以矿区为圆心的地下水疏干漏斗区。漏斗中心深度达 400 多 m，漏斗区影响半径达 3 km。在漏斗区影响半径范围内，手压井和小土井逐年干涸，当地老百姓生活和生产用水极其困难，并且当地水质也发生变化，水质硬度已达 1 000 mg/L，严重超出国家规定生活饮用水标准，给人民生活带来严重威胁。老人和儿童出现不同程度的腹泻、消化不良，肾结石的发病率高于其他地区。因此，为煤矿沉陷区受影响村提供保质保量的生活用水已势在必行。

为解决沉陷区农村饮水困难问题，在省市计划部门的大力支持下，新东水厂饮水工程最终获得了国家发改委的批准立项。工程计划解决清水、蒲河等沉陷区内 11 个村的生活用水问题，项目批复总投资 540 万元，其中中央国债 270 万元，地方配套资金 270 万元。

三、水源水质与工艺流程

(一)水源水质

该工程源水为地下水，水量丰富，水质优良，符合生活饮用水取水标准。

(二)工艺流程

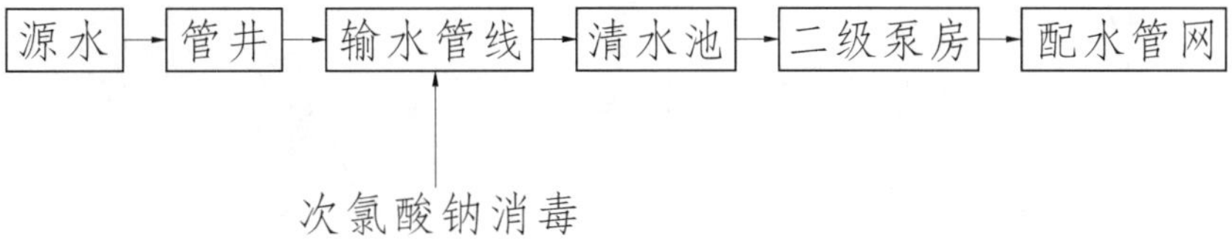

源水→管井→输水管线→清水池→二级泵房→配水管网

次氯酸钠消毒（↑输水管线）

四、工程主要构筑物设计

新东水厂饮水工程水源地选择在新台子村西南处，建有水源井 4 眼，配套 250QJ80–80 型潜水泵 4 台，自耦减压装置 4 台，井房 4 座，水源井 3 用 1 备，设计日供水量 5 000 m^3；在新城子乡颇家屯村新建水厂 1 处，厂区内新建清水池 500 m^3，泵房 87.7 m^2，锅炉房 88 m^2，仓库 371.25 m^2，配套供水泵 4 台，斜板式沉淀罐 1 台，次氯酸钠发生器 1 台，微机变频设备 4 台；在管网布置上，铺设输水管路长 8 826 m，配水管路 37 578 m，村内管网 123 934 m。

五、工程效益分析

(一)社会效益

新东水厂全部建成投产后，解决了 1.02 万人及 0.13 万头大牲畜饮水困难问题，改变了农村的卫生条件，减少了疾病，促进了农民群众健康状况的改善和身体素质的提高。同时，由于饮水条件的解决，为兴办乡镇企业、发展规模养殖业与加工业创造了条件，对促进区域的协调发展，为全面建设小康社会打下了坚实的基础。

(二)经济效益

该饮水工程实施后，不仅解放了农村劳动力(特别是降低了妇女的劳动强度)，还有效增加了农民收入，提高了农民的生活水平。据调查分析，通过节省医药费支出及发展庭院经济和家庭养殖业，年人均纯收入可增加 200 元以上，1.02 万人年可增加经济收入 200 万元。

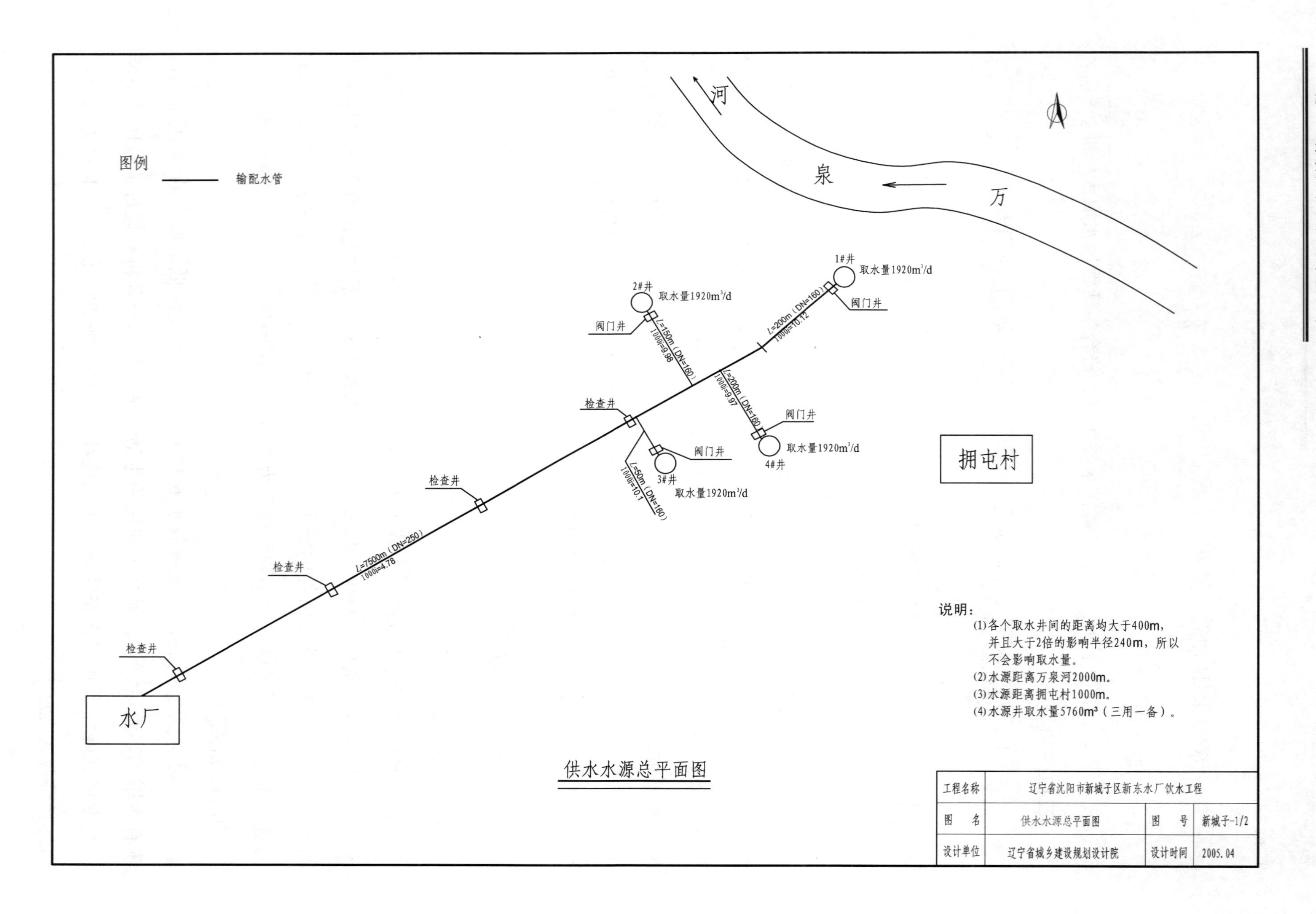
河
泉
万
图例
输配水管
1#井
取水量1920m³/d
阀门井
L=200m（DN=160）
1000i=10.12
2#井
取水量1920m³/d
阀门井
L=150m（DN=160）
1000i=9.98
L=200m（DN=160）
1000i=9.97
阀门井
4#井
取水量1920m³/d
检查井
阀门井
3#井
取水量1920m³/d
L=50m（DN=160）
1000i=10.1
检查井
L=7500m（DN=250）
1000i=4.78
检查井
检查井
水厂
拥屯村
说明：
(1)各个取水井间的距离均大于400m，并且大于2倍的影响半径240m，所以不会影响取水量。
(2)水源距离万泉河2000m。
(3)水源距离拥屯村1000m。
(4)水源井取水量5760m³（三用一备）。
供水水源总平面图
工程名称
辽宁省沈阳市新城子区新东水厂饮水工程
图 名
供水水源总平面图
图 号
新城子-1/2
设计单位
辽宁省城乡建设规划设计院
设计时间
2005.04

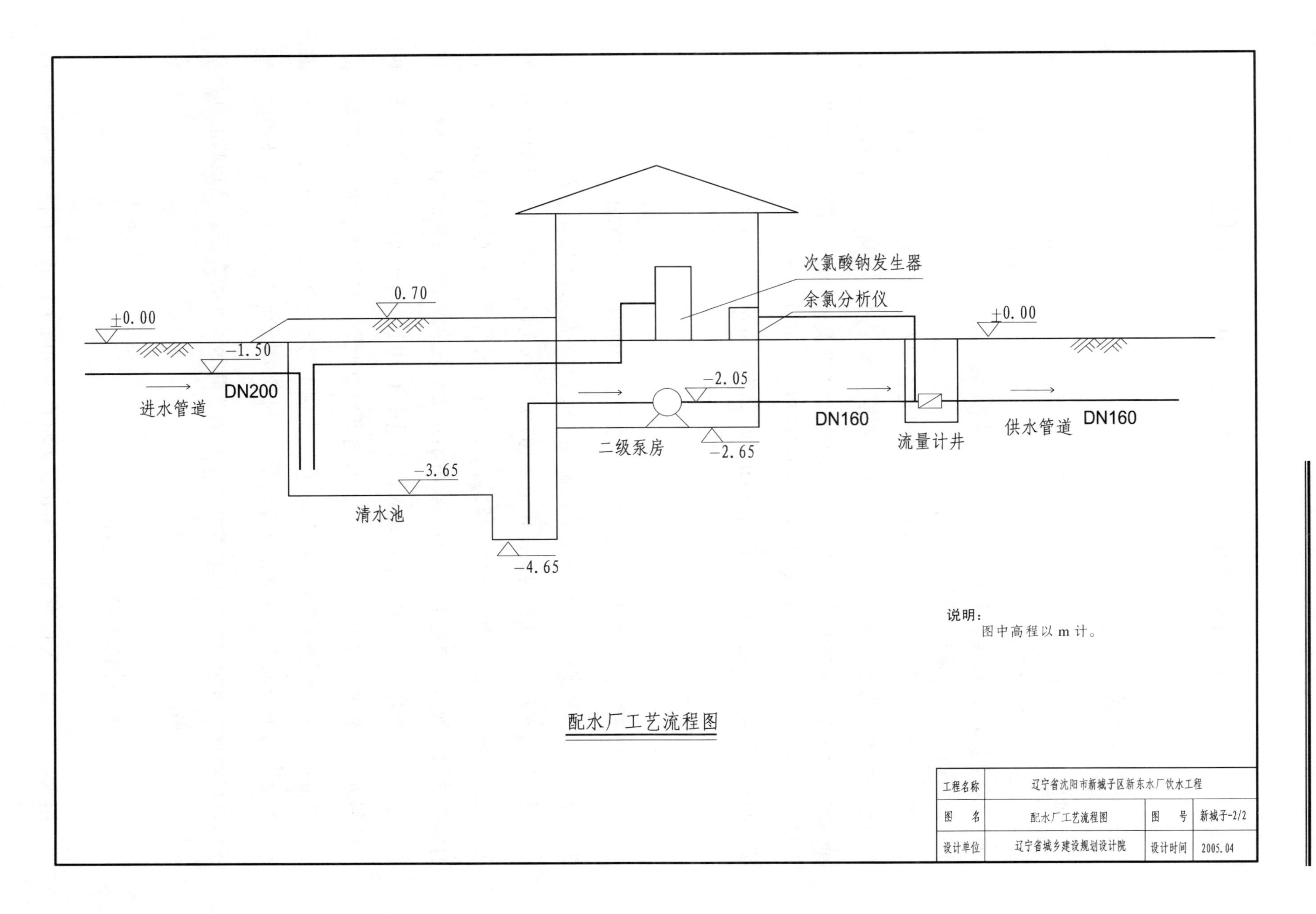
次氯酸钠发生器
余氯分析仪
0.70
±0.00
-1.50
DN200
进水管道
-2.05
二级泵房
-2.65
DN160
流量计井
±0.00
供水管道
DN160
-3.65
清水池
-4.65
说明：
图中高程以m计。
工程名称
辽宁省沈阳市新城子区新东水厂饮水工程
图名
配水厂工艺流程图
图号
新城子-2/2
设计单位
辽宁省城乡建设规划设计院
设计时间
2005.04

配水厂工艺流程图

吉林省双辽市永加乡东洼子屯饮水工程

一、自然条件

项目区地处北部沙陀地区，夏季炎热，蒸发量大，多风少雨，多年平均降水量为 460 mm，多年平均径流量为 17.7 mm，多年平均蒸发量为 1 800 mm，年平均蒸发量约是年降水量的 4 倍，属于典型的干旱区。年平均气温为 5.6 ℃，全年日照时数 2 915.3 h，平均无霜期 145 d，最大冻深 1.5 m 左右。

永加乡分布在中部较贫半承压水区，该区是冲积湖积而成，一般含水层较薄，以粉细砂、细砂为主，与黏土、亚黏土频繁互层，累计含水层厚 13 ~ 21 m，以大气降水为其地下水的主要补给来源，潜水较少，一般在 2 ~ 8 m^3/h。降深 30 m 单井涌水量 25 ~ 30 m^3/h。在秀水至永加、玻璃山沿线以北，下赋存水量中等的碎屑岩孔隙裂层间水和断裂带裂隙承压水，降深 30 m，单井出水量达 30 ~ 75 m^3/h。

二、工程概况

永加乡位于吉林省双辽市的东北部，沈明公路的两侧。南靠双山镇，北接兴隆，西邻卧虎，东与秀水接壤。全乡幅员面积 170.56 km^2，总人口 1.33 万人。

项目区为永加乡永加村的东洼子屯，137 户，总人口为 575 人，大牲畜为 270 头。项目区内主要农作物为玉米、高粱、大豆等，人均年收入在 1 000 元左右。目前该屯饮用的均为浅层地下水，即靠农用小井饮水，井深 15 ~ 25 m。在一般干旱年份，可达到 3 个月左右缺水，平均每天供水量少于 10 L，当地居民只好到 2.5 km 以外的邻近村屯取水，占用了大量劳力，影响了农业生产。另外浅层水水质含氟量高达 1.71 mg/L，氟骨症患病率达 36.5%，严重影响了当地居民的身体健康，给人们的生活带来了极大的不便。打深井提取深层地下水，是解决饮水困难的有效措施，是农民群众的迫切需要，喝上卫生水是这部分地区群众最大的愿望，当地政府和群众对打深井具有很高的积极性。

三、工程设计标准及工艺流程

用水标准：农村人口为 50 L/(人·d)，大牲畜为 70 L/(头·d)。工程使用年限为 15

年，人口自然增长按12‰计算。

工艺流程：深井→水泵→压力罐→供水管网→用户

四、工程设计主要构筑物

(一)水源井工程

井深60 m，选用内径280 mm、外径380 mm的水泥管，花管孔隙为25%。开孔孔径为550 mm，终孔孔径为550 mm，不变径，回填砂滤大粒建筑砂，用黏泥球封井止水30 m。实管长32 m，滤水管长28 m。成井后采用空压机洗井，达到水清、砂净为止。

(二)自来水管网工程

供水统一采用树枝状供水管网，管材选用聚乙烯塑料管。管道设计埋深1.8 m，满足冻胀要求。

(三)井泵房工程

结合实际情况，井泵房采用地面式平台(砖混结构)，建筑面积60 m^2。为保护水源，井房 30 m 内无厕所、鸡舍等污染源；为美观大方，井房为砖混结构，与周围屋舍相协调；四周围栏封闭，围栏两侧种有花草，环境非常优美。

五、工程效益分析

(一)社会效益

解决农村饮水困难是饮水困难地区群众热切盼望的大事。党和国家投入资金建设饮水工程，不但可以进一步提高人民群众的生活质量，而且可以进一步增强党群关系，保障当地经济发展和社会稳定，具体表现在以下几个方面：

一是饮水困难的解决可以使受益群众有更多的时间从事农、副业生产，解放了生产力。

二是告别饮水困难是社会发展的需要，是社会稳定的重要因素，群众饮用卫生水可以减少疾病的发生，从而提高人民群众的健康水平和生活质量。

三是饮水工程的建成，不仅解决了群众饮水困难，而且可以有效地解决劳动力发展井旁经济、庭院经济，促进各地农村经济的发展，改善生态环境和社会环境。

四是通过饮水工程资金扩大了内需，活化了资金，同时可带动相关产业的共同发展，推动经济的全面发展。

(二)经济效益

该工程实施后，可以彻底解决受益地区群众饮水困难问题，而且可以带来相应的经济效益，解决生产力，减少运水的人力和畜力。通过改善水质，可以减少当地群众疾病，节省医疗保健费用，增加畜产品的产量和庭院经济收入。

该工程投资为14.55万元，供水能力20 m^3/h，137户，575人受益，受益大牲畜270头(匹)。工程当年建设当年受益。

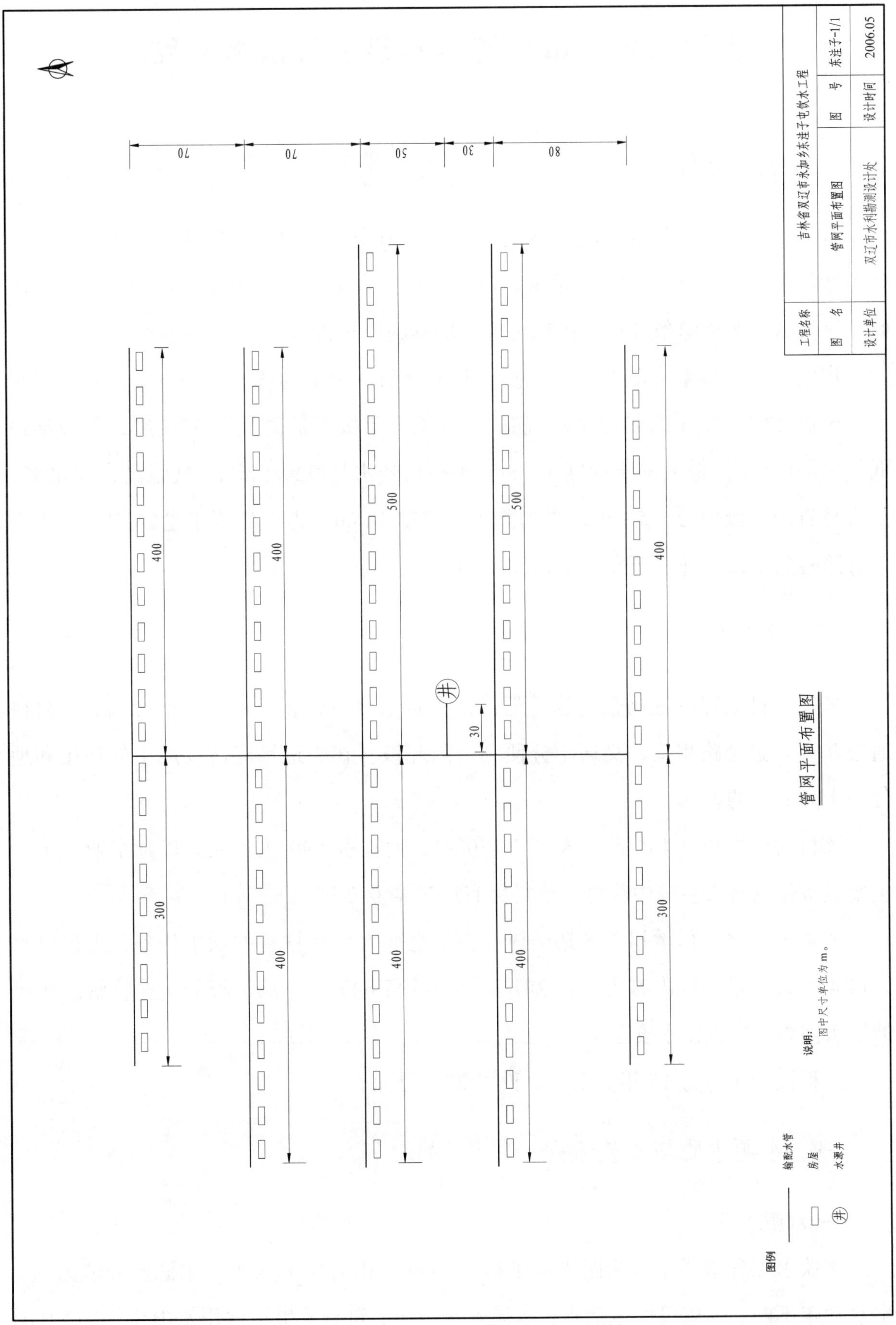

管网平面布置图

图例

—— 输配水管

□ 房屋

㊋ 水源井

说明：

图中尺寸单位为m。

工程名称	吉林省双辽市永加乡东洼子屯饮水工程		
图　名	管网平面布置图	图　号	东洼子-1/1
设计单位	双辽市水利勘测设计处	设计时间	2006.05

吉林省集安市头道镇米架子村饮水工程

一、自然条件

米架子村位于苇沙河支流高丽河流域，该河全长 16 km，流域面积 68.6 km^2，是苇沙河主要支流之一。该流域水系极为发达，众多支流于米架子村附近汇聚。因此，该流域的水资源条件相当优越，地表出露的山泉极多。

集安市属亚温带大陆性季风气候，四季分明。年平均气温为 6.9 ℃，7 月最暖平均气温 23.3 ℃，1 月最冷平均气温–13.6 ℃。年极端最高气温 37.7 ℃，年极端最低气温–36.2 ℃。最大冻土深度 1.7 m。年平均降水量 924.2 mm。气温高，降水多，是吉林省的高湿中心。5～9 月平均降水量 732.3 mm，占全年降水量的 79%。年平均日照时数 2 254.8 h，蒸发量 1 126.0 mm。

二、工程概况

米架子村地理位置比较优越，距吉林省通化市 38 km，距集安市 77 km，村村通公路与集锡公路相接，交通十分便利，因此该村在头道镇经济发展中的作用和地位是十分重要的。

该村耕地面积 2 456 亩，人口 1 350 人，大牲畜 590 头。农业以种植业为主，主要经济作物有人参等中药材。该村另有厂矿企业 2 家。

米架子饮水工程承担着米架子村所在地全部人口和牲畜的饮水任务，工程供水人口 478 人，供水区内有大牲畜 281 头、小牲畜 647 头。该工程的实施将解决居民的饮水困难，实现饮水安全。

工程设计年限为 15 年。工程总投资 27.5 万元。

三、水源水质与工艺流程

(一)水源水质

该饮水工程选择水源为距米架子村 1.5 km 处山谷中的泉水，水源涵养能力强，泉水常年不断，远离居民生活点，水质安全卫生，符合《生活饮用水卫生标准》(GB

5749—85)中的各项要求。

(二)工艺流程

泉水 → 集水井 → 输水管道 → 高位水池 → 配水管网 → 用户

四、工程主要构筑物

(一)集水井

集水井 1 个，ϕ2.0 m，分上下两层结构。下层为干砌石结构，高 2 m，厚 1 m，全部淹没在水下。干砌石周围用干净的河卵石填筑，厚 1 m，高 3 m。上层为浆砌石结构，厚 0.5 m，高度为 2 m，在浆砌石外围距地表 1 m 处用黏土夯实，其宽度为 1 m，井盖用钢筋混凝土封实。

(二)高位水池

高位水池为钢筋混凝土结构，ϕ5.0 m，深 2.5 m，壁厚 0.3 m，容积为 50 m^3。高位水池底部用 0.5 m 厚浆砌石垫底，井盖用钢筋混凝土封实，其上覆盖 0.7 m 厚土层，井盖留有检查孔和气孔，池外配有检测井。

(三)输配水管路

输水管：集水井到高位水池的管路，采用规格为 100 mm 的聚乙烯塑料管，单排，长度 1 500 m。

配水管：从高位水池到用户的管路，主管道规格为ϕ63 聚乙烯塑料管，长 1 220 m；支管采用规格为ϕ50 聚乙烯塑料管，长 3 880 m；入户管路规格为ϕ15 聚乙烯塑料管，长 6 620 m。

五、工程效益分析

(一)社会效益

该村饮水工程解决了群众的饮用水，解放了生产力，有利于改善生态环境和社会环境。饮水工程建成后，随着农村经济的发展，农民收入不断增加，有利于扩大消费，推动经济全面发展。受益群众将饮水解困工程称为党和政府的“德政工程”、“爱民工程”，工程的实施所带来的社会效益是巨大的。

(二)经济效益

工程建成后，节省了运水的劳力、畜力、机械和相应的燃料、材料等费用；改善了水质，减少了疾病开销的医疗保健费用；发展了庭院经济；节省了外出务工费；

带动了村办企业的发展。该工程的各项经济指标均满足相应要求，经济效益良好。

(三)环境效益

饮水工程的建设不但没有破坏原有的水资源，不会使地下水位下降，而且减少了对地下水的大量开采，涵养了当地水源。对水源地的保护使局部小环境得以改善，使当地的环境向良性发展。

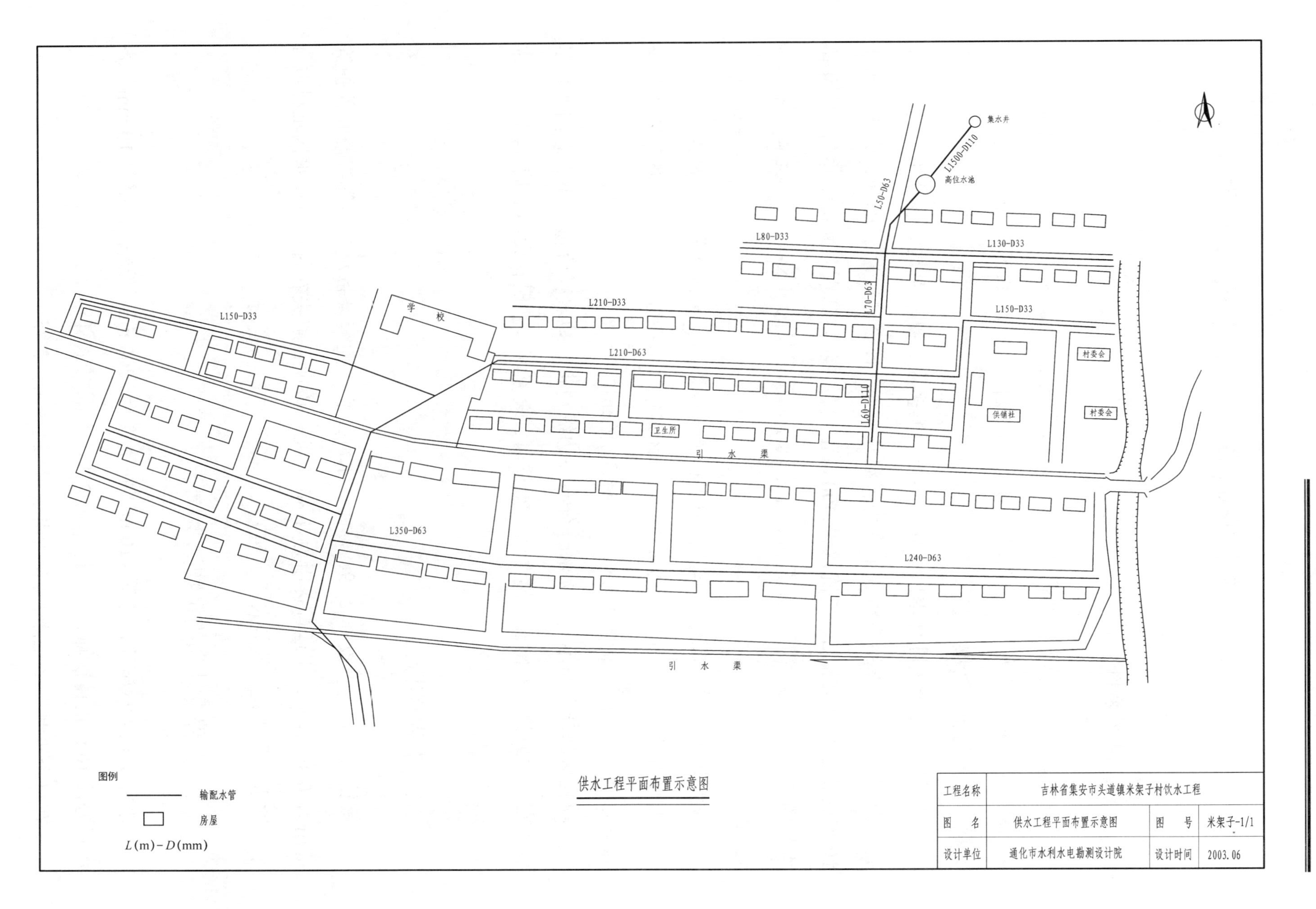

供水工程平面布置示意图

吉林省白城市德顺乡德顺昭屯饮水工程

一、自然条件

洮北区位于吉林省西北部的松嫩平原西部，东经121º38′～124º23′，北纬40º13′～46º18′。全区地形多为平原，西北部为低山丘陵区，海拔110～240 m。全区土质多为黑土、草甸土、沙壤土。

项目区属温带大陆性季风气候，春季干燥多风，夏季温热雨量分布不均，秋季昼夜温差大，冬季寒冷少雪。年平均气温4.7 ℃，日照时数为2 948 h，大于或等于10 ℃的积温为2 958 ℃，年降水量400 mm左右，年内降水分配极不均匀，全年降水量的70%集中在6、7、8月份，年平均水面蒸发量为1 840 mm。无霜期平均为150 d。

项目区地下水资源比较丰富，地表径流比较微小。全区水资源总量为22.72亿m^3，其中地表水资源量为1.89亿m^3，全区多年平均径流深10 mm；地下水天然资源量为20.83亿m^3，最大可开采量为15.39亿m^3。

项目区河流分布不均，大部分分布在边缘地带，地表径流量微小，湖泊泡塘星罗棋布，主要河流有嫩江、洮儿河、霍林河、蛟流河等。现有大小泡塘84处，蓄水量2.68万m^3。

二、工程概况

该饮水工程建设投资27.96万元，水源工程、配套设备及管路等维修和养护等费用为0.42万元，年运行费用为1.36万元。该项目解决农村人口饮水困难村屯1个，饮水工程1处，效益人口1 240人，农户276户，牲畜576头。

三、工程设计和构筑物选型

水源工程为承压井，井深110 m，井壁管为ϕ200 mm铸铁管，壁厚10 mm，滤水管为长16 m的铸铁筛管，孔隙率为25%，沉淀管长4 m。

在每个典型井管末端设置沉沙井，井深2.5 m，直径1 m，内砌砖。

根据设计流量 Q=18 m^3/h 和设计扬程 H=33.36 m，水泵选用力源系列不锈钢深井潜水泵，型号为 150QJ25–28/5，并配有全自动控制箱。

管理房采用砖混结构平房，建筑面积 60 m^2。

四、工程运行及效益分析

根据计算，供水水价为 1.40 元/m^3。该项目在经济上是合理可行的，给广大农村带来了极大的社会效益、经济效益和环境效益。改善了水质，减少了疾病，提高了广大农民的健康水平，保护了农村劳动力；解决了多年遗留下来的“吃水难”的问题，促进了农业生产的发展和农村经济发展。

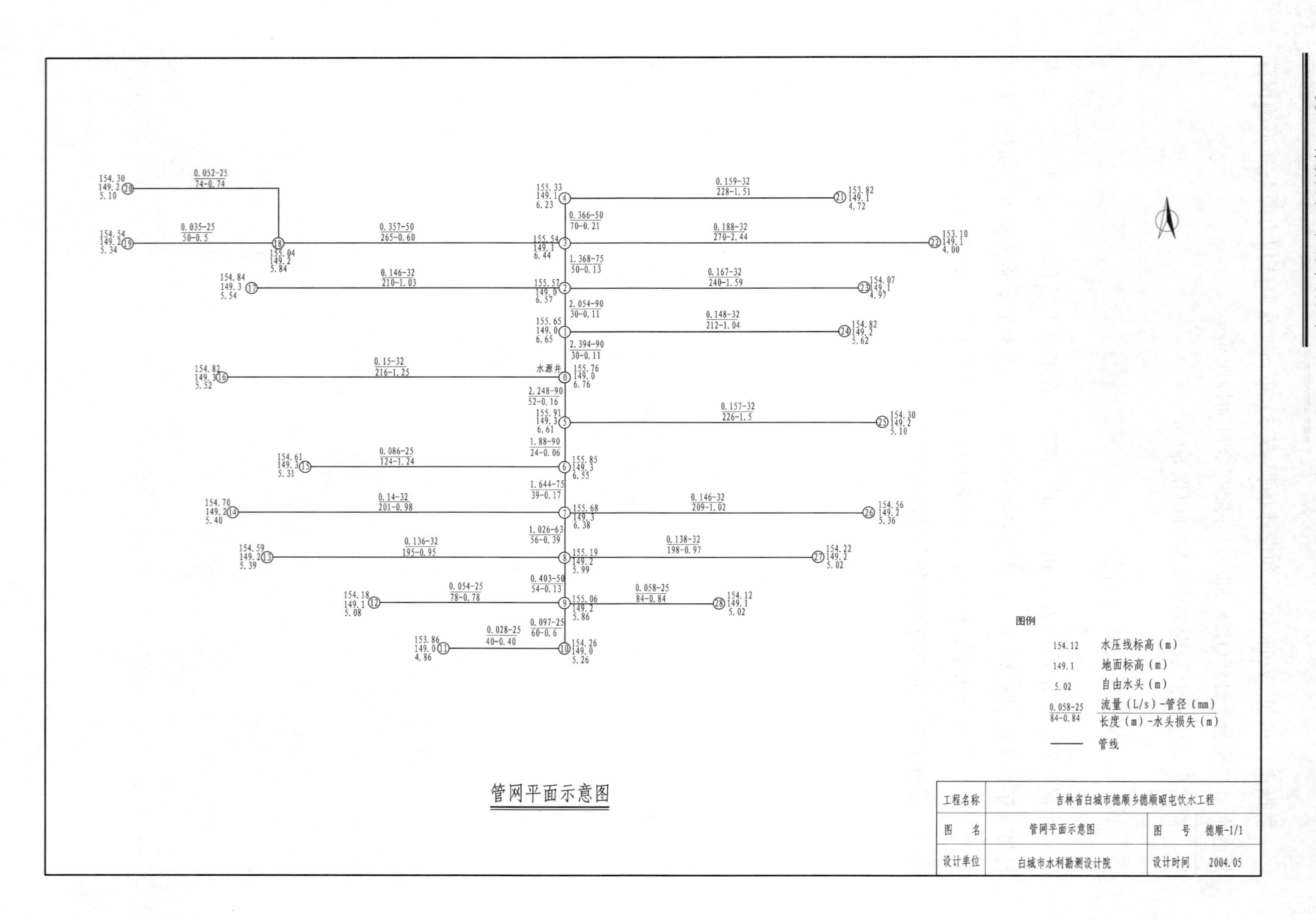
水源井
图例
154.12 水压线标高（m）
149.1 地面标高（m）
5.02 自由水头（m）
0.058-25 流量（L/s）-管径（mm）
84-0.84 长度（m）-水头损失（m）
管线
工程名称
吉林省白城市德顺乡德顺昭屯饮水工程
图名
管网平面示意图
图号
德顺-1/1
设计单位
白城市水利勘测设计院
设计时间
2004.05

管网平面示意图

黑龙江省阿城市小岭镇西川村饮水工程

一、自然条件

阿城市为半山区，处在张广才岭和松嫩平原的过渡地带，地形地貌较为复杂，东部山区是张广才岭的西坡，西部平原和漫岗地区属于松花江平原的边缘，松花江断裂带位于该市的北端。依据成因类型，阿城市的地貌单元可分为低山丘陵区、河谷平原区、高平原区。全市总的地势是东南向西北倾斜，海拔在 120 ~ 826 m，平均海拔 400 m。

阿城市地处北半球中纬度地区，属于中温带大陆性季风气候。气候季节性变化明显，春季回暖快而多风，容易出现春旱；夏季短促而炎热，雨水较多；秋季降温急剧，容易出现早霜；冬季漫长寒冷。年平均气温 3.6 ℃，极端最高气温 36.4 ℃，极端最低气温–38.1 ℃。年平均降水量为 518.4 mm，无霜期 146 d。多年平均风速 4.1 m/s，风向多为西风。最大冻深 1.8 m。地震等级为Ⅵ度。

阿城市主要河流有 15 条，分属于阿什河、蜚克图河、运粮河、信义河四条水系。全市境内泡沼主要有大白鱼泡、小白鱼泡、月牙泡、洋草甸子泡等，分布于松花江漫滩及阿什河沿岸。

项目区位于阿城市西北部，隶属于黑龙江省哈尔滨市阿城市小岭镇，当地总人口 65.98 万人。2005 年工农业总产值 36 000 万元，农民人均收入 4 675 元。

二、工程概况

该工程于 2007 年 3 月竣工，建设规模 237.15 m^3/d。供水区域包括 1 个乡，5 个行政村，现有人口 1 563 人，设计供水人口 2 617 人。项目建设总投资 137.05 万元。

三、水源水质与工艺流程

(一)水源水质

根据卫生防疫站检测结果，项目区地下水资源除锰含量超标外，其他各项指标均符合《生活饮用水卫生标准》(GB 5749—85)，可作为生活饮用水水源。

(二)工艺流程

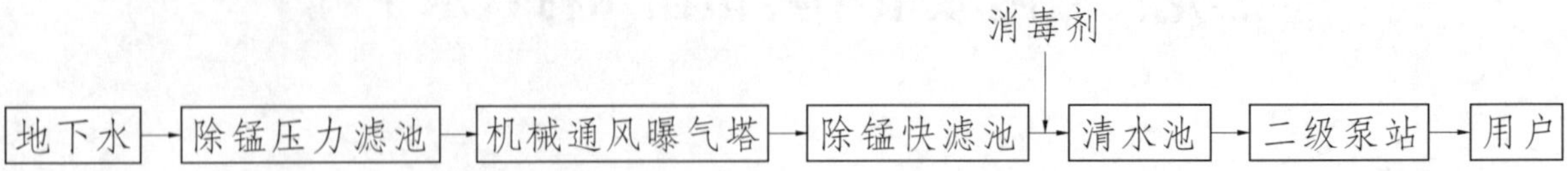

消毒剂 ↓

地下水 → 除锰压力滤池 → 机械通风曝气塔 → 除锰快滤池 → 清水池 → 二级泵站 → 用户

四、工程设计和构筑物选型

水源井位于西川村西川小学东 150 m 处，底板埋深大于 15 m，含水层总厚度大于 5 m，所以采用管井。

取水泵房设计流量 7.7 L/s，进水管的流速 1.0 m/s，水泵出水管并联前的流速 1.5 m/s，泵房地坪标高 0.0 m，人行道宽度 1.2 m，机组间隔 0.8 m，高压配电盘前的通道宽度 2.0 m，低压配电盘前的通道宽度 1.5 m。

输水管长度为 50 m，采用硬聚氯乙烯管 UPVC，管径 180 mm，输水速度 0.60 m/s。

曝气装置采用淋水装置，其孔眼直径为 4 ~ 8 mm，孔眼流速为 1.5 ~ 2.5 m/s，距水面安装高度为 1.5 ~ 2.5 m。采用莲蓬头时，每个莲蓬头的服务面积为 1.0 ~ 1.5 m^2。

配水泵房设计扬程 37.2 m，设计流量 7.3 L/s，进水管的流速 1.0 m/s，水泵出水管并联前的流速 1.5 m/s，泵房地坪标高 185.0 m，人行道宽度 1.2 m，机组间隔 0.8 m，高压配电盘前的通道宽度 2.0 m，低压配电盘前的通道宽度 1.5 m，泵的个数为 2 个，连接方式为单泵运行。

配水管网采用树枝状布置。配水量按最高日最高时用水量计算，$K_{时}$=3.50，进入各村的干管管径不小于 30 mm，各进水口处设置一座闸阀、水井表，供水到每一用户，每户设置一个水表，以便计算。

五、工程运行及效益分析

根据当地经济发展现状及用户的经济承受能力，实际水价为 3.50 元/m^3。

经核算，该项目投资回收期为 8.08 年(含建设期)，投资利润率为 12.35%，所以项目在经济上合理可行。

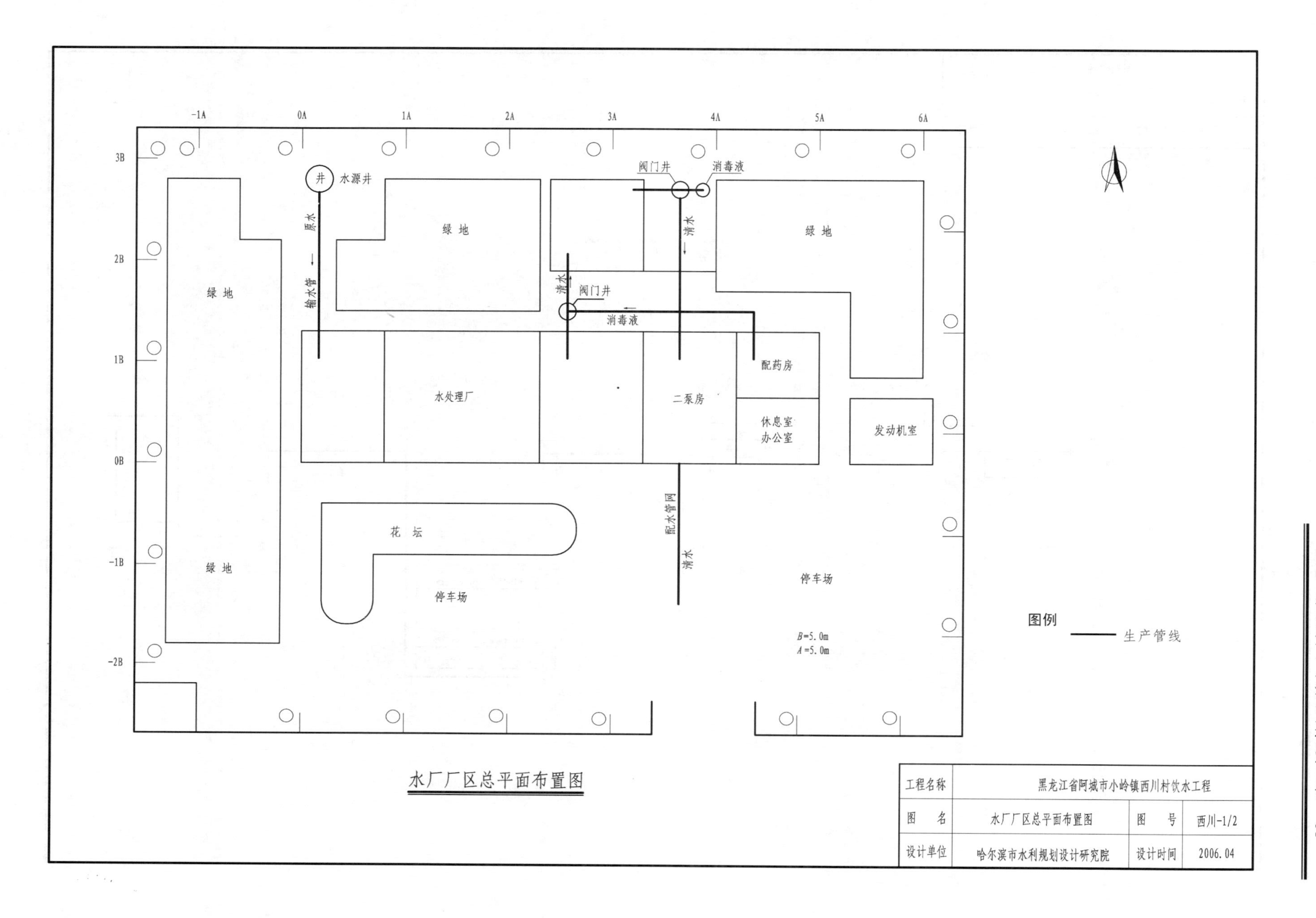

-1A
0A
1A
2A
3A
4A
5A
6A
3B
2B
1B
0B
-1B
-2B
井
水源井
原水
输水管
绿 地
阀门井
消毒液
清水
配药房
水处理厂
二泵房
休息室
办公室
发动机室
配水管网
花 坛
停车场
B=5.0m
A=5.0m
图例
生产管线
工程名称
黑龙江省阿城市小岭镇西川村饮水工程
图 名
水厂厂区总平面布置图
图 号
西川-1/2
设计单位
哈尔滨市水利规划设计研究院
设计时间
2006.04

水厂厂区总平面布置图

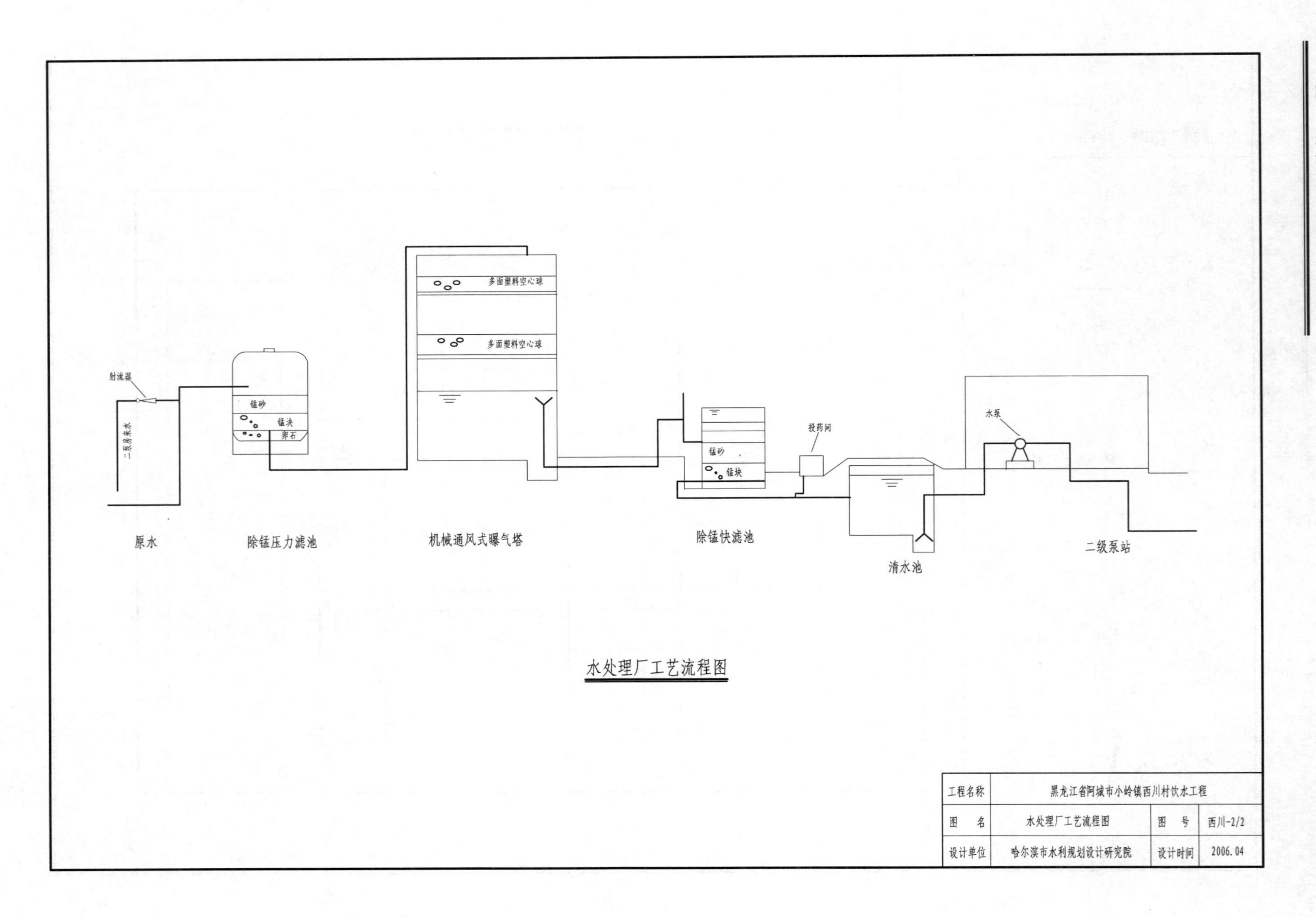

射流器
锰砂
锰块
卵石
多面塑料空心球
多面塑料空心球
锰砂
锰块
投药间
水泵
原水
除锰压力滤池
机械通风式曝气塔
除锰快滤池
清水池
二级泵站
水处理厂工艺流程图
工程名称
黑龙江省阿城市小岭镇西川村饮水工程
图 名
水处理厂工艺流程图
图 号
西川-2/2
设计单位
哈尔滨市水利规划设计研究院
设计时间
2006.04

江苏省盱眙县王店乡饮水工程

一、自然条件

王店乡位于江苏省盱眙县城南部，乡域东部与旧铺镇相连，南部与安徽省来安县接壤，西相接仇集镇，北与桂五镇毗邻，总面积 138 km^2，省际公路盱滁线穿境而过，国家AAA级风景名胜区——铁山寺森林公园位于境内西南。经济发展以农业、林业为主，工业发展滞后，第三产业以服务本乡域为主。2005 年全乡国民生产总值 1.71 亿元，财政收入 209.18 万元，农民人均纯收入 3 441 元。

王店乡境内地势西高东低，西部为丘陵山区，最高的山峰海拔 183 m；东部为平原地区，最低处海拔只有 30 m，土壤主要有沙土、黏土等。工程地质承载力平原地区为 100 ~ 120 kPa，丘陵山区为 140 ~ 200 kPa。境内有两个水库，较大的为化农水库，较小的为蔡港水库，抗震设防烈度为Ⅶ度。王店乡位于南北气候过渡地带，气候温和，四季分明，降水量的年内分配极不均匀，暴雨主要集中发生在 6 ~ 9 月。

二、工程概况

王店乡现有农村总人口 35 331 人，其中饮水不安全人口 24 712 人。王店乡平原区地下水资源匮乏，项目采用天泉湖水库为水源，通过化农水厂的管网延伸解决饮水不安全问题；丘陵山区地形复杂，管网延伸难以实施，项目采用引泉工程解决饮水不安全问题。该项目工程总投资 1 165.83 万元，工程范围覆盖王店乡全乡，工程内容主要包括引泉工程、净水改造工程和输配水管网工程三部分。

三、工程特点

(1)因地制宜选择供水方式，充分利用地势条件，采用泉水重力流与现有乡镇水厂管网延伸加压供水相组合的方式。

(2)充分利用已有资源潜力，使水厂效益得以充分发挥。现有水处理工艺流程技术合理，适应水源水质、水量变化，运行管理方便，出水水质满足水质标准。

(3)对管网进行优化设计，合理确定管线走向，以最短的管线提供最大供水范围；选取造价和运行费用较小的 UPVC 管作为主要输水管材；采用变频供水技术，保证管网压力的稳定且降低能耗。

四、工艺流程

平原区化农水厂管网延伸工程：

天泉湖水库 → 一级泵房 → 网格絮凝池 → 斜管沉淀池 → 无阀滤池 → 清水池 → 二级泵房 → 输配水管网

丘陵山区引泉工程：山泉水 → 高位泉室 → 管网

五、工程设计和构筑物选型

(1)供水方案：根据王店乡地势特点，王店平原地区采用以天泉湖为供水水源的单水源供水系统；丘陵山区采用多眼泉串联的多水源供水系统，远期可与苏北区域供水骨干管网衔接。

(2)水源工程：化农水厂选用天泉湖水库水，水质良好，水量充足；丘陵山区选用优质山泉水，水质清澈，水量可通过多眼泉串联，提高供水保证率。

(3)净水工程：化农水厂为已建工程，按 5 000 m^3/d 规模设计，取水口在天泉湖水库边，由水泵直接吸水。采用网格斜管沉淀池一座(12.3 m × 6 m × 5 m)、无阀滤池两座(9 m × 4.6 m × 5.4 m)、清水池一座(16.2 m × 9.8 m × 3.5 m)。二泵房直接从清水池吸水，泵房内原设 IS100–65–250 离心泵二台，一用一备，一台泵配变频调速装置。净水工艺改造部分主要针对泵房，远期再增设一台水泵。

(4)输配水工程：化农水厂原有一根ϕ200 的预应力钢筋混凝土清水输水管，该项目沿着原管道方向增设一根ϕ400 的预应力钢筋混凝土输水管道，以满足供水要求。平原地区配水干管沿着现有和规划道路由西向东横穿整个项目区，就近供应各村用水，布置时主要按树状布置，同时考虑远期连成环状的可能。民建村充分利用丘陵地势，建造高位水池，采用重力输水的方式沿着山路以最短路径铺设管道。

六、工程效益分析

该项目工程效益费用比为 1.10，净现值为 216.51 万元，内部收益率为 8%，各项指标均满足限定要求，经济上可行，同时又产生了很大的社会效益和环境效益。工程对减少疾病、改善当地的生产条件和群众的生活条件、解放劳动力、促进农村产业结构的调整和当地经济迅速发展起着十分重要的作用，为农村全面小康打下了良好基础，同时可实现水资源的统一管理和合理使用，使区域生态环境得到更为自觉的保护与改善，促进了投资环境的优化。

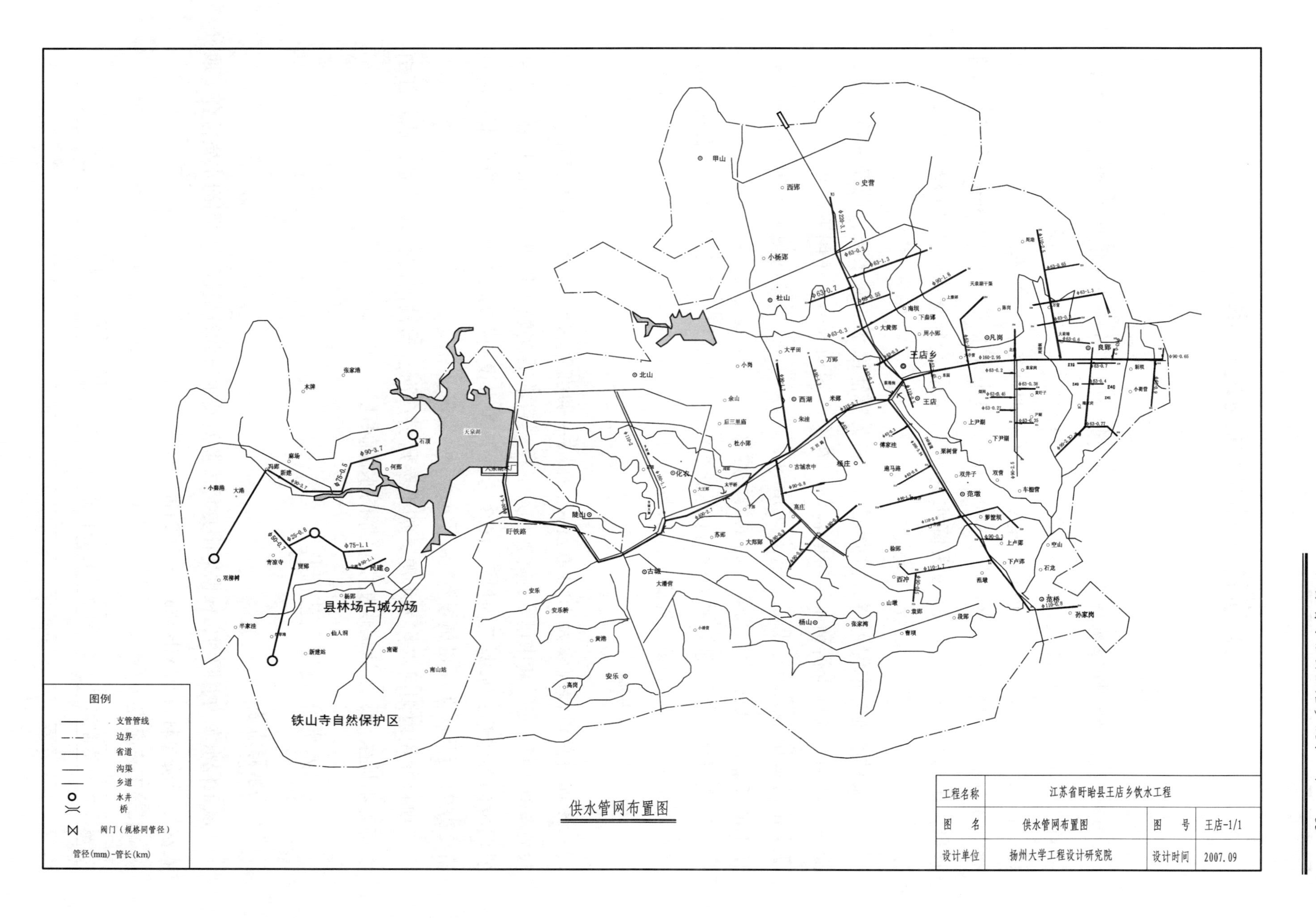

王店乡
县林场古城分场
铁山寺自然保护区
图例
支管管线
边界
省道
沟渠
乡道
水井
桥
阀门（规格同管径）
管径(mm)-管长(km)
供水管网布置图
工程名称
江苏省盱眙县王店乡饮水工程
图 名
供水管网布置图
图 号
王店-1/1
设计单位
扬州大学工程设计研究院
设计时间
2007.09

江苏省射阳县海通地区水厂

一、自然条件

项目区属季风性亚热带北部边缘湿润气候，四季分明，常年平均气温13.62 ℃，最高气温39.9 ℃，最低气温-15.0 ℃。多年日照时数2 362 h，最多日照时数2 665 h，最低日照时数2 055.9 h。主导风向为东南风和西北风，平均风速为3.03 m/s。降水时空分布不均，最大年降水量为1 559.4 mm，最小降水量为499.7 mm，多年平均降水量为1 032.1 mm，每年6～9月降水量较大，约占全年降水量的64.8%。年平均蒸发量900.2 mm，无霜期176～245 d。

该项目区地处淮河下游、黄海之滨。古为宣泄淮水的潜水湾，历经一两千年，淮河、黄河、长江上游河水挟带的泥沙，在海洋的动力因素作用下沉积、淤展，逐渐由沧海桑田形成地势低洼、河道交错的地貌特征。项目区内地势平坦，地面高程在1.6～2.2 m，地貌形态简单，为滨海平原区。

该项目区包括海通镇的10个村民委员会、黄沙港镇的3个公司，县农牧公司、水产养殖公司、种牛场及省属临海农场的两个分场等，面积171.9 km^2，6.38万人。

二、工程概况

该项目总设计规模为10 000 m^3/d，其中一期工程设计规模5 000 m^3/d，工程总投资461.19万元，其中已实施57万元工程，目前需实施工程投资404.19万元。主要建设内容包括：水源工程投资16.3万元，净水设施197.18万元，输配水管道投资229.71万元，附属设施投资18万元。

项目使用射阳河水作为水源，加上泰州引江河、通榆河的全线贯通，从长江引水将为本地生产、生活提供更加可靠的水源保证。

三、水源水质与工艺流程

(一)水源水质

该工程水源为射阳河，根据射阳县环境监测站水质调查报告，射阳河水质符合《地表水环境质量标准》(GB 3838—2002)Ⅲ类标准。

(二)工艺流程

一级泵河流取水取用原水 → 加矾混合 → 网格絮凝 → 斜管沉淀 → 钟罩式无阀滤池过滤 → 消毒 → 清水池 → 二级泵供水 → 输配水管网 → 用户

四、工程设计及构筑物

取水构筑物及水厂位置选择：取水构筑物建在海通镇西北方向中尖村境内，以射阳河作为水源，建设地表净水厂。取水构筑物的形式采用河床式取水构筑物，即直接在岸边建造水泵房，水泵的吸水管和取水头部相连接，伸入河中直接取水。

取水构筑物：①取水水泵，选用 IS125–100–250 水泵和 IS150–125–250 水泵各 3 台(套)。②取水泵房与加药间、药物仓库、机修间合建，取水泵房 7.2 m×3.6 m 一间，加药间、药物仓库 4 间，机修间 2 间，合计 7 间 182 m^2，采用砖混结构，单层平房。

净水设施：①网格絮凝池尺寸，共 14 格，池总面积为 10.28 m^2，深 5.1 m。②集水槽总宽度 0.4 m，长 4.0 m，集水槽数量为 5 条，单个槽宽 0.17 m，高 0.51 m。③无阀滤池尺寸，设四格滤池，单格尺寸 7.29 m^2。

调节及供配水建筑物：①清水池。选用 500 m^3 矩形钢筋混凝土蓄水池 3 座，一期实施清水池 1 座。②给水泵。选用 IS80–50–200 水泵 5 台(套)和 IS150–125–400 水泵 3 台(套)。③供电及自动控制设计。水厂就近架设高压 10 kV 线路，各供水厂配备 250 kVA 变压器 1 台(套)及相应计量配电装置，自动控制采用变频调速控制，实现机组之间的自动切换，配备一台变频调速柜控制全部机组交替变频运行。④供水泵房。按供水泵房、配电间、控制室、化验室合建，3.6 m×7 m，9 间 235 m^2，采用砖混结构，单层平房。

输配水管道：①浑水输水管道。2 根管道分送 2 个絮凝池，采用 UPVC 输水管道，管径 D=300 mm。②配水管道。选用基本允许压力 0.6 MPa 的 UPVC 管道。③供水管道附件。在管道沿线分段及各分支口安装阀门及排水阀；在节点与配水管网连接处安装阀门、水表各一只；在管段中的最高点安装排气阀。④供水管道的基础及附属构筑物。供水管道的基础采用天然基础；阀门井及水表井，为了便于操作和管理管网中的附件，管道附件均安装在阀门井内；管道过河，采用钢管穿越。

五、工程运行及效益分析

该工程社会效益显著，大大提高了农民群众的健康水平，有力地促进了农村经济的发展，较好地改善了农村生活环境。

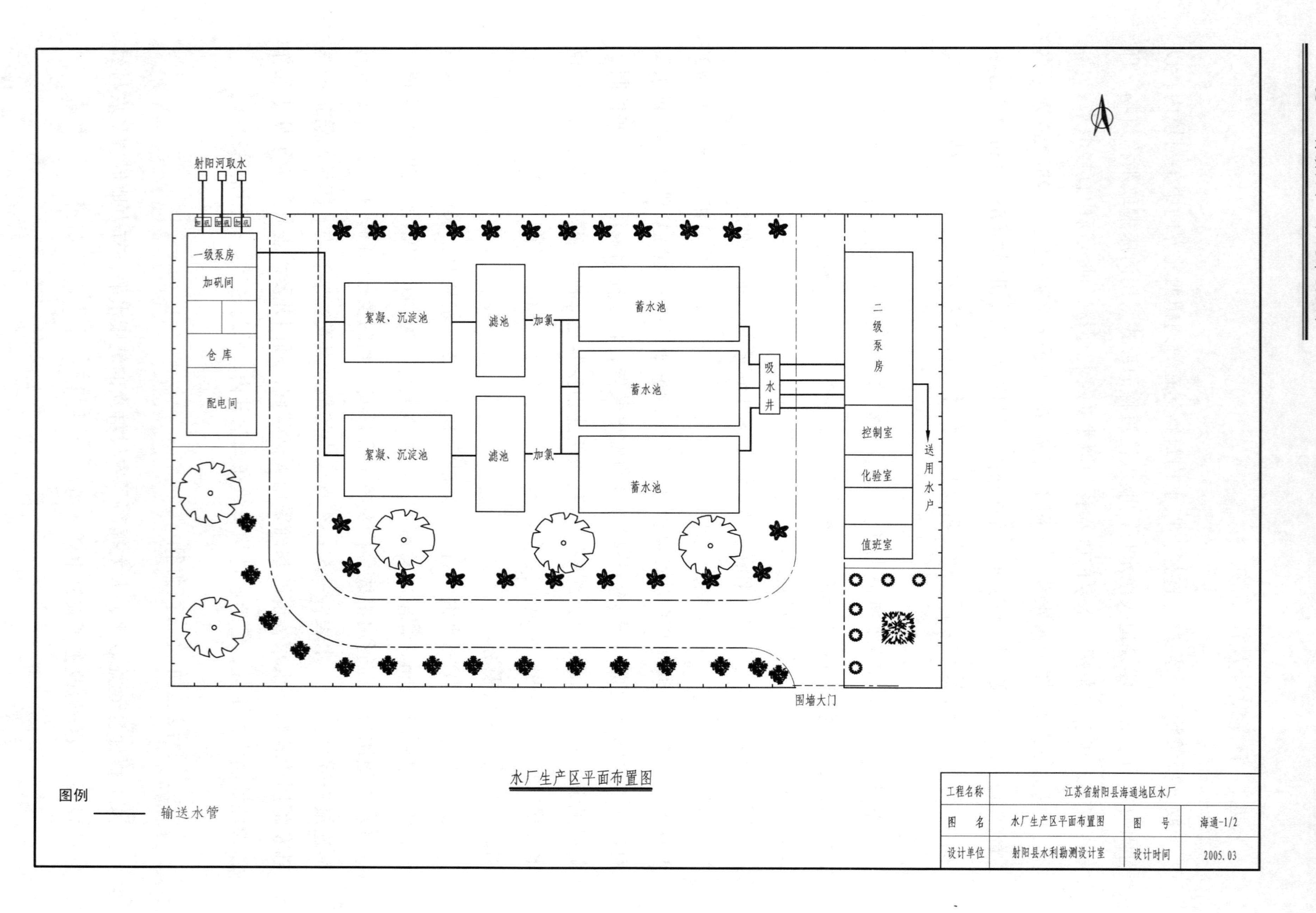

射阳河取水
一级泵房
加矾间
仓库
配电间
絮凝、沉淀池
絮凝、沉淀池
滤池
滤池
加氯
加氯
蓄水池
蓄水池
蓄水池
吸水井
二级泵房
控制室
化验室
值班室
送用水户
围墙大门
图例
输送水管
工程名称
江苏省射阳县海通地区水厂
图名
水厂生产区平面布置图
图号
海通-1/2
设计单位
射阳县水利勘测设计室
设计时间
2005.03

水厂生产区平面布置图

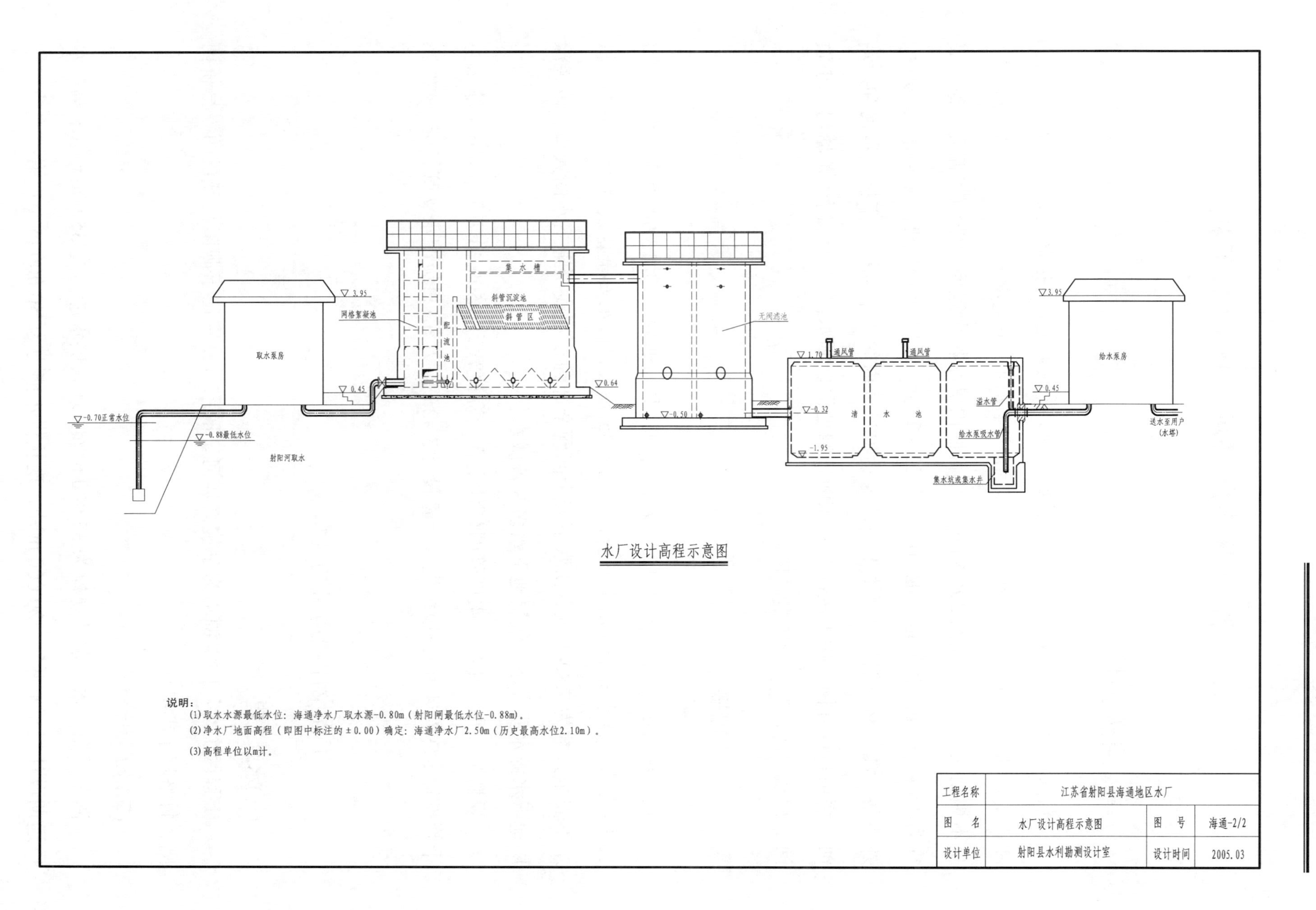

水厂设计高程示意图

说明：

(1)取水水源最低水位：海通净水厂取水源-0.80m（射阳闸最低水位-0.88m）。

(2)净水厂地面高程（即图中标注的±0.00）确定：海通净水厂2.50m（历史最高水位2.10m）。

(3)高程单位以m计。

工程名称	江苏省射阳县海通地区水厂		
图　名	水厂设计高程示意图	图　号	海通-2/2
设计单位	射阳县水利勘测设计室	设计时间	2005.03

江苏省泗阳县众兴项目区饮水工程

一、自然条件

众兴项目区位于江苏省泗阳县县域中部，县城附近，包括众兴镇(不含城厢社区)和八集乡两个乡镇，南至京杭大运河，北至四塘河，东至淮安区界，西至宿城区界，呈不规则三角状，面积约296.5 km^2。项目区内沿京杭大运河一线地势偏高，地面高程为15～19.9 m，其他地区地面高程为12～15 m。区内交通便利，泗沭路、史众路、外环路、淮海路、魏来路等主要道路通达项目区内的3个乡镇，京杭大运河和六塘河环绕项目区外围，徐大泓河、葛东河、泗塘河、泗水河、小沂河、黄塘河、小黄河等相互沟通，遍布于项目区内。

二、工程概况

众兴项目区，总人口29.15万人，其中：县城非农人口13.00万人，农村人口16.15万人，饮水安全和基本安全人口为8.35万人，饮水安全普及率为51.70%；饮水不安全人数为7.80万人，饮水不安全问题全部为饮用浅层地下水的人口，该区深层地下水源水质合格，浅层地下水多为苦咸水。

规划第一水厂和第二水厂管网延伸工程投资概算为6 500.20万元，其中：输水主干管投资1 597.74万元；镇级配水干管投资3 425.17万元；村级配水支管投资1 477.28万元。

三、工程设计和构筑物选型

(一)水源工程

工程两个水厂的水源均为京杭大运河，取水口分别位于泗阳县城段的一号桥西侧和竹络坝干渠渠首。

(二)水厂设计

泗阳县第一水厂设计规模为35 000 m^3/d，现状供水能力为35 000 m^3/d；第二水厂远期设计规模不低于220 000 m^3/d，现状供水能力为50 000 m^3/d；第一水厂、第二水厂现状供水总能力为 85 000 m^3/d。

(三)净水工程

第一水厂和第二水厂净水工艺流程为

一级泵房 → 絮凝池 → 沉淀(澄清)池 → 滤池 → 清水池 → 二级泵房 → 清水管 → 用户

(四)工程量

(1)输水主干管(水厂—乡镇):从水厂通往众兴镇、八集乡的主干管,长约 17 800 m。

(2)镇级配水管(乡镇—村庄):从乡镇至各村的配水管,长约 96 150 m。

(3)村级配水管(村庄—用户):从村庄至用户的配水管,长约 448 500 m。

四、工程运行及效益分析

工程财务净现值为 2 318.45 万元,财务内部收益率为 9.1%。

项目区进水成本为 1.4 元/m^3,转供运行成本介于 0.23 ~ 0.45 元。若不考虑保险和农民投劳因素,则项目区的供水成本应为 1.63 ~ 1.85 元/m^3。结合项目区现行水价标准,考虑一定的上涨幅度是制订项目区水价的可行办法,2007 年项目区水价为 1.95 元/m^3,此次农村饮水安全工程实施后,项目区的水价初定于 2.0 元/m^3,以后每三年调整一次,每次调高 0.2 元/m^3。

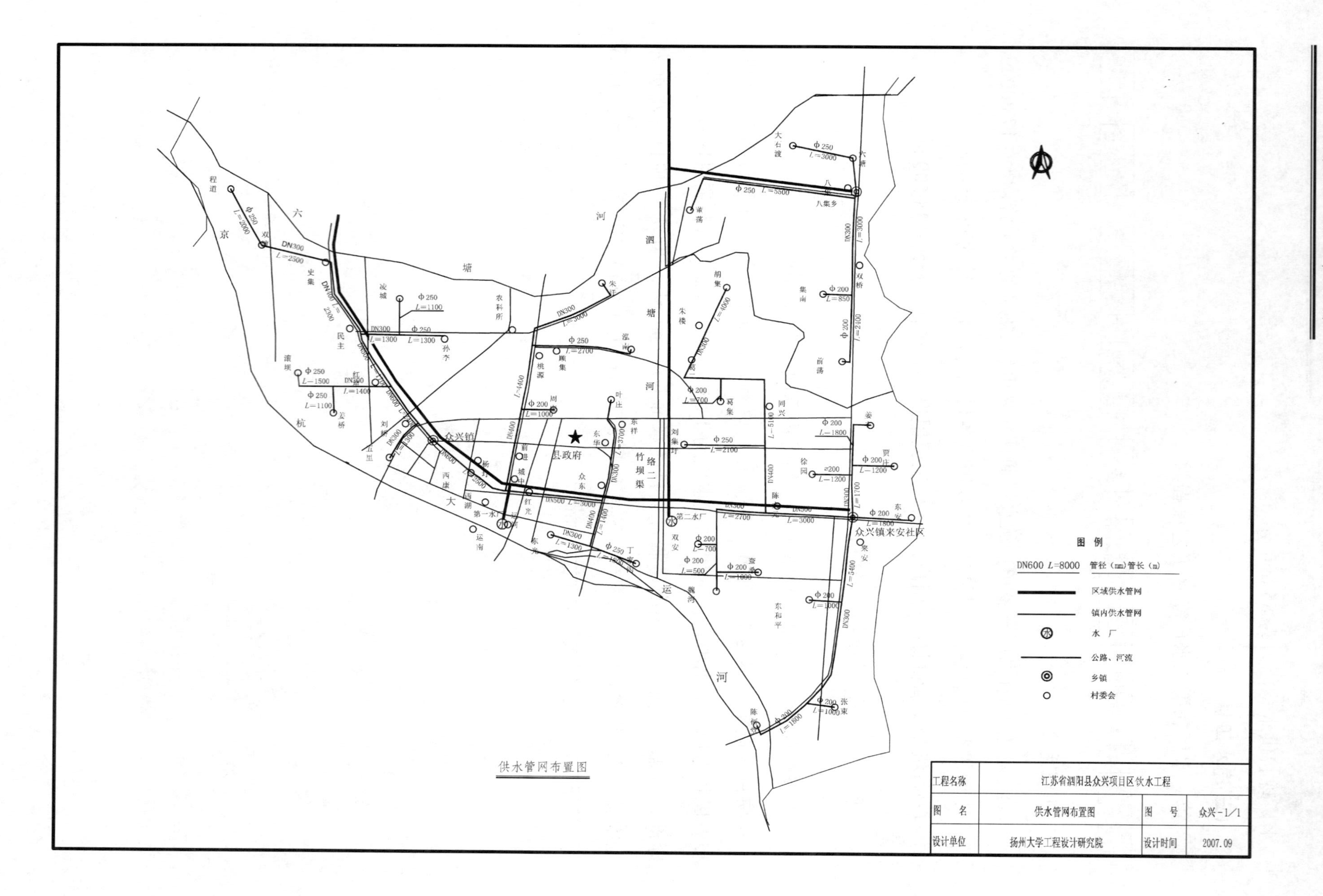
图例
DN600 L=8000 管径（mm）管长（m）
区域供水管网
镇内供水管网
水厂
公路、河流
乡镇
村委会
工程名称
江苏省泗阳县众兴项目区饮水工程
图名
供水管网布置图
图号
众兴-1/1
设计单位
扬州大学工程设计研究院
设计时间
2007.09
众兴镇
县政府
八集乡
第二水厂
第一水厂
众兴镇来安社区
竹络坝二渠

供水管网布置图

浙江省淳安县威坪镇水厂

一、自然条件

威坪镇位于浙江省淳安县西北部，东南距县城 27 km。东连宋村乡，东北为唐村镇，南临千岛湖，并与鸠坑乡隔水相望。总面积 201 km^2，占全县面积的 2.94%。据 2000 年资料，威坪镇辖 2 个居委会，67 个行政村，总户数 10 996 户，总人口 3.85 万人。境内地势西北、东南相向倾斜，西北界山百桂尖，海拔 1 055.4 m，为全镇最高峰，东南端东山尖，海拔 978 m。有耕地 541 hm^2，园地 691 hm^2，山林 7 673 hm^2。五都、小五都源和北来入境的七都、六都源为境内 4 条主要溪流，由北而南注入千岛湖。沿溪下游的低山丘陵，田坂成片，土质肥沃，人口稠密，村庄集中，海拔一般在 200 ~ 400 m。水资源丰富，建有小型水库 21 座，总蓄水量 18 087 万 m^3，灌溉面积 155 hm^2。威坪镇属亚热带季风气候，温暖湿润，热量充裕，雨量充沛，无霜期长，光照充足。年平均气温 17.7 ℃，全年平均降水量为 1 571.7 mm，最大降水量为 2 044 mm，全年无霜期 242 d。地形复杂，光、温、水的地域差异明显，灾害性天气较多，旱洪频繁。

二、工程概况

城镇供水工程建设分两个阶段进行，近期 2004 ~ 2010 年，远期 2011 ~ 2020 年。服务范围为威坪镇大桥以北区域。建设面积近期 135 hm^2、远期 238 hm^2，服务人口近期 1.5 万人、远期 2.5 万人。淳安县威坪镇供水工程的编制内容包括供水规模及分期、取水、工艺流程选择、净水厂总体设计、输水管道和管材选择、工程投资估算、运行成本计算。

三、水源水质与工艺流程

(一)水源水质

该工程把千岛湖李公坪西侧约 200 m 的库湾作为新建自来水厂的取水水源。该区域水源水质较好，经检测，除大肠杆菌项目超标外，其余项目均符合集中式生活饮用水地表水水源地一级保护区(Ⅱ类区)标准。

(二)工艺流程

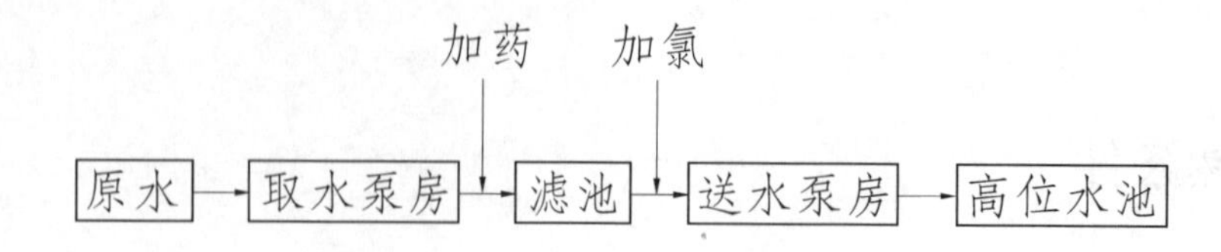

四、工程结构设计及主要构筑物

(1)进水泵房：占地面积为 72.35 m^2，高 22 m，埋深 7 m，采用现浇钢筋混凝土结构，底板及壁厚为 80 cm，底板承重，地基为开挖岩石。进水泵房上方设电动葫芦以起吊水泵，电动葫芦轨道梁采用框架结构。

(2)送水泵房：占地面积为 112.98 m^2，高 9.3 m，其中地下部分高 3.5 m，其余为地面结构，采用现浇钢筋混凝土结构，底板及壁厚为 35 cm，底板承重，地基为开挖岩石。

(3)废水回收池：占地面积为 45.54 m^2，进水口处高 4.0 m，出水口处高 5.0 m，为地下结构，采用现浇钢筋混凝土结构，底板及壁厚为 30 cm，底板承重，地基为开挖岩石。

(4)浓缩池：占地面积为 31.36 m^2，高 3 m，地面结构，采用现浇钢筋混凝土结构，底板厚 35 cm，壁厚为 30 cm，底板承重，地基为开挖岩石。

(5)加氯间：占地面积为 54 m^2，高 6 m，地面结构，采用框架结构，用钢筋混凝土柱子承重，地基为开挖岩石。

(6)清水池：占地面积为 278.89 m^2，高 4.3 m，地面结构，采用现浇钢筋混凝土结构，底板及壁厚为 35 cm，底板承重，地基大部分为开挖岩石。

(7)建筑物：厂区建筑物一般均为框架结构，采用独立柱基加条形基础，以基岩或弱分化岩石为基础持力层。

(8)给水设计：厂区远离镇区，需自备水源，建议从送水泵房直接取水。从送水泵房出水管接一根ϕ50 的管道，在综合楼顶设一水箱，水箱大小 3 m×3 m×3 m，由出水管引水到水箱储存，供厂区日常生活使用。

(9)排水设计：厂区采用雨污分流，设ϕ300 雨水管一根，厂区西、北、东侧设截洪沟，对山体洪水进行分流，保证厂区不受山洪威胁。

五、工程效益分析

工程总投资为 667.31 万元，单位供水成本 0.82 元/m^3。项目建成之后，不仅具有一定的经济效益，还将带来较大的社会效益，起到改善投资环境和提高人民健康水平的作用，因而需从威坪镇的长远发展考虑，积极创造条件，推动项目的实施，加大管理力度，完善城镇供水系统。

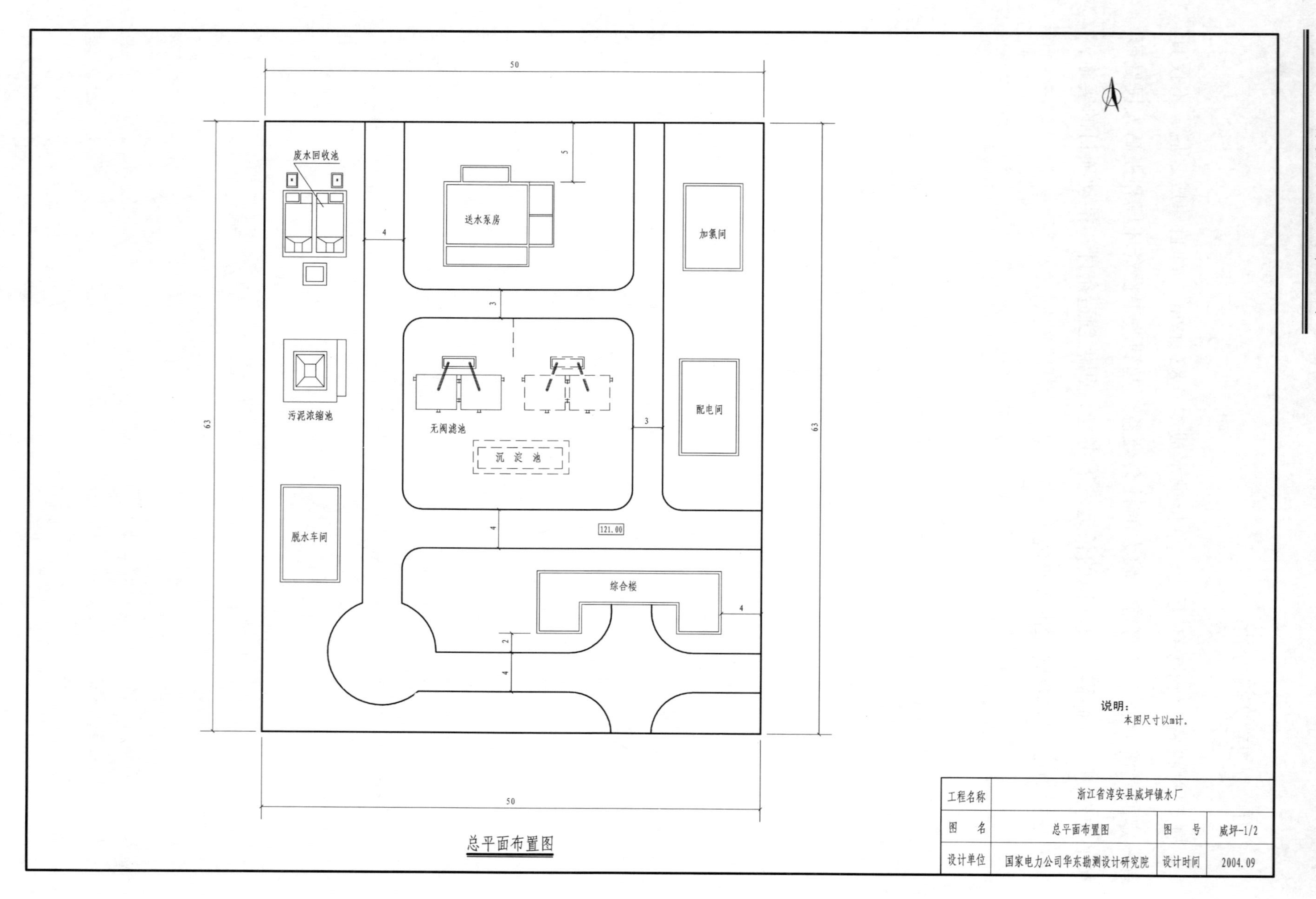
50
63
废水回收池
送水泵房
加氯间
污泥浓缩池
无阀滤池
沉淀池
配电间
脱水车间
121.00
综合楼
说明：
本图尺寸以m计。
工程名称
浙江省淳安县威坪镇水厂
图名
总平面布置图
图号
威坪-1/2
设计单位
国家电力公司华东勘测设计研究院
设计时间
2004.09

总平面布置图

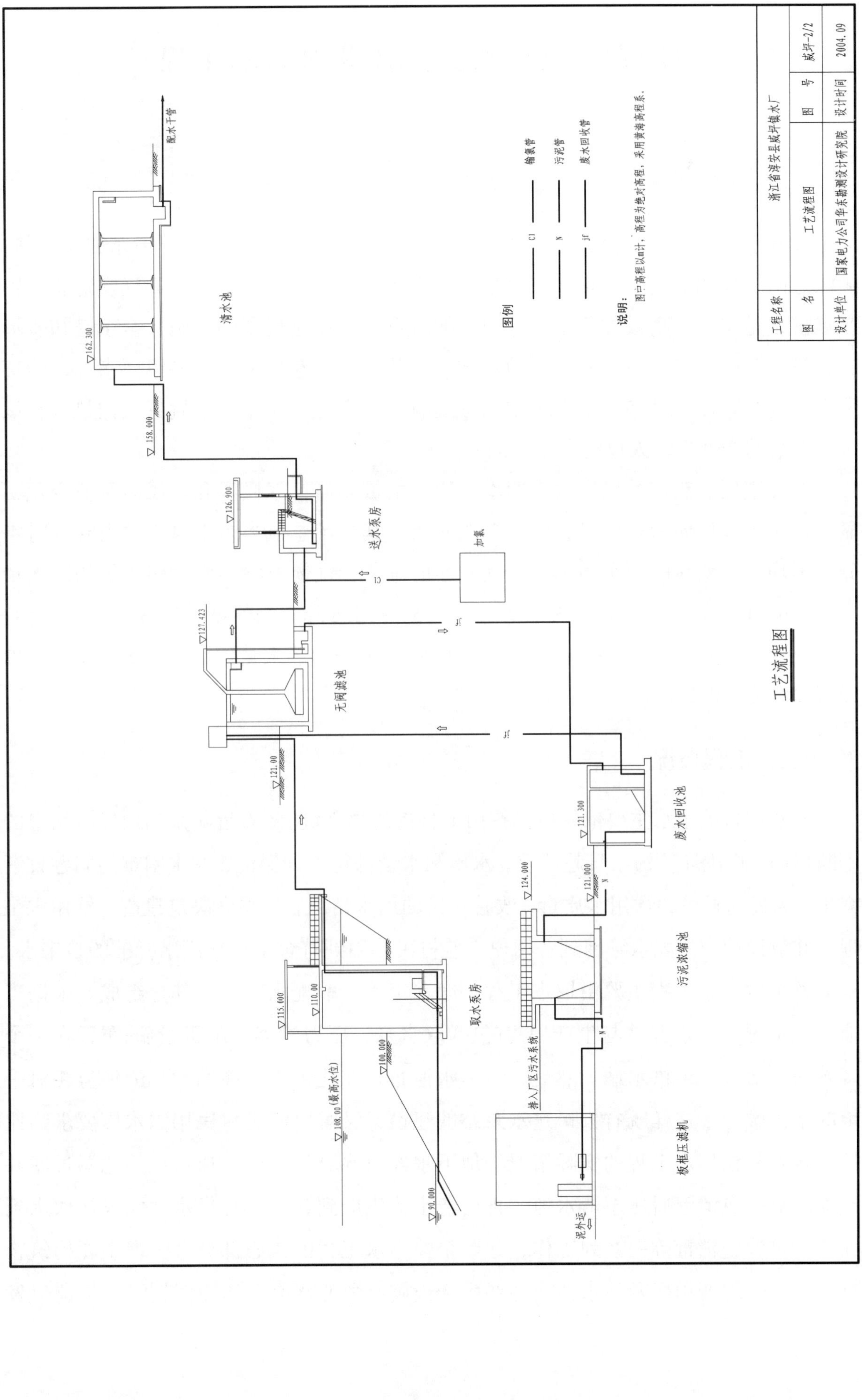

▽162.300

▽158.000

配水干管

清水池

▽127.423

▽126.900

▽121.00

无阀滤池

送水泵房

Cl

jf

加氯

▽115.000

▽110.00

▽108.00(最高水位)

▽100.000

▽90.000

取水泵房

排入厂区污水系统

▽124.000

泥外运

N

▽121.000

▽121.300

板框压滤机

污泥浓缩池

废水回收池

图例

—— Cl —— 输氯管

—— N —— 污泥管

—— jf —— 废水回收管

说明：

图中高程以m计，高程为绝对高程，采用黄海高程系.

工艺流程图

工程名称	浙江省淳安县威坪镇水厂		
图　名	工艺流程图	图　号	威坪-2/2
设计单位	国家电力公司华东勘测设计研究院	设计时间	2004.09

浙江省余姚市梁弄镇汪巷村饮水工程

一、自然条件

梁弄镇是浙江省历史文化名镇，是浙江省宁波市的中心镇，位于浙东四明山麓，姚江之南，环四明湖畔，东南邻鹿亭、大岚乡镇，西接上虞市。梁弄气候适宜，物产丰富，是宁波市高效林业示范基地。随着农业产业化规划的实施，全镇已初步形成竹笋、茶叶、水干果、养殖和用材林五大基地。汪巷村地处梁弄镇西南部，距离梁弄镇约2 km，共有5个自然村，分别是汪巷、下宅、中宅、外姚巷及内姚巷。该村总户数约350户，人口约有1 200人。

梁弄镇属亚热带季风气候，四季分明，雨量充沛，气候温和。风向季节变化明显，常年主导风向为东南风，冬季多西北风，其余各季节多东南风。镇内降水时空分布不均，有明显的雨季和旱季。受海洋的调节，气候温湿多雨。多年平均降水量为1 550 mm，每年4～10月为汛期，其中6、9月为降水高峰期，7、8月天气干热，多雷阵雨，冬季气候干燥，雨量偏少。区内多年平均蒸发量约 750 mm，多年平均径流深约为1 030 mm。

二、工程概况

汪巷村目前用水主要依靠村民在山上自挖的集水坑。随着近年来当地经济水平的不断提高，周围环境污染日趋严重，水质和水量都得不到保证，饮水困难的问题日渐突出。为提高村民的饮用水质量，改善村民的用水情况，村委会决定建造一饮用水工程，并敷设相应的配水管网到各用户，使村民能用到符合生活饮用水标准的自来水。

整个饮用水工程主要由取水工程、净水工程、输配水工程三部分组成。根据当地实际情况，将水源井与生产用房(包括取水泵、压力滤器、消毒设施)布置在一个区域内，形成一个供水站。然后，将清水池布置在比供水站高约 24 m 地势相对平坦的半山腰上。这样既省去了送水泵站的建设，又可以满足村民用水水压要求，比较符合农村饮用水工程的实际情况。地下水经取水泵加压后，通过压力滤器过滤并经加二氧化氯消毒后压至清水池，再由清水池供应到各用户。供水站完成从取水到加压、过滤、消毒等一系列工作，是整个饮用水工程的核心部分。工程主要构筑物有水源井、生产用房及清水池。主要生产设施有离心水泵、压力滤器、二氧化氯发生器。其中水源井是采用块石砌筑而成的一个大口井。生产用房里面布置离心水泵、压力滤器、二氧化氯发生器等设备，是该工程的水处理中心。

三、水源水质与工艺流程

(一)水源水质

工程水源为浅层地下水，具有水质澄清、水温稳定、水量充分等特点，且水源所处地周围空旷，无污染源，是较理想的取水水源地。

(二)工艺流程

根据地下水水质，结合地形特点，考虑投资因素，净水工艺选择如下：

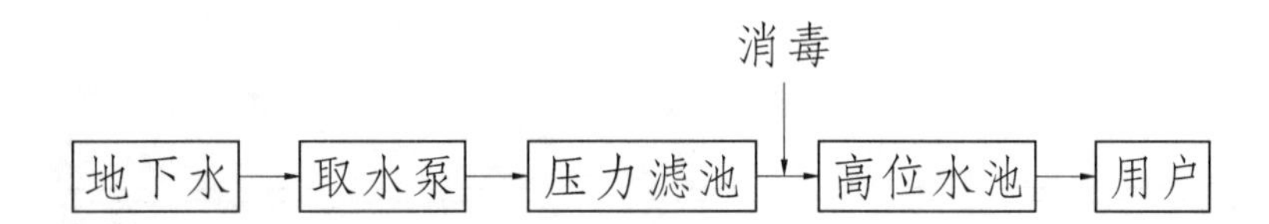

四、工程设计及主要构筑物

(1)取水工程：为充分保证取水水量，并取得好的水质，工程采用了块石砌筑的大口井用来集水，并配合型号为 80D–12 型的离心水泵用来抽取地下水。根据用水规模并结合当地实际，选用大口井的直径为 10.5 m(内径)，深度为 7.0 m。经计算能满足日供水 200 m^3/d 的需要。

(2)高位清水池：清水池容积 100 m^3，池底标高为 57.50 m(85 国家高程系)，整体采用钢筋混凝土浇筑。清水池为圆柱形，内径为 6.4 m，净高 3.5 m，有效高度为 3.3 m。

(3)生产用房：生产用房平面尺寸为 8.0 m×5.0 m、高度 5.0 m，室内地面标高为 34.30 m(85 国家高程系)。在长度方向隔成 2 间，宽度分别为 4.5 m、3.5 m，分别放置清水泵和压力滤器、二氧化氯发生器。

(4)输配水管线：在供水站内输水管从水源井到供水站出口，分别串联水泵与压力滤器，采用ϕ80 的镀锌钢管。其余管均采用管径为ϕ110 的 PE 管，全部 PE 管均采用埋地铺设，管顶覆土要求大于 0.5 m。

五、工程效益分析

工程建成后，其经济社会效益显著，提高了村民的饮用水质量，改善了村民的用水情况。村民能用到符合生活饮用水标准的自来水的同时，当地经济的飞速发展目标也得到了用水保证。

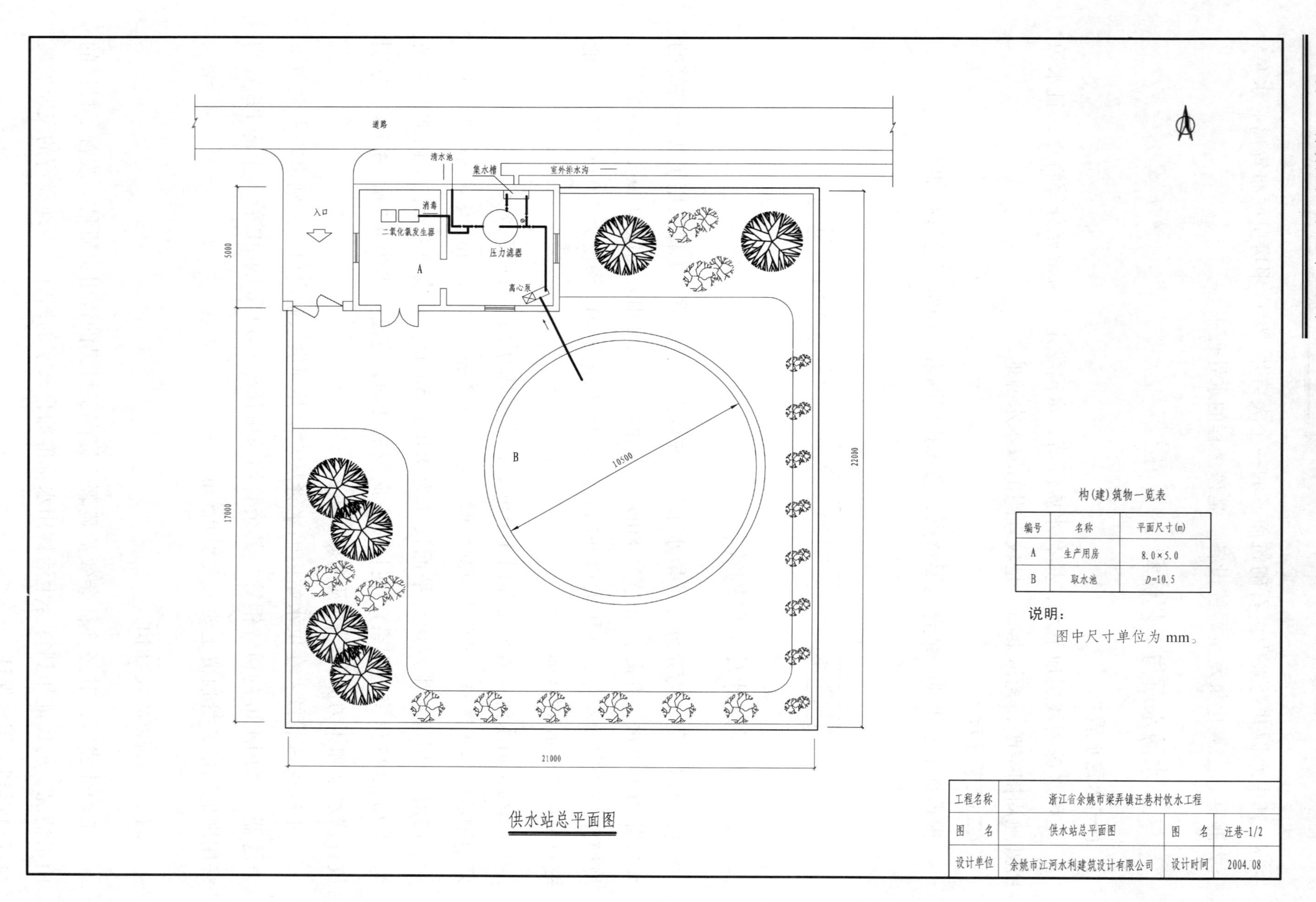

构(建)筑物一览表

编号	名称	平面尺寸(m)
A	生产用房	8.0×5.0
B	取水池	D=10.5

说明：

图中尺寸单位为 mm。

供水站总平面图

工程名称	浙江省余姚市梁弄镇汪巷村饮水工程		
图　名	供水站总平面图	图　名	汪巷-1/2
设计单位	余姚市江河水利建筑设计有限公司	设计时间	2004.08

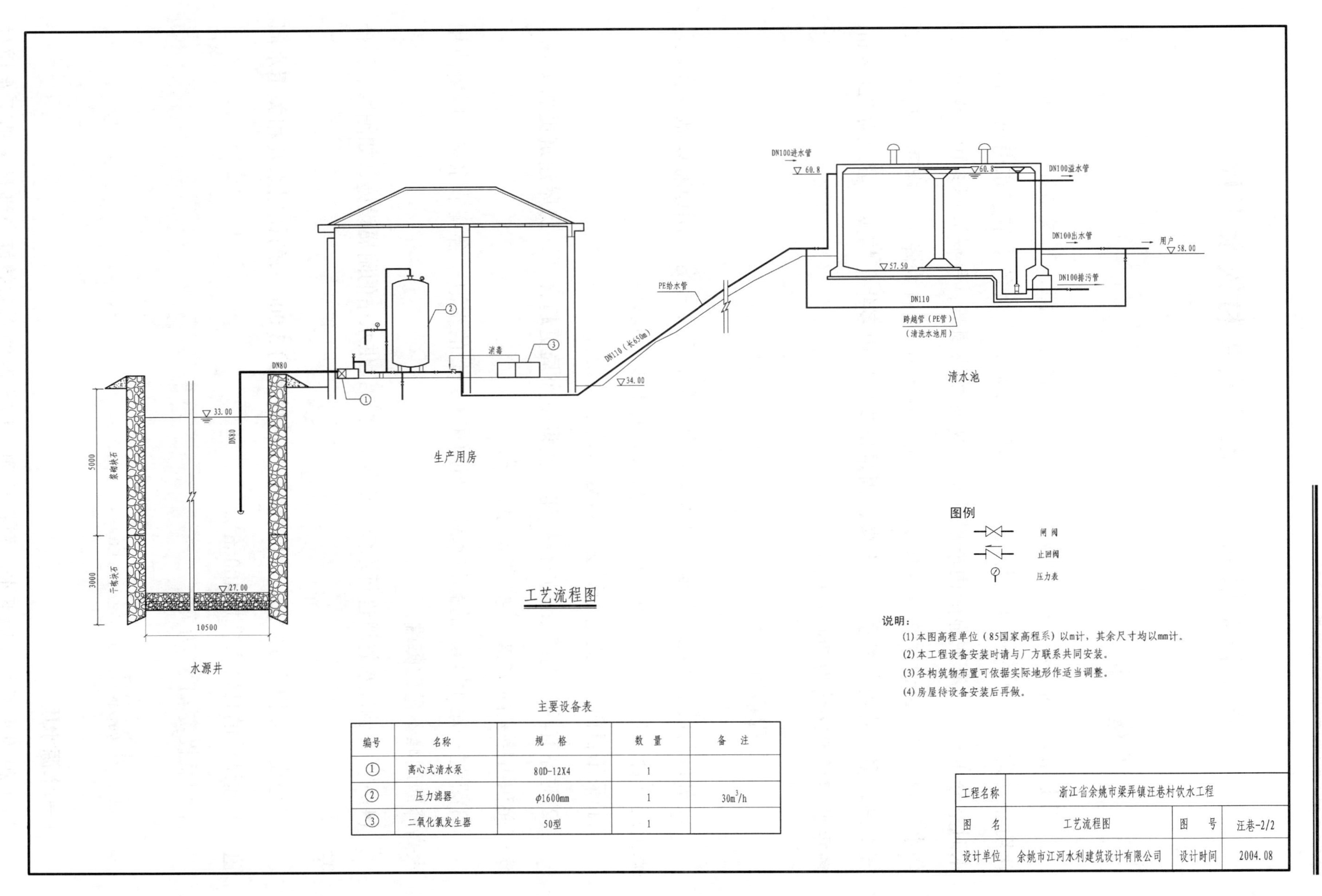

主要设备表

编号	名称	规格	数量	备注
①	离心式清水泵	80D-12X4	1	
②	压力滤器	φ1600mm	1	$30m^3/h$
③	二氧化氯发生器	50型	1	

工程名称	浙江省余姚市梁弄镇汪巷村饮水工程		
图名	工艺流程图	图号	汪巷-2/2
设计单位	余姚市江河水利建筑设计有限公司	设计时间	2004.08

浙江省余姚市三七市镇石步村饮水工程

一、自然条件

三七市镇属亚热带季风气候，四季分明，雨量充沛，气候温和。风向季节变化明显，常年主导风向为东南风，冬季多西北风，其余各季节多东南风。镇内降水时空分布不均，有明显的雨季和旱季。受海洋的调节，气候温湿多雨。多年平均降水量为1 400 mm，每年4～10月为汛期，其中6、9月为降水高峰期，7、8月天气干热，多雷阵雨，冬季气候干燥，雨量偏少。区内多年平均蒸发量约为720 mm，多年平均径流深约为700 mm。

二、工程概况

针对目前供水情况，既要解决水质安全问题，又要充分利用原有设施并在此基础上进行合理布局。经多方论证，我们采取的工程措施有：

(1)采用目前较为先进的膜法技术处理地下水。

(2)对原有单层生产用房进行扩建，使设备布局更趋合理，房屋建筑更加美观。建筑面积由原来的77.8 m^2扩建至92.8 m^2。

(3)新建一座100 m^3的高位水池，与原来90 m^3的水池联合调节水量，以解决用水高峰期调峰不足的弊端。

(4)对原有输配水管道进行维修与更换，并增设供水站的附属设施，如围墙、栏杆等。

工程设计年限为15年，设计解决石步村村民约3 000人的饮用水及相关用水问题。工程设计的日供水量是400 m^3。

工程总投资41.56万元。

三、水源水质与工艺流程

(一)水源水质

该工程的水源选择地下水。根据检测，该水源的水质较好，满足《地下水质量标准》(GB/T 1 4848—93)的要求。

(二)工艺流程

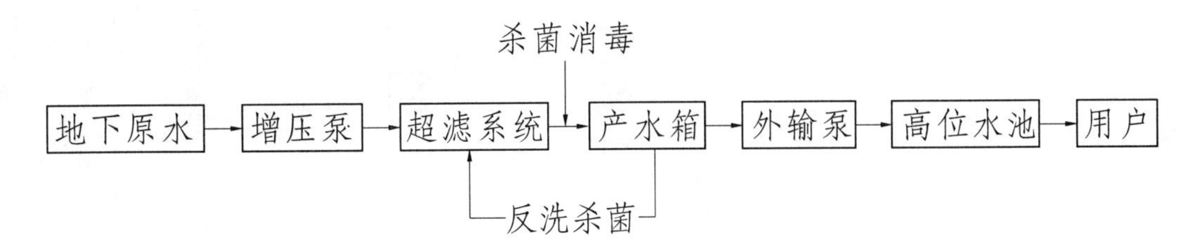

四、工程主要构筑物

(一)高位清水池

清水池容积为 100 m^3，池底标高为 44.50 m(85 国家高程系)，因高位水池布置在山顶，地基条件满足要求，故采用整体钢筋混凝土浇筑。清水池为圆柱形，内径为 6.4 m，净高 3.5 m，有效高度为 3.3 m。

(二)生产用房及设备

生产用房由原房屋进行扩建，房内布置有超滤 SFP 装置、清洗及反洗装置、杀菌消毒设施以及配套的增压泵、外输泵、控制柜等设备。

五、工程效益分析

该项目是农村公共基础设施建设，项目不仅具有较好的经济效益，而且项目的建设关系到当地居民的生活和工作需要，关系到当地社会经济的发展，具有极其重大的社会效益和环境效益。

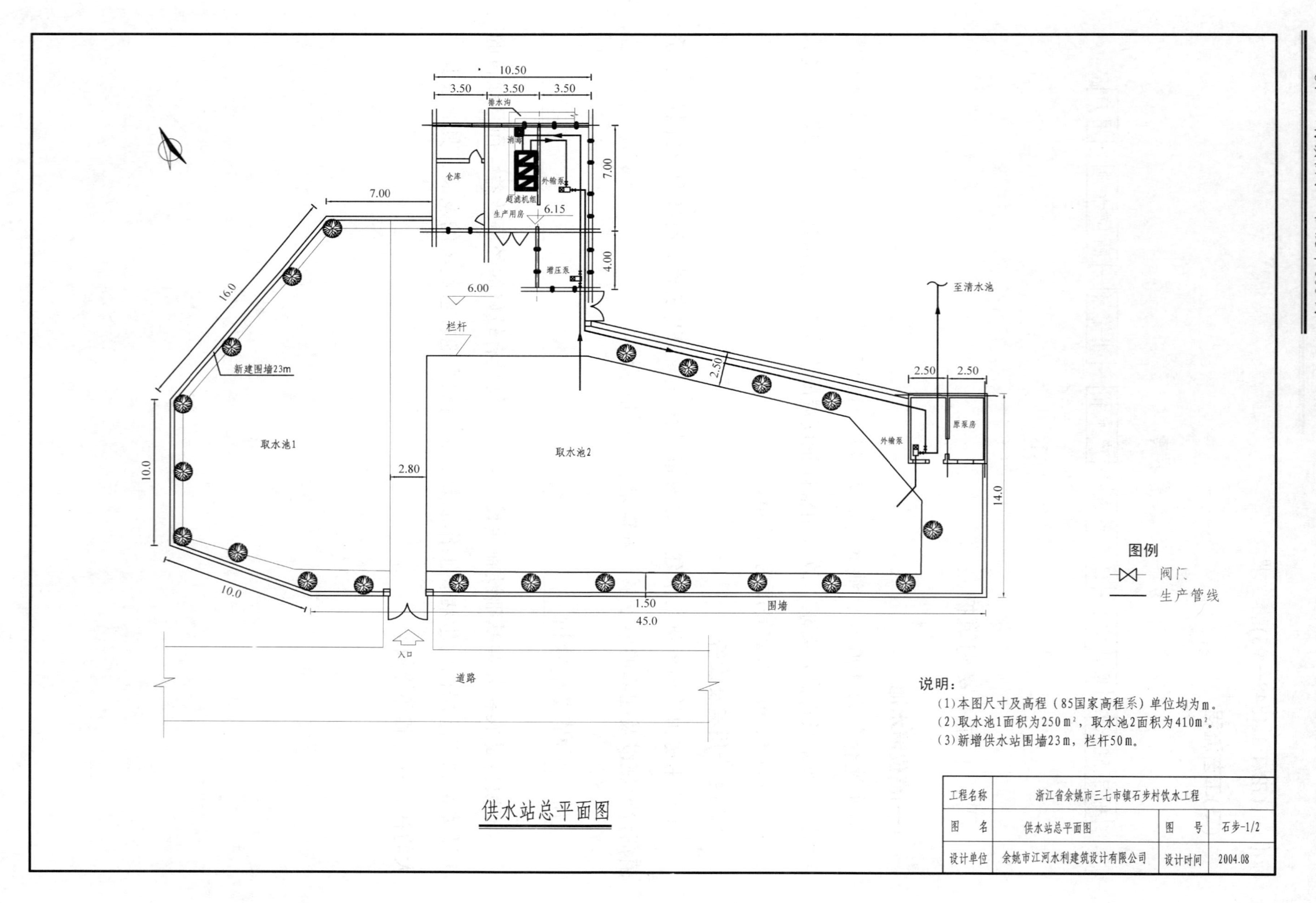

10.50
3.50
3.50
3.50
排水沟
仓库
外输泵
超滤机组
生产用房
6.15
7.00
7.00
4.00
增压泵
6.00
栏杆
至清水池
16.0
新建围墙23m
2.50
2.50
2.50
取水池1
取水池2
10.0
2.80
外输泵
14.0
10.0
1.50
围墙
45.0
入口
道路
图例
阀门
生产管线
说明：
(1)本图尺寸及高程（85国家高程系）单位均为m。
(2)取水池1面积为250m²，取水池2面积为410m²。
(3)新增供水站围墙23m，栏杆50m。
工程名称 浙江省余姚市三七市镇石步村饮水工程
图名 供水站总平面图
图号 石步-1/2
设计单位 余姚市江河水利建筑设计有限公司
设计时间 2004.08

供水站总平面图

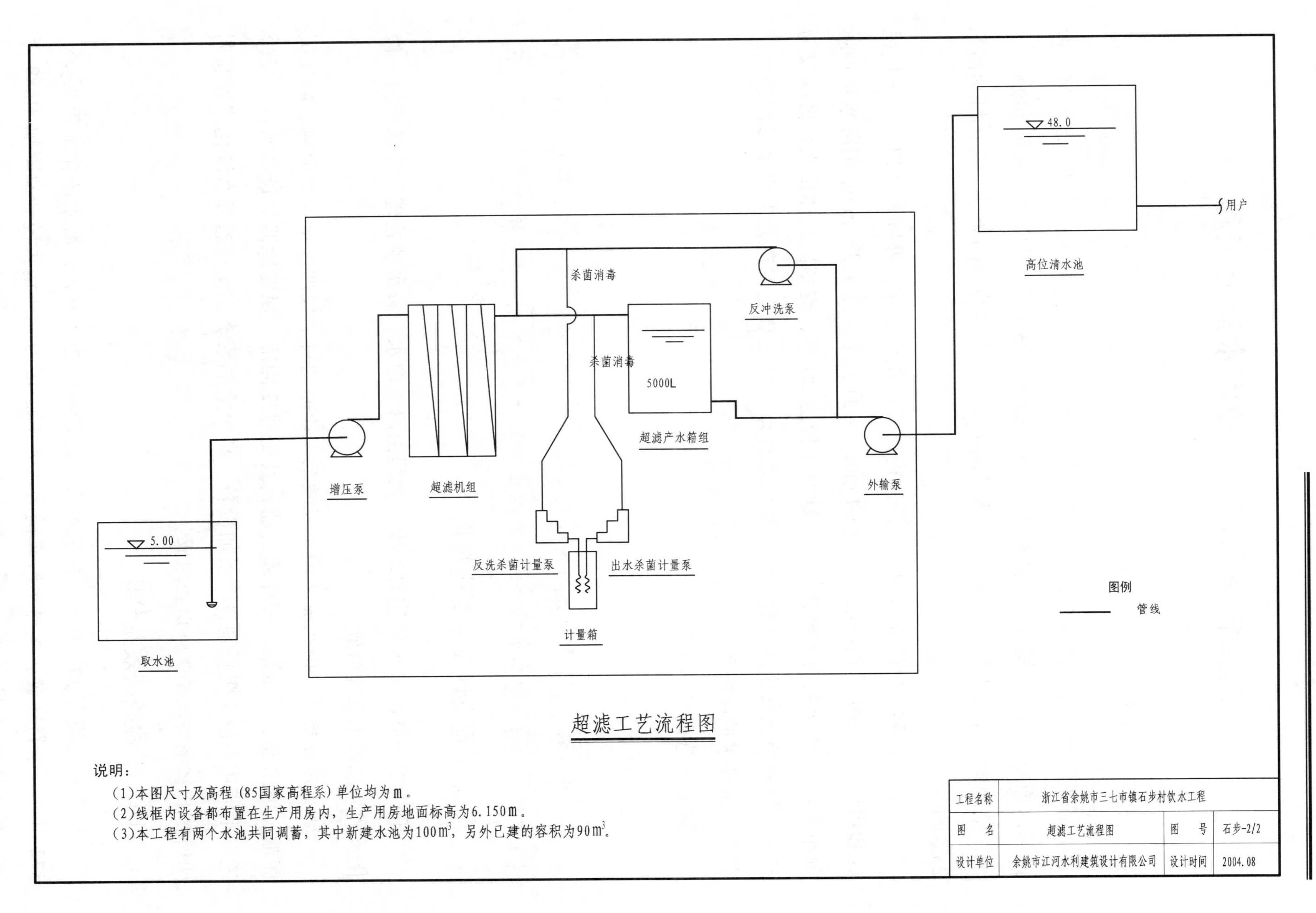

超滤工艺流程图

说明：

(1)本图尺寸及高程(85国家高程系)单位均为m。

(2)线框内设备都布置在生产用房内，生产用房地面标高为6.150m。

(3)本工程有两个水池共同调蓄，其中新建水池为100m³，另外已建的容积为90m³。

工程名称	浙江省余姚市三七市镇石步村饮水工程		
图　名	超滤工艺流程图	图　号	石步-2/2
设计单位	余姚市江河水利建筑设计有限公司	设计时间	2004.08

浙江省舟山市虾峙镇海水淡化工程

一、自然条件

浙江省舟山市普陀区虾峙镇位于著名渔港沈家门以南 12 km 处的东海海域，西南与六横岛、东北与桃花岛隔港相邻。区域总面积 173 km^2，其中海域面积 149 km^2。全镇陆地由 7 个住人岛屿及 80 个无人岛屿组成，总人口约 26 000 人，岛屿陆地面积 23.8 km^2。

虾峙镇以基岩丘陵地形为主，海湾内镶嵌堆积小平原，外围海造田，形成居民区和耕作区。多年平均降水量 1 215.4 mm，水面蒸发量为 933.9 mm，但降水量年际分布不均。40 年供需平衡计算中，缺水年份达 20 年，规划区总体供水保证率仅为 50%。降雨径流大部分排泄入海，截留条件差，岛上缺乏建造大中型水库的条件，是个严重缺水的海岛乡镇。

该工程总投资 870 万元。

二、工艺流程

海水取水泵→反应池→斜板沉淀池→清水池→增压泵→多介质过滤器→精密滤器→高压给水系统→反渗透淡化系统→产品水池→产水输送泵→山顶水塔

三、工程设计及主要构筑物

虾峙镇 600 m^3/d 反渗透海水淡化工程由海水取水、海水预处理、反渗透海水淡化及产品水供水系统组成。

海水预处理部分由次氯酸钠、混凝剂、还原剂自动投加设备、反应池、斜板沉淀池、清水池、增压泵、多介质过滤器及滤器反冲洗、保安滤器等设备组成。反渗透海水淡化系统由阻垢剂自动投加设备、高压给水系统、反渗透海水淡化装置及调质滤器和化学清洗系统等设备组成。

四、工程经济效益分析

该工程总投资 870 万元。自来水管网改造投资 297 万元，海水淡化工程总投资 573 万元。项目完成后可每年形成销售收入 122.08 万元，销售税金及附加 10.89 万元，利润总额 15.99 万元，经济效益显著。

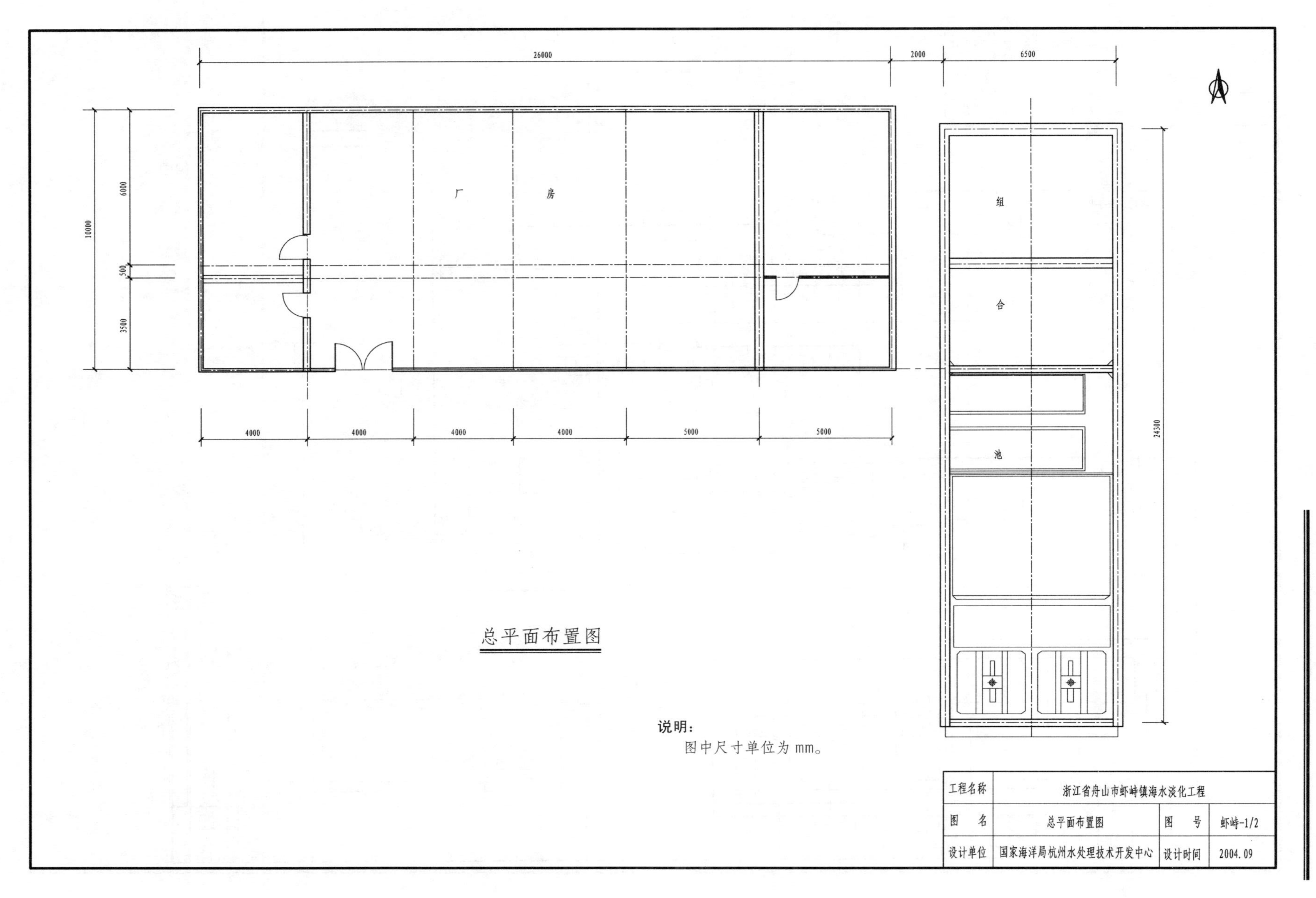
26000
2000
6500
10000
6000
500
3500
厂
房
组
合
池
24300
4000
4000
4000
4000
5000
5000
总平面布置图
说明:
图中尺寸单位为mm。
工程名称
浙江省舟山市虾峙镇海水淡化工程
图名
总平面布置图
图号
虾峙-1/2
设计单位
国家海洋局杭州水处理技术开发中心
设计时间
2004.09

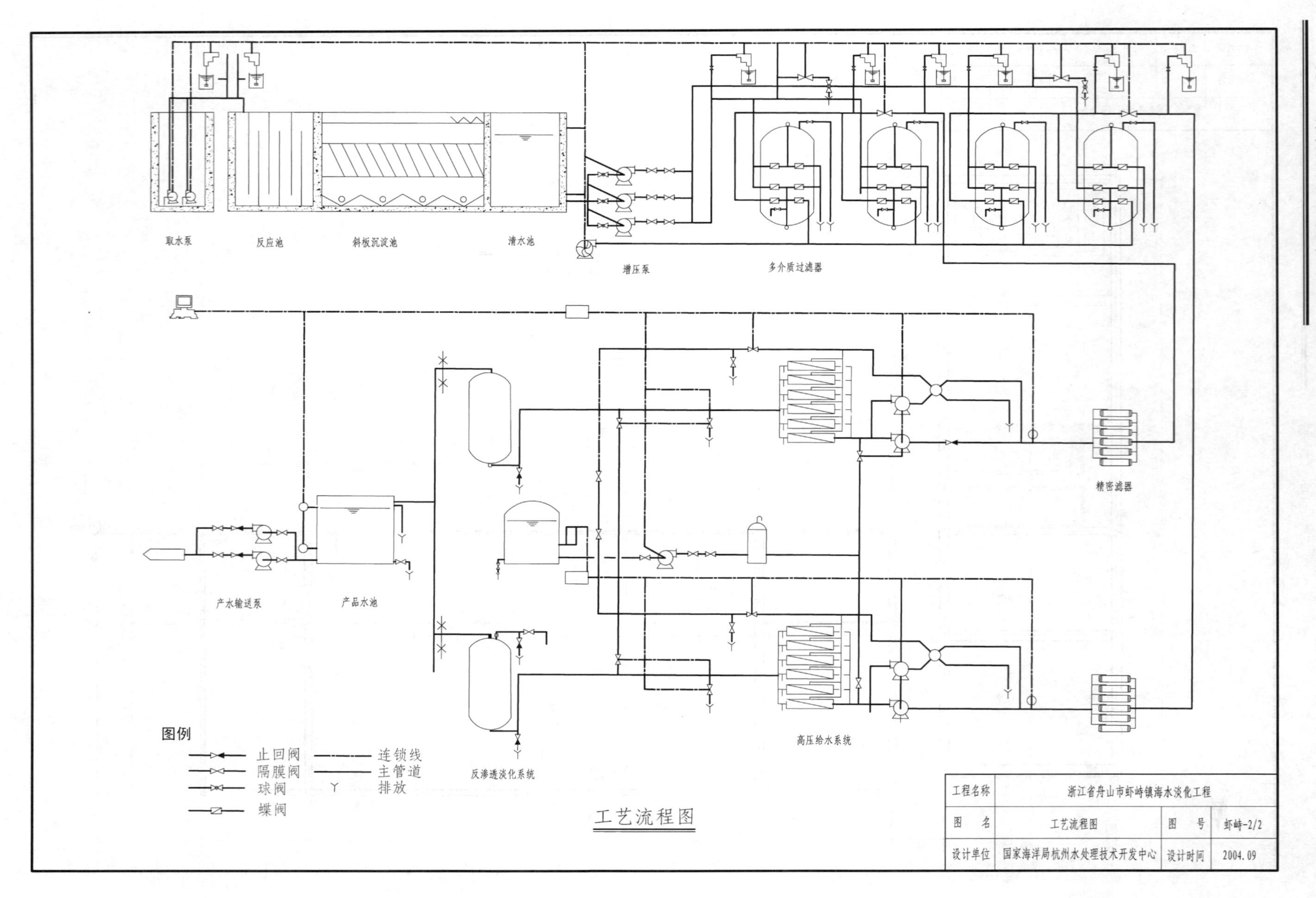

取水泵
反应池
斜板沉淀池
清水池
增压泵
多介质过滤器
精密滤器
产水输送泵
产品水池
反渗透淡化系统
高压给水系统
图例
止回阀
隔膜阀
球阀
蝶阀
连锁线
主管道
排放
工艺流程图
工程名称
浙江省舟山市虾峙镇海水淡化工程
图名
工艺流程图
图号
虾峙-2/2
设计单位
国家海洋局杭州水处理技术开发中心
设计时间
2004.09

浙江省玉环县鲜迭社区饮水工程

一、自然条件

浙江省鲜迭社区饮水工程区域属于热带季风气候区，濒临东海，具有明显的海洋气候特征，温暖湿润，四季分明，雨量丰沛，日照充足，无霜期长。其特点可以概括为：冬暖无严寒，夏长无酷暑，秋短多雨夜，冬冷多回寒，夏秋有台风雨潮。

该地区多年平均气温为 16.9 ℃，极端最高气温 34.7 ℃，极端最低气温–5.4 ℃。多年平均水汽压 17.6 hPa，多年平均相对温度 80%，多年平均蒸发量 1 392.2 mm。境内降水量年际变化较大，且年内分布不均，多年平均降水量 1 460.3 mm，冬季受北风冷空气控制，低温少雨。降水量相对集中在 5～9 月，这 5 个月累计降水量占年水量的 79%。

二、工程概况

目前鲜迭社区供水水源是水井坑水库(库容 4 000 m^3)和向该水库补充水源 2 km 外的坑底水库(库容 5 000 m^3)自流到高差 40 m 的容积为 200 m^3 的小水库。在水库中加漂白粉消毒，通过管道送至用户(高差 60 m 的两个居民集中居住地)。由于原水未经混凝、反应、沉淀、过滤等过程，仅是加消毒剂消毒导致水样中细菌指标、浊度、pH 等超标，严重影响社区居民身体健康和经济的发展。该工程的兴建将会改变这种状况。

工程建设规模为 480 m^3/d。

工程决算 37.6 万元。制水总成本 0.55 元/m^3，制水经营成本 0.45 元/m^3。

三、水源水质与工艺流程

(一)水源水质

鲜迭饮水工程选择水井坑水库作为取水水源，坑底水库作为补充水源。据卫生防疫部门检测，该水源的水质较好，满足供水水源要求。

(二)工艺流程

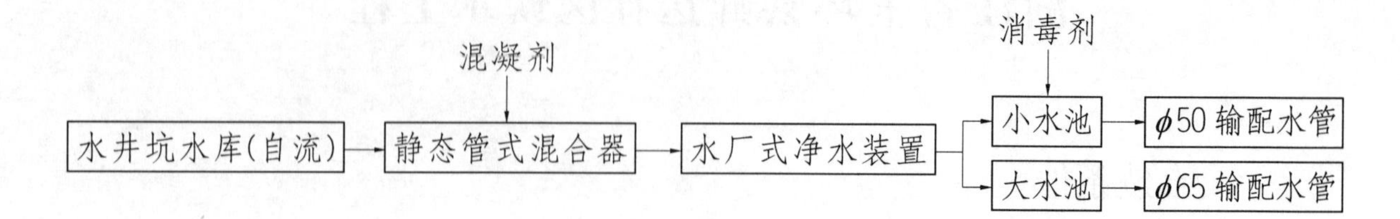

四、工程主要构筑物

(一)清水池

清水池分两个，一个容积 25 m^3，新建一个容积 100 m^3，新建清水池尺寸 3 000 mm×3 000 mm×3 000 mm。进水管ϕ80，出水管为两根，一根ϕ50 直接送至 20 户居民集中地，一根ϕ65 流入与其高差 20m 的 100 m^3 清水池，池底设ϕ40 放空管。

(二)送水泵房

因该厂设计时从取水到送水均采用重力流供水，故不设送水泵房。

(三)加药间及药房

为了便于集水管理方便，充分减少水厂的占地面积，设计加矾间与加氯间分建，加氯间建在净水器下方，加矾间距加氯间净距 1.0 m，与值班室、仓库合建。土建平面尺寸 5 000 mm×3 300 mm。加氯间内设一台 HT908–50 二氧化氯发生器，产气量 50 g/h，内设换气通风孔。加氯间设增压泵两台(一台放仓库备用)，增压泵主要参数如下：流量 Q=3 m^3/h，扬程 H=30 m，功率 W=0.37 kW。加矾间设玉环净化集团专利产品“气化溶加药一体化装置”，箱体尺寸 650 mm×650 mm×1 000 mm，配置 V–0.67/7 型空压机一台进行压缩空气搅拌，空压机功率为 W=5.5 kW，加矾间设两台 GM–0050 计量泵(一台放仓库备用)。

值班室与仓库合建一间，前部为值班室，后部为仓库。

五、工程效益分析

该项目是城镇公共基础设施建设，项目不仅具有较好的经济效益，而且项目的建设关系到当地居民的生活和工作需要，关系到当地社会经济的发展，具有极其重大的社会效益和环境效益。

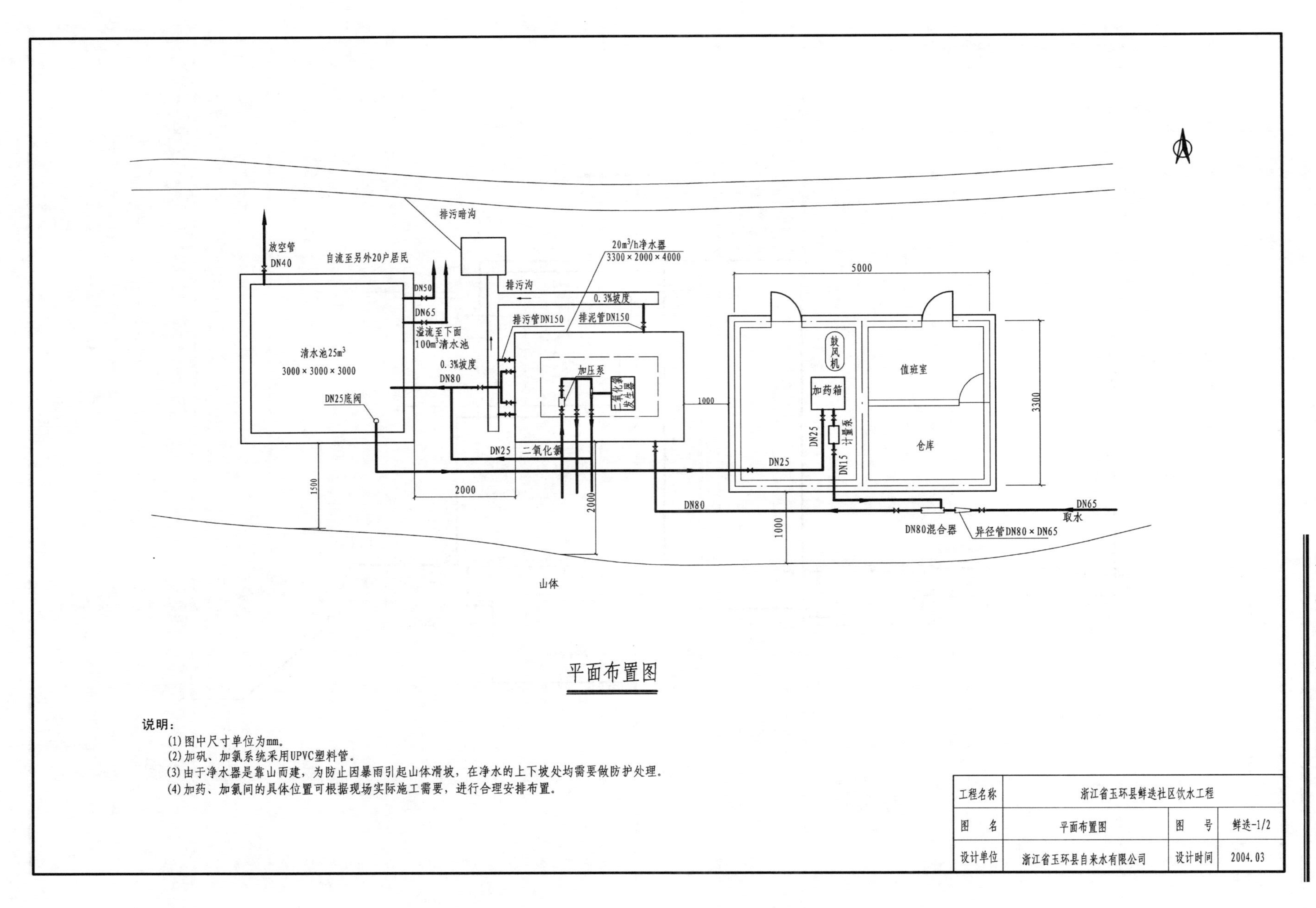

排污暗沟
放空管
DN40
自流至另外20户居民
DN50
DN65
溢流至下面
100m³清水池
清水池25m³
3000×3000×3000
0.3%坡度
DN80
DN25底阀
排污沟
0.3%坡度
排污管DN150
排泥管DN150
20m³/h净水器
3300×2000×4000
加压泵
二氧化氯发生器
DN25
二氧化氯
2000
1500
2000
1000
5000
3300
鼓风机
加药箱
计量泵
DN25
DN15
DN25
值班室
仓库
DN80
1000
DN65
取水
DN80混合器
异径管DN80×DN65
山体
平面布置图
说明：
(1)图中尺寸单位为mm。
(2)加矾、加氯系统采用UPVC塑料管。
(3)由于净水器是靠山而建，为防止因暴雨引起山体滑坡，在净水的上下坡处均需要做防护处理。
(4)加药、加氯间的具体位置可根据现场实际施工需要，进行合理安排布置。
工程名称
浙江省玉环县鲜迭社区饮水工程
图 名
平面布置图
图 号
鲜迭-1/2
设计单位
浙江省玉环县自来水有限公司
设计时间
2004.03

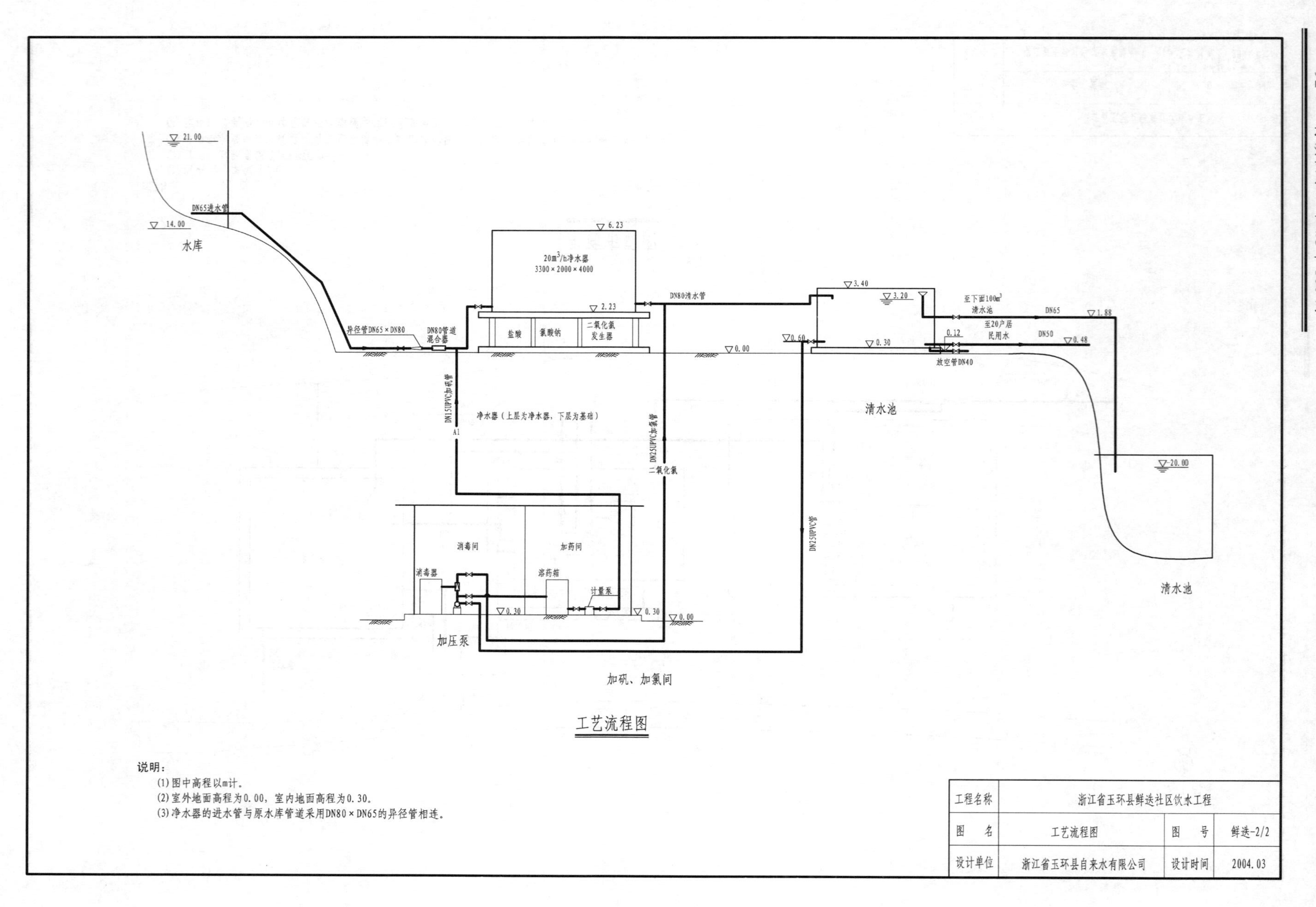

工艺流程图

说明：

(1)图中高程以m计。

(2)室外地面高程为0.00，室内地面高程为0.30。

(3)净水器的进水管与原水库管道采用DN80×DN65的异径管相连。

工程名称	浙江省玉环县鲜迭社区饮水工程		
图　名	工艺流程图	图　号	鲜迭-2/2
设计单位	浙江省玉环县自来水有限公司	设计时间	2004.03

安徽省太湖县徐桥水厂

一、工程概况

安徽省太湖县徐桥自来水厂始建于 1984 年，1986 年试运行投产。水厂原属镇办企业，业务主管、指导单位为县城建局，1998 年 1 月水利局接管，并由徐桥水利站经营管理。近年来，随着经济社会的不断发展和镇区规划，经县水利局、徐桥镇党委、政府于 2003 年 6 月 18 日会议商定，对原水厂进行水质改造。

二、工程设计特点

(1)采用地表水常规净化工艺，取得水处理设计效果，且工艺成熟，易于管理人员掌握，便于应用管理，供水成本低，仅 0.82 元/ m^3。

(2)采用穿孔旋流絮凝池、平流折返式沉淀池和地埋式清水池，利用清水池作为管理房和机房的基础，节省投资，减少占用耕地，厂区结构布置紧凑，节省土地。

(3)采用石英砂滤料快滤池，过滤吸附效果好，能够保证水质。

(4)应用变频控制设备，方便管路，节省能源消耗，每吨水耗电量仅 0.25kW·h，节能达 20%。

(5)应用二氧化氯发生器现场制备消毒，此方法杀菌能力强，成本低，设备简单，药源充足，加入水中能保持一定量的残余浓度，可以防止细菌再度繁殖，残余浓度检测方便，安全性能高。

(6)采用两套絮凝池、沉淀池、过滤池等设施，避免水厂清洗、检修时停水；滤池布置反冲洗设施，省工省料效果好，设备设施运行可靠。

三、工程设计规模

按日供水 2 000 m^3 设计，时供水流量 100 m^3/h，考虑到系统检修，絮凝沉淀池和快滤池按两组设计，每组设计流量 70 m^3/h。

四、水源水质与工艺流程

(一)水源水质

工程水源采用地表水，从东湖取水。

水处理后水质达到《生活饮用水卫生标准》(GB 5749—85)。采用硫酸铝凝聚剂，一级泵前投加，水泵混合。采用 XY–Q300 型全自动化学二氧化氯发生器，每小时生产有效氯 300 g，清水池投加。

(二)工艺流程

采用地表水常规净水工艺。工艺流程如下：

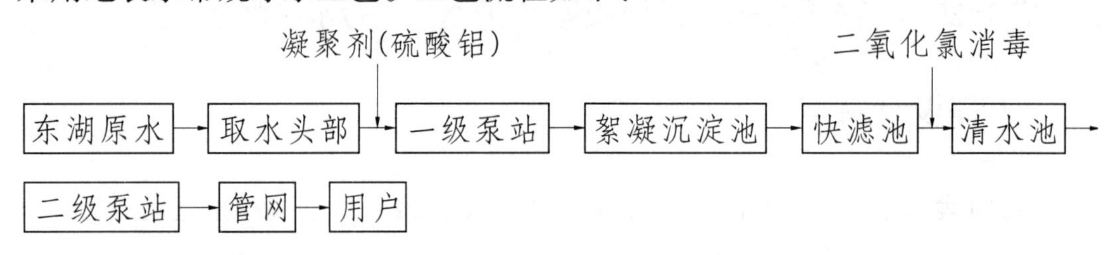

五、工程主要构筑物

(1)絮凝沉淀池。共 2 组，采用穿孔旋流式絮凝池，每组分 6 格孔室；沉淀池采用折返式平流沉淀池，共 3 折，总有效长度 54 m，池内水深 3 m。

(2)快滤池。共 2 组，每组面积 8.75 m^2，采用石英砂滤料和承托层，承托层厚 700 mm，滤料采用五级，总厚 700 mm。滤池内设反冲洗系统。

(3)清水池。有效容积 100 m^3，池顶高程 17.25 m。

(4)溶解池、溶液池。建 1 组溶解池、2 组溶液池、2 组恒位箱。

(5)二级泵房、消毒间面积 81 m^2。

(6)围墙、排污沟、阀井等辅助工程。

六、工程效益分析

预算工程量：土方 447 m^3，干砌石 10 m^3，M5 浆砌石 164 m^3，混凝土及钢筋混凝土 347 m^3，钢筋 13.49 t，水泵安装 2 台(套)，消毒机安装 1 台(套)。

投资概算：概算总投资 44.24 万元，其中土建 27.71 万元，设备购置及安装 10.2 万元，征地 1.24 万元，设计费 1.96 万元，建管费 1.17 万元，不可预见费估计 1.96 万元。

供水成本价为 0.82 元/m^3。

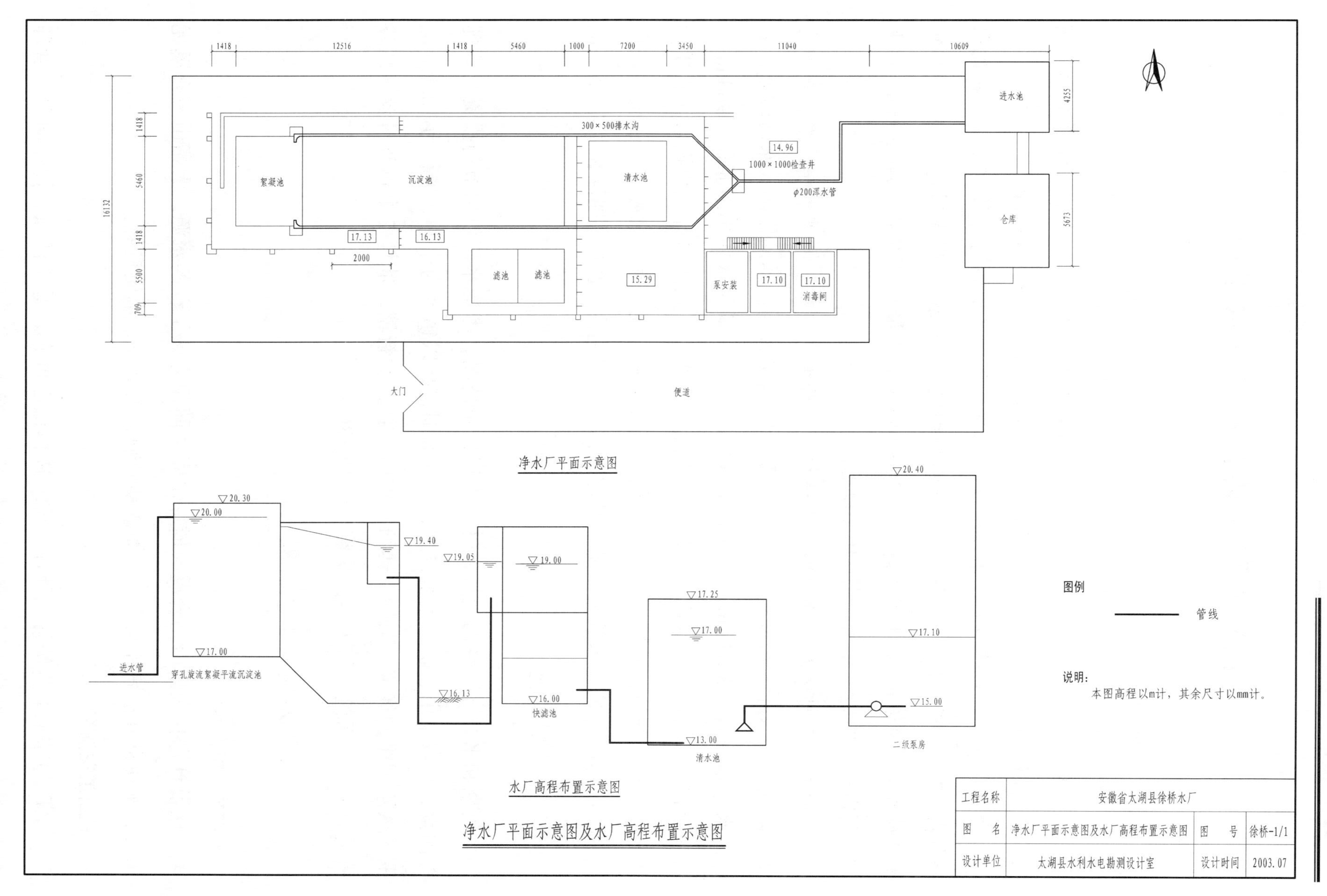
1418
12516
1418
5460
1000
7200
3450
11040
10609
进水池
4255
300×500排水沟
14.96
1000×1000检查井
φ200浑水管
絮凝池
沉淀池
清水池
仓库
5673
16132
17.13
16.13
2000
滤池
滤池
15.29
泵安装
17.10
17.10
消毒间
大门
便道
净水厂平面示意图
▽20.30
▽20.00
▽19.40
▽19.05
▽19.00
▽17.25
▽17.00
▽20.40
▽17.10
进水管
▽17.00
穿孔旋流絮凝平流沉淀池
▽16.13
▽16.00
快滤池
▽13.00
清水池
▽15.00
二级泵房
图例
管线
说明：
本图高程以m计，其余尺寸以mm计。
水厂高程布置示意图
净水厂平面示意图及水厂高程布置示意图
工程名称 安徽省太湖县徐桥水厂
图名 净水厂平面示意图及水厂高程布置示意图
图号 徐桥-1/1
设计单位 太湖县水利水电勘测设计室
设计时间 2003.07

福建省和平县五寨乡饮水工程

一、自然条件

和平县地处福建省南部，东与龙海、漳浦毗邻，西和广东大浦、饶平交界，南与云霄、诏安接壤，北与南靖、永定相连，全县总面积2 328.60 km^2。

该地区属中亚热带气候，春暖夏凉，四季分明。多年平均气温20.1 ℃，极端最高气温37 ℃，极端最低气温-2 ℃，多年平均风速0.9 m/s，最大风速15 m/s，多年平均降水量1 980 mm，年最大降水量2 539.5 mm，年最小降水量1 540.3 mm，年平均相对湿度82%，全年无霜期310 d以上。

五寨乡境内地表水主要有鹿溪水系及岩内海水库蓄水、埔坪水库蓄水。其中鹿溪集雨面积38 km^2，水量充沛，但溪水受沿溪两岸人为活动的影响，水质较差；岩内海水库集雨面积8.67 km^2，兴利库容134.6万m^3；埔坪水库集雨面积1.96 km^2，兴利库容27.8万m^3。水库上游均无污染源，植被好，水质良好。根据水文水质构造情况分析，该地区地层主要为冲洪积、残坡积层，地下水以孔隙水为主要存在形式，由大气降水、地表水及近山基岩裂隙水渗透补给河水，地下水埋深在1.5～2.5 m。

二、工程概况

根据和平县五寨乡的地形条件、人口分布情况，考虑水厂供水节约投资、管理等因素，采取集中、联片供水方式，供水范围包括以镇区为中心、半径为1.6 km范围内饮水困难的优美、前岭、寨河、侯门、新美、新塘、埔坪7个行政村及镇区各机关、学校、医院、商店等，受益人口18 180人。

三、水源水质与工艺流程

(一)水源水质

该设计选择大帽山三合溪与埔坪水库共同作为该工程的水源。大帽山三合溪无污染，水质良好；埔坪水库无人类活动影响，植被好，水质良好。

(二)工艺流程

水厂的净水工艺按常规处理考虑。选择稳定可靠、适应性强、操作简单、管理方便、造价低、经营费用便宜的净水构筑物。净水工艺流程如下：

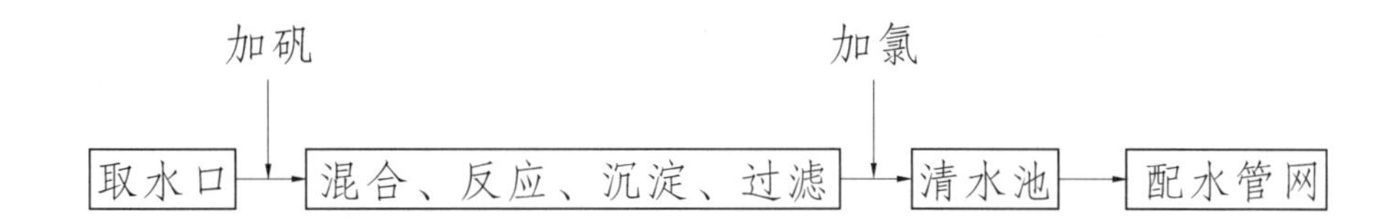

四、工程设计及主要构筑物

五寨乡饮水工程规模 1 700 m^3/d，工程设计内容主要包括：取水工程，输水工程，水厂平面位置，净水设备与构筑物，配水工程，变配电，主要设备及人员编制。

(1)取水工程：取水点为大帽山三合溪取水点，采用饮水陡坡取水方式来抬高水位，并在取水头部设沉淀池，定期冲洗沉沙池，以满足取水口的取水要求。

(2)输水工程：该工程输水管道长 4.75 km，采用钢管，工压 1.03 MPa，设计流量 Q =44.6 m^3/h。

(3)水厂平面布置：主要包括，各种构筑物和建筑物的平面定位，各种管道、阀闸等附件及管道节点的布置，排水管道的布置，道路、围墙、绿化以及供电线路的布置等。

(4)净水设备与构筑物：混合、反应沉淀、过滤、清水池、计量、加矾与加氯及附属建筑物。

(5)配水工程：水厂 24 h 连续供水，管网起始流量为 141.66 m^3/h。根据供水区分布情况，管网布置形式采用树枝状，管材选用 UPVC 管。

(6)变配电：低压电源引至传达室的总配电箱及电表箱，总配电箱设有 4 个回路。

(7)主要设备：Z44T10ϕ150 闸阀，液下泵 ZFYS–12，转子流量计 LZB–15，磅秤，加氯机 ZL–2，电动葫芦 MPL–6D，ϕ 250–电磁流量计，水射器等。

(8)人员编制：反应、沉淀、滤池操作维修工 2 人，加药操作工、化验工 1 人，财务人员 2 人，技术、行政人员 2 人。合计 7 人。

五、工程效益分析

(一)经济效益

该项目是乡镇供水，经济效益主要表现在外部效果，产生的效益除可以定量计算外，大部分表现为难以用货币量化的社会效益。

(二)社会效益

该项目建成后，将改善及缓解乡村村民的用水矛盾，改善乡村村民的健康条件，提高人民的生活水平，促进工农业生产的发展，促进社会的进步。

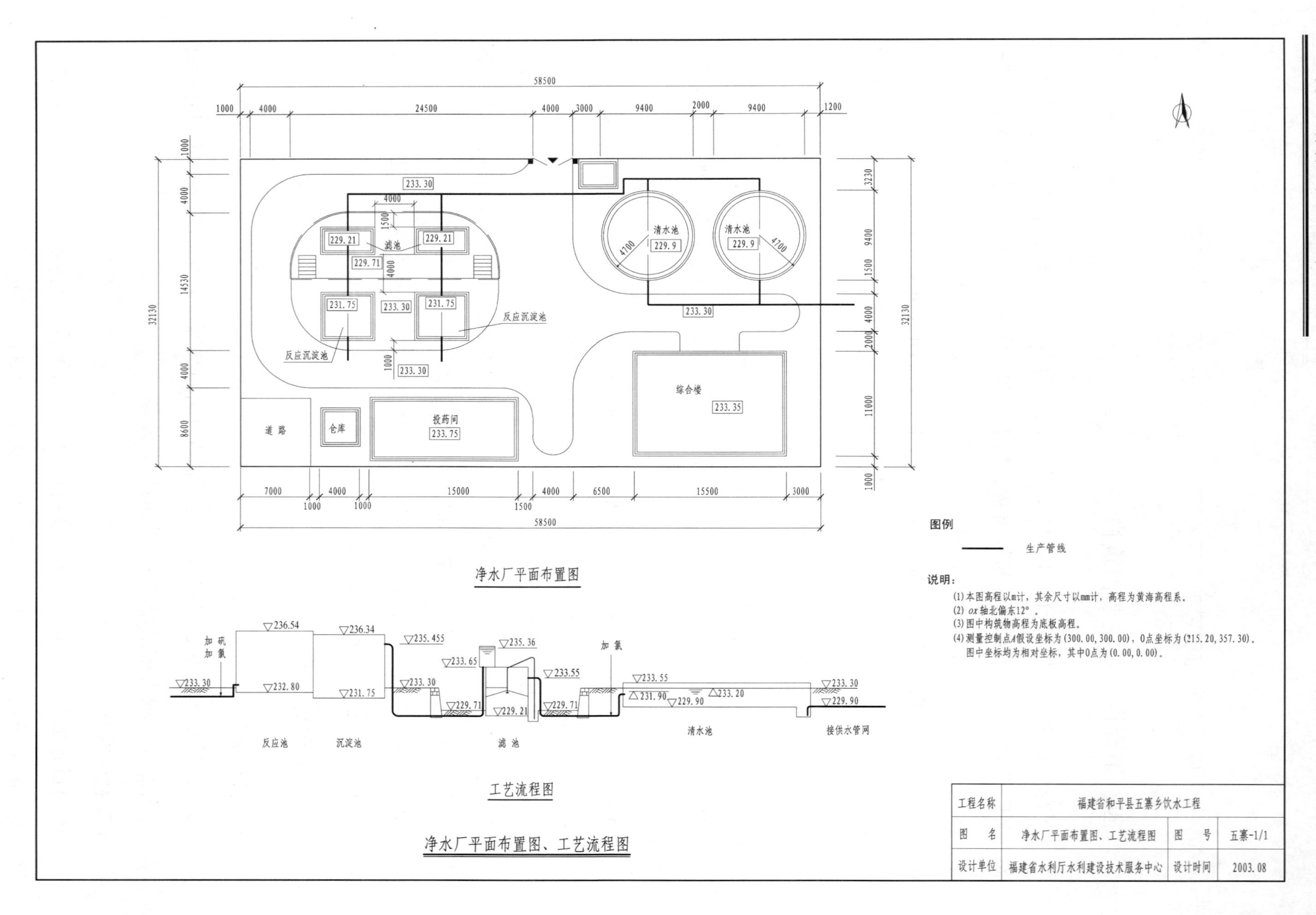

净水厂平面布置图
工艺流程图
净水厂平面布置图、工艺流程图
清水池
滤池
反应沉淀池
综合楼
投药间
仓库
道路
反应池
沉淀池
接供水管网
加矾
加氯
图例
生产管线
说明:
(1)本图高程以m计，其余尺寸以mm计，高程为黄海高程系。
(2) ox轴北偏东12°。
(3)图中构筑物高程为底板高程。
(4)测量控制点A假设坐标为(300.00,300.00)，O点坐标为(215.20,357.30)。
图中坐标均为相对坐标，其中O点为(0.00,0.00)。
工程名称 福建省和平县五寨乡饮水工程
图名 净水厂平面布置图、工艺流程图 图号 五寨-1/1
设计单位 福建省水利厅水利建设技术服务中心 设计时间 2003.08

江西省安义县新民乡丙田村饮水工程

一 自然条件

丙田自然村隶属于南江西省昌市安义县，位于安义县的东南方，全村人口 59 户 300 人，是新农村建设的试点村。农民人均年收入 3 654 元。该村的交通状况十分优越。

该工作区地势总体呈一个平面状，地面标高 40 ~ 40.2 m，相对高差 0.2 m 左右，为侵蚀堆积地形。工作区属亚热带东南季风气候区，小气候受鄱阳湖影响，气候温暖，多年平均气温 17.4 ℃，其中 1 月份平均气温为 5.1 ℃、7 月份平均气温为 29 ℃，日极端最高气温达 40.6 ℃。雨量充沛，四季分明，多年平均降水量为 1 743.6 mm，其中 4 ~ 6 月降水量较为集中，为丰水期，11 月 ~ 次年 2 月为枯水期，其他为平水期。无霜期约 280 d。常年主导风向为北风和东北风，多年平均风速 3.3 m/s，最大风速 34 m/s，最大冰冻线小于 0.5 m。地震烈度小于Ⅵ级。区域内地表水水源丰富，地下水水量比较丰富，水位埋深 1.57 ~ 3.60 m，厚度 5 ~ 15 m。

二、工程概况

该工程于 2006 年 1 月竣工投产，项目计算期为 15 年。建设总投资 11.707 万元。

三、工艺流程

源水 → 水处理 → 输配水 → 用户

四、工程设计和构筑物选型

(一)取水工程

利用原有水井改造成大口井，改造后井深 10 m、井径 3 m，改造后的大口井涌水量为 5 m^3/h，涌水量满足设计要求。取水泵选用两台卧式离心泵 IS50–32–200A，流量 1.9 L/s，扬程 42.0 m，转速 2 900 r/s，电机功率 4 kW，电机型号 Y112M–2。泵房采用简易泵房，水井设在泵房边，泵房尺寸：长×宽×高=4 000 mm×3 000 mm×

3 000 mm。

(二)净水工程

净水设备采用“水易达一体化直供净水设备”。该设备采用PVC合金超滤膜高效净化、无塔变频节能供水、PLC智能全自动控制、模块化设计和多种原水预处理等先进技术。传统水处理需加氯消毒，浊度大时还需加絮凝剂沉淀。超滤净水机采用纯物理方法过滤，不使用药瓶，能有效除去细菌病毒和大部分悬浮颗粒物。

(三)输配水工程

配水管网采用树枝状布置，管线走向尽量沿桥、沟渠、机耕路等，以最短的管线提供最大供水范围。干支管分支处设置一座闸阀、水表井，每户设置一个水表，以便计量。

五、工程运行及效益分析

该项目建成后，实际水价为 1.10 元/m^3。通过对该项目的财务分析、国民经济评价，该工程不仅在经济上可行，而且具有抵抗风险的能力。工程建设具有较好的环境效益和社会效益，是一项投入少、效益大的工程。

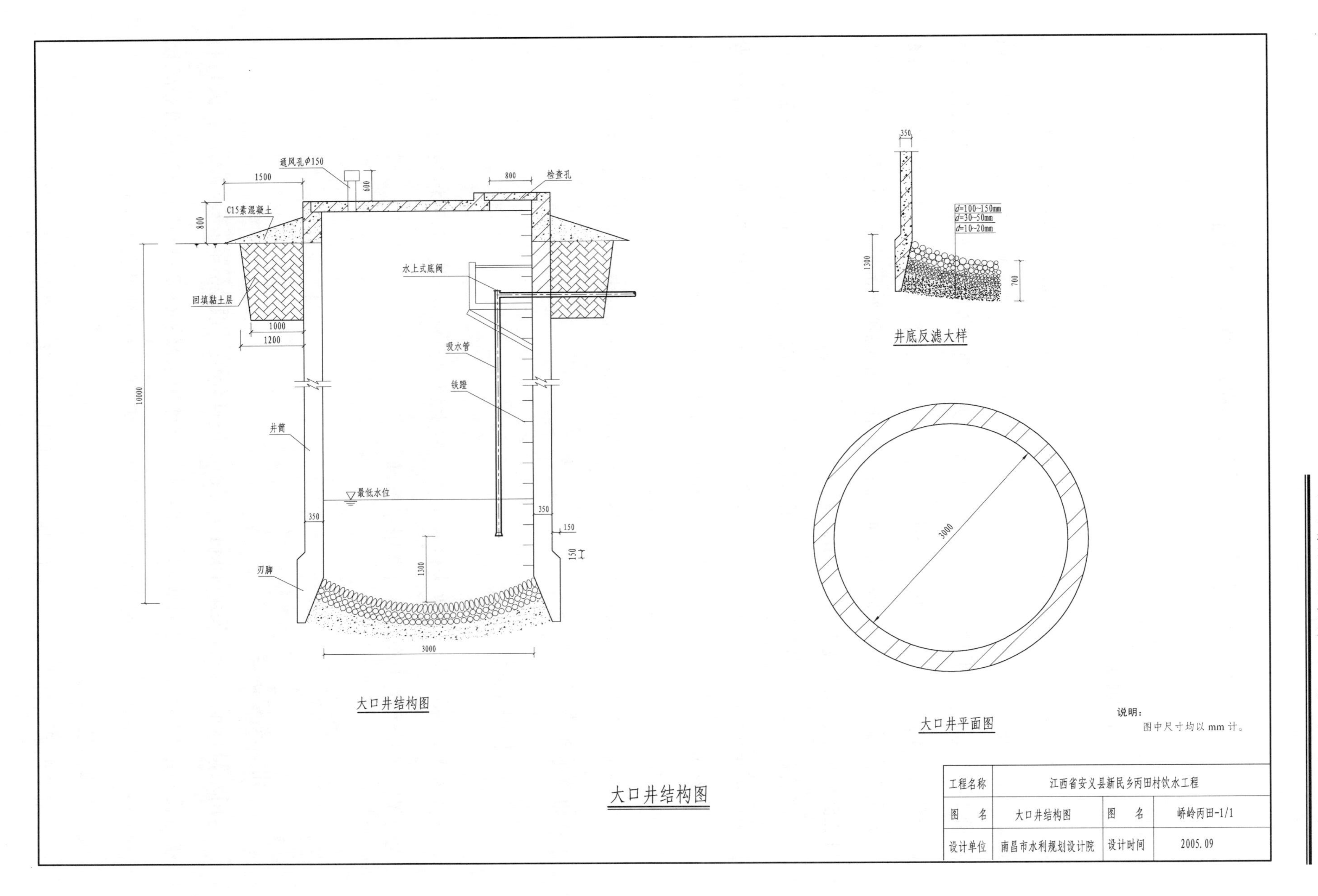

通风孔φ150
1500
600
800
检查孔
C15素混凝土
800
回填黏土层
1000
1200
10000
水上式底阀
吸水管
铁蹬
井筒
最低水位
350
350
150
150
1300
刃脚
3000
大口井结构图
350
d=100~150mm
d=30~50mm
d=10~20mm
1300
700
井底反滤大样
3000
大口井平面图
说明：
图中尺寸均以 mm 计。
大口井结构图
工程名称
江西省安义县新民乡丙田村饮水工程
图　名
大口井结构图
图　名
峤岭丙田-1/1
设计单位
南昌市水利规划设计院
设计时间
2005.09

江西省浮梁县经公桥村饮水工程

一、工程概况

经公桥村位于江西省浮梁县北部，距景德镇市区 60 km，属经公桥镇管辖，为镇政府所在地。经公桥村地处丘陵山区，属于亚热带湿润季风气候区，多年平均降水量 1 750 mm，年平均气温 15.7 ℃，年平均无霜期 245 d。经公桥村交通便利，206 国道依村而建，村内有镇政府、中小学校、医院、银行、邮电、电力等十余家国家机关企事业单位及数十家商业店铺，经公桥村为景德镇北部的重要村镇，有常住人口 2 508 人，人均年平均收入 2 010 元。

经公桥村虽然交通便利，但饮用水历来非常困难，经钻探查明地下水资源匮乏，可确保供水的水源大港河(北河支流)离村镇 1.5 km，平时村民只能是饮用田沟水及浅井地表水。近年来，由于化肥农药用量日增及地方工业污水污染等原因，饮用水水质日益恶化，经有关单位化验检测，水中硫、磷、砷等有毒化学物及细菌微生物均严重超标，长期饮用这种不符合卫生条件的水，将给全村人民的身体健康及生产工作带来非常大的危害。

二、工程水源

选老魏山、中南山溪水为供水水源。该水源属北河水系，上游植被茂盛稳定，无污染，水质卫生干净，符合饮用水标准。

三、工程设计

(一)供水规模确定

用水量标准：设计采用 100 L/(人·d)。设计年限：取 20 年。设计人口：人口自然增长率按 7‰计算，设计人口 2 884 人。设计用水量：Q=290 m^3/d，Q=12.08 m^3/h，Q=3.36 L/s。老魏山、中南山枯水季节来水量为 10 L/s，满足引用流量。

(二)取水工程设计

该工程采用自流引水方式供水，在水源取水点建一水堰挡水，经反滤沟进入堰边的集水井，集水井采用钢筋混凝土结构。

(三)管道设计

1.输水管道设计

管材设计采用振云 UPVC 给水管(国标管)，埋入土深≥70 cm，其特点是：质轻，搬运装卸便利；耐化学药品，性优良；流体阻力小；机械强度大；施工简易；造价低廉且不影响水质。管长 L=5 100 m，管径设计采用外径 110 mm(壁厚 4.8 mm，公称压力 1.0 MPa)。

2.供水管道设计

经公桥村供水工程管网为二路并行的枝状管网。经公桥村地势东南高西北低，地形高差达 30 m，南北方向长 2 000 m，东西方向宽 300 m。供水管网布置根据地形及经公桥村的发展规划，沿村中两条主要道路南北方向各敷设一条供水主管道，两条主管道沿途分支供水到全村用户。供水管采用振云 PVC-U 给水管(国标管)，公称压力 1.0 MPa。

(四)储水建筑物设计

根据实地勘察和地形资料分析，该饮水工程适宜采用高水位水池调节配水。为了适应供水区逐时用水量的变化，并充分利用地形保证管网所需水压，高位水池的容积取最高日用水量的 35%计算，即 $V=290\times35\%=101.5\ (\mathrm{m}^3)$。设计拟定选择 100 m^3 容积的圆形钢筋混凝土结构储水池。

(五)管理房

管理房建于村内镇政府附近的大道边，占地面积 100 m^2，二层砖混结构，钢筋混凝土平顶，建筑面积 180 m^2。

四、工程效益分析

该饮水工程供水指导价格为计划内用水 0.4 元/m^3、计划外用水 0.6 元/m^3。

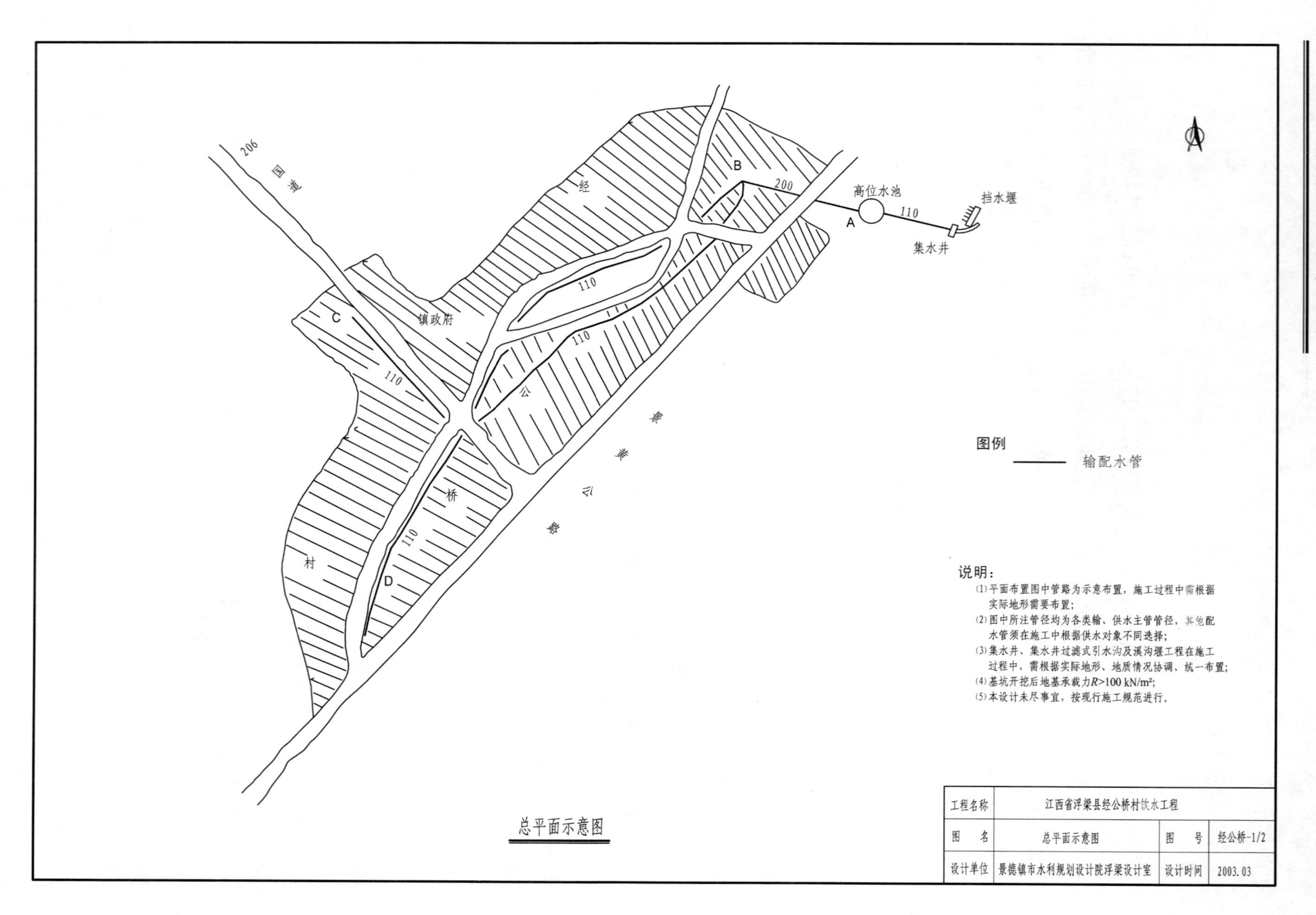
206
国道
经
B
200
高位水池
A
110
挡水堰
集水井
110
镇政府
C
110
公
景
黄
公
路
桥
110
村
D
图例
输配水管
说明：
(1)平面布置图中管路为示意布置，施工过程中需根据实际地形需要布置；
(2)图中所注管径均为各类输、供水主管管径，其他配水管须在施工中根据供水对象不同选择；
(3)集水井、集水井过滤式引水沟及溪沟堰工程在施工过程中，需根据实际地形、地质情况协调、统一布置；
(4)基坑开挖后地基承载力R>100 kN/m²；
(5)本设计未尽事宜，按现行施工规范进行。
总平面示意图
工程名称
江西省浮梁县经公桥村饮水工程
图　名
总平面示意图
图　号
经公桥-1/2
设计单位
景德镇市水利规划设计院浮梁设计室
设计时间
2003.03

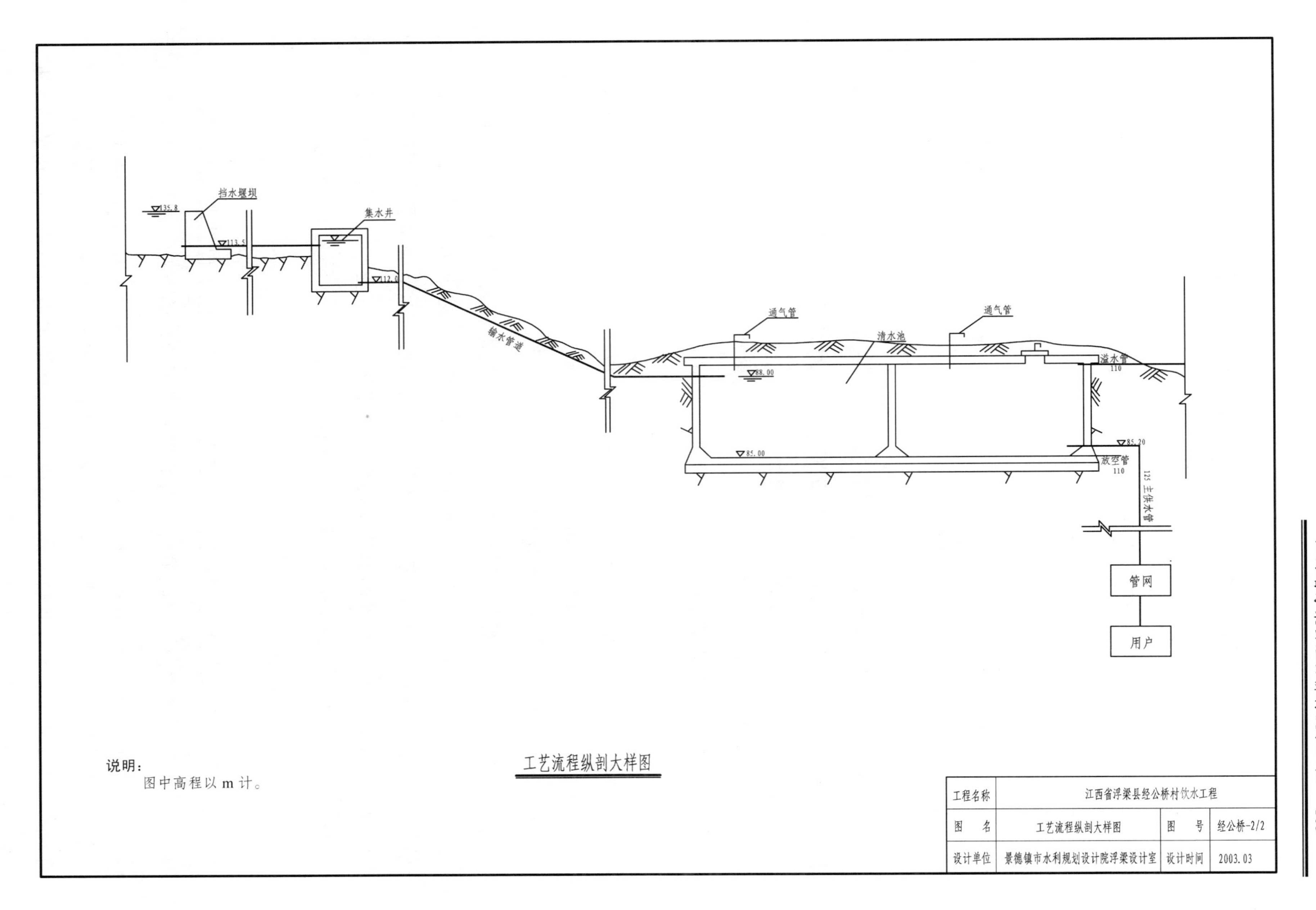

工艺流程纵剖大样图

说明：
图中高程以 m 计。

工程名称	江西省浮梁县经公桥村饮水工程		
图　名	工艺流程纵剖大样图	图　号	经公桥-2/2
设计单位	景德镇市水利规划设计院浮梁设计室	设计时间	2003.03

江西省宁都县竹坑饮水工程

一、自然、社会、经济状况

竹坑饮水工程是为了解决江西省宁都县梅江镇(原刘坑乡)背村、下廖、迳口、刘坑、土围等村委会村民饮用水困难的供水工程。供水区均位于竹坑水库下游岗丘地区，海拔190～210 m，供水设计范围约15 km^2，地理位置为北纬26°28′，交通条件便利，乡、村简易公路四通八达。

供水区属副热带东南亚季风气候区，气候温和，四季分明，日照充足，雨量充沛。

气温：受丘陵山区影响，多年平均气温18.3 ℃，1月份平均气温7 ℃，7月份平均气温为28.5 ℃，极端最高气温39.3 ℃，极端最低气温-7.5 ℃。

日照：多年平均日照时数为1 874.6 h。

蒸发：年蒸发量1 395～1 722 mm，多年平均蒸发量1 540.8 mm。

风速：多年平均风速2.1 m/s，最大风速为16 m/s。

降水：年平均降水量1 742.9 mm，暴雨量集中在4～6月份，约占年降水量的50%。暴雨强度大，时空分布不均，最大年降水量2 791 mm，最小年降水量114.2 mm。

径流：多年平均径流深965 mm。

供水区出露地层主要为白垩纪紫红色粉砂岩夹泥质粉砂及砂砾岩。

地貌为一红层组成的低丘岗地单霞地形地貌，岗地均为平坦开阔的农田和村庄。

地下水主要为基岩裂隙水和第四系松散层孔隙水，地下水的主要补给来源为大气降水，第四系松散砂卵砾石层为较为丰富的含水层，地下潜水受农田施肥、喷洒农药及村民生活排放污水等影响严重污染。供水区均为农业区，村民收入以农业收入为主，经济收入在全县属中等。项目区村民原年平均收入约为1 278元。

二、工程设计特点

该工程设计以农村人口解决饮水为主要目的。由于该工程供水区末端为宁都县城郊区，所以设计考虑了与城镇自来水工程发展相结合的方针，在设计上不仅能满足农村饮水的要求，同时也能满足城镇供水的需要。在引水方式上充分利用了竹坑水库的地理优势和水资源优势，从水库到清水池采用了自流引水与泵站扬水相结合的方式：在丰水期，水库水位较高，可以从水库向清水池自流供水；在平枯水期，水库水位较低时，则利用水泵向清水池扬水。这样大大节省了运行成本，另一方面也利用了竹坑水库的天然优势，大大降低了工程造价。

三、水源水质与工艺流程

(一)水源水质

工程水源为竹坑水库。该水库库区森林茂密，水土保持良好，远离生活区，无工矿企业污染，水源水质有保障，是理想的水源。

(二)工艺流程

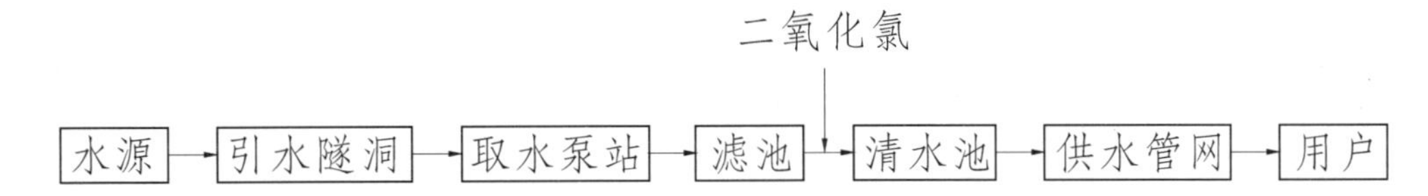

四、工程主要经济技术指标

竹坑饮水工程设计总投资 450.989 4 万元，工程投入使用后每年所带来的直接和间接经济效益达 138.82 万元，完全符合工程经济技术指标。

工程决算总投资 426.387 2 万元(其中一期工程投资 260.093 8 万元，二期工程 166.293 4 万元)。

截至 2005 年底，工程已运行近 4 年。竹坑饮水工程已解决了 3 900 户计 13 150 人的饮水问题，日用水量 1 670 m^3/d，分别达到设计规模的 72.9%和 75.8%，工程效益显著。

五、工程效益分析

该工程建成后，为项目区农民的脱贫致富创造了条件，农民生存环境得到了改善，社会更加稳定。社会效益主要体现在以下几个方面：

(1)生活饮用水条件改善后，使人们的身体素质得到了提高，减少了发病率，提高了健康水平，改善了生活质量。

(2)水源问题解决后，促进了农村生态环境和社会环境的改善，有利于发展庭院经济，为贫困地区农、林、牧、副、渔全面发展奠定了基础，为致富创造了条件，提高了经济效益。

(3)解决了“水”纠纷的矛盾，有利于巩固缺水地区安定团结、社会稳定的局面。

(4)有利于拉动内需，促进国民经济发展，为农民奔小康打下基础。

该工程除带来良好的社会效益外，还有一定的经济效益。竹坑饮水工程投入使用后实现的直接和间接经济效益达 138.82 万元。

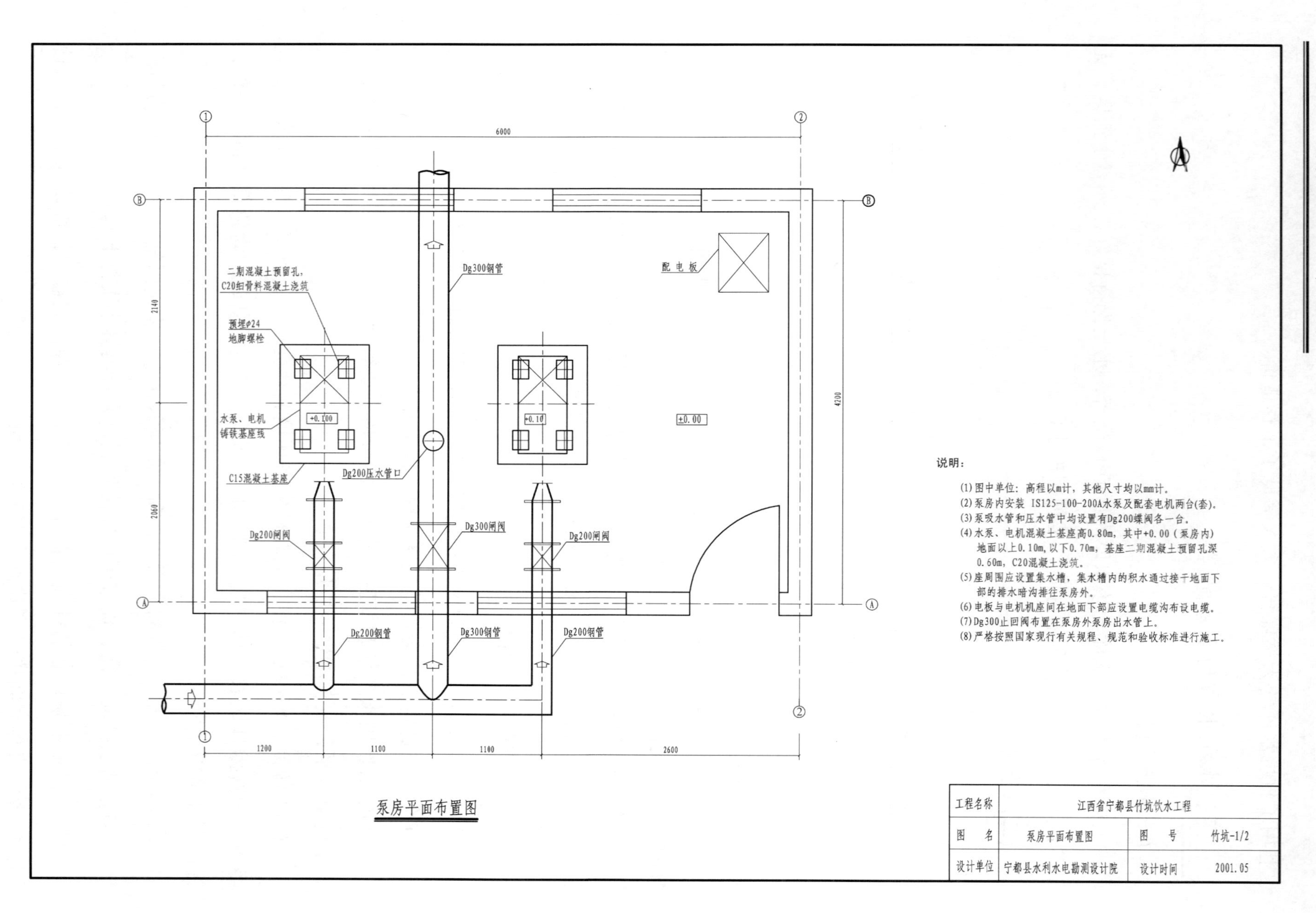
6000
2140
2060
4200
1200
1100
1100
2600
二期混凝土预留孔，
C20细骨料混凝土浇筑
预埋φ24
地脚螺栓
水泵、电机
铸铁基座线
C15混凝土基座
Dg300钢管
Dg200压水管口
配 电 板
+0.100
+0.10
±0.00
Dg200闸阀
Dg300闸阀
Dg200闸阀
Dg200钢管
Dg300钢管
Dg200钢管
泵房平面布置图
说明：
(1)图中单位：高程以m计，其他尺寸均以mm计。
(2)泵房内安装 IS125-100-200A水泵及配套电机两台(套)。
(3)泵吸水管和压水管中均设置有Dg200蝶阀各一台。
(4)水泵、电机混凝土基座高0.80m，其中+0.00（泵房内）地面以上0.10m，以下0.70m，基座二期混凝土预留孔深0.60m，C20混凝土浇筑。
(5)座周围应设置集水槽，集水槽内的积水通过接于地面下部的排水暗沟排往泵房外。
(6)电板与电机机座间在地面下部应设置电缆沟布设电缆。
(7)Dg300止回阀布置在泵房外泵房出水管上。
(8)严格按照国家现行有关规程、规范和验收标准进行施工。
工程名称
江西省宁都县竹坑饮水工程
图 名
泵房平面布置图
图 号
竹坑-1/2
设计单位
宁都县水利水电勘测设计院
设计时间
2001.05

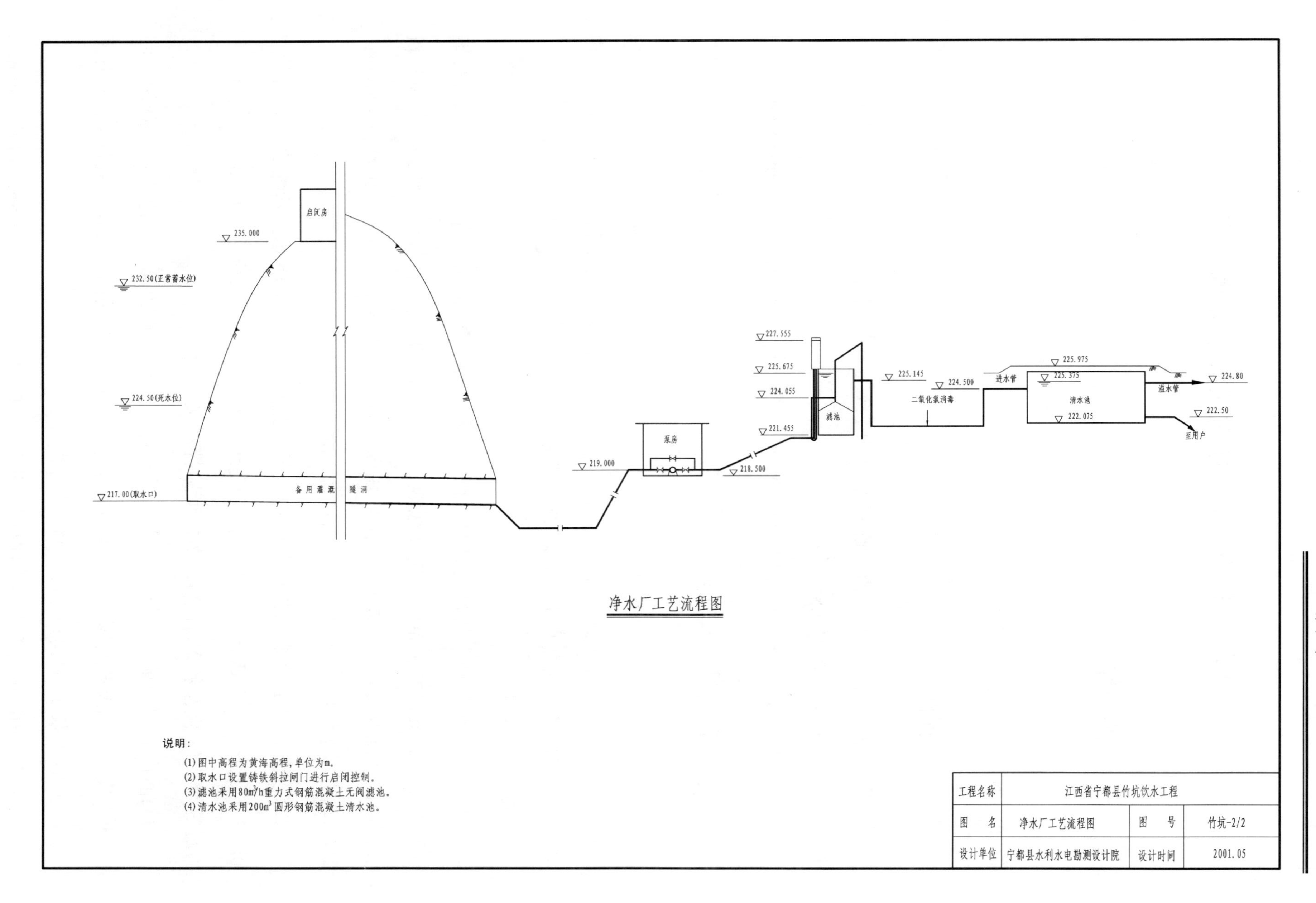
启闭房
235.000
232.50(正常蓄水位)
224.50(死水位)
217.00(取水口)
备用灌溉
隧洞
219.000
泵房
218.500
227.555
225.675
224.055
221.455
滤池
225.145
224.500
二氧化氯消毒
进水管
225.975
225.375
清水池
222.075
溢水管
224.80
222.50
至用户
净水厂工艺流程图
说明：
(1)图中高程为黄海高程，单位为m。
(2)取水口设置铸铁斜拉闸门进行启闭控制。
(3)滤池采用80m³/h重力式钢筋混凝土无阀滤池。
(4)清水池采用200m³圆形钢筋混凝土清水池。
工程名称
江西省宁都县竹坑饮水工程
图名
净水厂工艺流程图
图号
竹坑-2/2
设计单位
宁都县水利水电勘测设计院
设计时间
2001.05

山东省即墨市灵山镇驻地饮水工程

一、自然条件

山东省即墨市灵山镇位于墨城北 15 km 处，东经 127°27′，北纬 36°32′。现辖42个行政村，耕地面积7.4万亩。

二、工程概况

工程总投资650万元，初步确定水价为2.5元/m^3。土石方总量为1.2万m^3，其中土方0.35万m^3，石方0.85万m^3。

设计水源3处，设计供水量1 000 m^3/d，主管道设计供水能力2 000 m^3/d。

三、工程设计及构筑物

采取微机变频控制供水与高位水池相结合的供水方式，水源地联合调度，根据不同的蓄水压力，可实行分片、分压供水。管网布置采用树枝状管道布置形式，供水压力以满足最不利点水压力要求为计算标准。

设计水源3处：

(1)中河北水源地。新打大口井一眼，直径7 m、深20 m；清淤、浆砌原有长塘一座，长120 m、宽6 m；新建过滤池一座，7 m×10 m，日过滤水500 m^3；新建机房管理房3间72 m^2；安装50 kVA变压器一台、变压器室一座、配电线路480 m；配备4 t压力罐一个，安装水泵3台(套)、微机变频控制器一套。

(2)河南二村水源地。新打大口井一眼，直径7 m、深18 m；新建机房管理房3间72 m^2；安装30 kVA变压器一台、变压器室一座、配电线路300 m；配备4 t压力罐一个，安装水泵2台(套)、微机变频控制器一套。

(3)前山后水源地。新打大口井一眼，直径7 m、深20 m；新建机房管理房3间72 m^2；安装50 kVA变压器一台、变压器室一座、配电线路480 m；配备4 t压力罐一个，安装水泵3台(套)、微机变频控制器一套。

在灵山98.00 m高程处建圆形调节水池一座，直径11 m、深3.5 m、容积300 m^3。

中河北水源地选三台泵分别是 200QJ20–81、200QJ32–78、200QJ50–78；前山后水源地选泵分别是 200QJ50–50、200QJ32–52、200QJ20–50；河南二村水源地选泵 2 台 200QJ50–65。

主管道一(中河北水源到蓄水池)从中河北水源向南到中河北，分水后向东到卫东村再转向南到河南二村水源地接入后向南到水池，中间向政府方向分水。

主管道二，从前山后水源开始向东再向北沿路到前山后村，该管道控制前山后村、后山后村，管道从水源向南接入水池与主管道一连网。

支管道在水源出口、接口均设闸阀，既可单独分片供水，又能实现连网供水调节。

管道全线在正常状态下，管内承受的压力都大于 0.01 MPa。为了增强管道的安全，在管道的隆起点、水平段两端和穿越河道上下游处设 Dg75 双向自动排气、进气阀，以便及时排除管内空气，避免管内发生气阻。

主管道安装工程：安装ϕ200U-PVC(1.0 MPa)管长度 675 m，ϕ160U-PVC(1.0 MPa)管长度 3 000 m，ϕ160U-PVC(0.63 MPa)管长度 3 800 m，ϕ110U-PVC(0.63 MPa)管长度 830 m，ϕ90U-PVC(0.63 MPa)管长度 1 293 m，ϕ75U-PVC(0.63 MPa)管长度 500 m。主管道阀井 17 座，管道支墩混凝土 32 m^3，管沟开挖土石方 1.20 万 m^3，管道垫砂 3 200 m^3。

支管道安装工程：铺设供水主管道ϕ160U-PVC 管长度 5 100 m，ϕ110U-PVC 管长度 2 610 m，ϕ90U-PVC 管长度 2 550 m，ϕ75U-PVC 管长度 880 m。

四、工程运行及效益分析

该工程解决了 4 900 户群众吃水，每年总共可省工 9.8 万个，每个工日按 20 元计，可省工 196 万元。通过改善用水质量，平均每户可节省医药开支 10 元/年，4 900 户共可节省医药费开支 4.9 万元。经济内部受益率为 24%，经济净现值为 551.83 万元，经济效益费用比为 1.62，该项目在经济上是可行的。

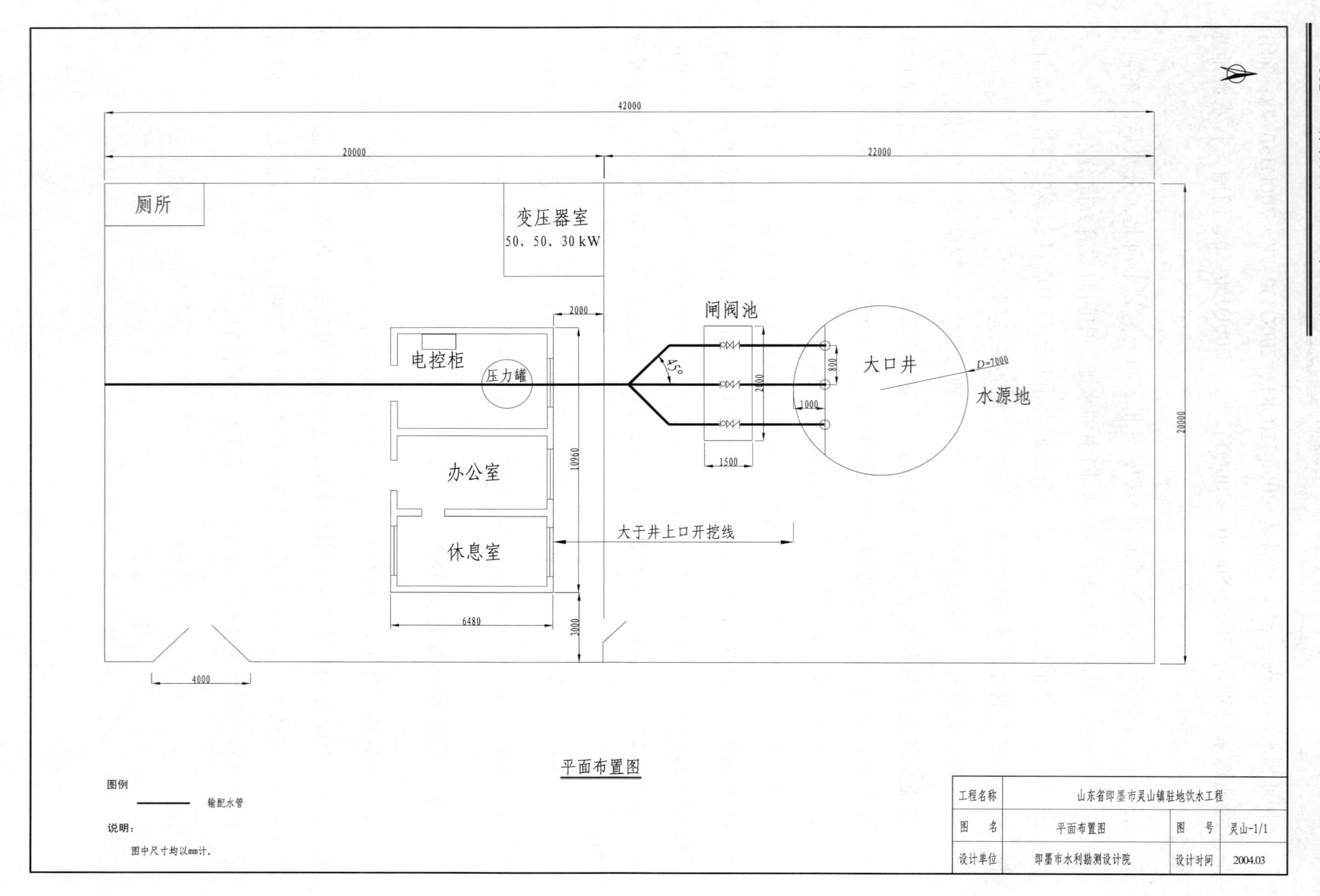
42000
20000
22000
厕所
变压器室
50、50、30 kW
2000
闸阀池
电控柜
压力罐
45°
2000
800
大口井
D=7000
水源地
1000
1500
10960
办公室
休息室
大于井上口开挖线
20000
6480
3000
4000
图例
输配水管
说明：
图中尺寸均以mm计。
工程名称
山东省即墨市灵山镇驻地饮水工程
图名
平面布置图
图号
灵山-1/1
设计单位
即墨市水利勘测设计院
设计时间
2004.03

平面布置图

山东省莱西市饮水工程

一、自然条件

山东省莱西市贫水区位于莱西市南部。莱西市位于胶东半岛西部，东临莱阳市，西以小沽河为界与平度市相望，北靠招远市，西北与莱州市接壤，南以五沽河为界与即墨市相邻，属青岛市所辖县级市。总面积 1 522 km^2，总人口 72.2 万人。莱西市地处胶东丘陵山系的南麓，地势北高南低，北部系低山丘陵，中部为缓岗平原，南部为平泊洼地。莱西市属典型暖温带半湿润大陆性季风气候，多年平均气温为 11.3 ℃，最高气温 37.5 ℃，最低气温为–21 ℃，大于 10 ℃的多年平均积温为 3 965.4 ℃，多年平均日照时数为 2 825.9 h，多年平均风速为 3.6 m/s，无霜期为 186 d，最大冻土层深 50 cm。多年平均降水量为 687.7 mm，最大年降水量为 1 458.1 mm，最小降水量为 365.3 mm；多年平均蒸发量为 1 095.7 mm，最大年蒸发量为 1 515.5 mm，最小年蒸发量为 681.9 mm。境内土壤地质的变化呈垂直分布规律，北部丘陵区为大面积棕壤土；大沽河、小沽河沿岸主要是河淤土和潮棕壤土；南部地形较低，形成了大面积砂姜黑土。莱西市多年平均水资源量为 3.65 亿 m^3，人均占有水资源量为 518.8 m^3，亩均水资源量为 160.1 m^3；多年平均可供水资源量为 2.7 亿 m^3，其中地表水 1.7 亿 m^3、地下水 1 亿 m^3，属严重缺水区。莱西市境内 5 km 以上的河流共 61 条，主属大沽河水系。

二、工程概况

该工程自 2002 年 9 月开工，2003 年 5 月底竣工，工程总投资为 2 895.46 万元。工程分两期实施，一期实施净水厂及孙受镇内管网，店埠镇、望城街道办事处部分管网，投资 1 200 万元；二期实施一期余下的输水管路工程。

三、水源水质与工艺流程

(一)水源水质

工程水源选择产芝水库，根据《青岛市地表水水环境质量报告》，产芝水库水质属标准级，各项指标均达标，符合《生活饮用水卫生标准》。

(二)工艺流程

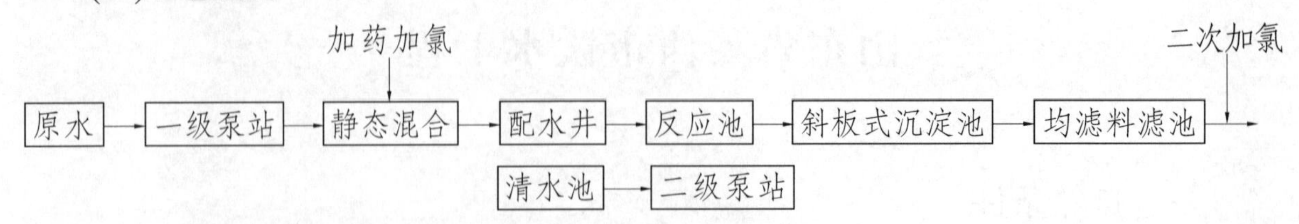

四、工程设计和构筑物设计

该工程在西周格庄村西新建一净水厂，不经加压站直接向各个村庄供水。主要内容包括：净水厂工程，水厂至供水村庄配水管网。原供水站保持不动。

净水厂工程：根据用水量预测确定水厂的设计规模为1.5万m^3/d。

配水管网：采用预应力钢筋混凝土管。

水处理构筑物：一级泵站选用3台SBL200–400立式泵，流量为210 m^3/h，扬程为12.5 m，单台配套动力为15 kW。泵房土建平面尺寸确定为6.5 m×16 m。混合器采用两套三级混合元件的ϕ400静态混合器。反应池采用3廊道，每座池的平面尺寸为8.0 m×10.0 m、深4.0 m。斜板式沉淀池设2座，每池的尺寸10.2 m×5.5 m。加氯采用流量、余氯复合环路自动控制方式投加，设两台加氯机，一用一备。氯气气源控制采用压力式自动切换系统。加药间设溶药池和溶液池，溶药池的浓度按10%进行设计，共设两池，单池平面尺寸1.2 m×1.2 m，有效深度为2.4 m。滤池采用两座气水反冲洗均粒料滤池，单排设计，平面尺寸为6.1 m×6.6 m×2座。清水池一座，平面尺寸为20 m×15 m，有效水深4.5 m，为地下式钢筋混凝土构筑物，上覆土0.8 m。集水池一座，分为两格，一格收集滤池反冲洗水，一格收集反应沉淀池的污染水，容积均为70 m^3，平面尺寸4.0 m×5.0 m，深4.0 m。

五、工程运行及效益分析

工程运行建议水价为2.20元/m^3。工程建成后解决了贫水区4个镇172个村庄13万人的饮水问题；有效地改善了贫水村庄人民生活环境，减少了污染，改善了农村的生态环境，提高了人民健康水平；能够节省运水劳动力、畜力和机械动力与相应的燃料、材料等所需的年折旧费用；能够改善水质，减少由于疾病所必须支付的医疗费用，并能增加牲畜饲养量而获得更多的收入。因此，该项目的兴建是必要的，经济上也是可行的。

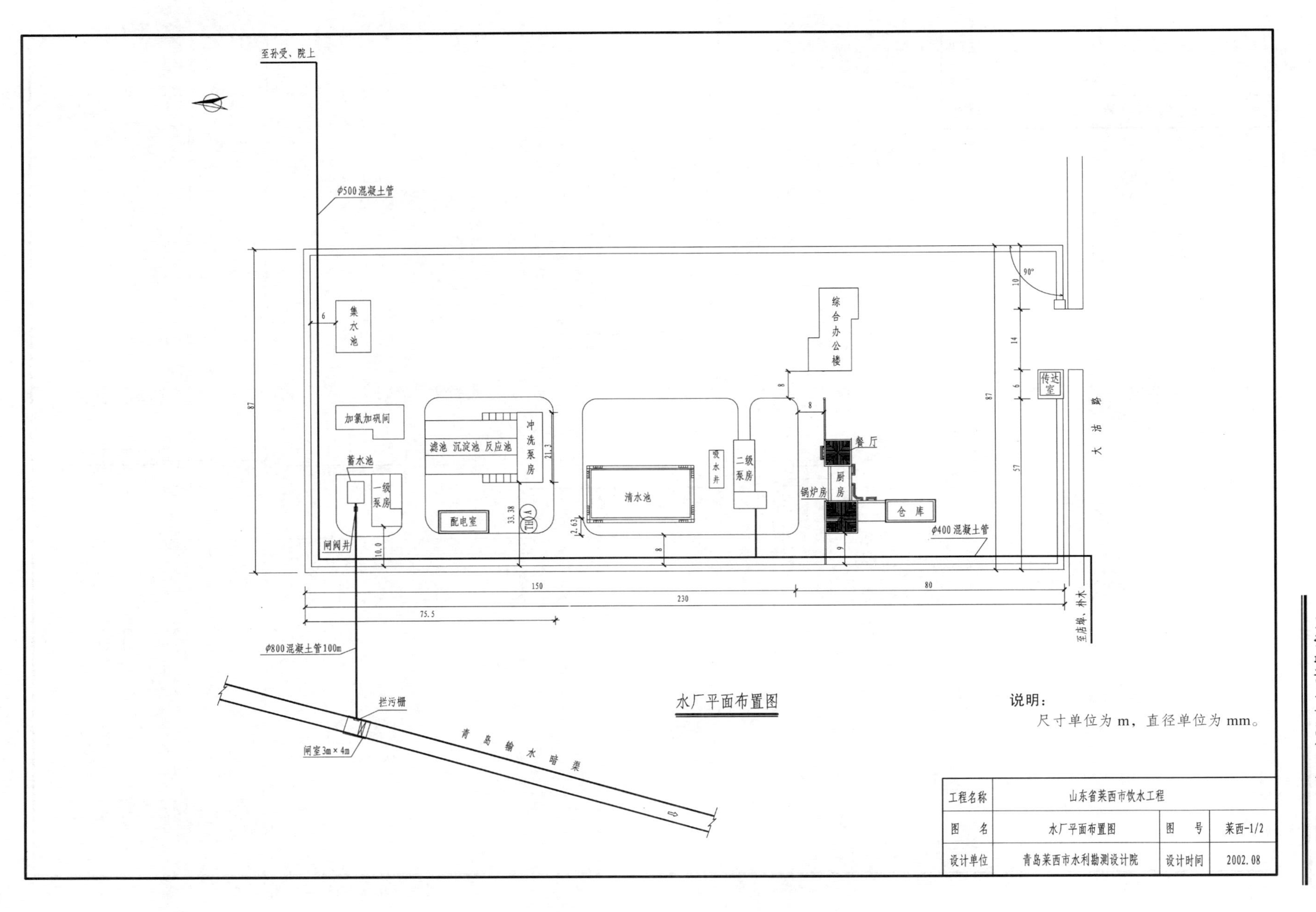
至孙受、院上
φ500混凝土管
集水池
加氯加矾间
蓄水池
一级泵房
闸阀井
滤池 沉淀池 反应池
冲洗泵房
配电室
清水池
吸水井
二级泵房
综合办公楼
餐厅
厨房
锅炉房
仓库
传达室
φ400混凝土管
大沽路
φ800混凝土管100m
拦污栅
闸室3m×4m
青岛输水暗渠
水厂平面布置图
说明：
尺寸单位为m，直径单位为mm。
工程名称
山东省莱西市饮水工程
图名
水厂平面布置图
图号
莱西-1/2
设计单位
青岛莱西市水利勘测设计院
设计时间
2002.08

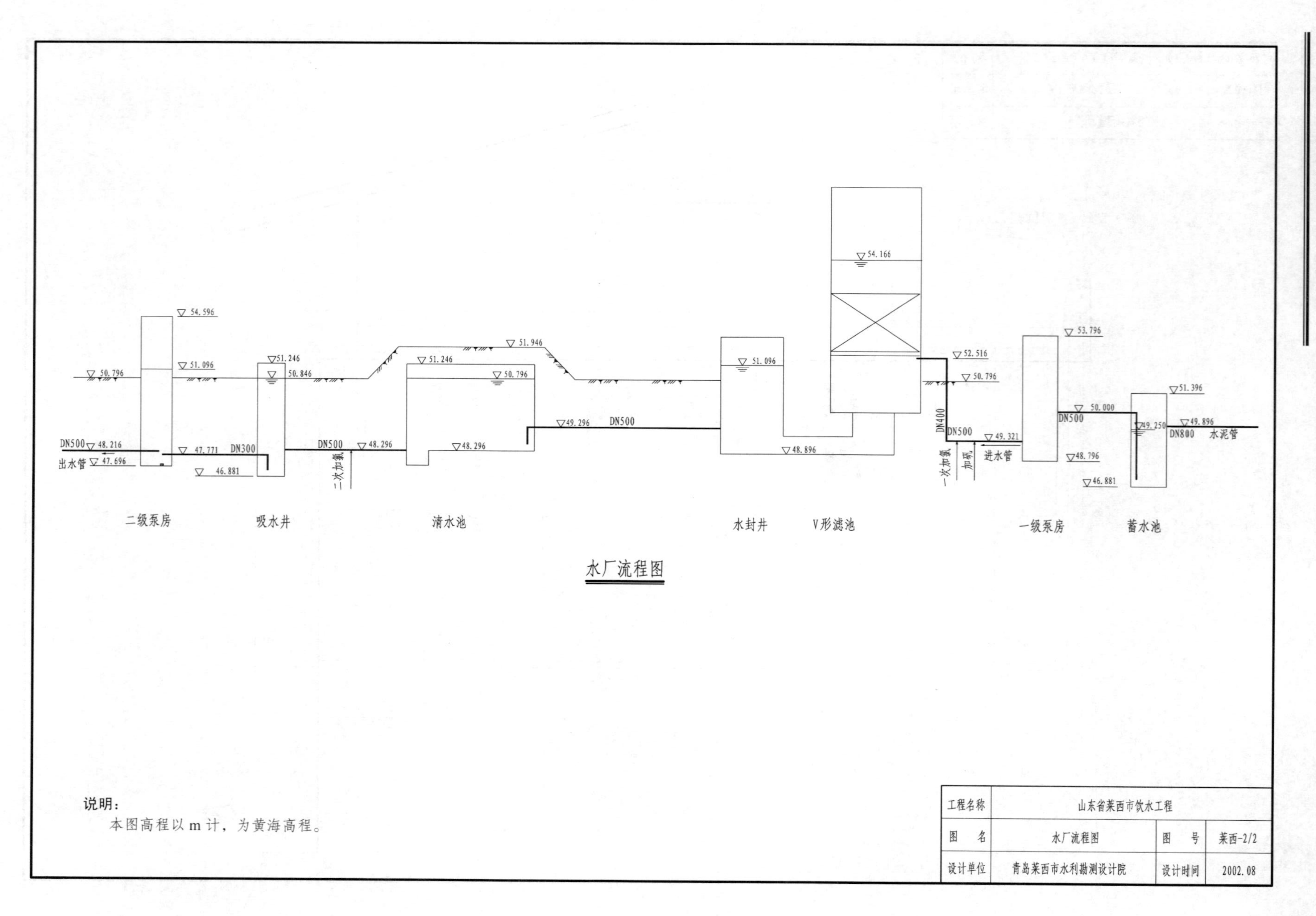

水厂流程图

说明：

本图高程以 m 计，为黄海高程。

工程名称	山东省莱西市饮水工程		
图　名	水厂流程图	图　号	莱西-2/2
设计单位	青岛莱西市水利勘测设计院	设计时间	2002.08

山东省龙口市姚家村饮水工程

一、工程概况

该工程位于山东省龙口市芦头镇姚家村，总的地形为南高北低，现有住户 422 户，人口 1 200 人，大牲畜 62 头，小牲畜 198 头。该工程所在地系龙口市南部山丘区，由于地质构造的特殊性，区内水资源极其匮乏，而且该村及周边地区水源中锰元素超标，不能直接饮用。该工程一方面通过微机变频调速恒压供水设备的使用，实现了自来水管道的恒压供水，满足了农民对洗涤等非直接饮用水的用水需求；另一方面通过安装净化水设备，对源水进行净化处理，使水质符合国家纯净水卫生标准，满足农民对喝茶、做饭等与生命健康有直接影响的饮水需求。

该工程于 2003 年 12 月建成，工程总投资 44.16 万元，解决了 1 200 人的用水需求，年供水量 4.2 万 m^3。

二、工程设计及构筑物

该工程以地下水为水源，以现有住宅、地貌条件设计自来水供水工程，同时考虑村民住宅规划及住宅人口的自然增长，以保证人畜饮水工程的长期实用性。

供水管网中阀门井采用砖砌，内表面采用水泥砂浆抹面，井盖为钢筋混凝土盖板或钢板。集水表池为砖砌，内设阀门、水表等。

泵房面积为 18 m^2，平台式，基础为 M7.5 浆砌石，墙体为 M5.0 砖砌，散水宽 15 cm，室内地面为水泥砂浆抹面，墙面为麻刀灰抹面，门窗为铝合金，屋面为现浇钢筋混凝土。

净化水房面积为 42 m^2，平台式，基础为 M7.5 浆砌石，墙体为 M5.0 砖砌，散水宽 15 cm，室内地面为水泥砂浆抹面，墙面为麻刀灰抹面，门窗为铝合金，屋面为现浇钢筋混凝土。

三、工程经济效益分析

该工程总投资 44.16 万元，工程年费用为 8.48 万元，自来水工程制水成本 1.03 元/m^3，净化水工程制水成本 1.91 元/m^3。该工程国民经济评价指标均满足要求，经济上可行。

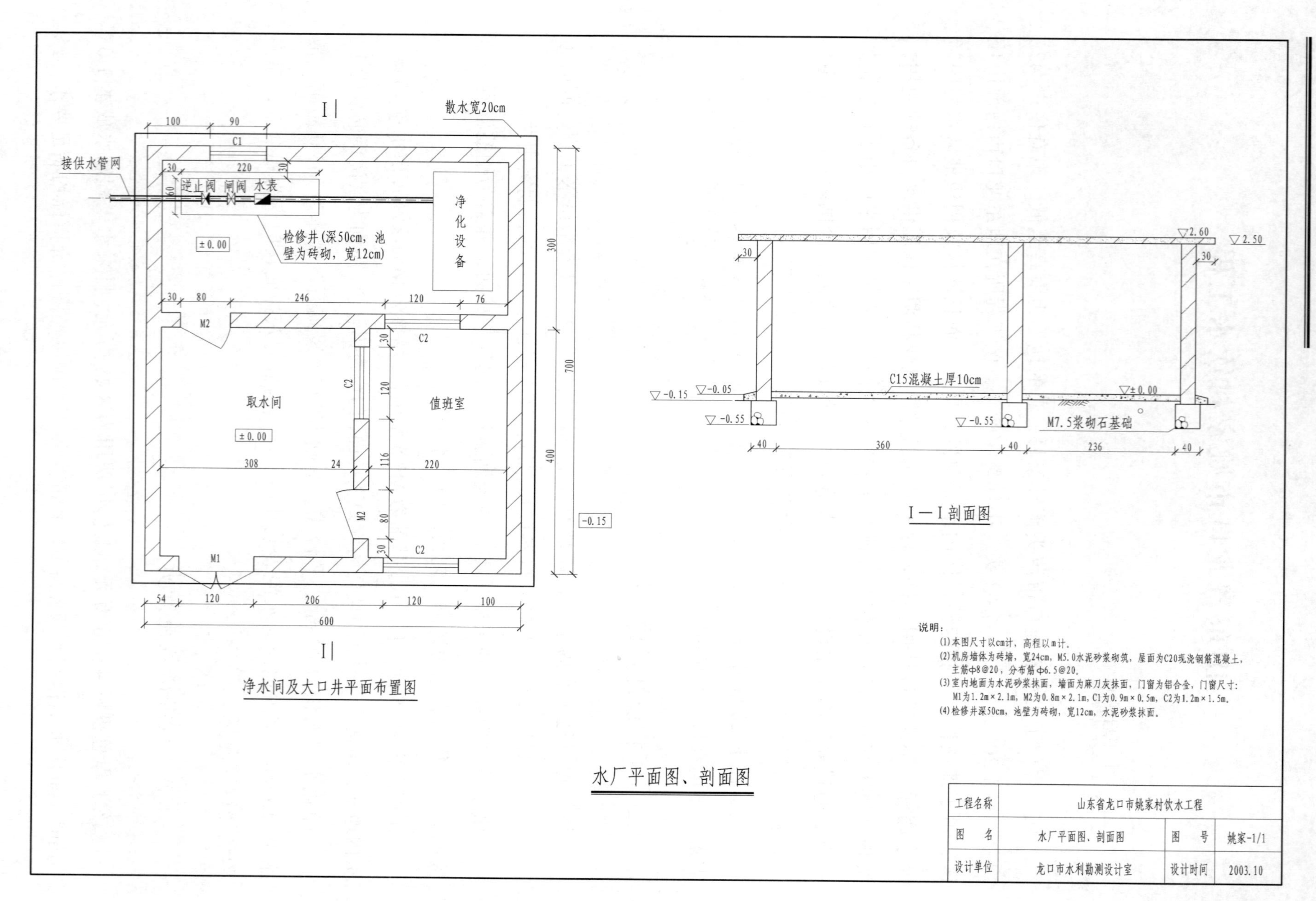
散水宽20cm
接供水管网
逆止阀 闸阀 水表
检修井(深50cm，池壁为砖砌，宽12cm)
净化设备
±0.00
取水间
值班室
M1
M2
C1
C2
-0.15
净水间及大口井平面布置图
C15混凝土厚10cm
M7.5浆砌石基础
▽2.60
▽2.50
▽-0.05
▽-0.15
▽-0.55
▽±0.00
I—I剖面图
说明：
(1)本图尺寸以cm计，高程以m计。
(2)机房墙体为砖墙，宽24cm，M5.0水泥砂浆砌筑，屋面为C20现浇钢筋混凝土，主筋Φ8@20，分布筋Φ6.5@20。
(3)室内地面为水泥砂浆抹面，墙面为麻刀灰抹面，门窗为铝合金，门窗尺寸：M1为1.2m×2.1m，M2为0.8m×2.1m，C1为0.9m×0.5m，C2为1.2m×1.5m。
(4)检修井深50cm，池壁为砖砌，宽12cm，水泥砂浆抹面。
工程名称 山东省龙口市姚家村饮水工程
图 名 水厂平面图、剖面图 图 号 姚家-1/1
设计单位 龙口市水利勘测设计室 设计时间 2003.10

水厂平面图、剖面图

山东省临朐县龙岗镇饮水工程

一、自然条件

龙岗镇饮水工程水源地位于山东省临朐县龙岗镇政府驻地南 1 km 处的石灰岩地区，地势南高北低，地形相对高差 50 余 m。该区出露地层为寒武系馒头组石灰岩、泥灰岩、泰山群片麻岩。该区的地下水主要储存于馒头组石灰岩裂隙、岩溶中。地下水位埋深 30 m，地下水含水层埋藏深度 100 ~ 150 m。

二、工程概况

龙岗镇饮水工程位于县城东北 12 km。该镇辖 41 个行政村，总人口 3.6 万人，其中农业人口 3.4 万人，土地总面积 67 km^2。2002 年全镇工农业总产值 6.2 亿元，农业总产值 2.9 亿元，农民人均收入 3 100 元。

该区属玄武岩区，地下水储量较小，群众用水提取浅层地下水，如遇干旱，地下水枯竭，群众只能外出拉水吃，即使丰水年份，由于地下水较浅，易受到污染，水质较差。

该工程计划解决龙岗镇 11 个村人畜吃水问题，项目受益人口 12 181 人，牲畜 3 090 头。工程计划采用集中供水、自来水入户的方式，规划供水规模 1 096 m^3 /d，计划新打深井 2 眼，建 300 m^3 蓄水池 1 座、机房管理房 7 间、保护区 900 m^2，铺设村外输配水管道 10 000 m。

该工程总投资 241.4 万元。

三、工程水源

工程水源为地下水。该水源地处山地与山前倾斜平原交接处，补给区在山区，无村庄、无污染源。地下水补给区大，地下水丰富，分析认为该水源较可靠。经临朐县卫生防疫站化验，水源水质符合饮用水标准，无须进行消毒和工艺处理。

四、工程主要构筑物

该工程构筑物包括泵房、工程保护区、蓄水池、输配电系统工程等。砖混机房三间，管理房四间。保护区平面尺寸为 30 m×30 m，截面尺寸 0.4 m×0.6 m。蓄水池为圆形砌石结构，内径 11 m，高 3.42 m，有效容积 300 m^3。蓄水池附属设施有进水管、配水管、溢流管、排污管、集水池、闸阀室等。输电线路长 0.5 km，工作电压 380 V，最大功率 50 kW，安装 50 kVA 变压器一台。

五、工程经济效益分析

工程制水经营成本 0.95 元/m^3，制水总成本 1.70 元/m^3，分析表明，整个项目经济效益良好，具有较高的投资价值。

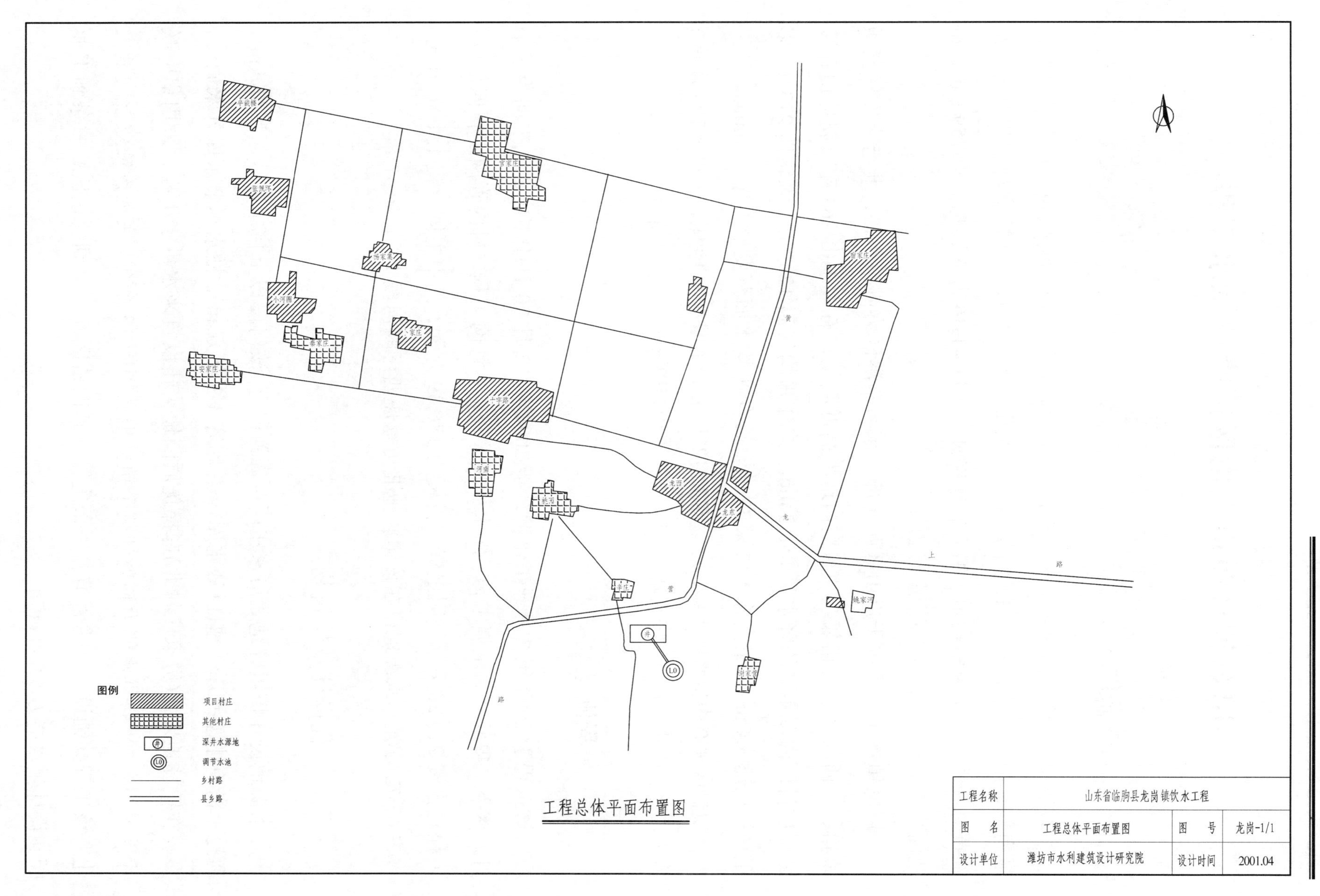
图例
项目村庄
其他村庄
深井水源地
调节水池
乡村路
县乡路
工程名称
山东省临朐县龙岗镇饮水工程
图名
工程总体平面布置图
图号
龙岗-1/1
设计单位
潍坊市水利建筑设计研究院
设计时间
2001.04

工程总体平面布置图

山东省日照市岚山区巨峰镇饮水工程

一、自然条件

日照市岚山区是2004年9月9日经国务院批准成立的新区,位于山东省日照市最南部，南与江苏省赣榆县毗邻，北与日照市东港区接壤，西连临沂市莒南县，东临黄海。管辖8个乡镇街道，417个行政村，人口41.36万人，总面积759 km^2，耕地面积37.76万亩，林果面积15万亩。

巨峰镇饮水工程位于岚山区西北部，东与东港区涛雒镇相接，北与岚山区黄墩镇相邻，西与莒南县相邻。项目区内地形高低起伏，有大小山263座，属低山丘陵区。项目区内多年平均降水量858.3 mm，多年平均气温12.6 ℃，无霜期213 d，多年平均风速3.4 m/s，最大冻土层深37 cm，多年平均水面蒸发量1 164.5 mm。

项目区现有中型水库1座，总库容1 312万m^3；小型水库10座，总库容106万m^3；有大口井、机井216眼，扬水站38处；多年平均利用地表水和地下水1 390万m^3。

二、工程概况

该工程于2004年7月开工建设，于2004年12月20日竣工完成，工期为6个月。整个工程共分为水源工程、净水处理工程、主管网工程、村内管网工程四部分。工程总投资219.28万元，固定资产投资为186.39万元，其中主体工程151.56万元、入户67.72万元。水源地设在该镇驻地北厉家庄西巨峰河段上。

三、工程设计及构筑物

水源地设在该镇驻地北厉家庄西巨峰河段上,该河段以上控制流域面积56 km^2，河道上游有中型水库1座(巨峰水库)，总库容1 312万m^3，枯水季节水库补水调节。

在镇驻地以北(厉家庄村北)选择优质园地，建设自来水供水工程，采用集中联片供水的方式，将供水能力辐射到整个镇驻地及周围13个村，实现投资效益的最大化。该工程共铺设三条主管道，一条主管道到旧镇区，一条到新镇区，一条到工业园，设计供水能力5 000 m^3/d。

工程等级Ⅳ级，主要建筑物4级，次要建筑物5级。用水保证率不低于90%。按户供水，计量到户。在镇驻地以北厉家庄村西 0.2 km 处的巨峰河上建橡胶坝 1 座，在坝上游左岸取水，通过河道补水，在堤外建大口井，堤内河床下设集水廊道，取浅层地下水。

水源井采用井底、井壁同时进水的沉盘式非完整井结构，设计内径 5.0 m，井深 10 m，井底部设环形沉盘，断面近似梯形，顶宽 1.0 m、高 1.3 m，底部刃脚宽 0.2 m，采用 C20 钢筋混凝土现浇。井壁下部粗料石干砌，厚 0.6 m，井壁外及井底设中小石子反滤层，厚分别为 0.4 m、1.0 m；井壁上部粗料石浆砌，厚 0.6 m，外设黏土防渗层，厚 0.4 m；沿井壁竖向每 3.3 m 设钢筋混凝土圈梁 1 道，共 2 道，断面宽×高为 0.6 m×0.3 m；井壁周向设钢筋混凝土构造柱 4 根，断面长×宽为 0.6 m×0.37 m。井壁北侧 0.8 m 高层处为集水廊道进口，宽×高为 1.4 m×1.5 m。

在河道中心线偏左岸至水源井设集水廊道，断面宽×高为 1.4 m×1.5 m，总长 150 m；两侧墙粗料石干砌，厚 0.6 m；外设中小石子反滤层，厚 0.4 m；底部设石子反滤层及干砌乱石垫层，厚分别为 0.7 m、0.25 m；上部为钢筋混凝土盖板，盖板上铺设石子沙反滤层及乱石保护层，总厚度 0.9 m。

建泵站机房 30 m^2，管理房 3 间 120 m^2，采用泵站扬水，配备变频供水及自动化管理系统 1 台(套)，直接供水至全村各户。

生活用水量为 1 086.96 m^3/d，牲畜用水量为 27.36 m^3/d，工业用水预算为 238.06 m^3/d，供水管网漏失水量和未预见水量为 160.75 m^3/d，设计最高日用水量 1 352.38 m^3/d，设计最高时供水量 184.6 m^3/h。

根据抽水实验，该井出水量为 220 m^3/h。水源地距巨峰水库仅 10 km，枯水季节有巨峰水库放水补源，下游计划建设橡胶坝 1 座，总长 120 m。

根据农村经济和供水分散的特点以及村庄规划现状，管网采用树枝状布置，分为干管、分干管、支管。

水源保护：为防止污染和人为破坏，对农村供水工程水源进行全封闭。取水点上游 2 000 m 至下游 50 m 的水域，不得排入工业废水和生活污水；其沿岸防护范围内不得堆放废渣，不得设立有害化学物品或装卸垃圾、粪便的场所；沿岸农田不得使用工业废水或生活污水灌溉及施用持久性或剧毒的农药，不得从事放牧等有可能污染水域水质的活动。

四、工程运行及效益分析

驻地饮水工程解决 1.6 万人包括 13 个村、20 多个单位的用水问题。经济内部收益率为 35%，大于社会折现率 12%；经济净现值 249.84 万元，大于 0；经济效益费用比为 1.43，大于 1.0；投资回收年限 3.84 年。该工程在经济上是合理的、可行的。

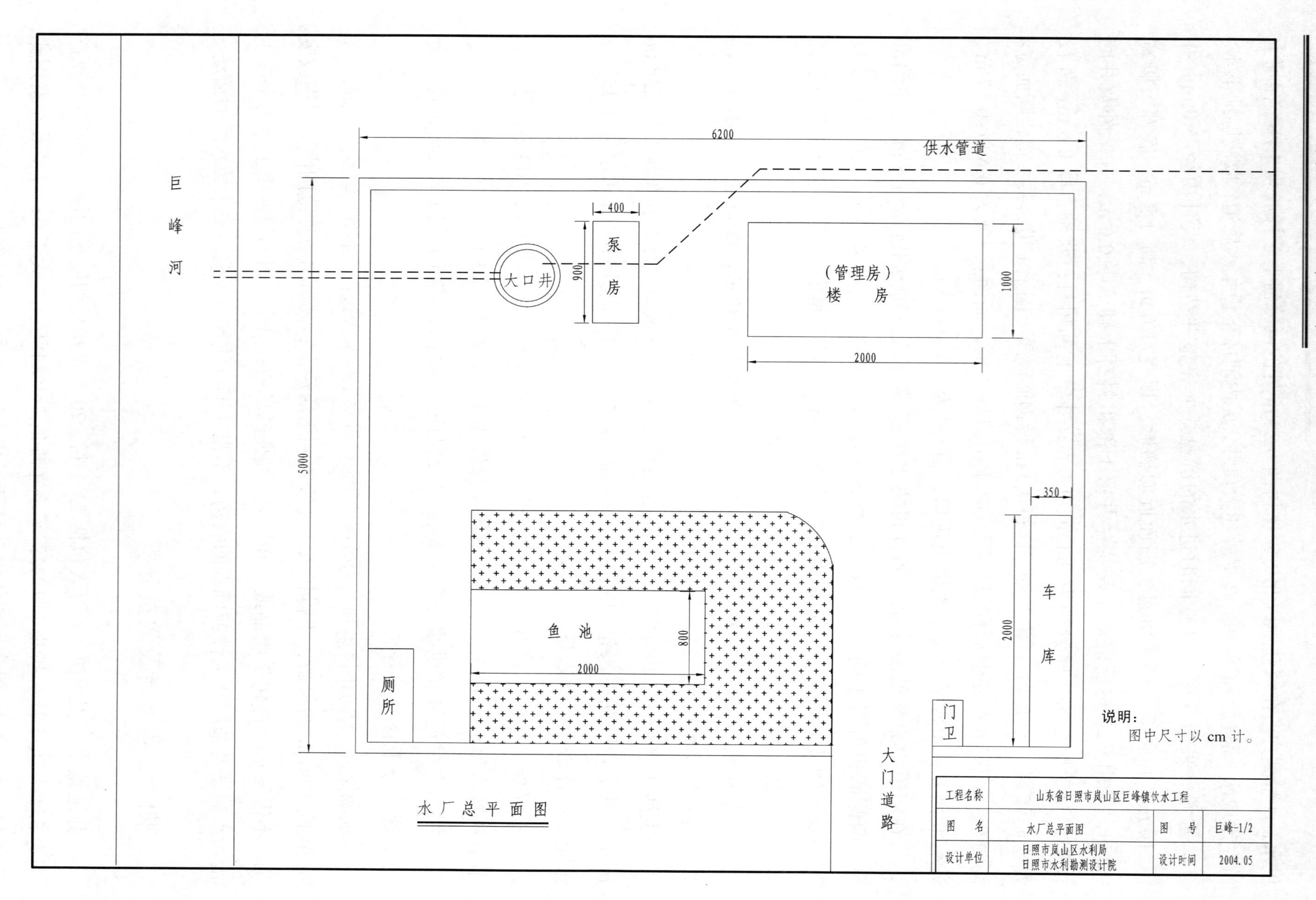
6200
供水管道
巨
峰
河
400
泵
房
900
大口井
（管理房）
楼 房
1000
2000
5000
350
车
库
2000
鱼 池
800
2000
厕
所
门
卫
大
门
道
路
说明：
图中尺寸以cm计。
水厂总平面图
工程名称
山东省日照市岚山区巨峰镇饮水工程
图 名
水厂总平面图
图 号
巨峰-1/2
设计单位
日照市岚山区水利局
日照市水利勘测设计院
设计时间
2004.05

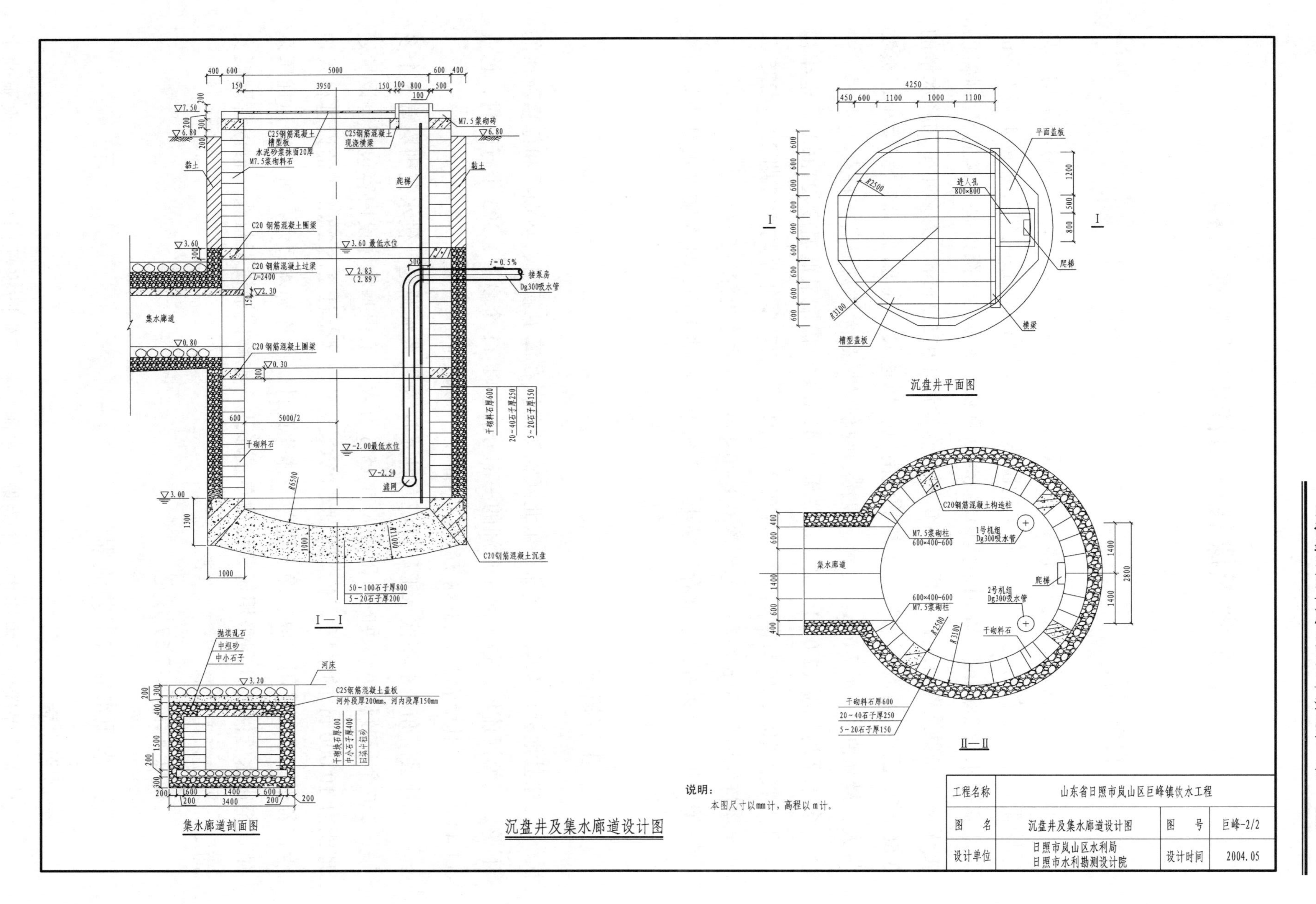
C25钢筋混凝土槽型板
水泥砂浆抹面20厚
M7.5浆砌料石
C25钢筋混凝土现浇横梁
M7.5浆砌砖
黏土
爬梯
C20钢筋混凝土圈梁
▽3.60 最低水位
C20钢筋混凝土过梁
L=2400
▽2.83 (2.89)
i=0.5%
接泵房
Dg300吸水管
集水廊道
干砌料石
▽-2.00最低水位
滤网
干砌料石厚600
20~40石子厚250
5~20石子厚150
C20钢筋混凝土沉盘
50~100石子厚800
5~20石子厚200
Ⅰ—Ⅰ
抛填乱石
中粗砂
中小石子
河床
C25钢筋混凝土盖板
河外段厚200mm，河内段厚150mm
干砌块石厚600
中小石子厚400
回填中粗砂
集水廊道剖面图
沉盘井及集水廊道设计图
平面盖板
进人孔
800×800
爬梯
横梁
槽型盖板
沉盘井平面图
C20钢筋混凝土构造柱
M7.5浆砌柱
600×400-600
1号机组
Dg300吸水管
2号机组
Dg300吸水管
干砌料石
干砌料石厚600
20~40石子厚250
5~20石子厚150
Ⅱ—Ⅱ
说明：
本图尺寸以mm计，高程以m计。
工程名称
山东省日照市岚山区巨峰镇饮水工程
图名
沉盘井及集水廊道设计图
图号
巨峰-2/2
设计单位
日照市岚山区水利局
日照市水利勘测设计院
设计时间
2004.05

山东省无棣县三角洼农村饮水工程

一、自然条件

山东省无棣县地处我国东部季风气候区，降水年际变化大，年内分布不均。夏季降雨集中，冬春雨雪稀少。多年平均降水量554.34 mm，最大年降水量1 127 mm，最小年降水量280 mm，降雨多集中在6～9月份。蒸发大于降水是该区的又一特征，据无棣县气象站资料统计分析，多年平均蒸发量1 975.9 mm，为多年平均降水量的3.56倍。区内5、6月份发生干热的西南风，风速大，气温高，空气湿度小，蒸发量大，最高值为496.7 mm。春旱、夏涝、晚秋又旱是无棣县显著的特点。

多年平均气温12.0 ℃，极端最高温度41.1 ℃，极端最低温度–21.0 ℃。全年初霜日一般在10月25日前后，终霜日在3月21日左右，多年平均无霜期206～225 d，年土壤冻结时间70 d左右，冻土深0.3～0.4 m，最大冻土深0.5 m。

境内地下水以孔隙水储存于黏土、亚黏土、亚砂土中，埋深随降水量变化而变化，一般在1.0～1.5 m，水量丰富，但水质差。

二、工程概况

无棣县地处山东省最北部，东北濒临渤海，在漳卫新河、马颊河和德惠新河的下游，属海河流域，是黄河三角洲的一部分。共辖11个乡镇，593个行政村，总人口43万人，其中农业人口38万人，总面积1 998 km^2。

无棣县三角洼水库饮水工程以三角洼水库为供水水源地，供水范围覆盖5个乡镇，260个行政村，解决吃水困难人口15.6万人。工程基本建设内容包括建设日处理能力10 000 m^{3}的水厂一座，铺设UPVC主干管网总计275.2 km，铺设进村入户管道若干。水厂采用“取、净、送”一体化设计，水库源水经水厂处理后由加压泵站送至供水管网。管网采用树状结构布置形式，主管网铺设至村头，村内管网据实而定，入户管道采取“一户一表”制。

工程总决算7 617.57万元。

三、水源水质与工艺流程

(一)水源水质

该饮水工程选择三角洼水库作为取水水源。据卫生防疫部门检测，该水源的水质较好，满足供水水源要求。

(二)工艺流程

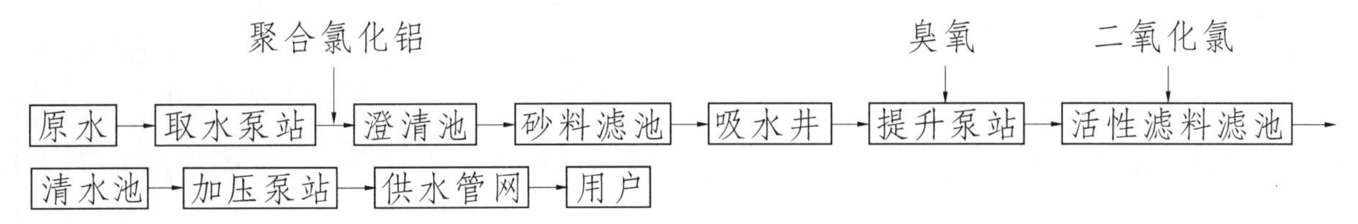

四、工程主要构筑物

(一)取水泵房

取水泵房紧邻水库西坝外侧布置，与取水管道连接，包括主泵房、控制室和变电室三部分，为砖混结构，平顶，平面尺寸长×宽为 18.25 m×6.5 m，建筑面积 118.6 m^2；主泵房净高 6 m，地面以下 1.5 m，控制室和变电室净高 4.5 m，基础顶面与外地面相平。

(二)澄清池

机械搅拌澄清池由第一絮凝室、第二絮凝室、分离室及机械间组成。

(三)过滤池

该工程选用重力式无阀滤池结构形式。

(四)清水池

清水池是调节、储存水量设施。设计最大容量 1 200 m^3，为钢筋混凝土箱式结构。平面尺寸长×宽为 23.4 m×19.6 m，净高 3.5 m。池顶设通风孔 4 个、消毒孔 1 个、水位传视器孔 1 个、检修孔 2 个，在距池壁适当位置埋设ϕ40 溢流弯管，溢流管进水口距池顶 20 cm。

(五)加压泵站

加压泵站布置在水厂最末端，取水口和清水池相通，包括主泵房和控制室两部分。

五、工程效益分析

无棣县三角洼农村饮水工程的实施，必将从根本上解决区内 15.6 万人的吃水问题，它把党和政府的关怀送进了千家万户，凝聚党心、民心，密切党群关系；经济上，自来水进村入户，降低了农村用水成本，解放了成千上万的农村劳动力，为农民发家致富创造了有利条件。饮水工程实施后，可大大加快农村产业结构调整步伐，促进质优高效农副产品的生产发展，大幅度提高农民收入；同时，自来水供水也为农村小城镇建设扫清了障碍，必将带动农村向外型经济快速发展。

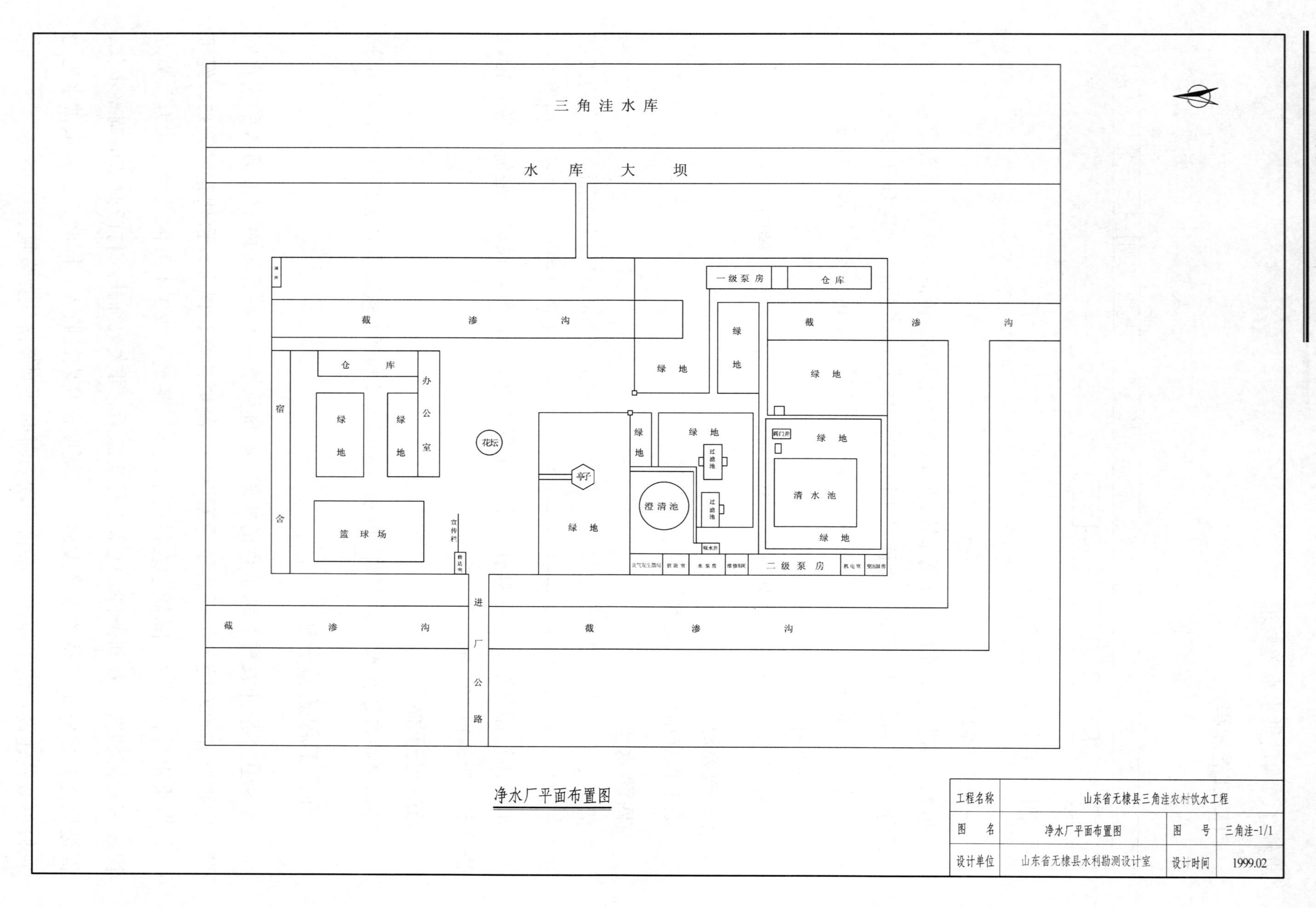
三角洼水库
水库大坝
截渗沟
一级泵房
仓库
绿地
仓库
办公室
宿舍
花坛
亭子
澄清池
过滤池
清水池
篮球场
二级泵房
进厂公路
工程名称
山东省无棣县三角洼农村饮水工程
图名
净水厂平面布置图
图号
三角洼-1/1
设计单位
山东省无棣县水利勘测设计室
设计时间
1999.02

净水厂平面布置图

山东省沾化县饮水工程

一、自然条件

山东省沾化县属鲁北地区，地处京津塘与胶东半岛交通要塞，东近黄河尾闾，北邻渤海，西与阳信、无棣两县为邻，东和东营市接壤，南与滨城市毗连。地势受地质构造影响，西南高，东北低，地面坡降在1/10 000左右，地面海拔1.6～8.4 m，为典型的黄河尾闾冲积平原。土壤为壤土和盐土两类。

沾化县地表水资源严重不足，地下淡水资源更是匮乏。全县多年平均降水量571.94 mm，多年平均径流量为1.327 4亿m^3。全县深、浅层地下水矿化度小于2 g/L的面积只有243.98 km^2，其余绝大部分地区为咸水和微咸水。深层淡水含碘、氟量过高，无开采利用价值。可开采的浅层淡水面积仅14 km^2，主要分布在沾化县西南部，底界面埋深小于20 m，水量仅109万m^3。

二、工程概况

沾化县饮水工程以毛家洼平原水库、马营平原水库、下河平原水库和垛庄平原水库为主要供水水源，利用管网延伸统一供水。工程实施后可解决11个乡(镇、场)的336个村庄及盐场、渤海养殖公司、港口等企业、机关、学校24.52万人、9.9万头大牲畜的吃水问题。

该工程总投资5 079万元。

三、水源水质与工艺流程

(一)水源水质

工程从水库取水，供水保证率95%以上，水质良好，符合生活饮用水取水标准。

(二)工艺流程

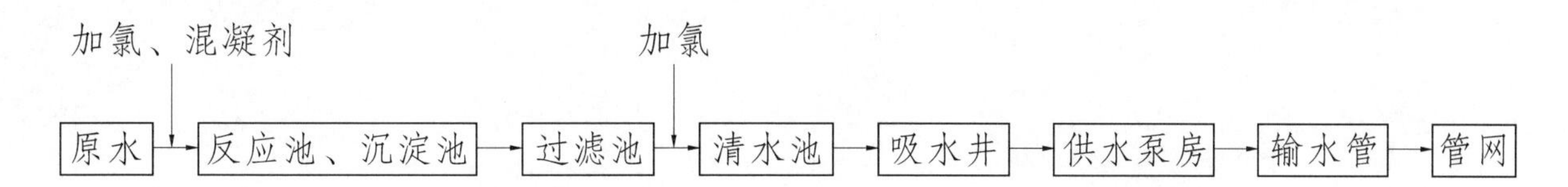

四、工程设计及主要构筑物

沾化县地广人稀，远离水库的村庄和群众吃水问题仍无法从根本上解决。因此，解决群众吃水困难最切实可行的办法就是走以水库为供水水源、利用管网延伸工程统一供水的路子。

工程在管网入村口处设阀门房，平屋面，砖混结构。供水泵房的布置包括水泵机组布置、水泵、吸水管、出水管的布置等。净水厂主要建筑物包括取水头部和原水泵房、反应池、沉淀池、过滤池、清水池、吸水井、送水泵房和出水管。

五、工程经济效益分析

该工程总投资 5 079 万元。制水经营成本 0.528 元/m^3，制水总成本 0.87 元/m^3，分析表明，整个项目经济效益良好，经济上可行，具有较高的投资价值。

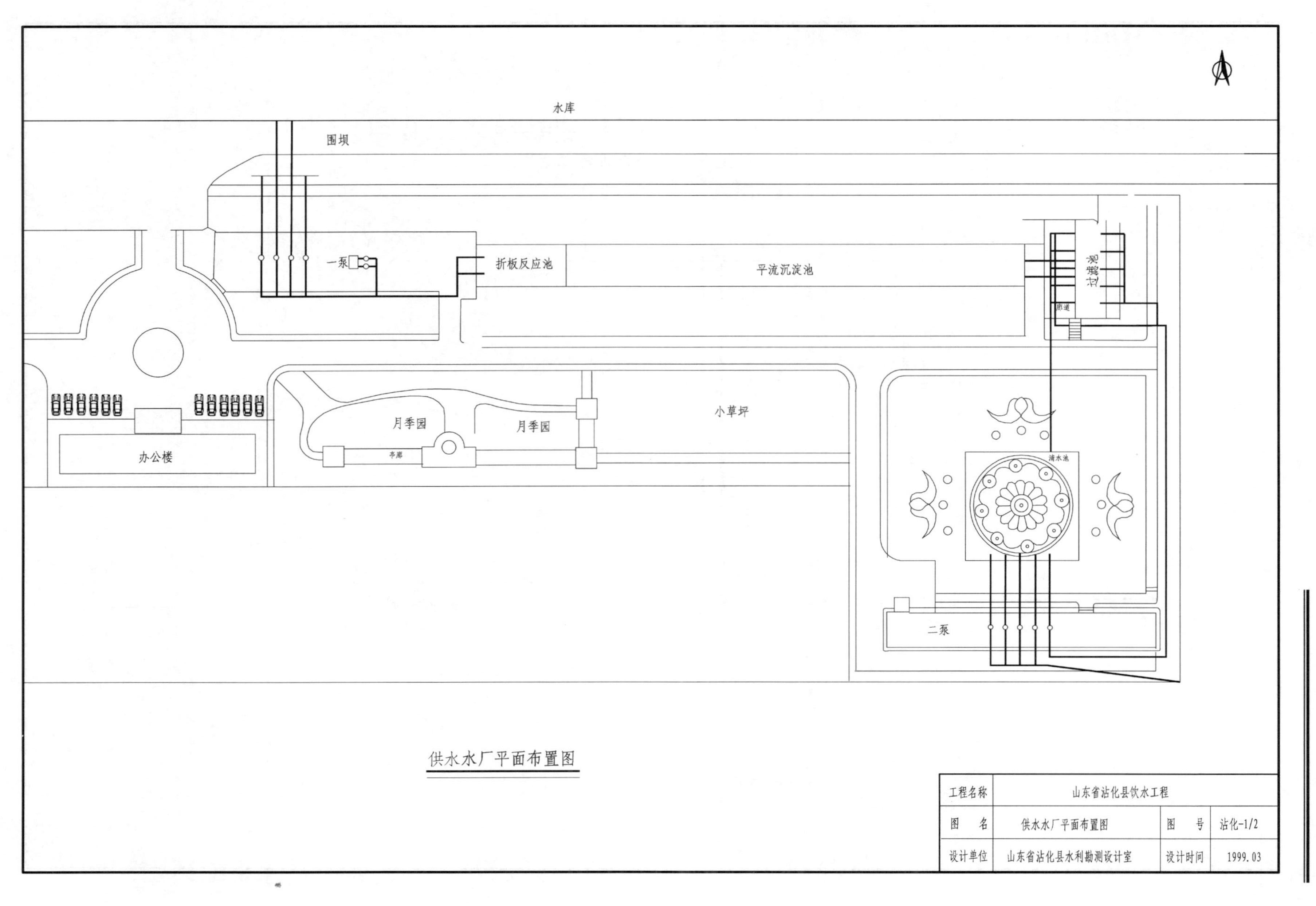
水库
围坝
一泵
折板反应池
平流沉淀池
清水池
月季园
月季园
小草坪
办公楼
二泵
供水水厂平面布置图
工程名称
山东省沾化县饮水工程
图 名
供水水厂平面布置图
图 号
沾化-1/2
设计单位
山东省沾化县水利勘测设计室
设计时间
1999.03

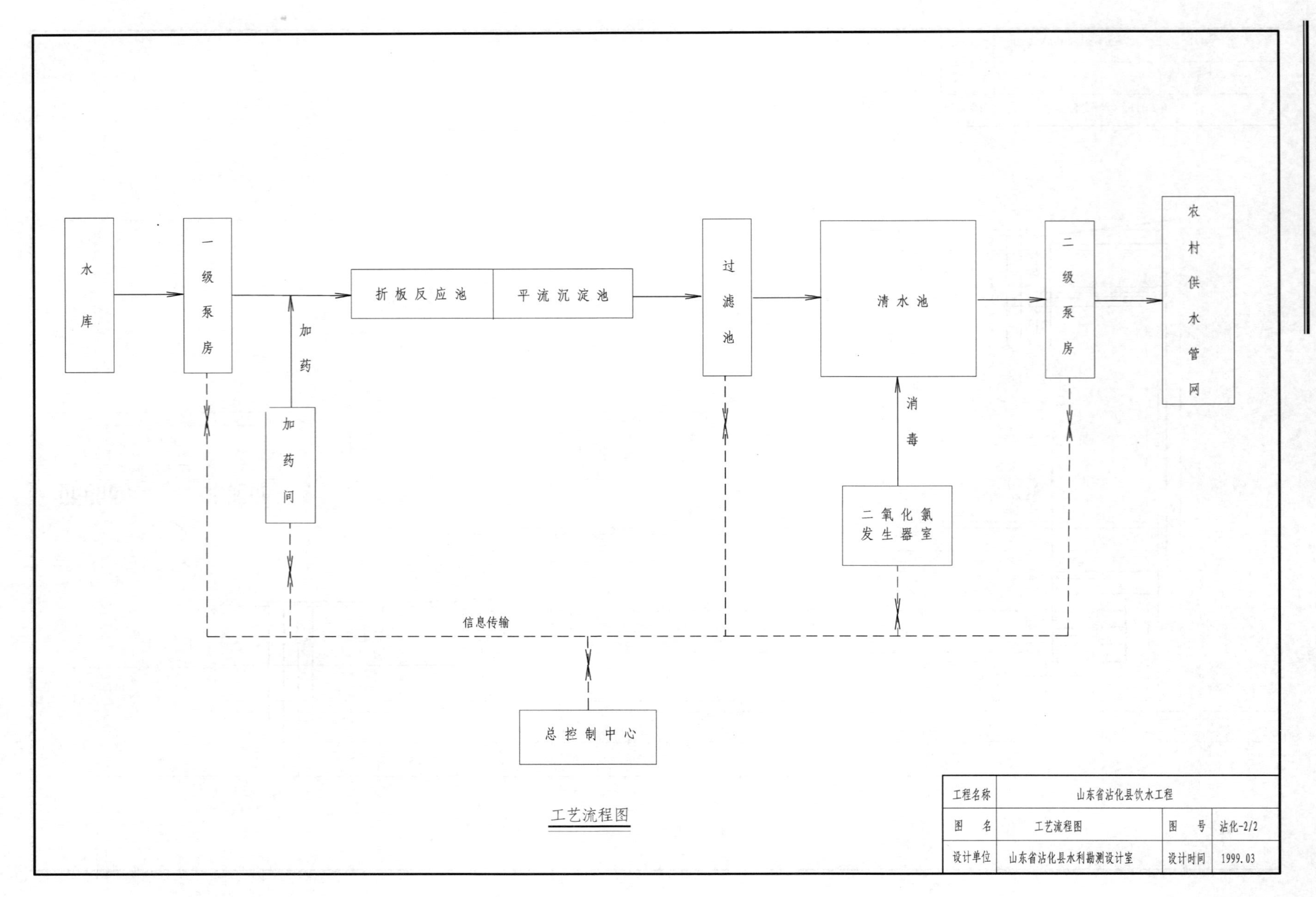
水库
一级泵房
加药
加药间
折板反应池
平流沉淀池
过滤池
清水池
消毒
二氧化氯发生器室
二级泵房
农村供水管网
信息传输
总控制中心
工程名称
山东省沾化县饮水工程
图名
工艺流程图
图号
沾化-2/2
设计单位
山东省沾化县水利勘测设计室
设计时间
1999.03

工艺流程图

河南省巩义市竹林等五镇饮水工程

一、自然条件

巩义市位于河南省郑州市和洛阳市之间，隶属郑州市，东与荥阳市为邻，西与偃师市接壤，南依嵩山，北临黄河。地理坐标北纬 34°31′～34°52′，东经 112°49′～113°17′，东西长 43 km，南北宽 39.5 km，市域面积 1 041 km^2。郑洛高速公路、310 国道和陇海铁路从市区经过，交通条件十分优越。

该项目涉及的巩义市东部五镇包括大峪沟镇、竹林镇、小关镇、新中镇、米河镇等，均位于巩义市东部地区。竹林等五镇地处丘陵地带，以黄土层结构为主，受水流冲刷，地表比较破碎，冲沟较多，地形变化较大。竹林等五镇属暖温带大陆性季风气候，位于我国 1 月平均气温 0 ℃等温线北侧，年平均气温 14.6 ℃，年降水量 583 mm 左右。四季气候特点是：春季干旱多风，夏季炎热多雨，秋季阴雨连绵，冬季寒冷少雪。年平均风速 3.2 m/s，最大风速 20 m/s。区域内河流分属黄河流域和淮河流域，主要河流有黄河、伊洛河，其余均为季节性河流。竹林等五镇地下水分高岭区地下水、低岭区地下水，高岭区地形起伏较大，冲沟发育；低岭区地形稍有起伏。巩义市地质从外形看，南高北低，岩石产状一般从西南倾向东北。为了简便，可按其地貌、地质岩性的新老顺序，分作滩区、岭区、山区。该工程服务区域的地震基本烈度为Ⅶ度。

二、工程概况

该工程于 2004 年 10 月竣工，工程总投资 7 037.67 万元，可解决巩义市东部五镇 13.86 万人的饮水困难问题。工程建设内容包括水源地工程、泵站工程、调蓄池工程、供电工程、输水工程等。工程设计日供水能力 2 万 m^3/d。

三、水源水质与工艺流程

(一)水源水质

该工程选择黄河滩区地下水作为水源，水源地位于裴峪—神北黄河滩区。水源

地地下水类型为 HCO_3–Ca · Na · Mg 型水，水质符合地下水质量标准，水质较好。

(二)工艺流程

加氯消毒

水源井→输水管道→清水池→配水管网

四、工程设计和构筑物选型

(一)水源工程

水源地井群共布置 8 眼井，其中 2 眼备用，单井出水量 150 m^3/h，井群开采水量 2.0 万 m^3/d。南北方向布置三排井，排距为 500 m，井间距为 600 m。水源井管井成孔孔径 1 000 mm，井管直径 400 mm，井深 80 m。选用 8 台深井潜水泵，Q=150 m^3/h，H=50 m，配套电机功率 45 kW。

(二)输水工程

水源地至城区泵站管道采用预应力钢筋混凝土管；城区泵站至水地河泵站段采用钢管和球墨铸铁管相结合的方式；水地河泵站至输水管道末端采用钢管；竹林等五镇输水支线采用球墨铸铁管。水源地至大峪沟镇设计输水规模为 2.0 万 m^3/d。

(三)泵站工程

该工程有三个泵站，分别为石板沟泵站、城区泵站和水地河泵站。三个泵站设计规模分别为 2×10^4 m^3/d、2×10^4 m^3/d、1.5×10^4 m^3/d。泵站内主要建构筑物包括容积为 1 000 m^3 的清水池一座，加压泵房及交配电间一座，综合楼一座。

(四)调蓄池工程

该工程包括两个调蓄池，分别为新中调蓄池和米河调蓄池。新中调蓄池设计规模为 3 000 m^3/d，构筑物包括容积为 2 000 m^3 的清水池一座，加氯间一座，综合楼一座。米河调蓄池设计规模为 4 000 m^3/d，构筑物包括容积为 2 000 m^3 的清水池一座，加氯间一座，综合楼一座。

另外，该工程还包括供电工程及远程监控调度系统。

五、工程运行及效益分析

经过计算，水价定为 3.65 元/m^3。该工程项目的建设，不仅具有良好的社会效益、生态效益，还具有巨大的经济效益。

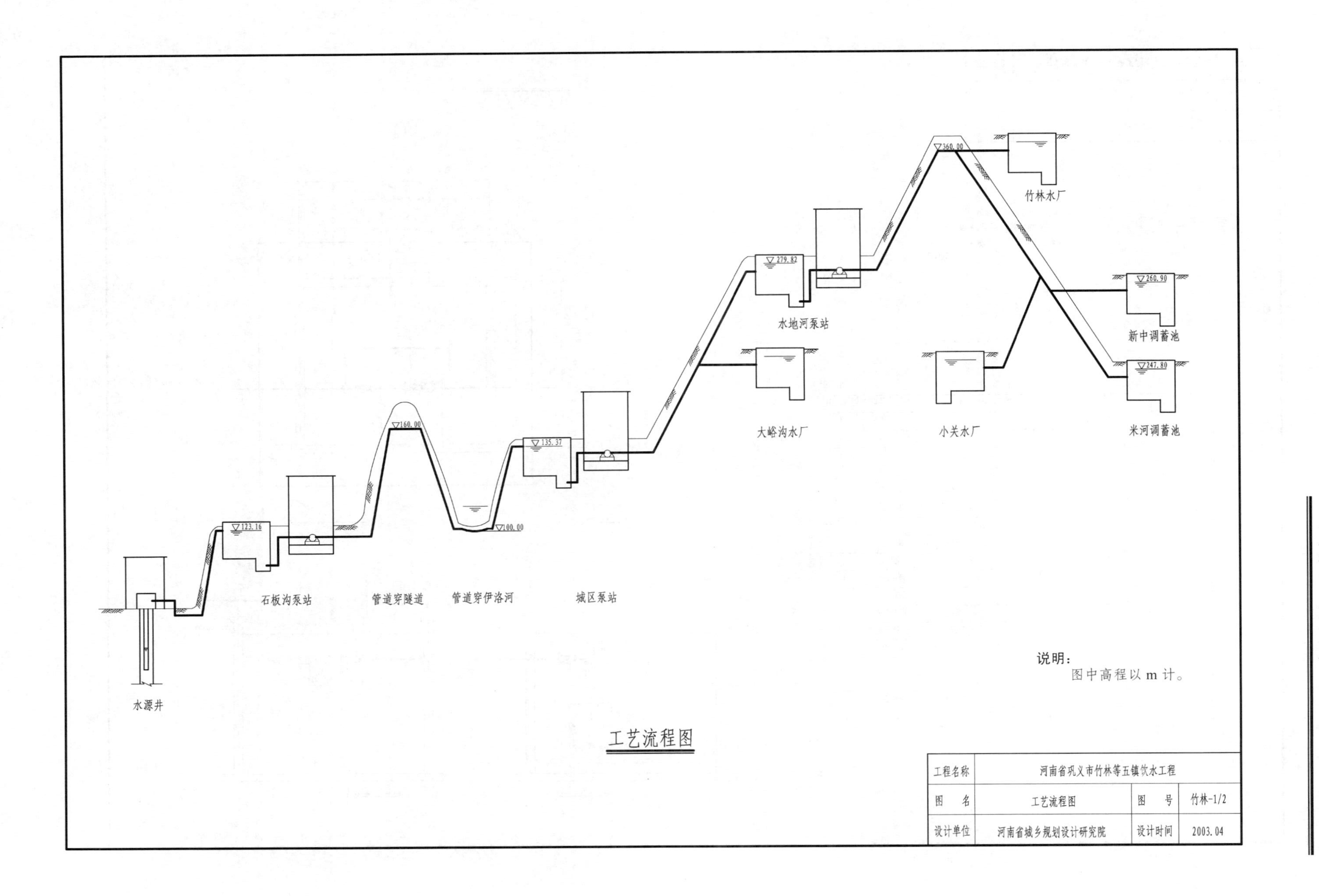

▽360.00
竹林水厂
▽279.82
水地河泵站
▽260.90
新中调蓄池
▽247.80
米河调蓄池
大峪沟水厂
小关水厂
▽160.00
▽135.37
▽123.16
▽100.00
水源井
石板沟泵站
管道穿隧道
管道穿伊洛河
城区泵站
说明：
图中高程以 m 计。
工艺流程图
工程名称
河南省巩义市竹林等五镇饮水工程
图名
工艺流程图
图号
竹林-1/2
设计单位
河南省城乡规划设计研究院
设计时间
2003.04

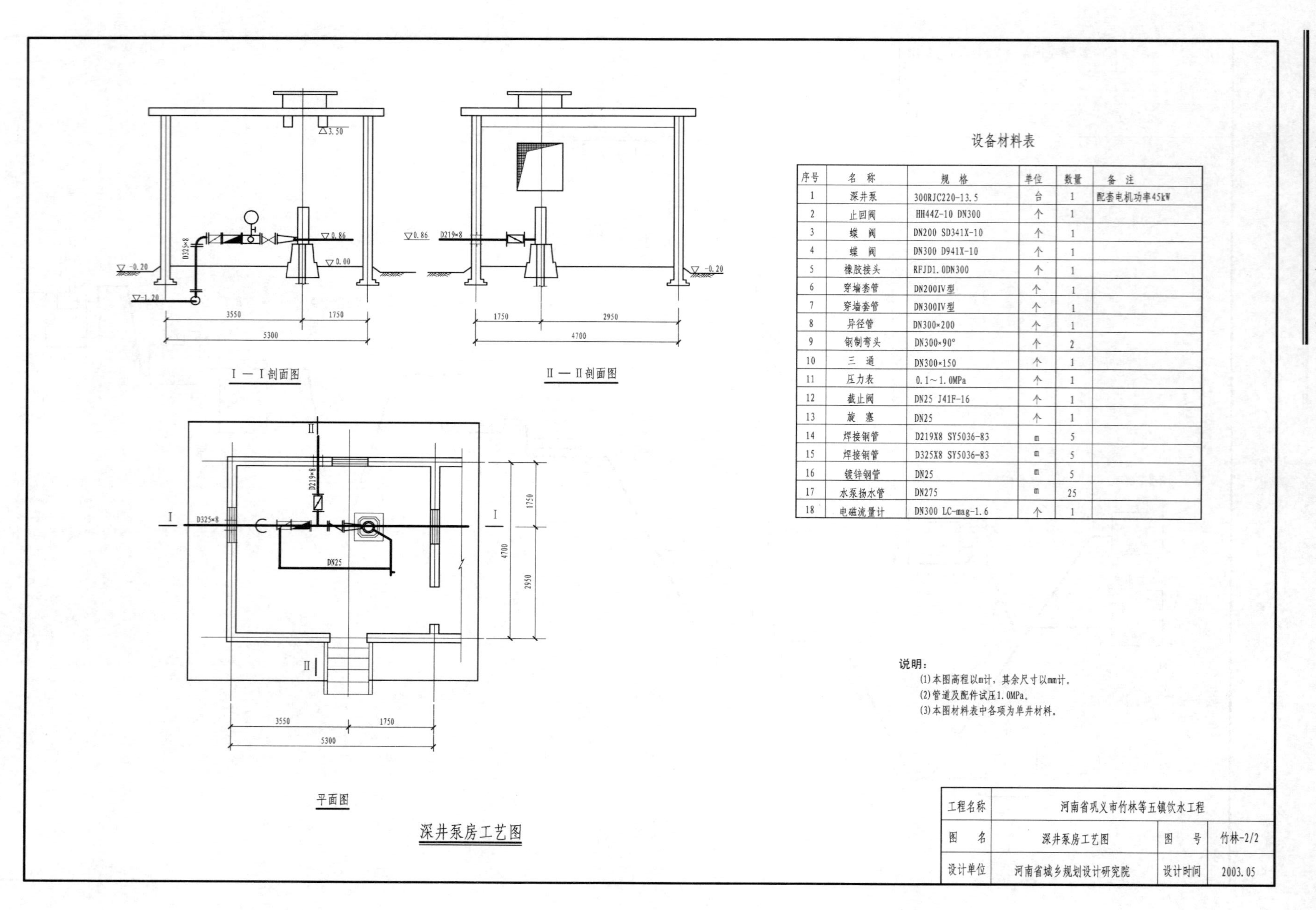

深井泵房工艺图

设备材料表

序号	名称	规格	单位	数量	备注
1	深井泵	300RJC220-13.5	台	1	配套电机功率45kW
2	止回阀	HH44Z-10 DN300	个	1	
3	蝶阀	DN200 SD341X-10	个	1	
4	蝶阀	DN300 D941X-10	个	1	
5	橡胶接头	RFJD1.0DN300	个	1	
6	穿墙套管	DN200IV型	个	1	
7	穿墙套管	DN300IV型	个	1	
8	异径管	DN300×200	个	1	
9	钢制弯头	DN300×90°	个	2	
10	三通	DN300×150	个	1	
11	压力表	0.1～1.0MPa	个	1	
12	截止阀	DN25 J41F-16	个	1	
13	旋塞	DN25	个	1	
14	焊接钢管	D219X8 SY5036-83	m	5	
15	焊接钢管	D325X8 SY5036-83	m	5	
16	镀锌钢管	DN25	m	5	
17	水泵扬水管	DN275	m	25	
18	电磁流量计	DN300 LC-mag-1.6	个	1	

说明：

(1)本图高程以m计，其余尺寸以mm计。

(2)管道及配件试压1.0MPa。

(3)本图材料表中各项为单井材料。

工程名称	河南省巩义市竹林等五镇饮水工程		
图名	深井泵房工艺图	图号	竹林-2/2
设计单位	河南省城乡规划设计研究院	设计时间	2003.05

河南省汝阳县上店镇庙岭村饮水工程

一、工程概况

河南省汝阳县上店镇庙岭村地处上店镇以南2 km处的岭脊上，有8个自然村，402户，1 350口人，295头大牲畜，1 880亩耕地。该处地质构造为老三系半胶结状黏土质砂砾岩，地表为砂砾质亚黏土，降雨后局部有短期表层潜水，常年干旱威胁严重，全村没有水浇地，人畜饮水非常困难。

为解决当地群众吃水难问题，水利部门于2002年春对该地区进行了认真考察和走访调查，制订了从水源根本上解决问题的规划方案。水源地位于汝河支流圪塔河上游的十八盘乡木庄村境内，饮水主管道穿越1座小型水库、2座山头，全长6 200 m，设计供水能力131 m^3/d。该工程于2002年5月开工，8月初基本建成。工程近期效益为解决附近8个自然村1 350口人的饮水困难，将来还可以进一步扩大供水效益。

工程总投资36.93万元。

二、水源水质与工艺流程

(一)水源水质

该饮水工程取水水源选用地表水。水源地位于北汝河支流圪塔河上游的十八盘乡木庄村境内。水源上游没有开矿和工厂污染，而且植被较好。通过水质化验，除细菌数量、感官性状和一般化学指标中的个别有超标外，毒理学指标均满足要求。超标的项目可以通过过滤、消毒达到饮用水标准。

(二)工艺流程

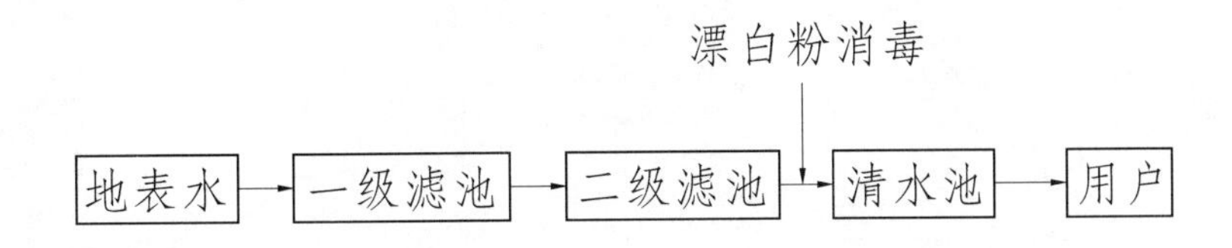

三、取水及调节构筑物

(一)取水构筑物

取水构筑物位于十八盘乡木庄村200 m处，沟道较窄，岩石裸露且较完整，地质构造稳定，地基承载力高。位于临木路旁边，在此处建坝投资较少，交通便利，施工、维护方便。

(二)调节构筑物

调节构筑物采用清水池，由于供水范围较大、落差大，且分散有8个自然村，因此在地势最高、人口较多的庙岭村设一个大清水池，然后在地势落差较大、超出管道使用压力的张家村、花家村设2个分清水池。大清水池容积100 m^3，小清水池容积20 m^3。

四、工程效益分析

工程建成后，节省了运水的劳力、畜力、机械和相应的燃料、材料等费用；改善了水质，减少了疾病开销的医疗保健费用。从项目国民经济评价指标看，供水项目的内部收益率、经济净现值、经济效益费用比等均满足相应要求，说明该项目在经济上合理可行。

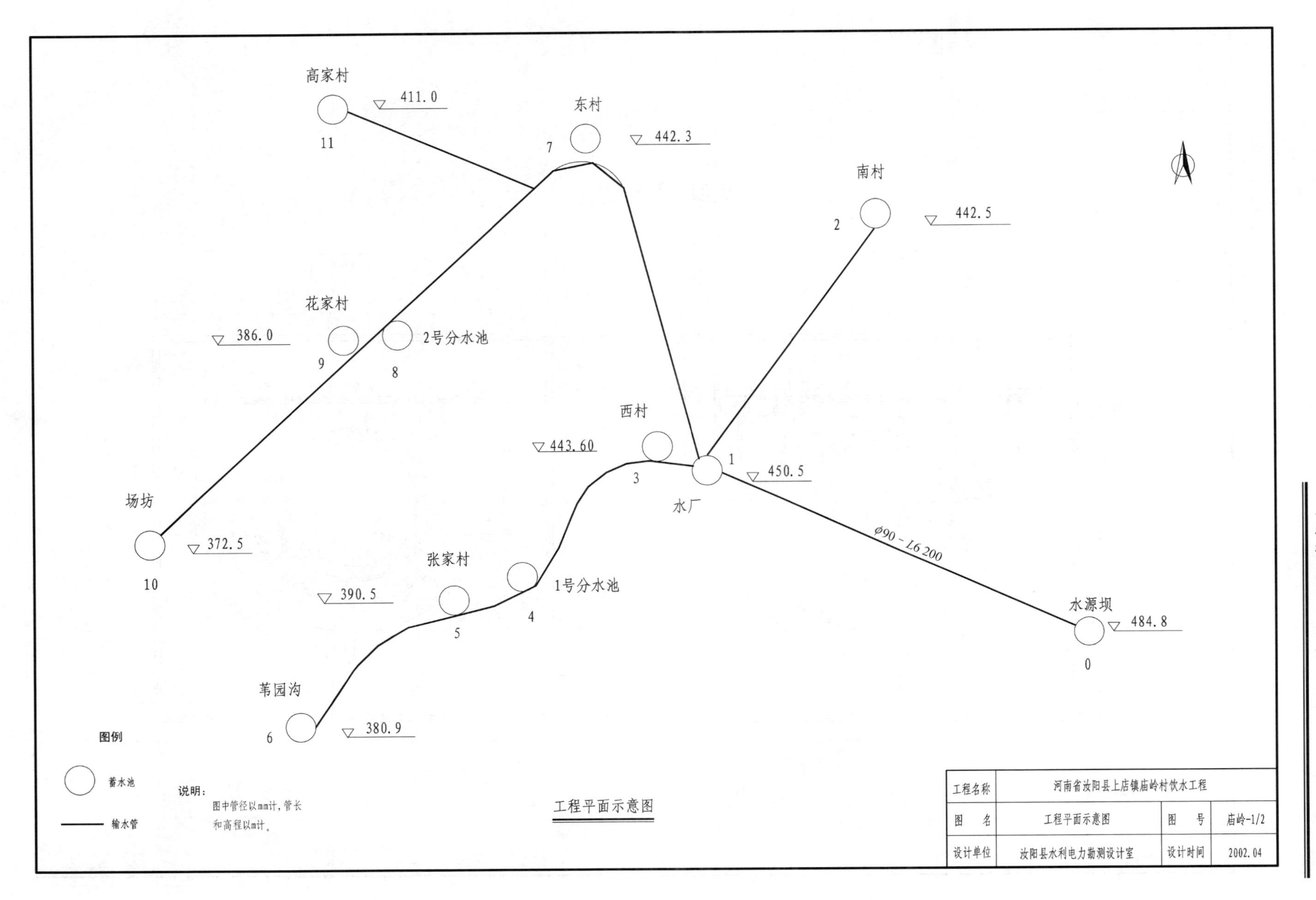

高家村
11
411.0
东村
7
442.3
南村
2
442.5
花家村
9
386.0
2号分水池
8
西村
3
443.60
水厂
1
450.5
Ø90-L6200
水源坝
0
484.8
场坊
10
372.5
张家村
5
390.5
1号分水池
4
苇园沟
6
380.9
图例
蓄水池
输水管
说明：
图中管径以mm计，管长
和高程以m计。
工程平面示意图
工程名称
河南省汝阳县上店镇庙岭村饮水工程
图 名
工程平面示意图
图 号
庙岭-1/2
设计单位
汝阳县水利电力勘测设计室
设计时间
2002.04

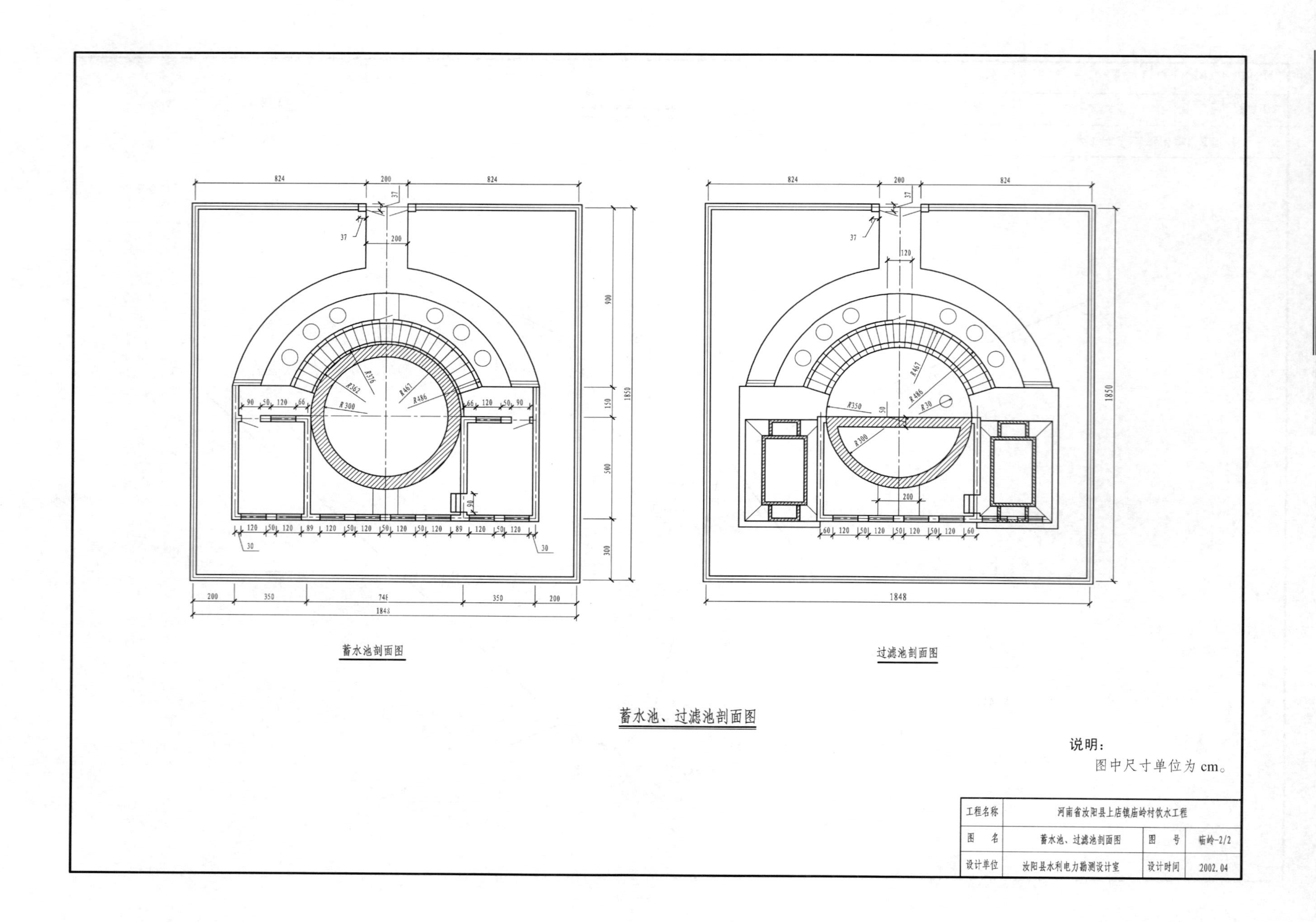
蓄水池剖面图
过滤池剖面图
蓄水池、过滤池剖面图
说明：
图中尺寸单位为cm。
工程名称
河南省汝阳县上店镇庙岭村饮水工程
图 名
蓄水池、过滤池剖面图
图 号
庙岭-2/2
设计单位
汝阳县水利电力勘测设计室
设计时间
2002.04

河南省平顶山市石龙区饮水工程

一、工程概况

石龙区位于河南省平顶山市西部，东距市区 52 km，中间隔宝丰县，西南与鲁山县梁洼镇接壤，东北与宝丰县大营镇毗邻。全区国土总面积 37.9 km^2，总人口 5.8 万人，其中农业人口 4.1 万人、城镇人口 1.7 万人，是煤炭集中产区。该区地处低山丘陵，年平均降水量 716.8 mm，其中 70%集中在 6～9 月份，因降雨集中，地表坡降大，植被较差，故常造成严重的水土流失，水土资源利用率低，水源尤为奇缺。加之煤炭开采，地表裂缝，局部坍塌，致使地表水和浅层地下水严重渗漏。近些年不断开采深层地下水，使地下水位急剧下降，开采日益困难，出水量逐渐减少，甚至出现“吊井”现象。当地群众吃水靠买水或从几公里外运水过日子，国有煤矿采用定量供水，地方煤矿职工靠买水生活，城镇居民及农村人畜饮水极为困难，工业用水严重不足。

石龙区缺水问题，已经成为目前该区经济发展的主要制约因素。经过从鲁山县昭平台水库，宝丰县河陈水库、龙兴寺水库等水源引水反复比较分析论证后，选定利用宝丰县龙兴寺水库水源修建供水工程。其水源可靠、水质好，依靠自然落差自压引水到石龙区，解决石龙区严重缺水问题。

该工程建设任务是以龙兴寺水库为水源，通过修建输水工程、净水工程、配水工程，重点解决项目区内农村人畜饮水困难，从根本上改变石龙区缺水现状，改善石龙区的生态环境，为该区的社会经济可持续发展奠定良好基础。

二、水源水质与工艺流程

(一)水源水质

工程选择石龙区宝丰县龙兴寺水库作为工程水源。该水库为中型水库，水质优良，水量充足，为石龙区供水工程提供了良好的水源。

(二)工艺流程

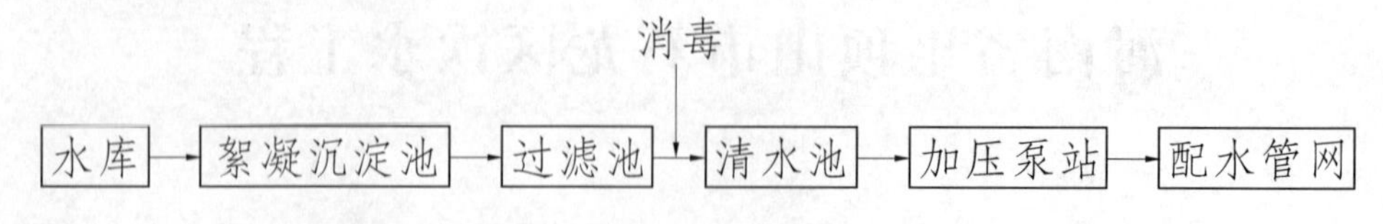

三、工程主要建筑物

(一)絮凝沉淀池

根据规范及一期工程经验，沉淀池仍采用穿孔旋流絮凝斜管沉淀池，净水能力 200 m^3/h，处理悬浮物含量 1 000 mg/L 以下，絮凝池部分为正方形倒角六室，上下穿孔，总反应时间 20 min。进水管设计流速 0.8 ~ 1.4 m/s，输水管道经变径管变速后直接进入。

沉淀池采用钢筋混凝土结构形式。

(二)溶解池

为使水中悬浮细小杂质颗粒能够充分分离沉淀，减小过滤池工作压力及延长过滤池自动冲洗时间间隔，提高用水产品质量，工程设计在水进入絮凝沉淀池前添加混凝剂，促使细小颗粒凝结沉淀。为此需增加溶解池及混凝剂投放池各一座。溶解池设于沉淀池旁，用于存储和搅拌混凝剂，混凝剂投放池设于反应池上，通过泵送使混凝剂从溶解池抽送至投放池中，投放量视进入沉淀池的水质情况而定，运行中应做到随时调整，以达到最佳沉淀效果。

(三)过滤池

按照规范并根据一期工程经验，过滤池采用重力式无阀双层滤料滤池。滤速采用 10 m/h，平均冲洗强度 15 $L/(s \cdot m^2)$，冲洗历时为 5 min。

滤料采用有足够机械强度和抗蚀性强的粒状石英砂、无烟煤，并不得含有毒有害物质。第一层滤料为石英砂，第二层为无烟煤。

滤池时处理量为 200 m^3，分两格，则每格为 100 m^3/h，自然冲洗量为净产量的 5%。滤池取为正方形钢筋混凝土结构，两个，单池宽 3.3 m，则滤池实际面积为 21.8 m^2，满足要求。

四、工程效益分析

石龙区饮水工程是以农村人畜饮水为主，适当兼顾部分城镇居民和工业用水的一项德政工程、民心工程，具有显著的社会效益和经济效益。

石龙区饮水工程的兴建对该区工农业生产的发展有着举足轻重的作用，有利于改善人民生活居住条件，提高农民生活质量，保证城乡社会稳定，促进工农业生产结构调整，加快社会主义新农村的建设步伐，促进该区社会经济的可持续发展。饮水工程建成以来，石龙区 4 万多口人的吃水问题得到了根本解决，原来准备外迁的人们重新在当地安居下来，近两年来新建了 5 家炼焦厂等工业项目，2005 年该区经济发展迅速，财政收入首次突破亿元大关，达到了 1.2 亿元。

石龙区供水工程利用宝丰县龙兴寺水库富余水源，调水济困，是对水权、水市场理论的有益尝试，对推动平顶山市水资源的开发利用具有十分重要的意义。

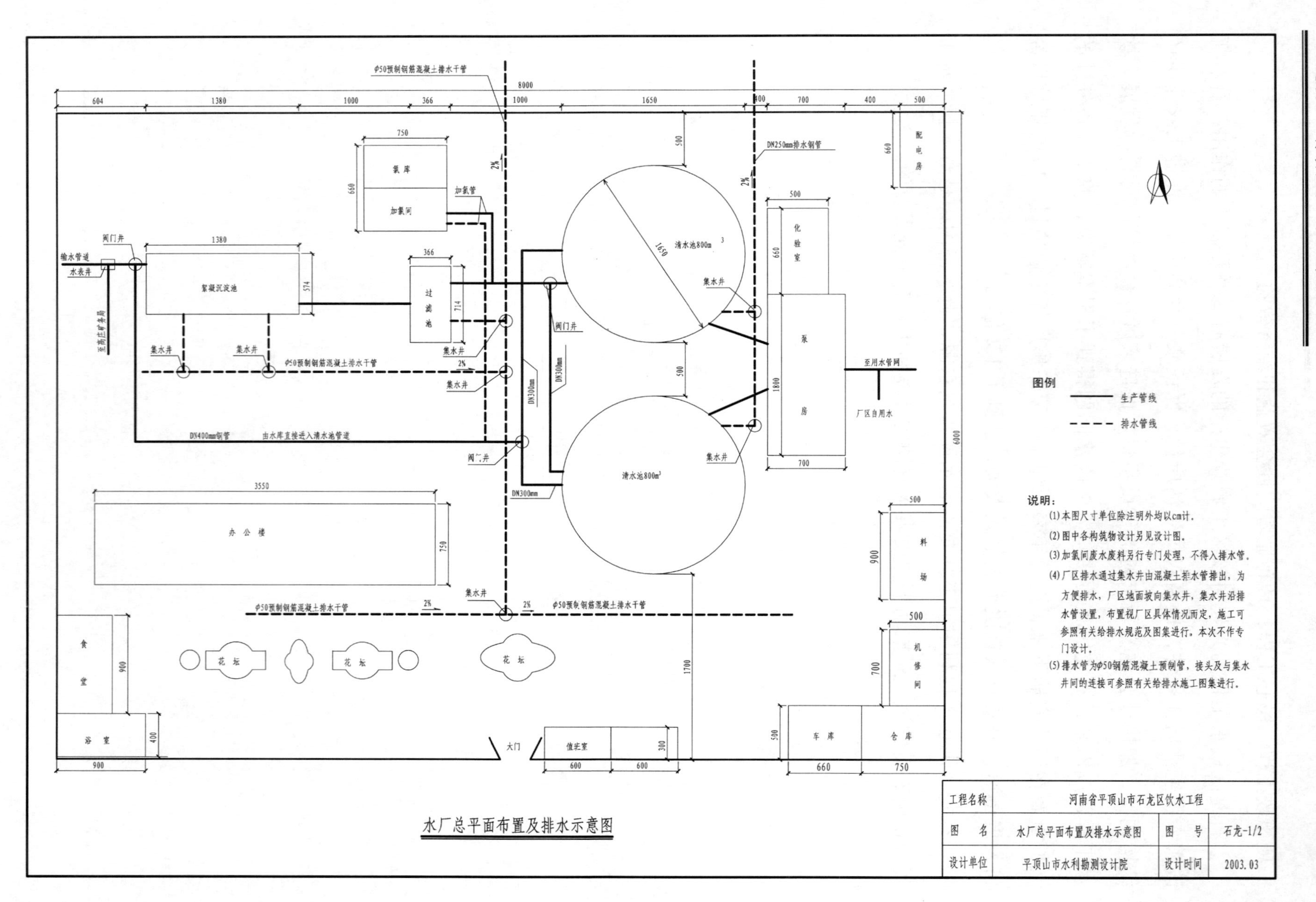

水厂总平面布置及排水示意图

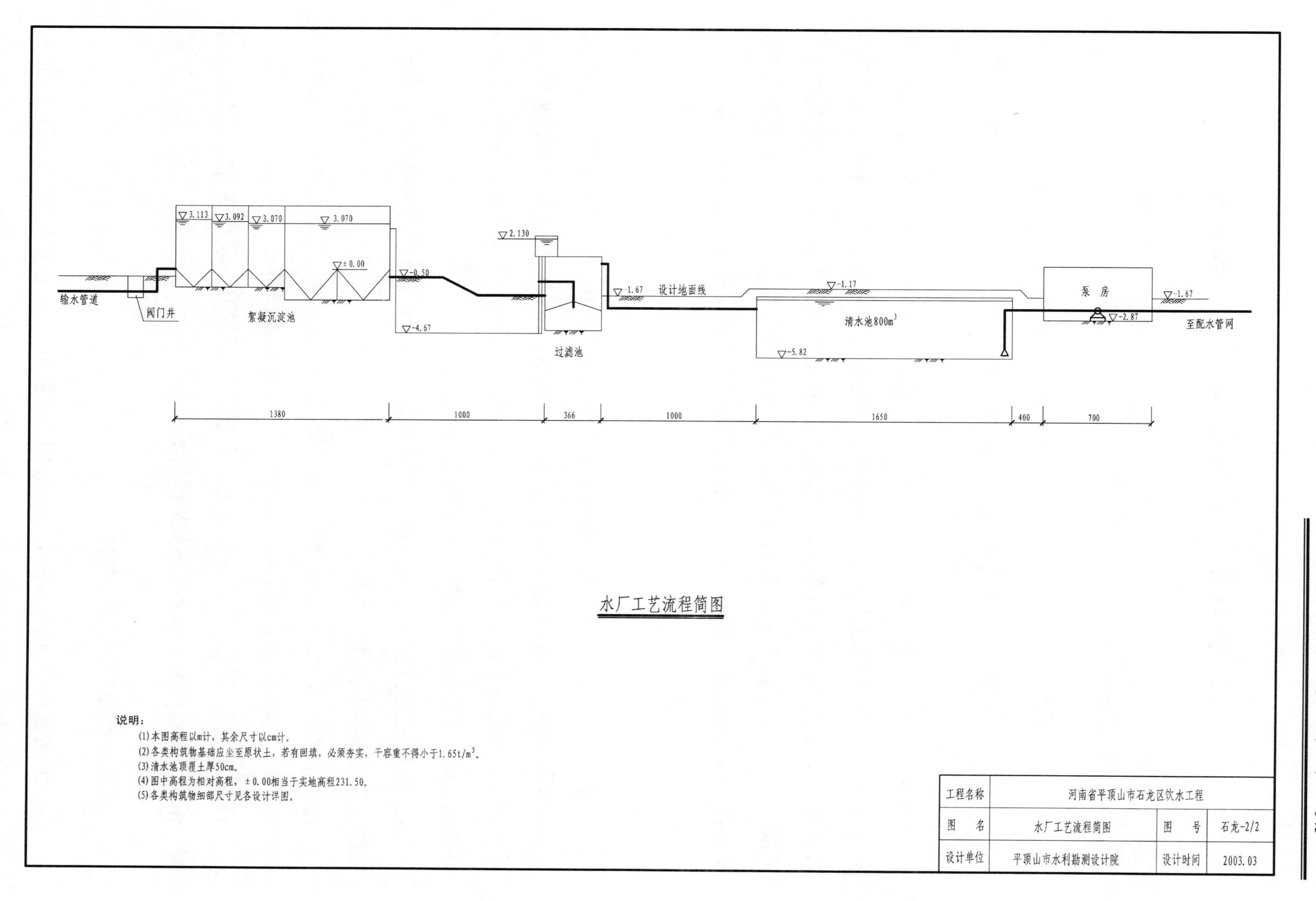
▽3.113
▽3.092
▽3.070
▽3.070
▽±0.00
▽-0.50
▽2.130
▽-4.67
▽1.67
设计地面线
▽-1.17
▽-5.82
▽-1.67
▽-2.87
输水管道
阀门井
絮凝沉淀池
过滤池
清水池800m³
泵 房
至配水管网
1380
1000
366
1000
1650
400
700
水厂工艺流程简图
说明：
(1)本图高程以m计，其余尺寸以cm计。
(2)各类构筑物基础应坐至原状土，若有回填，必须夯实，干容重不得小于1.65t/m³。
(3)清水池顶覆土厚50cm。
(4)图中高程为相对高程，±0.00相当于实地高程231.50。
(5)各类构筑物细部尺寸见各设计详图。
工程名称
河南省平顶山市石龙区饮水工程
图 名
水厂工艺流程简图
图 号
石龙-2/2
设计单位
平顶山市水利勘测设计院
设计时间
2003.03

河南省林州市姚村镇水河村饮水工程

一、工程概况

林州市姚村镇水河村位于太行山东麓的半山腰，坐落在海拔 490 m 处。地域面积 6 km^2，辖 5 个自然村，耕地 792 亩，总人口 457 人。水河村缺水，十年九旱，水贵如油。

2000 年下半年，饱尝缺水之苦的水河人，借国家实施农村饮水解困的东风，在林州市水务局工程技术人员的精心指导下，因地制宜，科学规划，采取丰水季节引蓄山泉水，将管道沿等高线布置，并建成阶梯状分布的蓄水池、水窖，构成地下管道网络，并在各家院内建成约 30 m^3 的水窖，不但彻底解决了全村 450 余口人的饮水困难，而且还建成了果园滴灌，带动了户内庭院经济及村办企业迅猛发展。

二、工程设计特点

(1)充分合理利用水源。为避免在丰水季节山泉水源用不完时造成浪费，利用蓄水池将水蓄起来，对水资源进行调节，到旱时利用，不但解决了群众的饮水问题，而且还可以发展林果业及抗旱点种，一水多用，大大节约了水资源，缓解了水源紧缺局面，确保了山区群众的饮用水及庭院经济建设。

(2)水质不会受到污染。从水源处埋设管道到蓄水池，再埋管道到用户，水质有保障，安全卫生不会受到污染。

(3)户内户外水窖设计因地制宜，就地取材，经济适用。旱井水窖利用当地丰厚的石材，形式多样，有浆砌水窖，也有混凝土水窖，既经济又实用。

(4)沿山坡集雨径流条件好的地方，布置了集雨与引山泉相结合的蓄水池和水窖，汛期可集蓄雨水，用于抗旱及果园用水。

三、工程水源及工艺流程

该村西靠太行山，山顶海拔 1 250 m，山坡植被条件好，森林茂密，在海拔 1 150 m、800 m、560 m 处有三处山泉水出流，丰水季节出流量可达 500 m^3/d，枯水季节出流量不少于 50 m^3/d。为此，汇集三处山泉水解决该村饮用水源较可靠。

在三处山泉水源处分别建成了小型集水池，而后埋设 PE 管道共 98 000 多 m，将水引下山，汇流后再建过滤池，在过滤池旁边建设三处蓄水池，蓄水池容积分别为 400 m^3、200 m^3、600 m^3，在蓄水池附近建成 3 m×3 m 的管理闸阀房而后埋设ϕ 90 mm、ϕ 63 mm 的入户管道。为了充分利用有限的水资源，沿管线在野外还分别设计了 30 ~ 50 m^3 的蓄水池 30 余座。各家各户在院内建设容积为 30 m^3 的水窖或旱井，户内安装水龙头。

四、工程效益分析

(一)社会效益

该村饮水工程首先解决了群众的饮用水；其次解放了生产力；其三，有利于改善生态环境和社会环境；其四，饮水工程建成后，该村利用地理优势，建成了旅游及写生基地；其五，随着农村经济的发展，农民收入不断增加，有利于扩大消费，推动经济全面发展。

(二)经济效益

工程建成后，节省了运水的劳力、畜力、机械和相应的燃料、材料等费用；改善了水质，减少了疾病开销的医疗保健费用；发展了庭院经济；节省了外出务工费；带动了村办企业的发展。各项效益年合计达 110 余万元。

(三)环境效益

饮水工程的解决，不但使有限的水资源得到了充分利用，而且还促进了种植业、养殖业、庭院经济的发展。同时，该村建成的旱井水窖及水池还可以拦蓄降雨径流，保持水土，防止水土流失，涵养水源，对调节气候、改善生态环境均起到了重要作用。

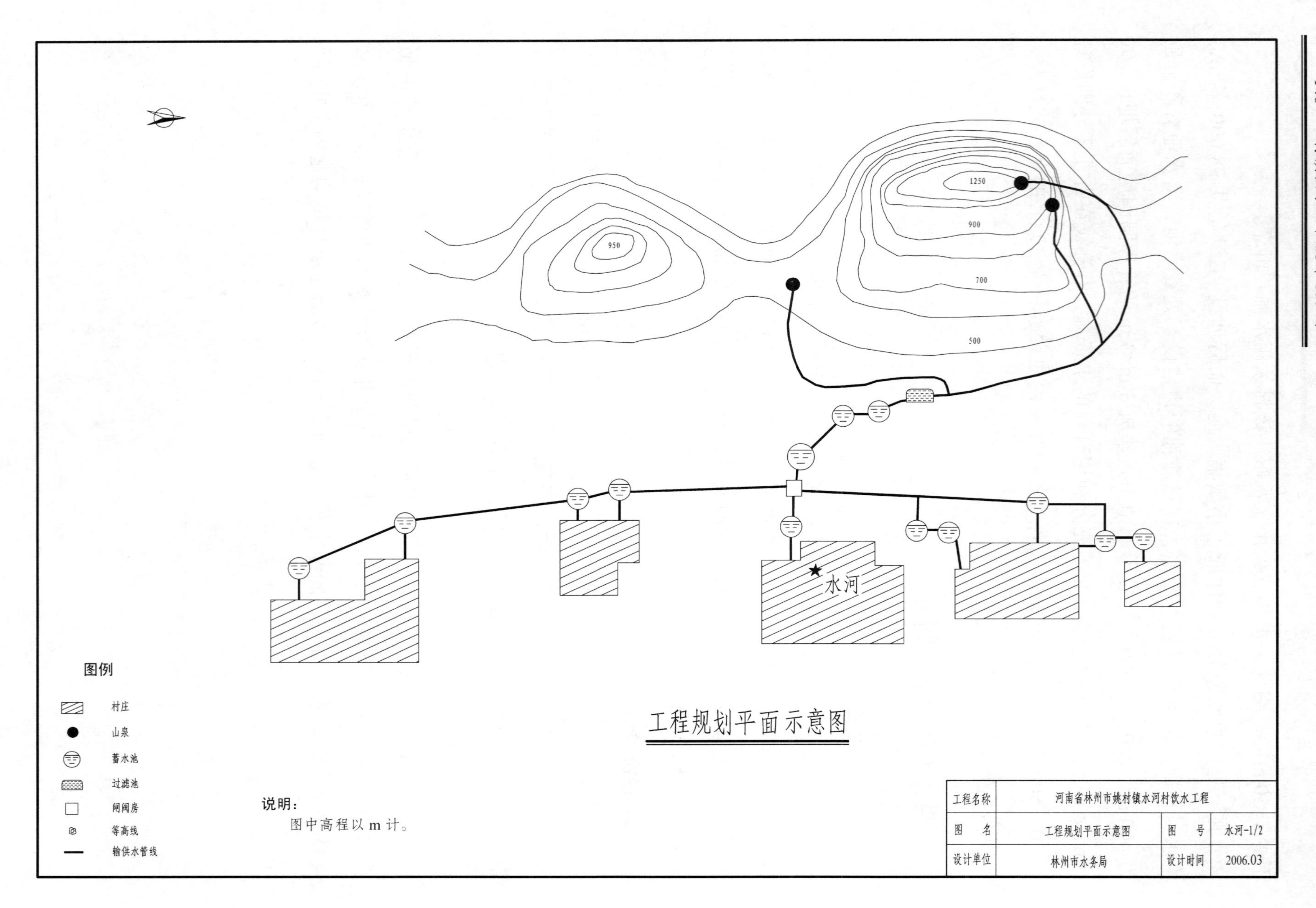

1250
900
700
500
950
水河
图例
村庄
山泉
蓄水池
过滤池
闸阀房
等高线
输供水管线
工程规划平面示意图
说明：
图中高程以m计。
工程名称
河南省林州市姚村镇水河村饮水工程
图名
工程规划平面示意图
图号
水河-1/2
设计单位
林州市水务局
设计时间
2006.03

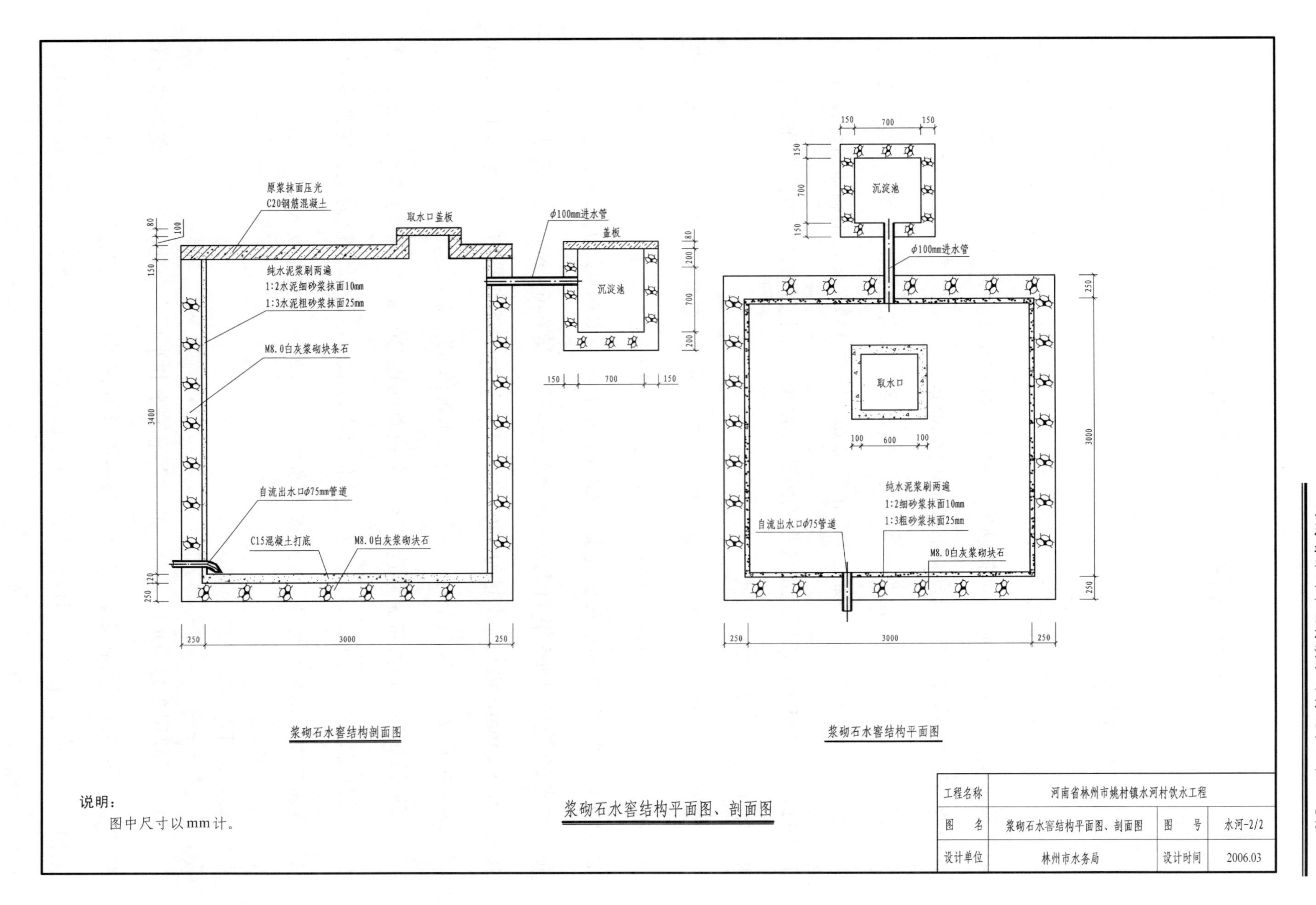
原浆抹面压光
C20钢筋混凝土
取水口盖板
φ100mm进水管
盖板
纯水泥浆刷两遍
1:2水泥细砂浆抹面10mm
1:3水泥粗砂浆抹面25mm
M8.0白灰浆砌块条石
沉淀池
自流出水口φ75mm管道
C15混凝土打底
M8.0白灰浆砌块石
浆砌石水窖结构剖面图
沉淀池
φ100mm进水管
取水口
纯水泥浆刷两遍
1:2细砂浆抹面10mm
1:3粗砂浆抹面25mm
自流出水口φ75管道
M8.0白灰浆砌块石
浆砌石水窖结构平面图
说明：
图中尺寸以mm计。
浆砌石水窖结构平面图、剖面图
工程名称
河南省林州市姚村镇水河村饮水工程
图 名
浆砌石水窖结构平面图、剖面图
图 号
水河-2/2
设计单位
林州市水务局
设计时间
2006.03

河南省济源市邵原镇布袋沟饮水工程

一、自然条件

邵原镇位于河南省济源市最西部，东临王屋乡和下冶乡，西北分别同山西省垣曲县和阳城县接壤，南隔黄河同新安县相望。邵原镇地处豫晋交界，为豫北平原过往山西高原的主要通道。镇政府距济源市区 60 km。

邵原镇北依中条山，南临黄河，为石质山区，战略地位十分重要。地势北高南低，北部中山区平均海拔千米以上，山势陡峭，层峦叠嶂，鳌背山和斗顶海拔分别为 1 929 m 和 1 955 m；南部低山区平均海拔 500 m，为土石山区，山高沟深，沟壑纵横，地形切割强烈，起伏不平。

邵原镇处于暖温带季风性大陆气候区，四季分明，冬季盛行西北风，气候干燥，天气寒冷。夏季天气炎热，暖空气交替频繁，降雨较多。全年平均气温 12.4 ℃，最高气温 42.9 ℃(1960 年)，最低气温–17.8 ℃(1971 年)，多年平均无霜期在 200 d 左右，最大风速 20.4 m/s(1965 年 11 月)，实测多年平均降水量 646.4 mm。最大降水量是 1954 年的 1 033.2 mm，最小降水量为 1965 年的 386.1 mm，多年平均蒸发量 1 810.2 mm。降雨多集中在 7、8、9 三个月，占年平均降水量的 57.7%。

邵原镇属济源市经济欠发达地区，全镇总面积 307 km^2，耕地 5.1 万余亩，辖 51 个行政村，365 个居民组，总人口 3.8 万人。农业经济以种植为主，主要生产小麦、玉米并发展部分经济林、烟叶及养殖业等，农民年人均纯收入 1 406 元。

二、工程概况

该工程利用布袋沟水库水源，经过管道输水和水厂水净化处理后，解决邵原镇 43 个行镇村 3.4 万人和 2.4 万头大小牲畜的饮水困难问题。工程分水源工程、输水工程、净水工程、配水工程四大部分，设计最大引水流量 60.8 L/s，日供水 3 500 m^3，年供水 128 万 m^3。工程于 2003 年 5 月 1 日竣工，工程总投资 1 708 万元。

三、工艺流程

汛期：

水库 → 渠道输水 → 水厂调蓄池 → 初级加压 → 混凝沉淀、过滤 → 消毒 →
清水调节池 → 二级输水 → 管网

非汛期：

水库 → 渠道输水 → 水厂调蓄池 → 初级加压 → 自然沉淀、过滤 → 消毒 →
清水调节池 → 二级输水 → 管网

四、工程设计和构筑物选型

(一)水源工程

该工程选用布袋沟水库为水源。布袋沟水库位于鳌背山水库下游 2 km 处，控制流域面积 8.9 km^2。设计最大坝高 41.0 m，总库容 35 万 m^3。流域属原始森林区，植被好，无污染，水质清澈。

(二)输水工程

鳌背山水库总干渠断面 1.5 ~ 2.0 m，高 1.5 ~ 2.5 m，纵坡 1/2 000，其中隧道 103 个、长 13 297m，明渠长 3 391 m。布袋沟供水工程利用原鳌背山水库总干渠布置管线，采用直径 350 mm 的钢管输水。

(三)净水工程

布袋沟水厂位于邵原镇北 3 km 处马歇店，水厂总占地 12.2 亩。水厂水处理工艺为沉淀、过滤、消毒。主要建设内容为沉淀池一座，净水能力 200 m^3/h，过滤池一座，水处理能力 200 m^3/h。清水调节池一座，容量 800 m^3。

(四)配水工程

布袋沟水库的水经水厂净化处理后，通过东、中、西干管和支管网输入 43 个行政村 8 567 户，其中东干管长 11 804 m、中干管长 1 750 m、西干管长 8 112 m。

五、工程运行及效益分析

布袋沟饮水工程改善了农村生活条件，使人民群众身体健康得到保障，同时解放了大量的劳动力。该工程改善了农村的生产条件，提高了农民的生活水平，为邵原镇加快经济建设奠定了良好的基础。该工程也有利于农业生态环境协调发展、自然生态系统良性循环。因此，该工程不仅具有良好的社会效益，还具有巨大的经济效益。

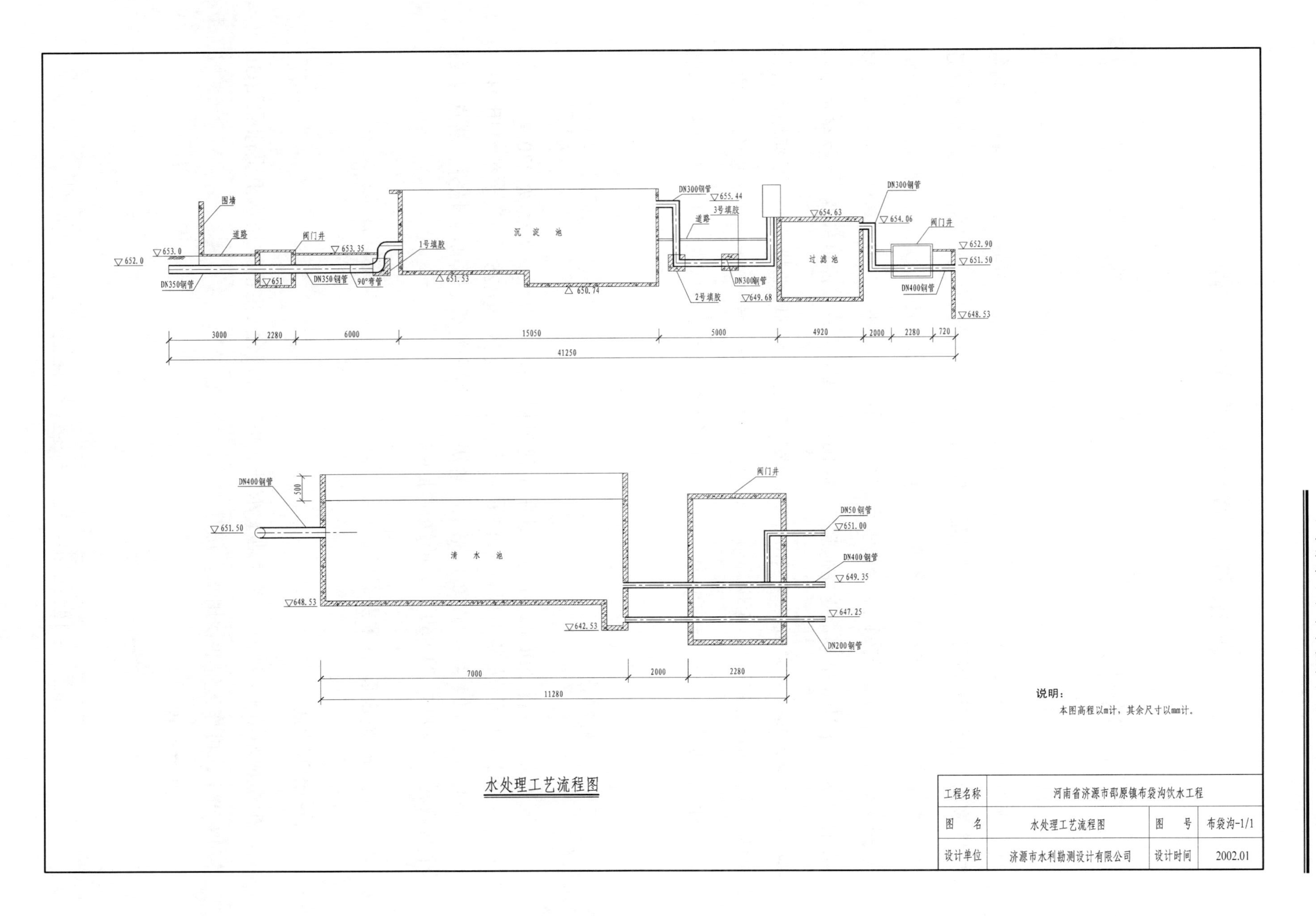
围墙
道路
阀门井
▽652.0
▽653.0
▽653.35
DN350钢管
▽651
DN350钢管
90°弯管
1号填胶
沉 淀 池
▽651.53
▽650.74
DN300钢管
▽655.44
道路
3号填胶
2号填胶
DN300钢管
▽649.68
▽654.63
过 滤 池
DN300钢管
▽654.06
阀门井
▽652.90
▽651.50
DN400钢管
▽648.53
3000
2280
6000
15050
5000
4920
2000
2280
720
41250
DN400钢管
500
▽651.50
清 水 池
▽648.53
▽642.53
阀门井
DN50钢管
▽651.00
DN400钢管
▽649.35
▽647.25
DN200钢管
7000
2000
2280
11280
说明：
本图高程以m计，其余尺寸以mm计。
水处理工艺流程图
工程名称
河南省济源市邵原镇布袋沟饮水工程
图 名
水处理工艺流程图
图 号
布袋沟-1/1
设计单位
济源市水利勘测设计有限公司
设计时间
2002.01

河南省项城市郑郭饮水工程

一、自然条件

河南省项城境内沙颍河长 27.2 km，由西向东流经城郊、水寨、郑郭 3 个乡镇；泥河在项城境内长 38.5 km，由西向东流经孙店、李寨、三店、贾岭、老城、新桥、付集 7 个乡镇。为解决沙颍河和泥河污染区群众的饮水安全问题，在两河污染较重地区建设饮水安全工程，共涉及 8 个乡镇、55 个村、83 053 人。其中沙颍河污染区涉及城郊、水寨、郑郭 3 个乡镇 43 个村，泥河污染区涉及孙店、李寨、三店、新桥、付集 5 个乡镇 12 个村。上述 8 个乡镇交通便利，106 国道、漯界公路、漯阜铁路、217 省道穿越其境，县乡公路纵横交错，沙颍河、泥河挨村而过。区域内地势平坦，平原地形特征明显，以农业生产为主，作物种植有小麦、玉米，兼有少量芝麻、大豆等经济作物。农副业以家庭饲养和劳务输出为主。据统计资料显示，项目区人均年收入约为 2 100 元。

二、工程概况

该工程总投资 2 066.2 万元，其中土建工程 631.79 万元、设备费 230.4 万元、材料费 782.1 万元、安装工程费 111.36 万元、临时工程费 91.25 万元、其他费用 219.3 万元。工程于 2004 年 6 月 30 日完工，解决了项城市郑郭、师寨、赵桥、刘堂等 21 个行政村、5 490 户 21 969 口人的饮用水问题。

三、水源水质与工艺流程

(一)水源水质

根据检测结果，项目区水源地下水各项指标均符合《生活饮用水卫生标准》(GB 5749—85)，可作为生活饮用水水源。

(二)工艺流程

四、工程设计和构筑物选型

城郊供水区打深井 1 眼，井深 300 ~ 500 m，配消毒设备 1 套，配 200QJ50–78 水泵机组 1 台，建井房 78 m^2，铺设给水 UPVC 塑料管长度 109 797 m。需建集中供水点 93 个，计划供水到户 1 825 户。

郑郭供水区打深井 5 眼，井深 300 ~ 500 m，配消毒设备 8 套，配 200QJ50–78 水泵机组 3 台、200QJ32–77 水泵机组 5 台，建 1 000 m^3 清水池 1 座，泵站、管理房 780 m^2，铺设给水 UPVC 塑料管长度 92 206 m。需建供水点 65 个，计划供水到户 2 021 个。

孙店供水区打深井 1 眼，井深 300 ~ 500 m，配消毒设备 1 套，配 200QJ50–78 水泵机组 1 台，建井房 78 m^2，铺设给水 UPVC 塑料管长度 3 167 m。需建集中供水点 3 个。

李寨供水区打深井 2 眼，井深 300 ~ 500 m，配消毒设备 4 套，配 200QJ50–78 水泵机组 4 台，建泵站、管理房 702 m^2，铺设给水 UPVC 塑料管长度 20 192 m。建集中供水点 12 个。

桥口闸供水区打深井 2 眼，配消毒设备 2 套，配 200QJ50–78 水泵机组 2 台，建井房 78 m^2，铺设给水 UPVC 塑料管长度 12 113 m。需建集中供水点 7 个。

新桥供水区打深井 1 眼，配消毒设备 1 套，配 200QJ50–78 水泵机组 1 台，建井房 78 m^2，铺设给水 UPVC 塑料管长度 10 865 m。需建集中供水点 8 个。

付集供水区打深井 1 眼，配消毒设备 1 套，配 200QJ50–78 水泵机组 1 台，建井房 78 m^2，铺设给水 UPVC 塑料管长度 11 375 m。需建集中供水点 7 个。

五、工程运行及效益分析

该项目经运行使用，效果良好，深受群众欢迎，已收到良好的社会效益。

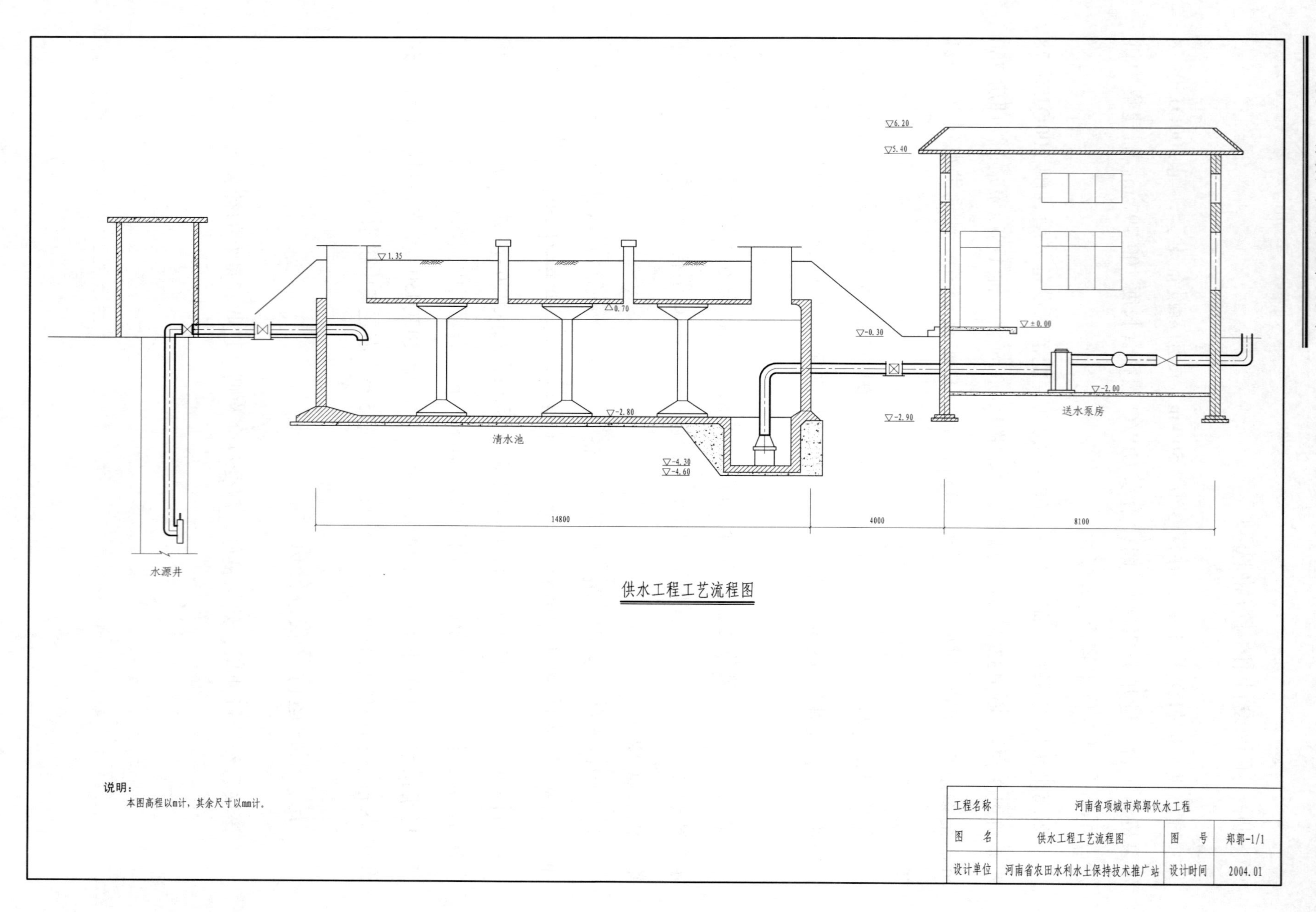

▽6.20
▽5.40
▽1.35
△0.70
▽±0.00
▽-0.30
▽-2.00
▽-2.80
▽-2.90
▽-4.30
▽-4.60
清水池
送水泵房
水源井
14800
4000
8100
供水工程工艺流程图
说明：
本图高程以m计，其余尺寸以mm计。
工程名称
河南省项城市郑郭饮水工程
图 名
供水工程工艺流程图
图 号
郑郭-1/1
设计单位
河南省农田水利水土保持技术推广站
设计时间
2004.01

湖北省丹江口市截潜流饮水工程

一、自然条件

丹江口市位于鄂西北，属秦巴山区。以丘陵为主，占61%；低山次之，占35%；二高山极少，占4%。1963～2004年资料表明，多年平均降水量汉江北787 mm，汉江南806 mm，干旱频率高且连续时间长，两年一遇连续无雨日121 d。

秦家庄位于丹江口市南部，全村3个组，150户，495人，牲畜640头，片岩地质。

二、工程概况

丹江口市已建截潜流工程181处，处于石灰岩地质条件的4处，片岩、片麻岩地质条件的174处，土层深度3～5 m，黄土条件的3处。秦家庄截潜流集水工程2002年10月投入运行以来，经历了2003年12月～2004年2月底共87天的降雨小于10 mm，只湿润地表，未形成径流的运行，第87天坝池仍是满水。

三、工程设计及构筑物

丹江口市沟岔多，沟岔以上有较大的汇水面积，在干旱季节，即使河床断明流，但在山体、河床下仍有潜流。在沟岔或河道上修筑一截水墙，拦截潜流；同时在截水墙上游修筑集水池，从而将水引出来使用。截潜流集水工程主要由截水坝、水池组成。丹江口市群众将这种工程称为坝池。坝池的特点是利用沟岔或适宜筑坝的地方筑坝将水截住，坝后建能过滤的清水池蓄水，池后铺设过滤层，坝池一体，平常水渗至池中，洪水从封闭的池顶流走，发生山洪时洪水呛不进水池。坝池能够集上层滞水、潜水、承压水、泉水，也能集山溪水、雨水。

工程位置尽量选择在河床较窄、基础不透水、能够自流、汇水面积大、补给条件好、能截取较多潜流量的地方。同一条河道设置几个截潜流工程应根据工程间的补给条件、补给量大小以及上下游工程的出水量、用水量平衡方法来确定。

秦家庄2002年利用两山夹一池建坝池。坝池以上承雨面积0.45 m^2，其中0.1 km^2风化深度0.4 m、0.1 km^2砂砾石深度3 m、0.1 km^2砂砾石深度4 m。坝池砂砾石深度5.4 m。坝池容积为80 m^3。

经测算，石灰岩条件，平均坡积体深2 m，连续87天无雨平均汇集水量44 m^3 /(km^2·d)；片岩、片麻岩条件，平均坡积体深2 m，连续87天无雨平均汇集水量67 m^3/ (km^2·d)。黄土条件，连续87天无雨平均汇集水量53 m^3/(km^2·d)。

四、工艺流程

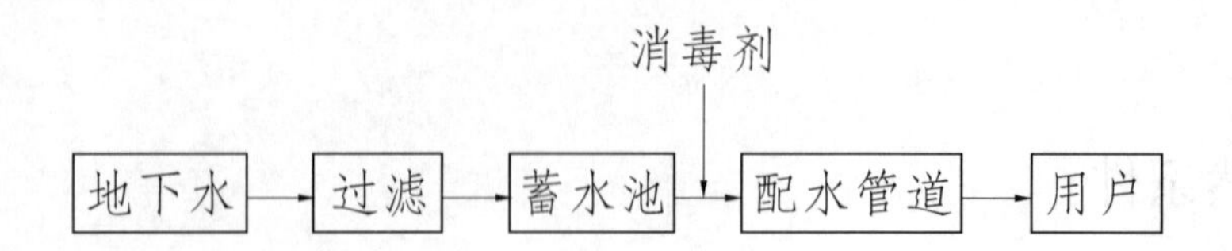

五、工程效益分析

该工程投资规模为 20.40 万元，工程运行稳定，经济合理，供水水质良好，切实解决了当地居民的饮用水困难，社会效益、经济效益、环境效益和健康效益良好，用水户满意。

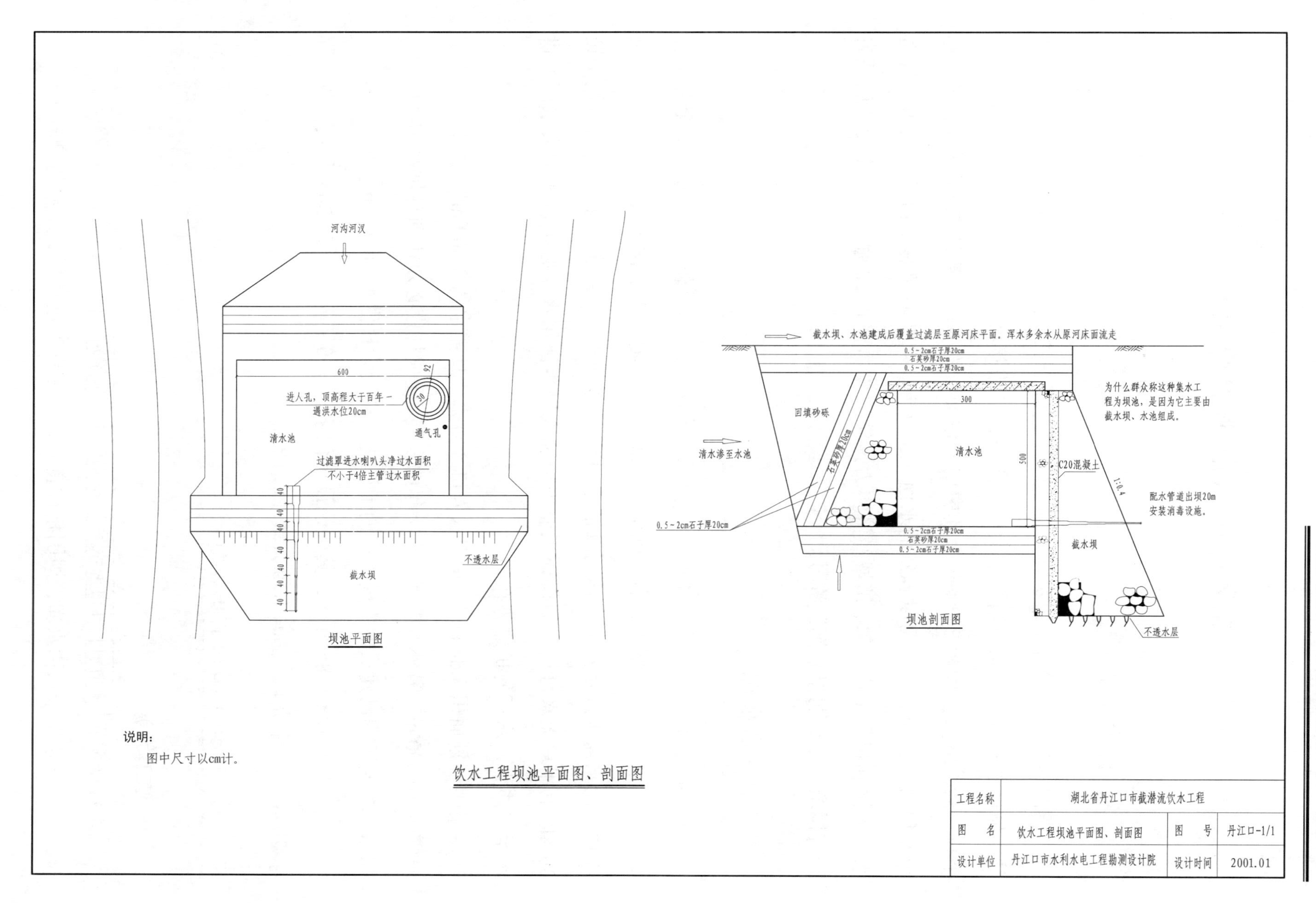

说明：

图中尺寸以cm计。

饮水工程坝池平面图、剖面图

工程名称	湖北省丹江口市截潜流饮水工程		
图　名	饮水工程坝池平面图、剖面图	图　号	丹江口-1/1
设计单位	丹江口市水利水电工程勘测设计院	设计时间	2001.01

湖北省宜昌市鸦鹊岭水厂

一、自然条件

鸦鹊岭是湖北省宜昌市夷陵区的重镇，它位于三峡门户——夷陵区东部，是宜昌市城区的东大门，东与当阳市交界，西与枝江市接壤，紧靠宜昌主城区。现辖 20 个村，57 926 人，面积 243 km^2，其中用于粮油作物生产的耕地 7.66 万亩、多经作物面积约 8 万亩，现有可供养殖的水面 1.3 万亩。鸦鹊岭镇是全市粮油大镇、牲畜水产大镇和柑橘生产大镇，镇域经济实力连续六年居全省 50 强之列，连续三届被省政府授予“楚天明星乡镇”称号。

二、工程概况

鸦鹊岭自来水厂始建于 1993 年，总设计供水能力为日供水 8 000 m^3，全部工程共分两期建成，一二期工程各 4 000 m^3。2004 年，随着集镇橘子罐头生产企业引资成功，用水需求逐步加大，达到日需水量近万立方米，造成企业生产高峰时期全镇 30%以上用户无水可用。为保证工业生产和人民生活用水，必须迅速加大水厂的供水生产能力，水厂的扩建势在必行。

集镇规划面积 3.88 km^2，总用水人口 3 万人，日需水约 3 000 m^3，企业生产用水日需水 10 000 m^3。另外考虑到未来十年的发展，建成规模必须达到日供水 18 000 m^3，扣除一二期工程已建成的规模，三期工程建设规模为日供水 10 000 m^3。

该工程总投资 385 万元，其中建设单位垫资 100 万元、自筹 285 万元。该工程于 2004 年 3 月动工，2004 年 9 月竣工投产。

三、工程水源与工艺流程

(一)工程水源

水源来源：黄柏河 → 白河水库 → 渠道 → 朱家湾水

该工程水源朱家湾水库，周围植被良好，常年浑浊度较低，水质污染较小。

(二)工艺流程

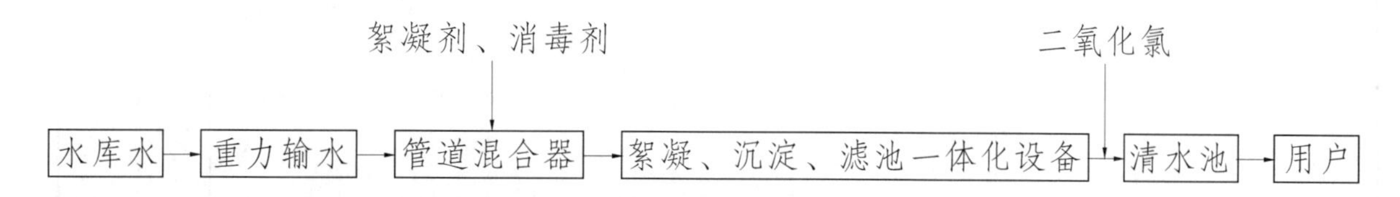

四、工程设计及构筑物

原有的 400 m×400 m 的引水渠道已不能满足要求，需另外铺设ϕ500 的引水管道，管道全长 250 m，选用重庆天力公司生产的玻璃钢夹砂管道。

净水设备：设计采用 SYZ–C–SL 型大型净水装置(卧式：ϕ3.1×16.0 m)，日处理能力 Q=10 000 m^3/d；机组分为四个独立的制水单元，每个单元可独立运行和反冲洗。

制水车间：净水车间为搭建钢架雨棚式(24.0 m×16 m)，棚架高度(下弦高 5.0 m)。

消毒设备：采用二氧化氯发生器 HT99–1000，产氯量 1 000 g/h，要求电源 380 V，安装位置为净水车间内。

投药系统：采用(投药泵+转子流量计)投加絮凝剂、氧化剂，安装位置为净水车间内。

设备反冲洗：可利用设备内三个制水单元处的水直接冲洗一个单元，并加气水联合清洗，从而保证了冲洗的效果，大大节约了冲洗用水量。反冲排污水排至沉淀池，经沉淀后排放或回用。

五、工程运行及效益分析

工程建成后，可完全保证集镇 2.5 万人的生活用水，更重要的是可以满足集镇新上橘子罐头生产厂家等一大批企业的生产用水，为该镇经济的发展起到了决定性的推动作用。

全年平均按照日供水量 4 000 m^3，水价按 1.16 元/m^3 计算，可实现水费收入 169.36 万元，扣除运行成本 129.83 万元，年盈利为 39.53 万元。根据以上经济分析，该工程 10 年内可收回投资。

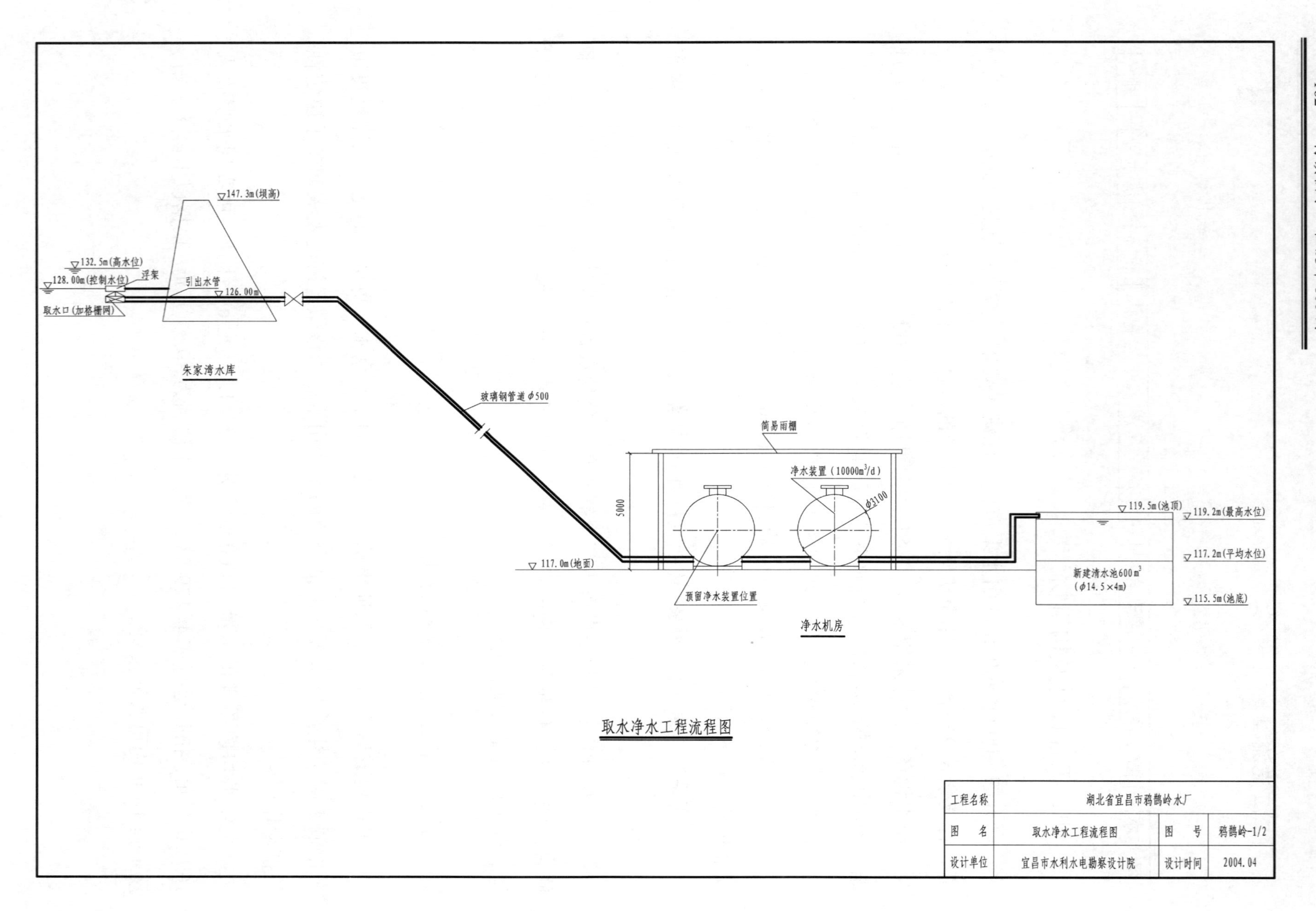

147.3m(坝高)
132.5m(高水位)
128.00m(控制水位)
浮架
引出水管
126.00m
取水口(加格栅网)
朱家湾水库
玻璃钢管道φ500
简易雨棚
净水装置(10000m³/d)
φ3100
5000
117.0m(地面)
预留净水装置位置
净水机房
119.5m(池顶)
119.2m(最高水位)
117.2m(平均水位)
新建清水池600m³
(φ14.5×4m)
115.5m(池底)
取水净水工程流程图
工程名称
湖北省宜昌市鸦鹊岭水厂
图名
取水净水工程流程图
图号
鸦鹊岭-1/2
设计单位
宜昌市水利水电勘察设计院
设计时间
2004.04

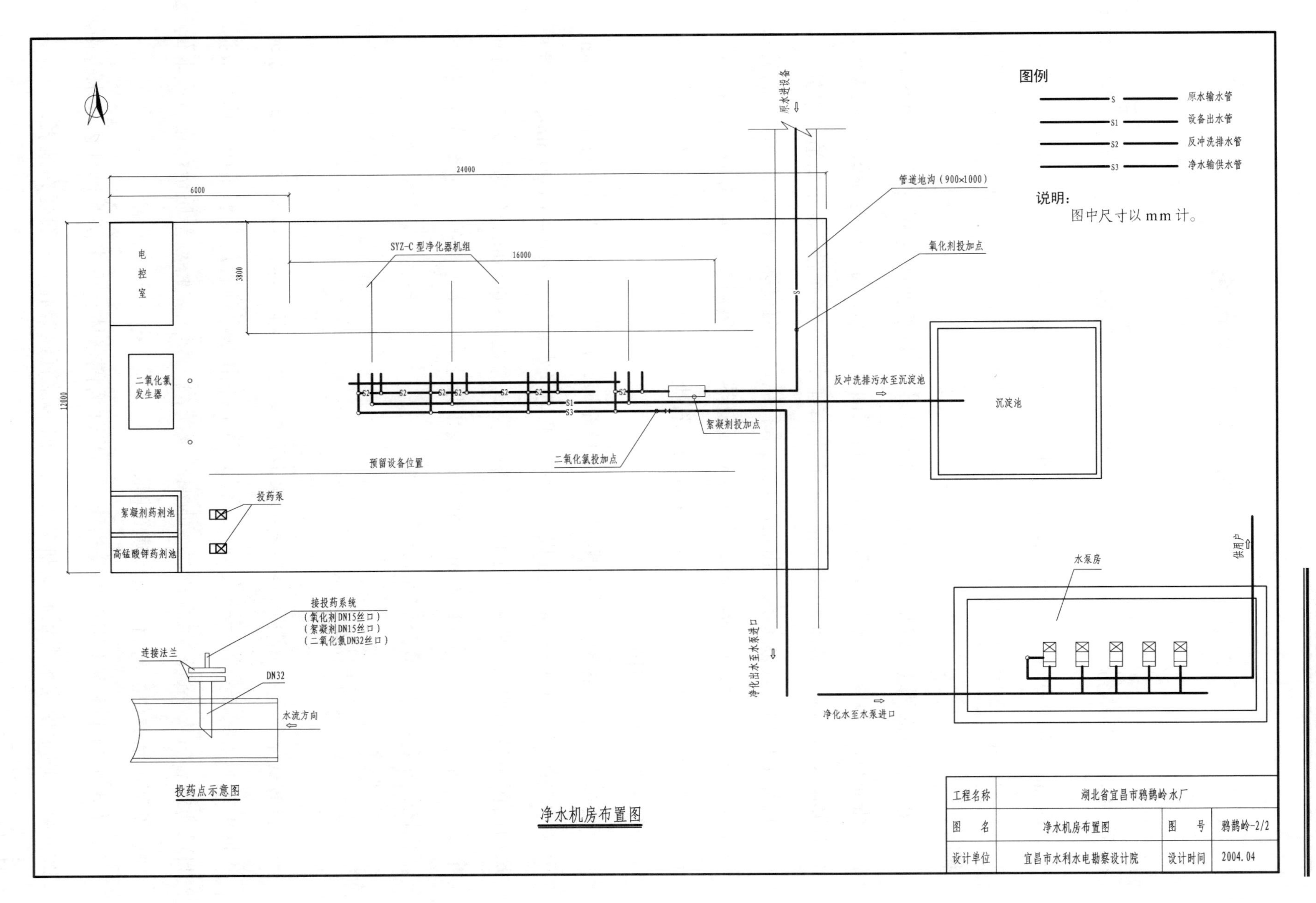

图例
S 原水输水管
S1 设备出水管
S2 反冲洗排水管
S3 净水输供水管
说明:
图中尺寸以mm计。
管道地沟(900×1000)
氯化剂投加点
絮凝剂投加点
二氧化氯投加点
反冲洗排污水至沉淀池
沉淀池
水泵房
净化水至水泵进口
SYZ-C型净化器机组
预留设备位置
投药泵
电控室
二氧化氯发生器
絮凝剂药剂池
高锰酸钾药剂池
24000
16000
3800
6000
12000
接投药系统
(氧化剂DN15丝口)
(絮凝剂DN15丝口)
(二氧化氯DN32丝口)
水流方向
DN32
连接法兰
投药点示意图
净水机房布置图
工程名称 湖北省宜昌市鸦鹊岭水厂
图名 净水机房布置图
图号 鸦鹊岭-2/2
设计单位 宜昌市水利水电勘察设计院
设计时间 2004.04

湖北省宜都市拼装式水窖

一、自然条件

宜都市位于湖北省西南部山地向江汉平原过渡地带，地处东经 111°5.8′～111°36.1′，北纬 30°5.9′～30°36.1′，东临松滋，北接宜昌、枝江，西南与长阳、五峰相毗邻。

全市自然面积 1 357 km^2，其中山区 122 km^2，占自然面积的 9%；丘陵 1 078 km^2，占自然面积的 79.4%；平原 157 km^2，占自然面积的 11.6%。耕地面积 19.06 km^2，其中水田 8.61 km^2、旱地 10.45 km^2。全市共有 4 个乡、5 个镇、1 个街道办事处。

宜都市地形、地貌复杂，山峦起伏，溪谷纵横，河流多为深切，西南最高峰海拔 1 081 m，东部最低的河滩地海拔 38 m，属亚热带季风湿润气候，年均气温在 16～17 ℃。土壤分布情况为：丘陵低山土壤为青石土，老黄土分布于低丘平岗顶部，纯土分布于平原河谷地区。

宜都市处于鄂西南多雨区域东部，雨量充沛，沿江 80%的年份超过 1 000 mm，山区 90%的年份可达 1 100 mm 以上，多年平均降水量在 1 200～1 600 mm，随着平原向山区过渡而增加。西南部山区多年平均径流深近 1 000 mm，东部约为 700 mm。全市多年平均径流总量 11 亿 m^3。此外，该市泉水资源十分丰富，主要分布在西南部山区，年蕴藏量达 0.258 7 亿 m^3。

二、工程设计特点

拼装式水窖是由几种固定模式的水泥预制件组合拼装而成的水窖，它可以选择不同的组合方式改变容积的大小。水窖的预制件由专业预置厂定型生产，用户根据自己所需容量大小进行组合拼装，水泥砂浆防渗。其主要特点是质量可靠、成本低廉、安装灵活方便、省材省工和建筑期短。

该水窖的主体由上下两部分构成，上半部为削球体，下半部为圆柱体。水窖由 20～48 块固定模式水泥预制瓦拼装而成，顶部设有检修孔，一般建在地表以下，只有检修孔的口露出地表。

三、工程运行及效益分析

截至2005年4月，宜都市利用该生产工艺在全市9个乡镇共建拼装式水窖7 298个，解决了25 543人的饮水困难，受到了人民群众的普遍称赞。

拼装式水窖低廉的建设成本适应了贫困地区农村的投资水平，每窖的成本为738元(容积15 m^3)和984元(容积20 m^3)。该水窖生产工艺的突出优势是降低了工程造价，每立方米容积造价仅为37.5 ~ 49.22元。

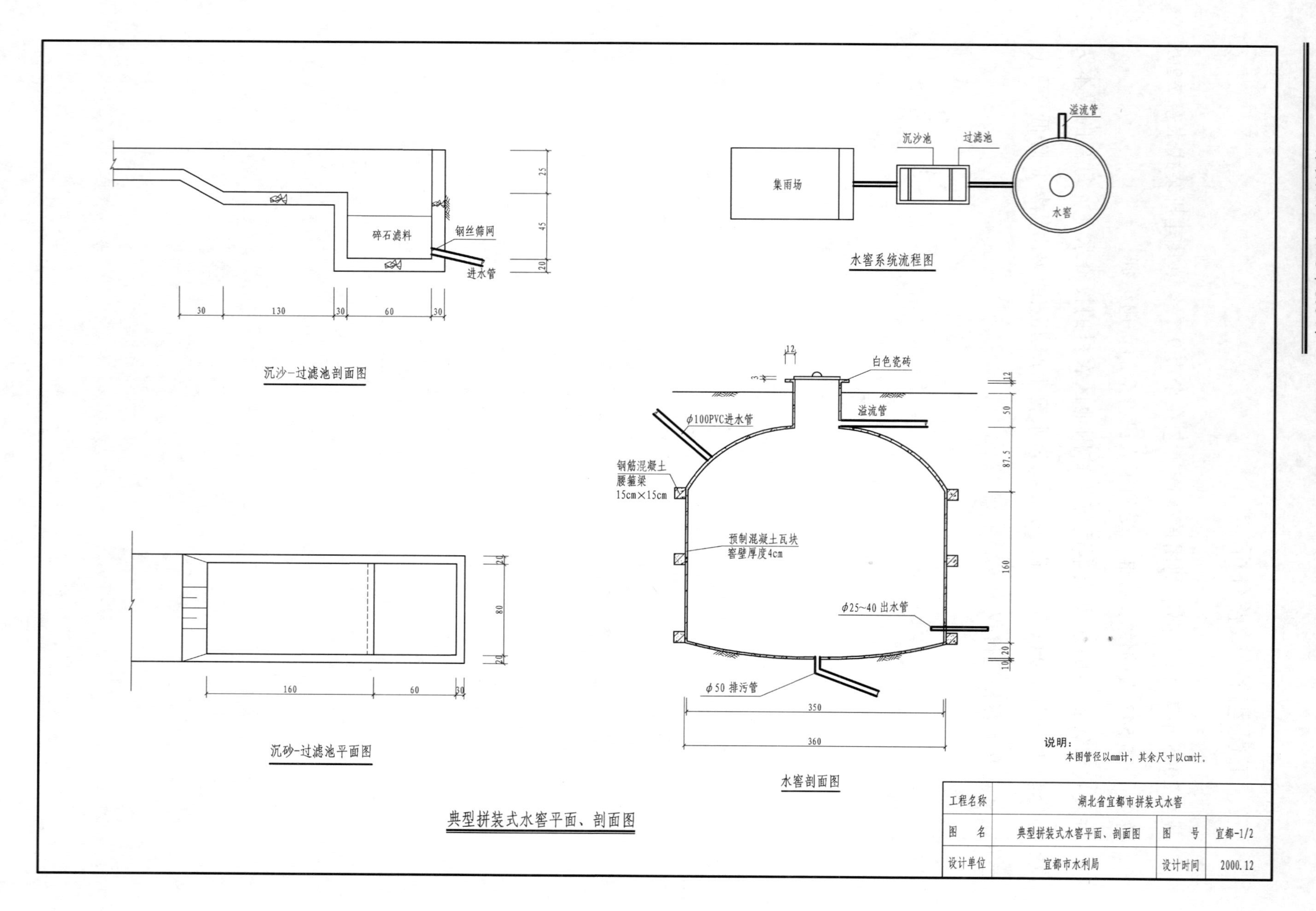
碎石滤料
钢丝筛网
进水管
沉沙-过滤池剖面图
集雨场
沉沙池
过滤池
溢流管
水窖
水窖系统流程图
白色瓷砖
溢流管
φ100PVC进水管
钢筋混凝土
腰箍梁
15cm×15cm
预制混凝土瓦块
窖壁厚度4cm
φ25~40 出水管
φ50 排污管
沉砂-过滤池平面图
水窖剖面图
说明：
本图管径以mm计，其余尺寸以cm计。
典型拼装式水窖平面、剖面图
工程名称
湖北省宜都市拼装式水窖
图 名
典型拼装式水窖平面、剖面图
图 号
宜都-1/2
设计单位
宜都市水利局
设计时间
2000.12

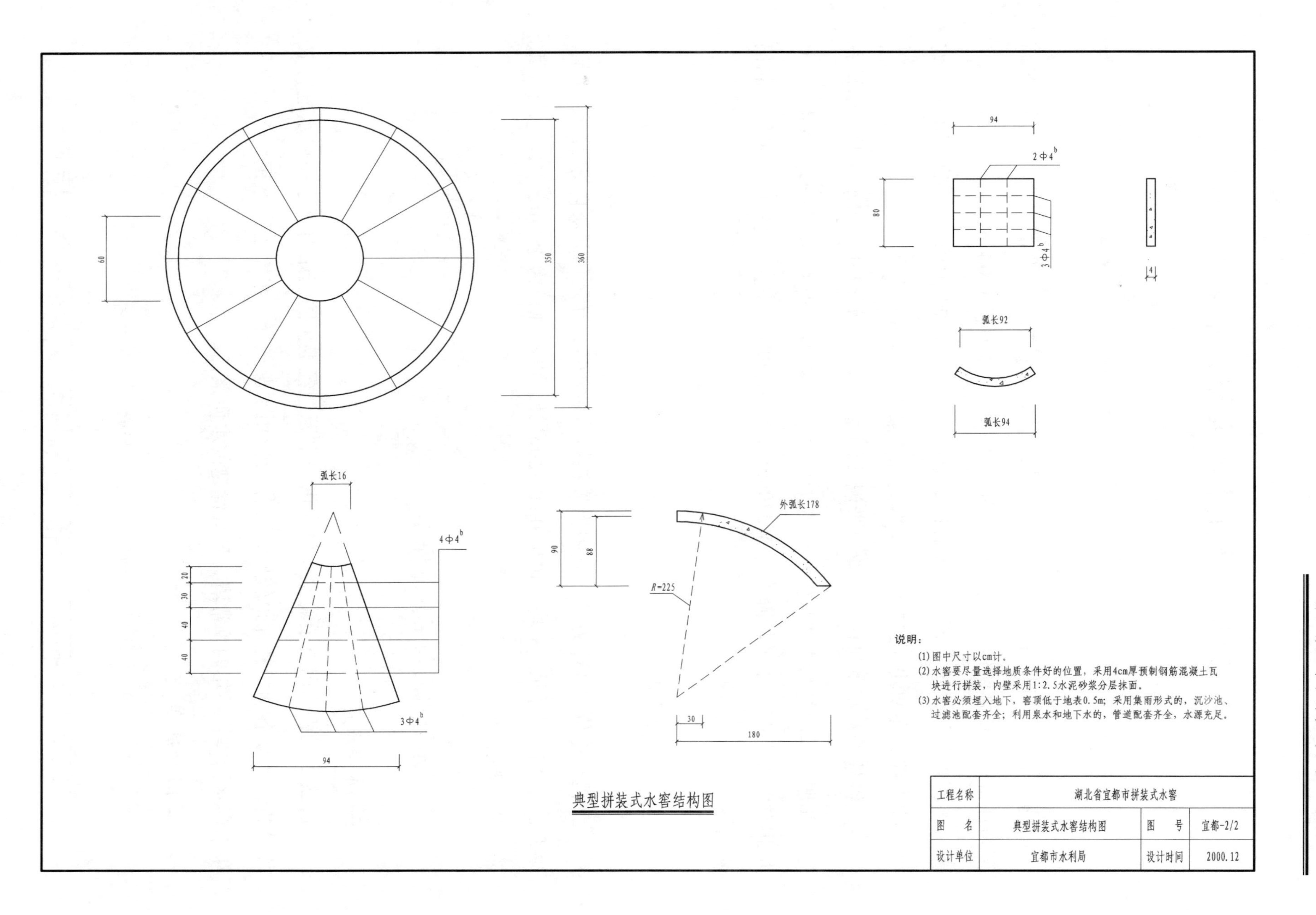
60
350
360
94
2Φ4b
80
3Φ4b
4
弧长92
弧长94
弧长16
4Φ4b
20
30
40
40
3Φ4b
94
90
88
外弧长178
R=225
30
180
说明:
(1)图中尺寸以cm计。
(2)水窖要尽量选择地质条件好的位置，采用4cm厚预制钢筋混凝土瓦块进行拼装，内壁采用1:2.5水泥砂浆分层抹面。
(3)水窖必须埋入地下，窖顶低于地表0.5m；采用集雨形式的，沉沙池、过滤池配套齐全；利用泉水和地下水的，管道配套齐全，水源充足。
典型拼装式水窖结构图
工程名称
湖北省宜都市拼装式水窖
图 名
典型拼装式水窖结构图
图 号
宜都-2/2
设计单位
宜都市水利局
设计时间
2000.12

湖北省枝江市问安镇饮水工程

一、自然条件

问安镇位于湖北省枝江市东北部，北与当阳市接壤，东北部与草埠相邻，东南部与江口、七星台两镇紧接，西部与仙女镇邻界，总面积140 km^2。

该镇地处江汉平原西缘，属低丘平原区，地势由北向南倾斜，即北高南低，北部海拔大部分在90.0～107.0 m，南部高程一般为55.0 m左右。

该镇地处东南季风区，属亚热带温暖潮湿气候，气候温和，四季分明，雨量充沛，光照不足，有利于作物生长。年平均温度16.5 ℃，年平均无霜期273 d，年平均相对湿度78%，年平均降水量1 270 mm，约有70%集中在4～8月，全年多北偏东风。

二、工程概况

工程总造价为331万元，其中世界银行贷款165.5万元、群众自筹82.75万元、财政配套82.75万元。平均水价按0.80元/m^{3}计。供水规模为1 730 m^3/d。水源选取石子岭中型水库。

三、水源水质与工艺流程

(一)水源水质

该饮水工程选用石子岭水库作为供水水源，经卫生防疫站对该水库原水进行取样分析，水质各项指标评价较好，可作为饮用水源选择。水库远离城镇，无工业和生活污水污染，一年四季常清，具有优越的水质条件。

(二)工艺流程

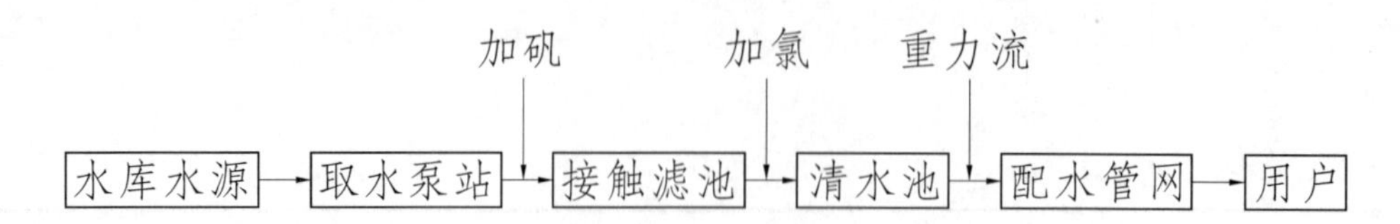

四、工程设计及构筑物

枝江市问安镇水厂由取水构筑物、净水厂和重力配水系统三部分组成。切开水库大坝，在正常水位以下安装一根ϕ300 的钢管，即可满足取水要求，并在大坝下游侧建一加压泵站，将水源水加压输送到净水厂；取水点至水厂距离近，水厂内的排水就近排入石子岭水库下游，水厂建成后，不影响近远期的规划；出厂输水管道管径大于 200 mm 时，采用钢筋混凝土管，管径小于 200 mm 时采用 UPVC 塑料管。净水厂主要水处理构筑物为 120 m^3/h 的接触式无阀滤池，储水构筑物为 600 m^3 圆形钢筋混凝土水池。厂用水管为镀锌管，排水管用混凝土管。

取水构筑物有活动式浮筒取水系统和取水泵房两部分组成。将取水泵房建在水库大坝下游侧 98 m 高程处，将取水管埋入大坝中正常水位 88.3 m 以下的 85 m 高程处，埋管部分为钢管，水库中部位取水管用橡胶管，其头部安装喇叭口和滤网，并安装浮筒。取水泵选用两台 S150–50B 泵直接从水库中取水，一备一用，配套电机 22 W，取水采用地面式固定取水泵房，泵房建筑面积为 44 m^2，房内设配电值班室。

净水厂布置在取水泵站附近 98 m 高程台地上，东西长 48 m，南北宽 35 m，占地面积 1 680 m^2。生产和管理用房 274 m^2，构筑物 206 m^2，水厂围墙采用金属围墙，高 2 m。

配水管道采用ϕ200 混凝土管，管长 19 km。每个村内的进水管处都设置了检修阀门，在管网末端装置了泄水阀。配水规模为 40 L/s。

水厂主要用电设备为取水泵、真空泵、管道泵和厂区照明等。

五、工程运行及效益分析

水厂满负荷运载的第五年，年利润达 6.58 万元，经济效益显著；通过此项改水工程建设投产，大大改善了当地农村饮水质量，减少了疾病，促进了农村生产的发展，有着较明显的社会效益。

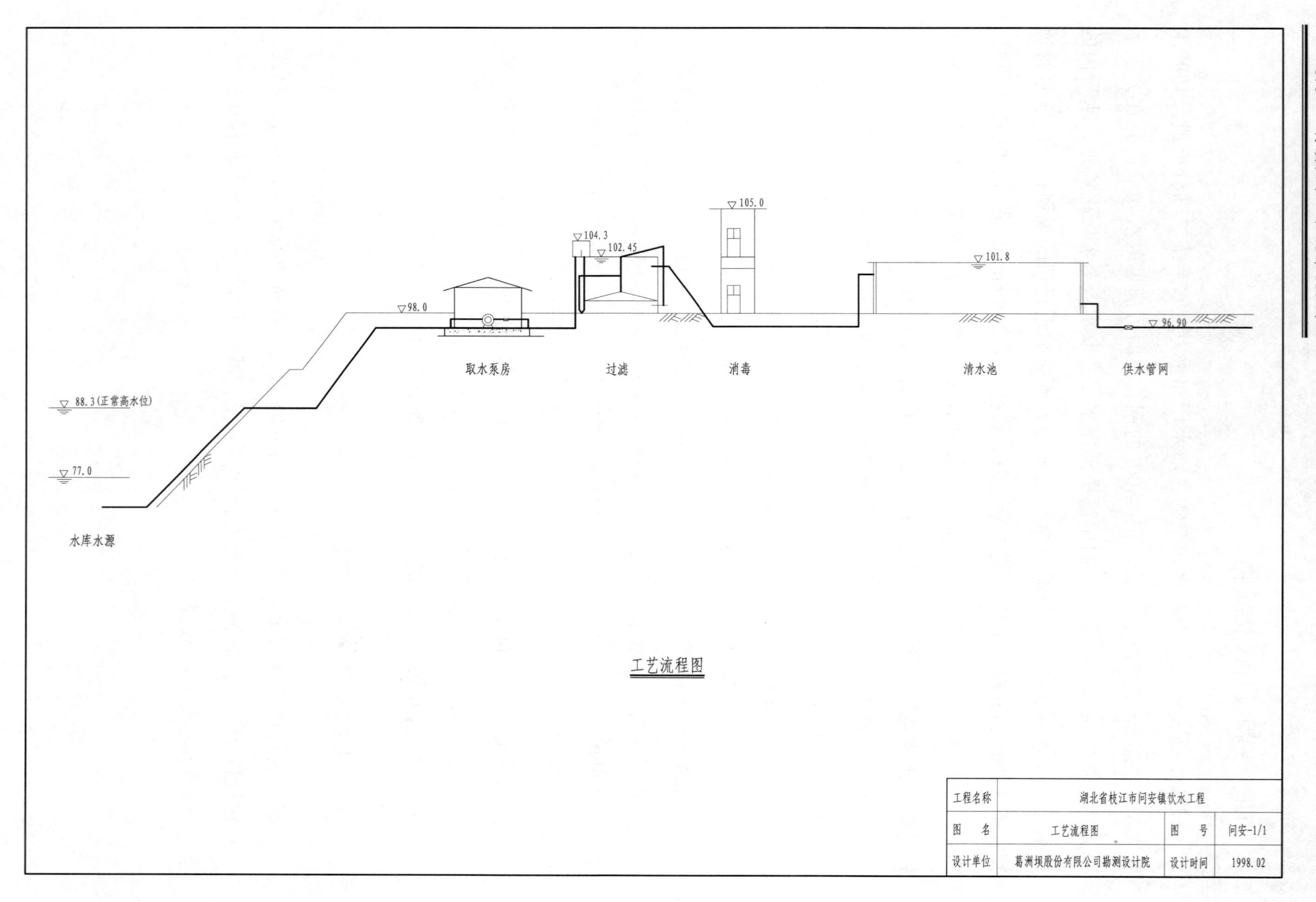

104.3
102.45
105.0
101.8
98.0
96.90
88.3(正常高水位)
77.0
取水泵房
过滤
消毒
清水池
供水管网
水库水源
工艺流程图
工程名称
湖北省枝江市问安镇饮水工程
图 名
工艺流程图
图 号
问安-1/1
设计单位
葛洲坝股份有限公司勘测设计院
设计时间
1998.02

湖北省荆门市马河镇三里岗小学饮水工程

一、自然条件

湖北省荆门市东宝区马河镇三里岗中心小学饮水工程位于三里岗村一组的一条由东北向西南向的山梁上，坐落在海拔 220 m 的砂岩和粉砂质泥岩处。

工程实施前，因受自然环境和气候条件的影响，是有雨蓄不住、无雨无水饮，方圆 3 km 无一处水利工程。中心小学 300 多名师生和周围 14 户农户、40 头大牲畜的饮水仅靠一个蓄水量不到 20 m^3 的蓄水坑供应，稍遇干旱，人畜饮水十分困难，只能到垂高 150 m 山脚下和到 3 km 外的马河镇上用拖拉机拉水度日。

二、工程概况

该工程于 2002 年 3 月下旬动工，同年 5 月中旬竣工。兴建了 20 个容量为 21 m^3 的单个水窖，总蓄水量达 420 m^3，很好地解决了中心小学 300 多名师生和周围 14 户农户饮水问题。

三、工程水源与消毒措施

该工程水源为天然雨水。采用漂白粉消毒。

四、工程设计及主要构筑物

工程设计在中心小学后面山岗上兴建水窖群，把 20 个水窖分为 5 组，每 4 个为一组，既能整体供水，又能分组供水，灵活方便，同时修建 500 m 导流沟，建成 15 000 多 m^2 的天然集雨场所集水。

五、工程经济效益分析

该工程总投资 3.5 万元。该工程的兴建解决了当地的饮水问题，为该地区农户发展经济、调整农业产业结构、改善生活条件奠定了坚实的基础。

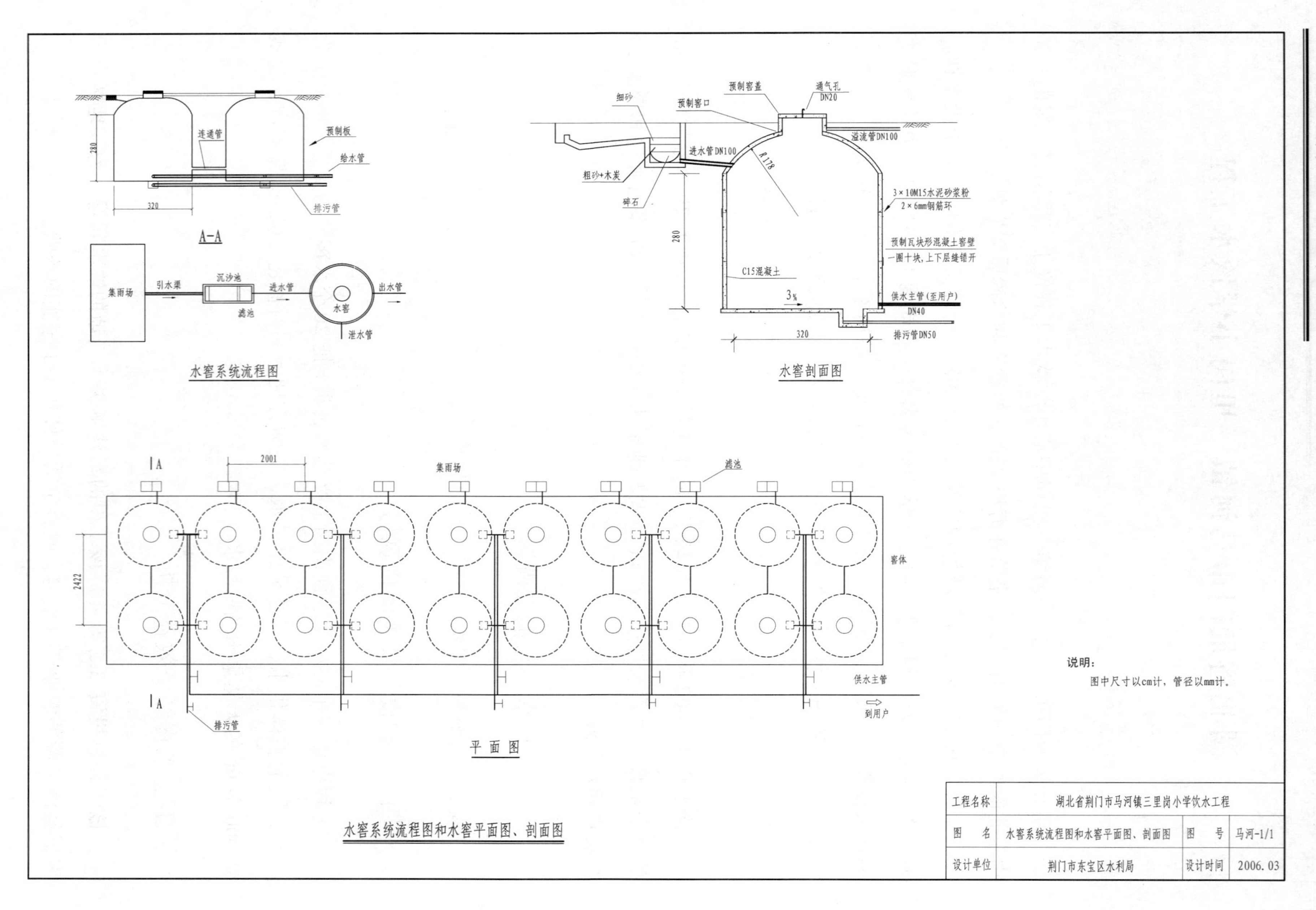

水窖系统流程图和水窖平面图、剖面图

湖北省利川市柏杨镇水窖

一、工程概况

湖北省利川市柏杨镇水利站主要以建设单户柱形球盖水窖的方式解决农户吃水难的问题。单户柱形球盖水窖吸取了矩形水池、球形和拼装式水窖的优点，充分利用山区石材丰富、取材方便等有利条件，克服了拼装式水窖集中制作、运输困难、不适合偏远山区推广的弱点。柏杨镇水利站于2002年3月15日设计并建成了第一口单户柱形球盖水窖，并于全镇推广。三年来，共建成各类饮水工程1 416处，其中单户柱形球盖水窖1 385口，解决了柏杨镇56个村9 288人的饮水困难。

二、工程设计及新工艺

柏杨镇单户水窖外形均设计成柱形球盖形式。它的主要特点是外形美观，受力均匀，抗压性好，不变形和坍塌，工艺简单，便于群众掌握施工要点，充分利用山区石材丰富、取材方便等有利条件，克服了拼装式水窖集中制作、运输困难、不适合偏远山区推广的弱点。它的最大优点是等同容量条件下，它比矩形等任何形式的水池建设材料和工日少，因此工程造价最低。

柱形球盖水窖施工工艺简单，基础开挖完成后，墙体用浆砌块石砌成圆柱形，底部用块石垫底，然后用C20混凝土现浇，上半部用模板制作成半球形，然后用混凝土直接浇筑而成。

三、工程水源与消毒措施

该工程水源为天然雨水。采用漂白粉消毒。

四、工程经济效益分析

该工程建成后，解决了柏杨镇56个村9 288人的饮水困难。该工程的实施，直接创造经济效益278万元，对全镇的社会稳定和经济发展等具有举足轻重的作用。

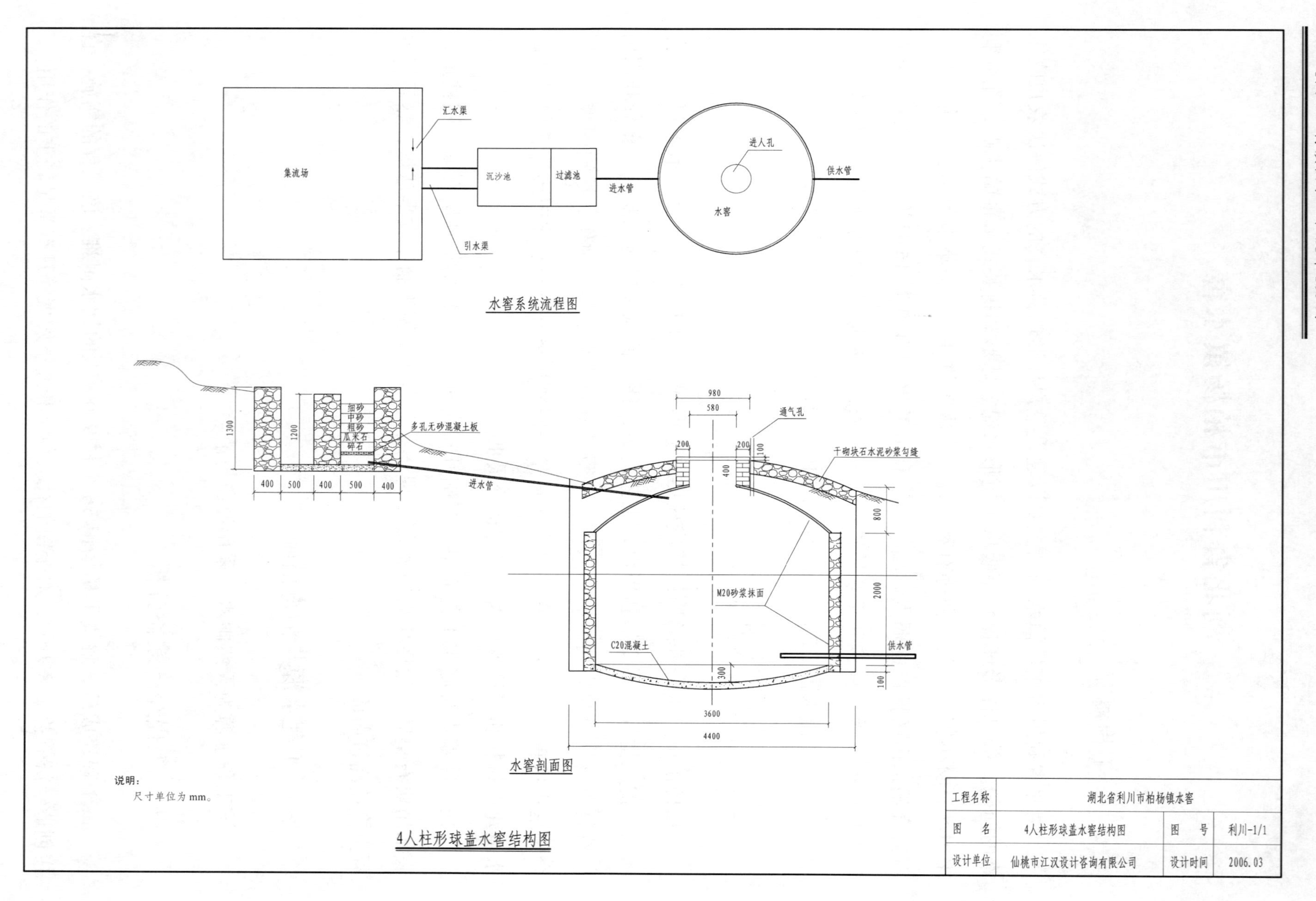
集流场
汇水渠
引水渠
沉沙池
过滤池
进水管
进人孔
水窖
供水管
水窖系统流程图
细砂
中砂
粗砂
瓜米石
碎石
多孔无砂混凝土板
进水管
1300
1200
400
500
400
500
400
980
580
200
200
100
400
通气孔
干砌块石水泥砂浆勾缝
800
2000
M20砂浆抹面
C20混凝土
供水管
300
100
3600
4400
水窖剖面图
说明：
尺寸单位为mm。
4人柱形球盖水窖结构图
工程名称
湖北省利川市柏杨镇水窖
图　名
4人柱形球盖水窖结构图
图　号
利川-1/1
设计单位
仙桃市江汉设计咨询有限公司
设计时间
2006.03

湖北省仙桃市西流河镇水厂

一、自然条件

该项目位于湖北省仙桃市东部，汉江杜家台分蓄洪区以南，供水范围包括集镇及周边何丰、曙光、鸭网岭3个村，国土面积26.98 km^2，供水人数27 641人。

项目区属亚热带季风气候区，光能充足，热量丰富，无霜期长，雨量充沛，气候差异甚微。由于各年季风进退迟早和强度变化不一，故旱、涝、连阴雨、低温冷害、大风等自然灾害时有发生。多年平均气温为16.3 ℃，年最高气温达38.8 ℃，年最低气温–14.2 ℃；无霜期年均为260 d，常年0 ℃以上的活动积温达5 949.5 ℃，年均日照时数为1 997.8 h；多年平均降水量为1 206.4 mm，多集中在4 ~ 9月，占全年降水的70%，多年平均蒸发量为830 mm左右，多集中在6 ~ 9月，7月为最大，年干旱指数为0.69。

项目区地貌具有典型的冲积平原特征，境内地表水体发育，地下水资源丰富。

区域内地质均为第四系松散堆积物，厚度较大，分为人工堆积和冲淤堆积。人工堆积中的杂填土厚度为2 ~ 5 m，素填土为堤身填土。冲淤堆积分为全新统和上更新统，全新统主要岩性为沙壤土、粉质壤土，含有机质粉质壤土、粉质沙壤土、粉质黏土，含铁锰结核，岩性致密，黏性大，下部为灰黄色、灰色粉细砂或中细砂，分布稳定。

二、工程概况

新建的西流河镇自来水厂占地面积2 640 m^2，设计制水能力3 083 m^3/d，供水水源取自深层地下水，取水与供水水泵各3台(套)，净水设施采用3台变频控制的MZ–L型除铁除锰净水器。该项工程于2005年4月动工，2005年9月竣工投入运行，建设总投资652.82万元，暂定供水价为1.5元/m^3，受益区年人均供水量为40.12 m^3，每人每年需缴水费60.18元，占农民可支配收入的1.7%。

三、设计特点和主要技术经济指标

设计特点：①结合平原湖区地势平坦、村庄密集特点，设计主要采用集中供水方式；②摒弃传统的供水构筑物形式，即由深井取水、水塔、过滤池、清水池等分散结构，设计采用除铁除锰一体化净水器综合设施，可以减少占地面积和工程投资，防止二次水污染，降低运行成本和便于工程维修管理。

主要技术经济指标：饮水安全的水量定额为60 L/(人·d)，水质达到Ⅱ级以上标准，方便程度为供水到户不超过15 min，饮用水源保证率不低于95%。工程设计年限为15年。

四、水源水质与工艺流程

(一)水源水质

该工程水源为地下水。该地区地下水分布广泛，水量可靠，经检测，水源除铁、锰超标外，其他项目基本满足生活饮用水卫生标准，而且该地区除铁、锰成本较低，工艺较为简单，效果良好。

(二)工艺流程

消毒（→MZ-L净水器）

地下水 → 管井 → 水泵 → MZ-L净水器 → 水泵 → 管网 → 用户

五、工程设计及构筑物

该工程管网布置形式采用树枝状管网布置为主。选用PE给水塑料管。

最高日时给水量为148 m^3/h，所以送水水泵选用3台50 m^3/h的管道式水泵。

六、工程运行及效益分析

项目解决了27 641人的饮水安全问题，减少劳动力负担产生的效益值为301.84万元，减少医疗费用产生的效益为110.56万元，增加种植、养殖业收入产生的效益为35.99万元。该工程对环境影响甚微，同时可产生显著的社会效益。

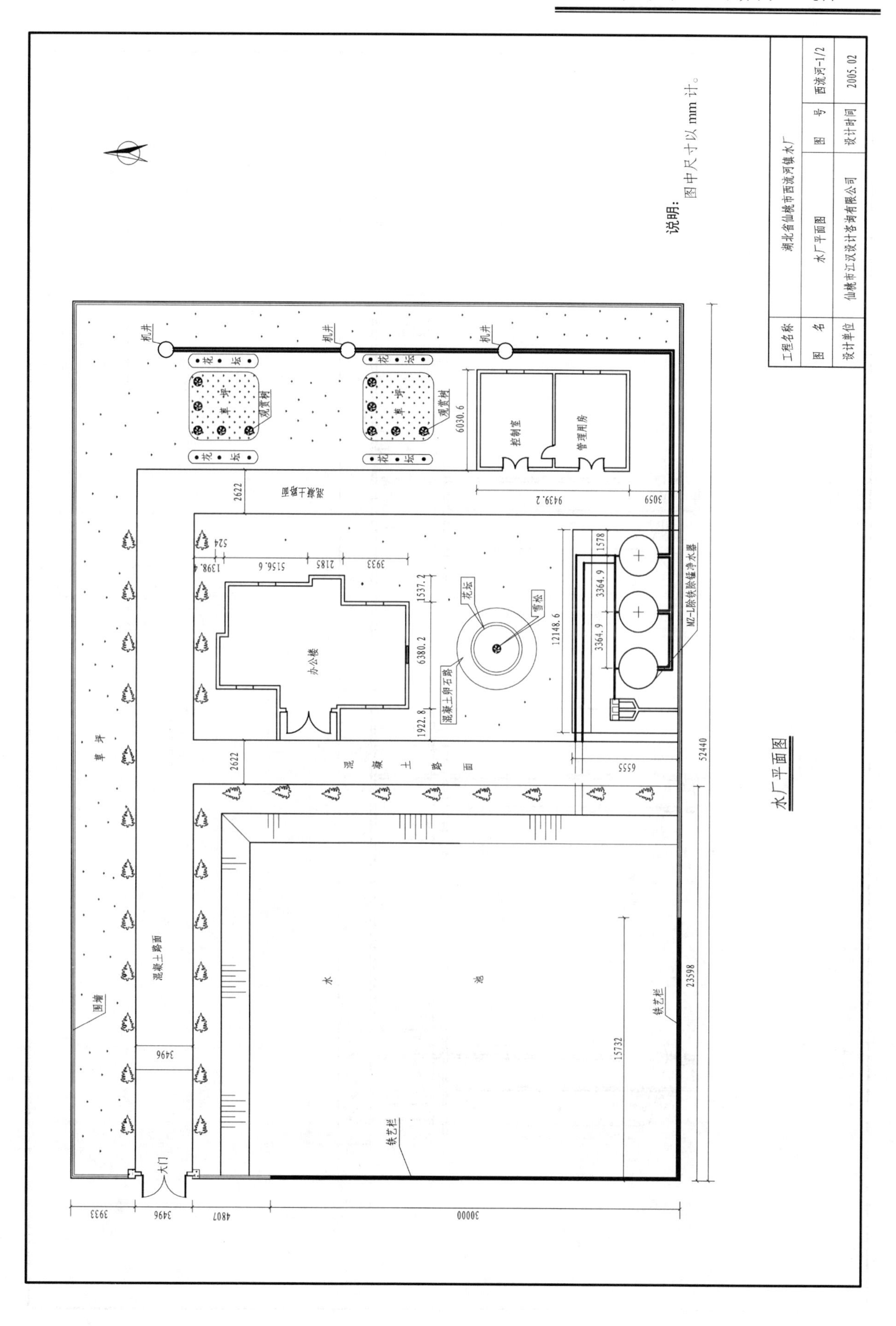

说明:
图中尺寸以mm计。
工程名称
湖北省仙桃市西流河镇水厂
图 名
水厂平面图
图 号
西流河-1/2
设计单位
仙桃市江汉设计咨询有限公司
设计时间
2005.02
机井
花坛
草坪
观赏树
控制室
管理用房
混凝土路面
办公楼
雪松
混凝土卵石路
MZ-L除铁除锰净水器
水池
铁艺栏
围墙
大门
水厂平面图

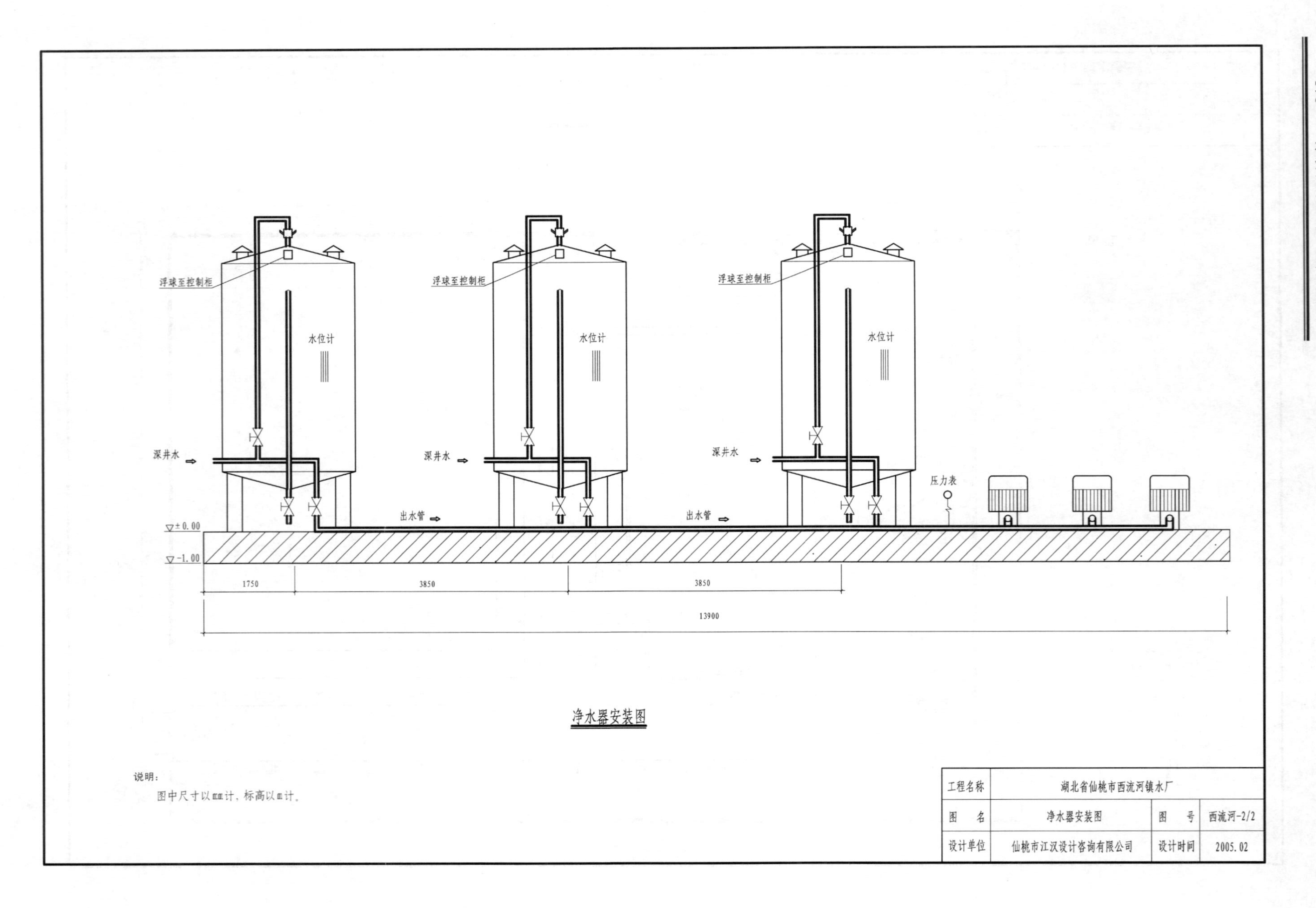

净水器安装图

说明：

图中尺寸以mm计，标高以m计。

工程名称	湖北省仙桃市西流河镇水厂		
图 名	净水器安装图	图 号	西流河-2/2
设计单位	仙桃市江汉设计咨询有限公司	设计时间	2005.02

湖北省潜江市田关联村水厂扩网改造工程

一、建设情况

田关联村水厂是湖北省潜江市田关水利工程管理处的全资二级企业，独立核算的民事法人。它是潜江市田关东荆河以西、江汉油田广华以东 136 km^2 范围内唯一的一座自来水厂，占用管理处自有水利工程土地 7 000 m^2。该厂于 1989 年 4 月开始筹建，1990 年 1 月首期工程日产 5 000 m^3 的自来水厂建成投产。1991 年应江汉石油管理局运输处等单位的要求，实施二期日产 10 000 m^3 的供水生产线增容工程建设，1992 年初扩产增容工程建成投产，水厂供水规模达到 15 000 m^3/d，形成了较规范的自来水厂。建成后实际最高供水量达到 13 000 m^3/d。

该厂主要生产设施有取水泵船 2 条，机械加速澄清池 1 座，加速过滤池 4 个，清水池 1 座，取、供水水泵机 11 台(套)，发电机组 1 台(套)，总装机容量 470 kW，输配水管线 97 km。现有固定资产 266.4 万元。

田关联村水厂的供水服务区属于潜江市东西城区接合部，面积约 136 km^2，涉及潜江市园林、周矶两个办事处，广空、周矶两个农场，江汉油田下属的两个大型企业。共有 18 个处级单位，4 个居委会，20 个行政村，4 个农场的分场，2 个大型企业。大小工商户 600 余家，服务人口 55 895 人。

田关联村水厂建成投产以来，共生产合格自来水 3 100 万 m^3，创产值近 1 500 万元，利润 34 万元。新增固定资产 36 万元，计提固定资产折旧 136.5 万元，仅 1995 年至 2005 年，就解决人员经费 387.7 万元、管理费用 100 万元，为田关管理处的生存发展做出了贡献。但水厂的经济效益每况愈下，年利润从 1993 年的 40 余万元，逐年下滑至 2005 年的亏损 13.7 万元。主要由四方面原因造成：用水量逐年减少，制水量相对过剩；售水价格偏低；供水管网出现老化，漏损率较高；供水成本逐年增加。

二、工程概况

水厂扩网与改造按现行价格估算共需 406.76 万元。田关联村水厂供水工程投资主要分为两部分：一部分由田关联村水厂投资，主要用于厂区供水设施、设备及输水管网；一部分由政府、企业或用户投资，主要用于配水管网、入户管线等。

三、水源水质与工艺流程

(一)水源水质

田关联村水厂水源取自东荆河地表水，根据卫生防疫站检测结果，各项指标均符合《生活饮用水卫生标准》(GB 5749—85)，可作为生活饮用水水源。

(二)工艺流程

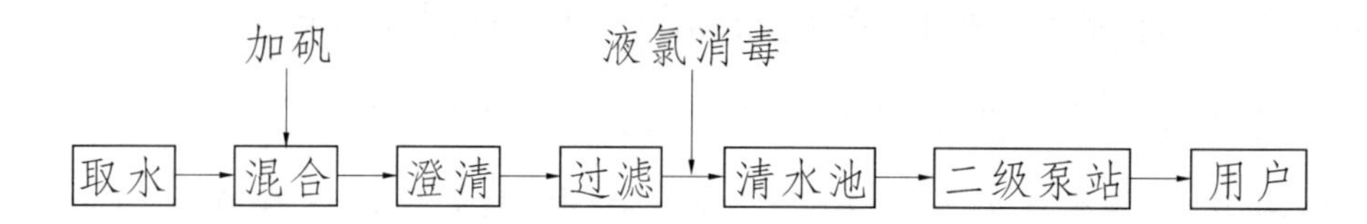

四、工程改造主要措施

(1)改造输水管网及水厂设施。主要是更换ϕ400、ϕ300主水管的橡胶密封圈，减少渗漏损失，使供水渗漏率由25%降至12%以内。同时，对水厂设施设备进行改造，为延伸二级配水管道提供合格的水质，可靠的水压、水量。

(2)延伸二级配水管网，拓展供水区域。将二级配水管网延伸至周矶办事处尚未通水的10个行政村。延伸直径为150 mm的水泥压力配水管线44 km、直径为150 mm的PVC管23 km、直径为100 mm的镀锌钢管配水管线13 km、其他14 km，增加供水用户3 853户16 034人，使供水管网在供水服务区的覆盖率为100%。

五、工程运行及效益分析

实施田关联村水厂扩网与更新改造工程总投资406.76万元，每年仅因减少漏损和新增供水区增加水量的新增净效益就达57.48万元，工程投资的静态回收年限仅为7.1年，动态回收年限在资金年利率为8%的情况下也仅需要10.8年。因此，投资项目不仅可行，而且经济效益十分可观。与此同时，还能够提高供水服务区广大人民群众健康水平，提高供水服务区农民的生活质量，促进供水服务区内村组经济的发展。

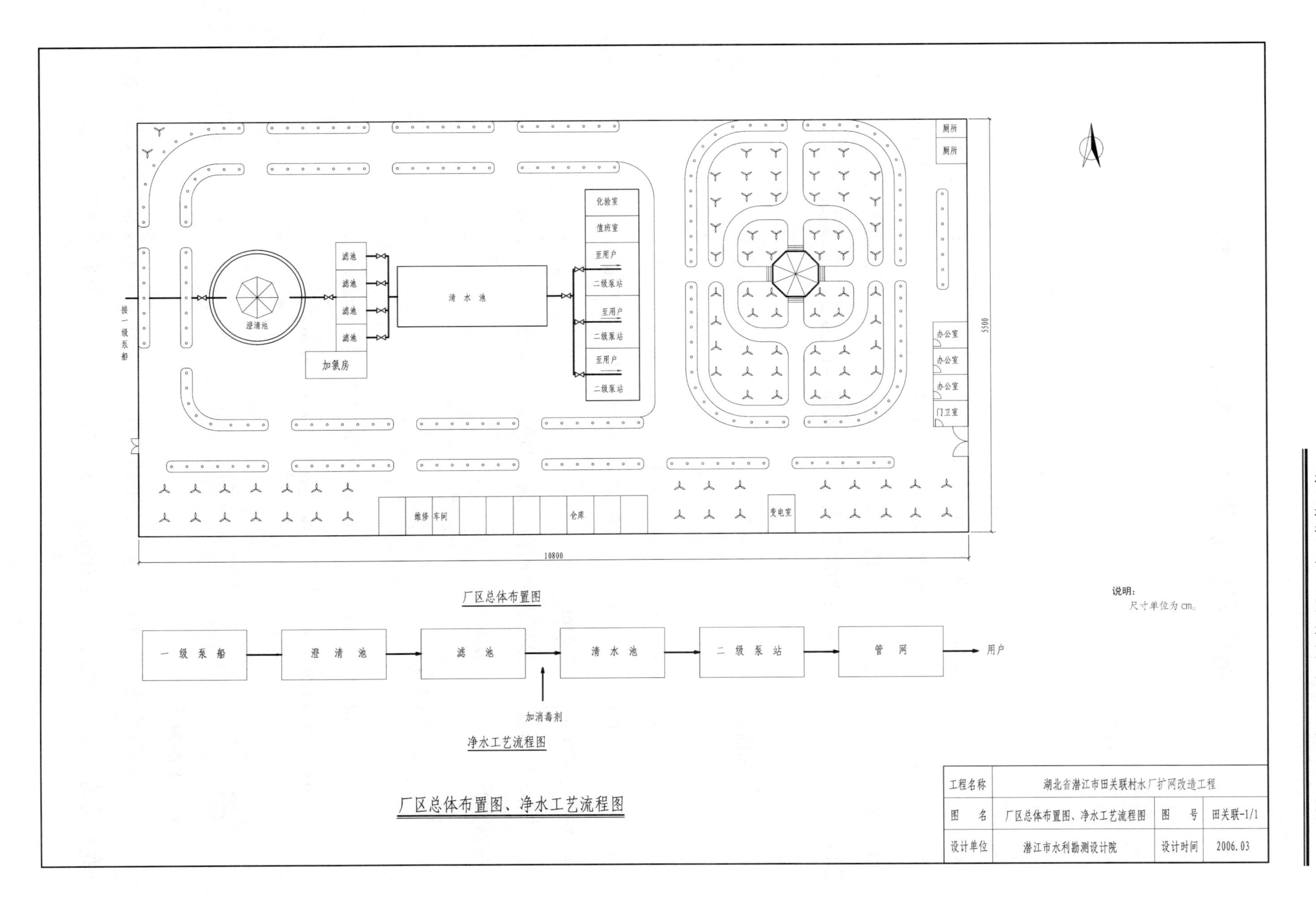

厂区总体布置图、净水工艺流程图

湖南省张家界市仙人溪饮水工程

一、自然条件

仙人溪水库位于澧水一级支流仙人溪中游、天门山北麓的峡谷中。枢纽工程坐落于湖北省张家界市永定区南庄坪办事处邢家巷居委会。坝址距张家界市城区 5.5 km。水库坝址以上控制集雨面积 66.25 km^2，多年平均降水量 1 304.4 mm，多年平均径流量 6 264 万 m^3。该水库是一座以灌溉为主，结合防洪、发电、城镇供水、养殖、旅游等综合利用的中型水利工程。仙人溪流域植被较好，河谷狭窄，两岸边坡 45°～50°，大坝下游 300 m 为峡谷出口。仙人溪属山溪性河流，坡陡水急，洪水暴涨暴落。

仙人溪流域属于亚热带季风性湿润气候，气候温和，雨量充沛，多年平均气温 17 ℃，最高气温 40.7 ℃，最低气温–13.7 ℃。多年平均降水量 1 304.4 mm，其中 3～8 月为汛期，降雨量 933.7 mm，占全年的 71.6%；最大年降水量 1 666.8 mm，最小年降水量 968.6 mm；多年平均相对湿度 77%；平均风速 1.5 m/s，最大风速 15.2 m/s；多年平均蒸发量 1 283.9 mm。

该工程所属地区地形为西南高、东北低，坡度陡缓不一，一般在 25°～50°。工程区内地下水类型为裂隙水。

二、工程概况

工程于 2005 年 2 月竣工，总投资为 763.758 万元。该饮水工程可解决 45 694 人、27 955 头牲畜的饮水。水厂供水规模为 10 000 m^3/d。

三、水源水质与工艺流程

(一)水源水质

工程水源为仙人溪水库，水库周围植被较好，根据卫生防疫站检测结果，各项指标均符合《生活饮用水卫生标准》(GB 5749—85)，可作为生活饮用水水源。

(二)工艺流程

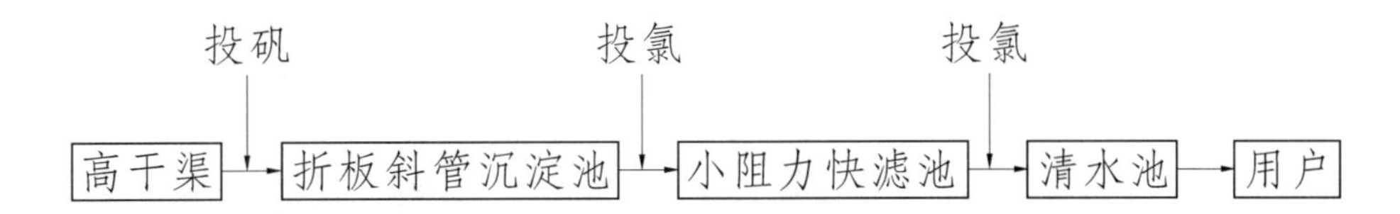

四、工程设计和构筑物选型

(一)供水厂设计

供水厂厂址选在仙人溪大坝下游 500 m 的高干渠右侧下方山坡处。水厂从高干渠取水，进口渠底高程 250.00 m，进水室尺寸长×宽=30 m×1.5 m，用 M7.5 块石浆砌，C15 混凝土防渗，进水钢管采用ϕ400 mm，管长 4.5 m。

絮凝沉淀池采用折板斜管，设计规模 200 m^3/h，用 C20 混凝土现浇，基础部分用 M7.5 浆砌衬砌，设计均厚 50 cm；过滤池采用小阻力快滤池结构形式，滤池规模为 200 m^3/h，基础部分用 M7.5 浆砌衬砌，设计均厚按 50 cm 考虑，整个池采用 C20 混凝土现浇；清水池容积为 1 000 m^3，尺寸为长×宽×高=30.2 m×8 m×4.5 m，均用 M7.5 水泥砂浆块石衬砌，C15 混凝土防渗。

(二)抽水站设计

选用 IS100–65–200A 型水泵 3 台，水泵的额定流量为 93.5 m^3/h，额定扬程为 44 m，相应电动机配套功率为 18.5 kW。根据机房的位置，采用侧向引水方式，进水池长为 9.0 m、宽为 3.0 m。

该供水工程从仙人溪大坝上游 5 km 处的引水坝引水至高干渠，利用高干渠输水至水厂，全长 5.5 km。该渠段已用 C15 混凝土防渗衬砌，渠顶已用混凝土盖板封顶。

(三)配水管网

该工程主要采用 UPVC 管，跨桥、山坡等地面起伏较大的地段采用钢管，钢管内径与塑管内径一样，钢管采用直缝或无缝。

五、工程运行及效益分析

该工程实施后可切实解决当地农民的饮水安全问题，抵御干旱，同时可采用节水灌溉措施，使一水多用，能创建一个良好的生态环境和投资环境。因此，该项目不仅具有显著的经济效益，而且有较好的社会效益，在技术上可行，经济上合理。

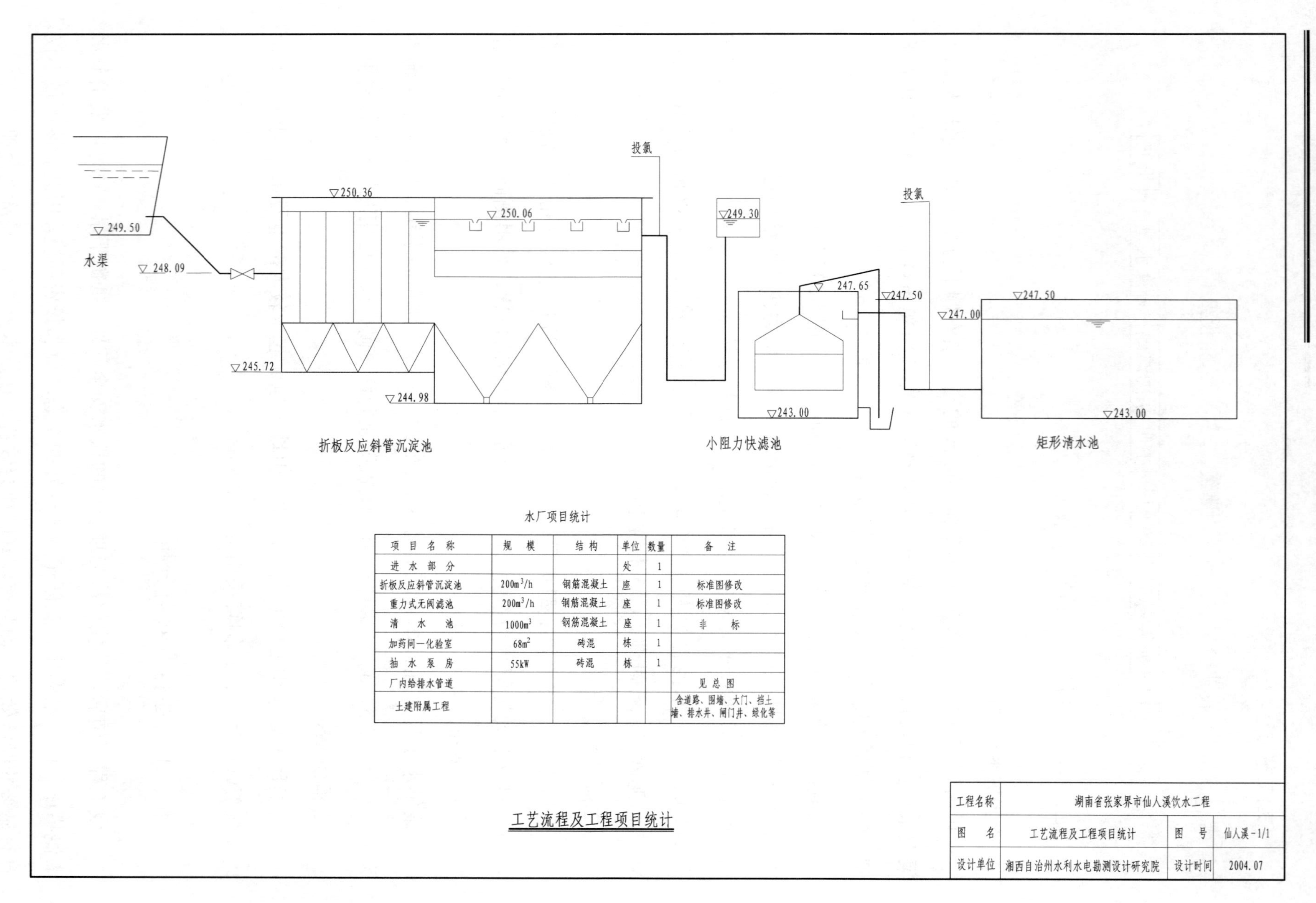

水厂项目统计

项目名称	规模	结构	单位	数量	备注
进水部分			处	1	
折板反应斜管沉淀池	200m^3/h	钢筋混凝土	座	1	标准图修改
重力式无阀滤池	200m^3/h	钢筋混凝土	座	1	标准图修改
清水池	1000m^3	钢筋混凝土	座	1	非标
加药间—化验室	68m^2	砖混	栋	1	
抽水泵房	55kW	砖混	栋	1	
厂内给排水管道					见总图
土建附属工程					含道路、围墙、大门、挡土墙、排水井、闸门井、绿化等

工艺流程及工程项目统计

工程名称	湖南省张家界市仙人溪饮水二程		
图名	工艺流程及工程项目统计	图号	仙人溪-1/1
设计单位	湘西自治州水利水电勘测设计研究院	设计时间	2004.07

湖南省芷江县楠木坪村镇饮水工程

一、工程概况

楠木坪村镇饮水工程位于湖南省芷江县楠木坪乡，是怀化市农村人口饮水解困第二期项目重点工程。

楠木坪乡位于芷江县南部，距芷江县城 24 km，距怀化市 61 km，芷—冷公路从境内穿过，交通十分便利。东西宽 10.7 km，南北长 11.5 km，总面积 93.9 km^2，其中耕地面积 1 249 hm^2、林地面积 6 721 hm^2。辖 13 个行政村 176 个村民小组 335 个自然村，总人口 14 597 人，城镇居住人口 1 834 人。

该工程设计供水人数 384 户 3 237 人，设计供水规模 298 m^3/d，设计安装净水能力 600 m^3/d 的 GYS–B 型净水器一台，新建 100 m^3 山顶高位蓄水池一个，塑管铺设 19.6 km，工程总造价 88.05 万元。

工程于 2004 年 6 月开工，同年 9 月中旬全面竣工。

工程实施后，解决了楠木坪乡 400 户 3 383 人的长期饮水困难问题，为该乡经济的稳定持续发展提供了保障。

二、工程创新

该工程的设计有两点创新：一是采用了新设备，即 GYS–B 型净水器；二是采用了新技术，即提水泵和净水设备均设计了双边水位自动控制系统。这些新设备和新技术的采用，使楠木坪村镇供水工程的自动化程度大大提高，明显改善了水质，减少了管理运行成本，水资源得到了充分利用，提高了工程效益，与同行业相比处于先进水平。

三、工艺流程

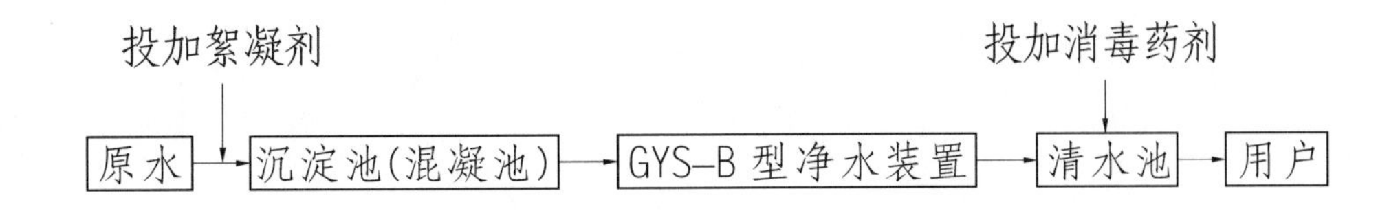

四、工程效益分析

工程建成后，解决了楠木坪村镇当地群众400户3 383人的饮水困难问题，为楠木坪的经济发展提供了有力保障，使当地农民喝上了放心水，群众再也不用花费时间走很远的山路去挑水了。同时该工程的建成，收取了适当水费，为当地水管部门提供了一份产业，对当地的经济发展起到了一定的推动作用，其社会效益和经济效益十分显著。

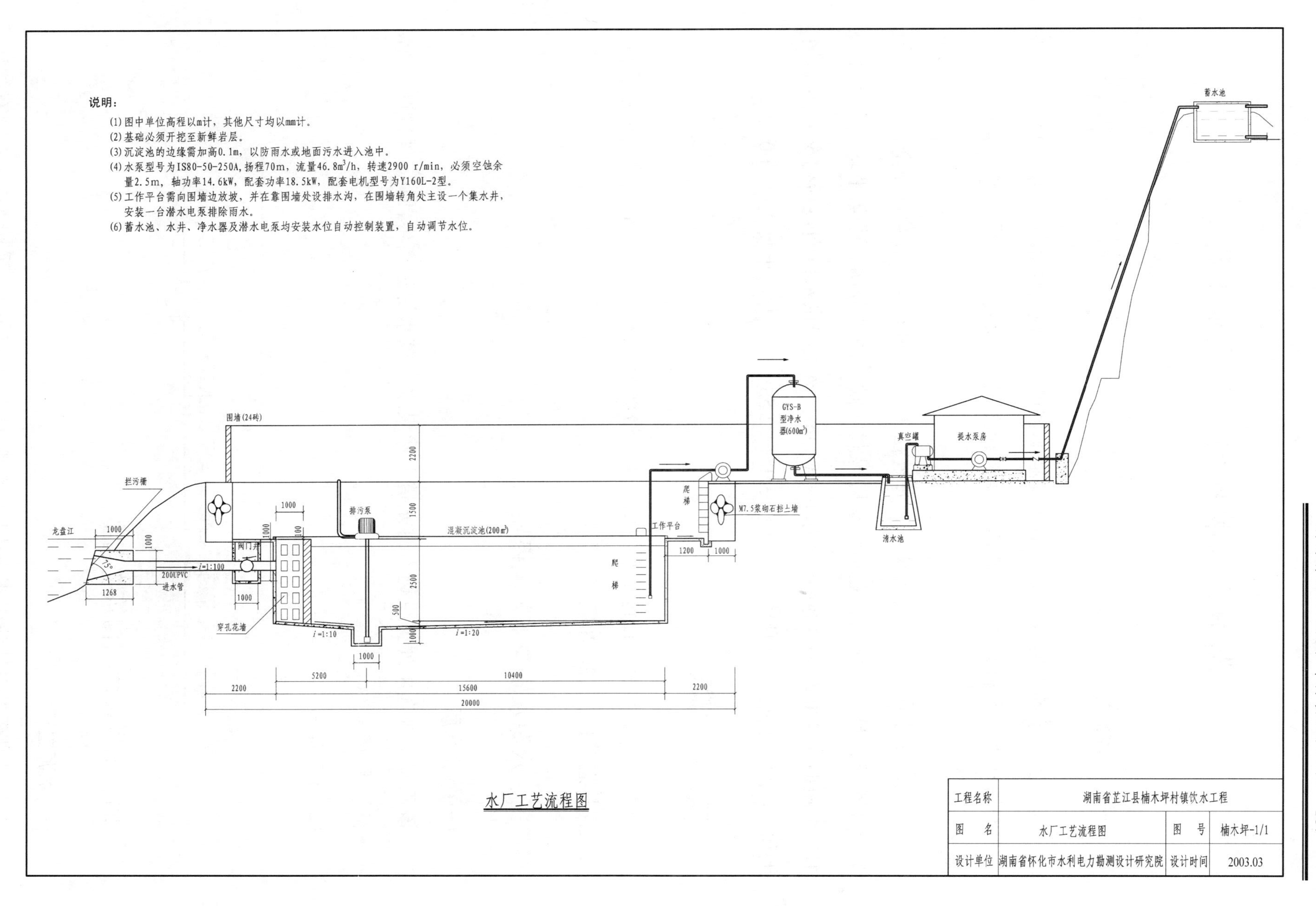
说明：
(1)图中单位高程以m计，其他尺寸均以mm计。
(2)基础必须开挖至新鲜岩层。
(3)沉淀池的边缘需加高0.1m，以防雨水或地面污水进入池中。
(4)水泵型号为IS80-50-250A,扬程70m，流量46.8m³/h，转速2900 r/min，必须空蚀余量2.5m，轴功率14.6kW，配套功率18.5kW，配套电机型号为Y160L-2型。
(5)工作平台需向围墙边放坡，并在靠围墙处设排水沟，在围墙转角处主设一个集水井，安装一台潜水电泵排除雨水。
(6)蓄水池、水井、净水器及潜水电泵均安装水位自动控制装置，自动调节水位。
蓄水池
GYS-B
型净水
器(600m³)
真空罐
提水泵房
围墙(24砖)
拦污栅
龙盘江
1000
1000
75°
1268
i=1:100
200UPVC
进水管
阀门井
1000
1000
1000
100
排污泵
混凝沉淀池(200m³)
工作平台
爬梯
爬梯
M7.5浆砌石挡土墙
清水池
1200
1000
2200
1500
2500
500
1000
穿孔花墙
i=1:10
i=1:20
1000
5200
10400
2200
15600
2200
20000
水厂工艺流程图
工程名称
湖南省芷江县楠木坪村镇饮水工程
图名
水厂工艺流程图
图号
楠木坪-1/1
设计单位
湖南省怀化市水利电力勘测设计研究院
设计时间
2003.03

湖南省永顺县列夕乡饮水工程

一、自然条件

列夕乡位于湖南省永顺县西南边陲猛洞河畔，乡政府距永顺县城 50 km。列夕乡政府所在地列夕村是该地区政治、经济和文化的中心，是少数民族土家族的聚居地之一。

该地区属于典型的武陵山地貌，海拔在 200 ~ 600 m，岩溶发育完全，地表水资源十分匮乏，且该地区属于亚热带季风湿润气候，四季分明，多年平均气温为 15.8 ℃，无霜期为 270 d，平均降水量为 1 350 mm。该工程供水范围包括列夕村的 12 个组和 10 个乡直机关、2 所学校，共计 350 户 2 539 人。人均年收入仅 760 元。

二、工程概况

列夕乡饮水安全工程包括水源引水渠、慢滤池、清水池、输水主管及供水管网。该工程静态总投资 120.70 万元。

三、水源水质与工艺流程

(一)水源水质

该工程水源选用列夕乡杨木村龙道天然泉水。该水源远离生活区，植被好，水质优良，无污染。

(二)工艺流程

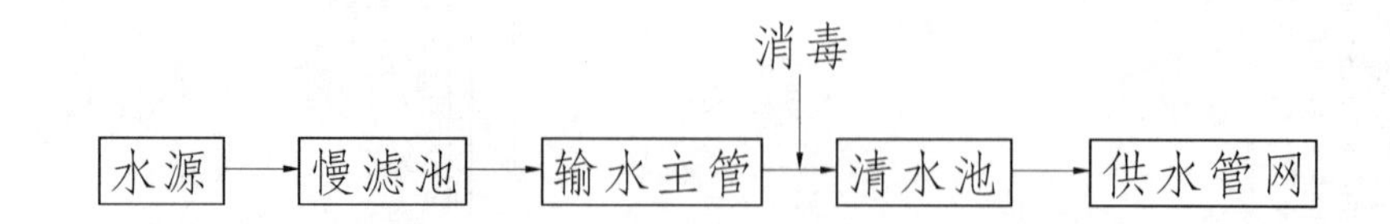

四、工程设计和构筑物选型

(一)水源工程

该工程拟在水源处建引水渠 12.0 m，断面 0.6 m×0.6 m；采用 M7.5 浆砌石结构，

C20 混凝土三面防渗，C20 钢筋混凝土盖板，并在进水口设拦污栅。引水渠出口为一个面积为 49.0 m^2 的水源慢滤池，拟定尺寸为长×宽×高=7.0 m×7.0 m×2.35 m；采用 M7.5 浆砌石结构，C20 混凝土防渗，池内外侧用 1：2 M10 水泥砂浆抹面贴瓷砖，池顶为 C20 钢筋混凝土盖板。

(二)输配水工程

该工程采用预制钢筋混凝土输水管材，输水主管开挖沟槽时，沟槽底净宽度大于或等于 0.5 m，开挖成 1：0.4 的边坡，开挖深度不宜小于 0.8 m，供水主管均埋于地下。在管道转角处设 C20 混凝土镇墩，并在管道形成倒虹吸处设 C20 混凝土排气阀和冲砂阀。输水主管道铺设 4 500 m，供水管道铺设 3 770 m。

(三)净水工程

建一容积为 196 m^3 的清水池，断面尺寸为长×宽×高=8.0 m×7.0 m×3.5 m。清水池属埋没式，埋深 3.0 m，清水池侧墙作挡土墙，墙体尺寸为墙高 3.5 m、底宽 1.0 m、顶宽 0.5 m，离底 2.0 m 处断面缩至 0.5 m；侧墙外用砂石土填筑 3.0 m 高，墙内用 C20 混凝土防渗。

水厂建管理房一栋 41.8 m^2，并在水厂进水口设 TAG 系列无预压逆流再生阴、阳离子交换器一套。

五、工程运行及效益分析

结合该地区的实际情况，工程建成后的水价为 1.0 元/m^3。工程的兴建，有利于人民的身体健康，提高了人民的生活水平，从而促进了当地经济、文化和卫生等事业的发展。

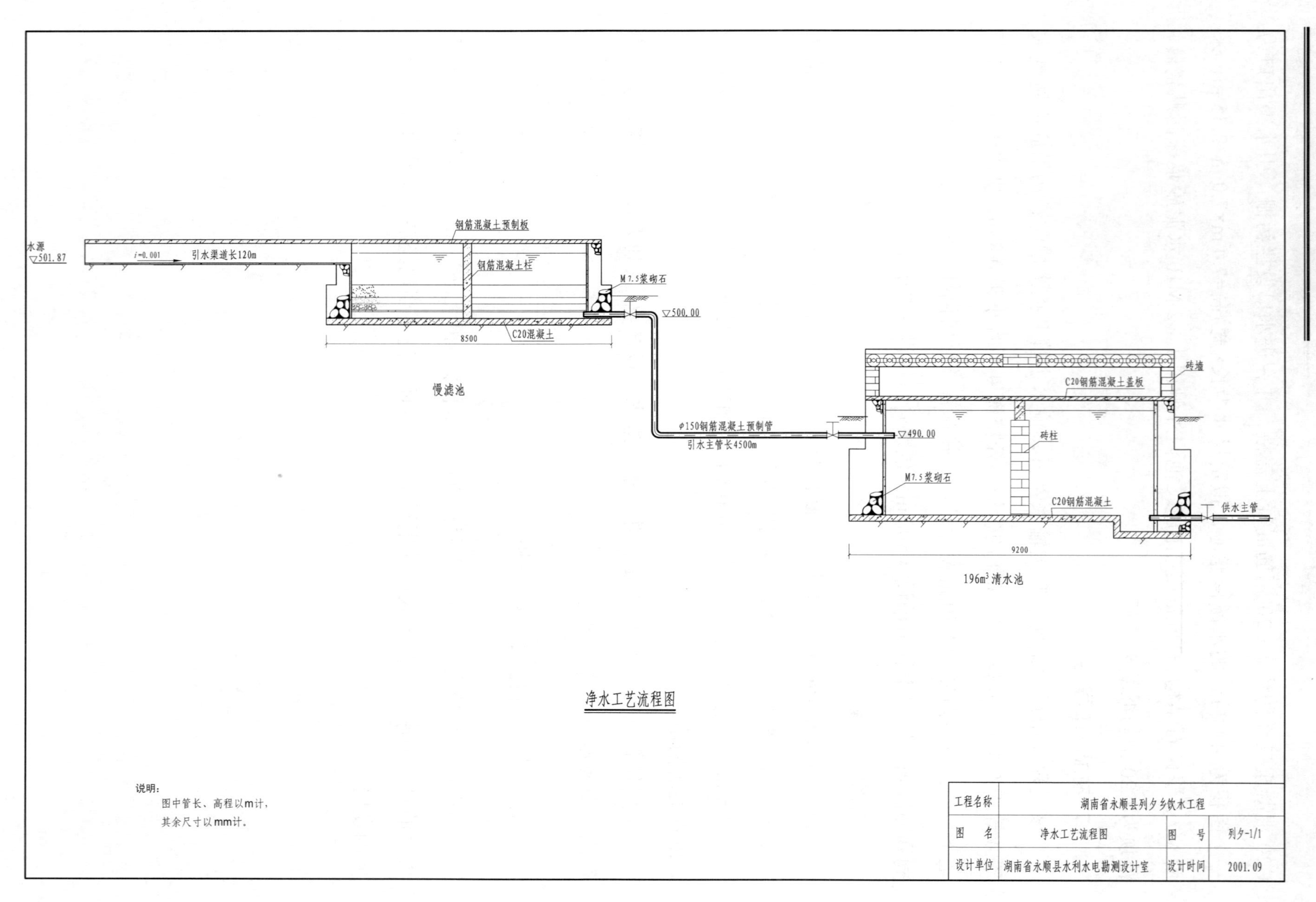
水源
▽501.87
i=0.001
引水渠道长120m
钢筋混凝土预制板
钢筋混凝土柱
M7.5浆砌石
▽500.00
C20混凝土
8500
慢滤池
φ150钢筋混凝土预制管
引水主管长4500m
▽490.00
砖墙
C20钢筋混凝土盖板
砖柱
M7.5浆砌石
C20钢筋混凝土
供水主管
9200
196m³清水池
说明：
图中管长、高程以m计，
其余尺寸以mm计。
工程名称
湖南省永顺县列夕乡饮水工程
图　名
净水工艺流程图
图　号
列夕-1/1
设计单位
湖南省永顺县水利水电勘测设计室
设计时间
2001.09

净水工艺流程图

广东省廉江市雅塘镇饮水工程

一、工程概况

广东省廉江市雅塘供水站建于离雅塘镇 3.8 km 的沙铲河畔，设计日供水量为 1 000 m^3/d，主要解决雅塘圩城区居民和附近光岭、雅塘、鹿塘仔、瓦窑坡等 5 个村庄群众共 1.10 万人生活用水，其中圩镇城区居民 5 000 人。

工程总投资 142.67 万元，经广东省水利厅以粤水计(2003)15 号文批准立项，于 2004 年 1 月动工兴建，当年 6 月投入供水运行使用。采用离圩镇城区 3.8 km 的沙铲河作为饮水水源。

二、设计特点及主要技术经济指标

(1)因地制宜，采用充沛的自然河流的地表水作为供水水源；

(2)设计选用恒定变量自动供水控制系统取代传统的水塔、高位水池和气压水罐；

(3)设计采用 UPVC 管作为输水管道。

三、工艺流程

原水→慢滤池→一级提水→絮凝沉淀→过滤→消毒→二级泵站→用户

四、新技术、新工艺、新设备、新材料

(一)净水处理系统

(1)絮凝器：特点是体积小，占地少，设备定型，使用机动性大；截污量大；在使用中原水与药剂经混合后，通过絮凝器使水中分散稳定的悬浮物及胶体杂质形成于肉眼可见的大颗粒、密实絮凝体，然后依靠其重力作用从水中分离出来，以利于后续过滤过程截留而被除去；利用水压可直接将絮凝器的水送到过滤净水装置进行净化。

(2)过滤净水装置：过滤速度快；体积小，占地少，设备安装方便，使用机动性

大；截污量大；过滤装置的过滤过程是以石英砂等粒状滤料层截留水中悬浮杂质。

(3)消毒(二氧化氯)：该工程设计采用甘泉牌二氧化氯发生器，具有投资少、安装容易、运行费用低、节省能源、运行故障少等特点。

(二)供水系统

供水泵选用井用潜水泵，避免改造供水泵房，可节省基建投资35%；供水泵采用变频恒压自动控制系统，根据用户用水量的变化自动调整供水泵的转速，使整个供水系统在较恒定的压力下运行,并节省供水泵房的运行费用,与普通的潜水泵相比，效率提高了1%～3%，并且具有噪音小、寿命长、体积小、重量轻、安装维护方便等特点。

(三)电控设计

取水泵变频控制系统：在净水器进水管道上装设电动阀，当清水池水位达到高水位时，液体变送器将信号传给电动阀使其关闭，此时输水管道水压力变送器发出的信号使取水泵处于低频运转来维持输水管道的压力，达到节电30%的目的。

反冲洗控制系统：在净水过滤器的进出水管和反冲洗进出水管道上装设电磁阀或电动阀，阀门的开启和关闭及反冲洗水泵的起停均在控制室内操作，减轻工人的劳动强度。

(四)供水管道

供水管网按树枝状布置，铺设输水主干管道长 3.8 km；支干管 12 条，管道长 3.81 km。管材全部采用PVC饮用水塑管。

五、工程运行及效益分析

供水站投入运行后，使当地群众 9 100 多人受益。工程建成投入使用至今，日供水量为 850 m^3，达到了设计供水量的85%。目前制水经营成本为0.7 元/m^3，现销售水价为 0.78 元/m^3，每年纯利润 1.07 万元，效益较为显著。同时取得了很大的社会效益：节省了群众为饮水负担的劳动工日，解放了劳动生产力，为增加家庭经济收益创造了有利条件，也为社会的商品生产提供了充足的劳力资源；大大减少了疾病发病率，减少了医疗费用的开支，提高了群众的健康水平；有效地促进了庭院经济的发展；树立了良好的政府形象。

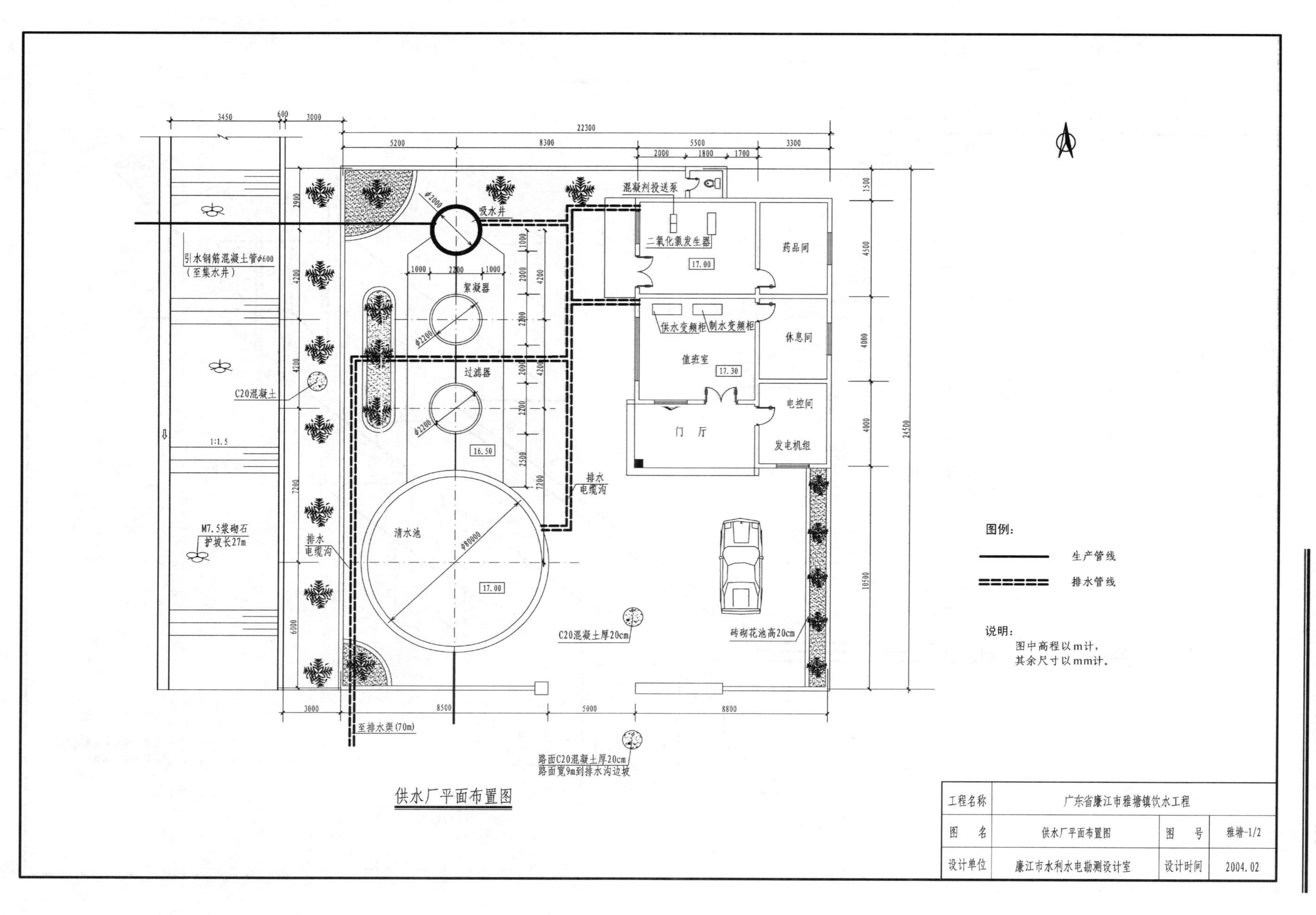

混凝剂投送泵
吸水井
φ2000
二氧化氯发生器
17.00
药品间
引水钢筋混凝土管φ600
(至集水井)
絮凝器
φ2200
供水变频柜
制水变频柜
休息间
值班室
17.30
过滤器
C20混凝土
电控间
门 厅
发电机组
1:1.5
16.50
排水
电缆沟
M7.5浆砌石
护坡长27m
清水池
φ8000
17.00
C20混凝土厚20cm
砖砌花池高20cm
至排水渠(70m)
路面C20混凝土厚20cm
路面宽9m到排水沟边坡
图例:
生产管线
排水管线
说明:
图中高程以m计，
其余尺寸以mm计。
3450
600
3000
22300
5200
8300
5500
3300
2000
1800
1700
2900
4200
7200
6000
1000
2200
2500
1500
4500
4000
10500
24500
8500
5000
8800
工程名称 广东省廉江市雅塘镇饮水工程
图名 供水厂平面布置图
图号 雅塘-1/2
设计单位 廉江市水利水电勘测设计室
设计时间 2004.02

供水厂平面布置图

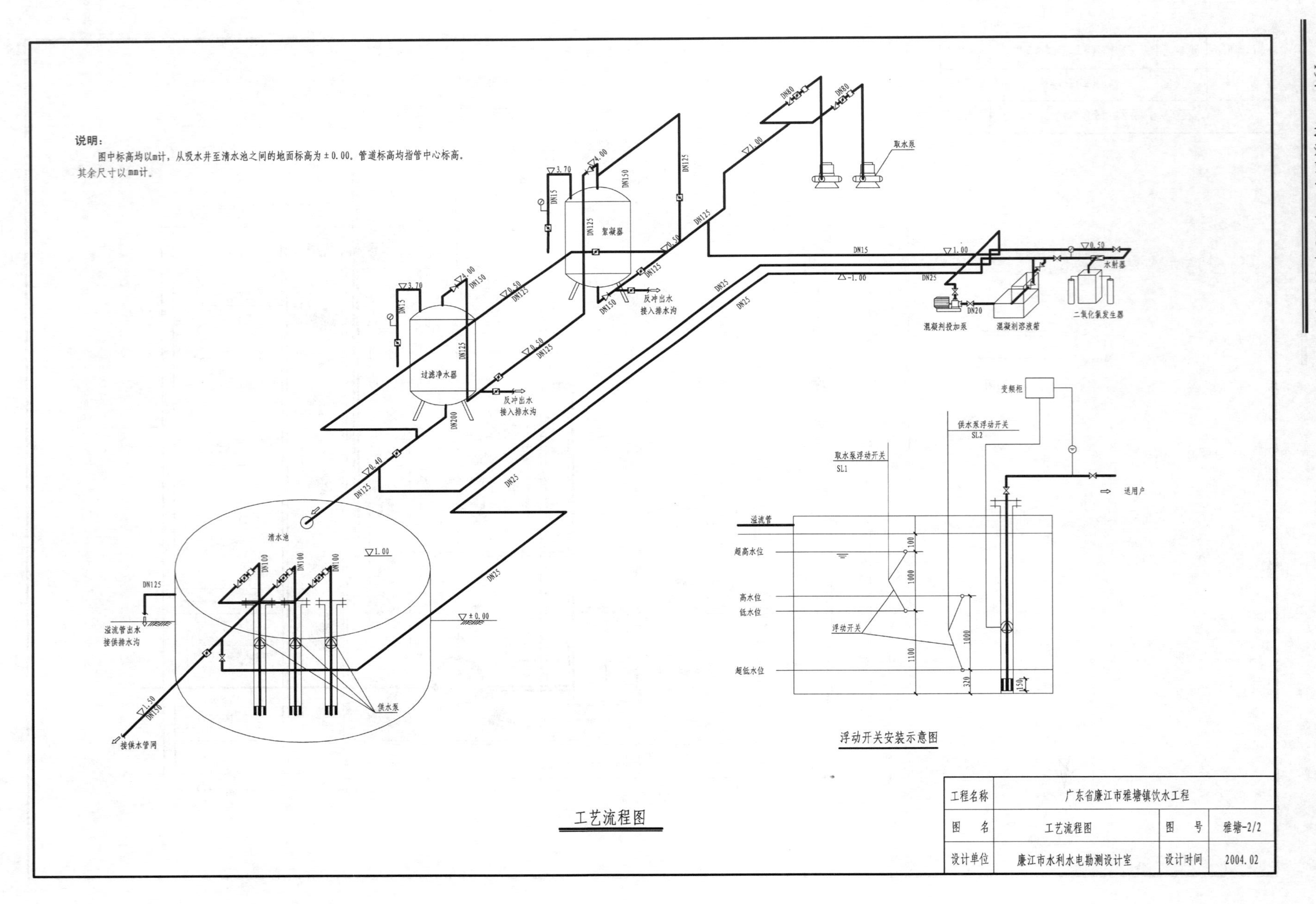
说明：
图中标高均以m计，从吸水井至清水池之间的地面标高为±0.00。管道标高均指管中心标高。
其余尺寸以mm计。
取水泵
过滤净水器
絮凝器
反冲出水
接入排水沟
混凝剂投加泵
混凝剂溶液箱
二氧化氯发生器
水射器
清水池
供水泵
溢流管出水
接供排水沟
接供水管网
变频柜
供水泵浮动开关
SL2
取水泵浮动开关
SL1
溢流管
超高水位
高水位
低水位
超低水位
浮动开关
送用户
浮动开关安装示意图
工艺流程图
工程名称
广东省廉江市雅塘镇饮水工程
图　名
工艺流程图
图　号
雅塘-2/2
设计单位
廉江市水利水电勘测设计室
设计时间
2004.02

广东省东莞市东城水厂扩建工程

一、工程概况

广东省东莞市东城水厂扩建工程新建一座取水泵房，取水规模为 48 万 m^3/d，水厂厂区扩建规模为 24 万 m^3/d，采用常规的混合、絮凝、沉淀、过滤、消毒工艺方案，主要处理构筑物有管式静态混合器、折板絮凝、平流沉淀清水叠合池及气水反冲洗均粒滤料滤池。

主要工程内容：新建取水泵房(48 万 m^3/d)，厂内扩建反应、沉淀、清水叠合池、滤池等处理构筑物的工艺、建筑、结构、电气、自控系统设计及工程概算。

工程开工日期为 2004 年 11 月，竣工日期为 2005 年 11 月。

工程总决算 7 000 万元。

二、水源水质与工艺流程

(一)水源水质

该工程水源为东江水，水质良好，水质化验结果表明，各项指标检测均符合《生活饮用水卫生规范》。

(二)工艺流程

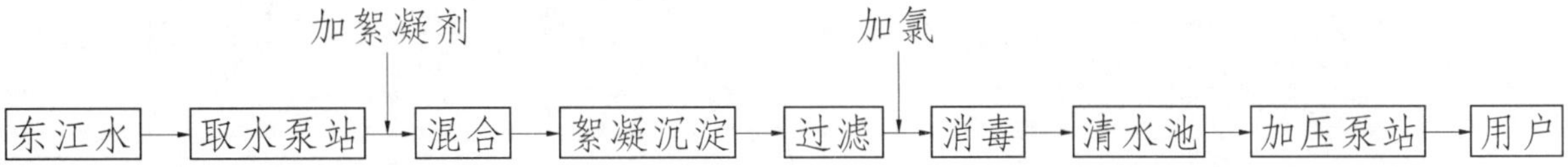

加絮凝剂　　　　加氯

东江水→取水泵站→混合→絮凝沉淀→过滤→消毒→清水池→加压泵站→用户

三、工程主要构筑物

(1)取水泵房：共设 1 座，设计规模为 48 万 m^3/d，外形尺寸为 34.8 m×13.9 m，半地下式。地下部分深 10.97 m，地上部分净空高 7.9 m。共设 5 台泵位，其中 1 台为远期预留。选用高效、运行稳定、质量较好的 RDL 离心泵，单台流量 Q=7 000～8 500 m^3/h，扬程 H=21～27 m，三用一备。为减小泵房埋深，降低施工难度并减少工程造价，常水位时水泵自灌引水，枯水位时水泵抽真空引水。为防止和消除停泵水锤，水泵在出水管上安装液控缓闭止回蝶阀。泵房和吸水井的墙壁和地板混凝土中掺入了8%的新型HEA抗裂防水剂，补偿收缩混凝土的性能，效果良好。

(2)反应沉淀清水叠合池：共设2组，单组设计规模为12.0万m^3/d，每组外形平面尺寸为140.2 m×25.7 m，高7.1 m。其中折板反应池絮凝时间为22 min，平流沉淀池沉淀时间为1.5 h，水平流速为20 mm/s，表面负荷为2 $m^3/(m^2 \cdot h)$；清水池调节容量达供水量的10%。

(3)气水反冲洗均粒滤料滤池：共设1组，分14格，单组设计规模为24.0万m^3/d，平面尺寸为52.06 m×38.5 m，池高4.1 m，单格滤池过滤面积为72 m^2，总过滤面积为1 008 m^2，设计滤速为10 m/h，强制滤速为10.8 m/h。采用均粒石英砂滤料，粒径1.0～1.2 mm，$K_{80} \leqslant 1.2$，滤料层厚度为1.2 m，承托层厚度为100 mm。

四、工程效益分析

工程制水总成本0.93元/m^3，工程建成后运行良好，28万余名居民实现了安全饮水；工程制水成本、销售水价适合当地的经济发展状况和用户的承受能力。

该工程属城市公共基础设施建设，项目不仅具有较好的经济效益，而且关系到当地居民的生活和工作需要，关系到当地社会经济的发展，具有极其重大的社会效益和环境效益。

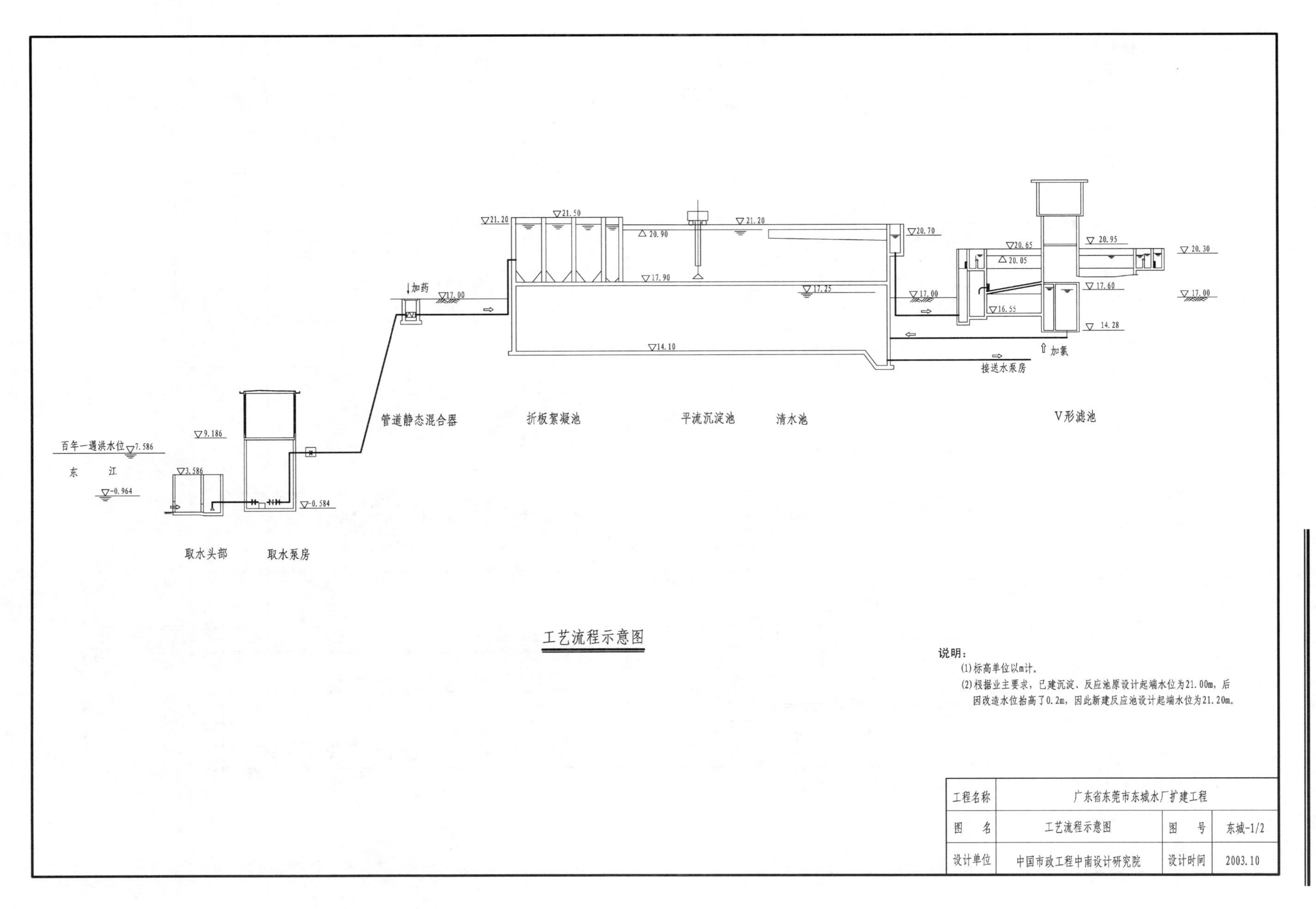

百年一遇洪水位▽7.586
东 江
▽-0.964
▽9.186
▽3.586
▽-0.584
取水头部
取水泵房
加药
▽17.00
管道静态混合器
▽21.20
▽21.50
△20.90
▽21.20
▽17.90
▽17.25
▽14.10
折板絮凝池
平流沉淀池
清水池
▽20.70
▽17.00
▽20.65
△20.05
▽16.55
▽20.95
▽17.60
▽14.28
▽20.30
▽17.00
加氯
接送水泵房
V形滤池
工艺流程示意图
说明：
(1)标高单位以m计。
(2)根据业主要求，已建沉淀、反应池原设计起端水位为21.00m，后因改造水位抬高了0.2m，因此新建反应池设计起端水位为21.20m。
工程名称
广东省东莞市东城水厂扩建工程
图 名
工艺流程示意图
图 号
东城-1/2
设计单位
中国市政工程中南设计研究院
设计时间
2003.10

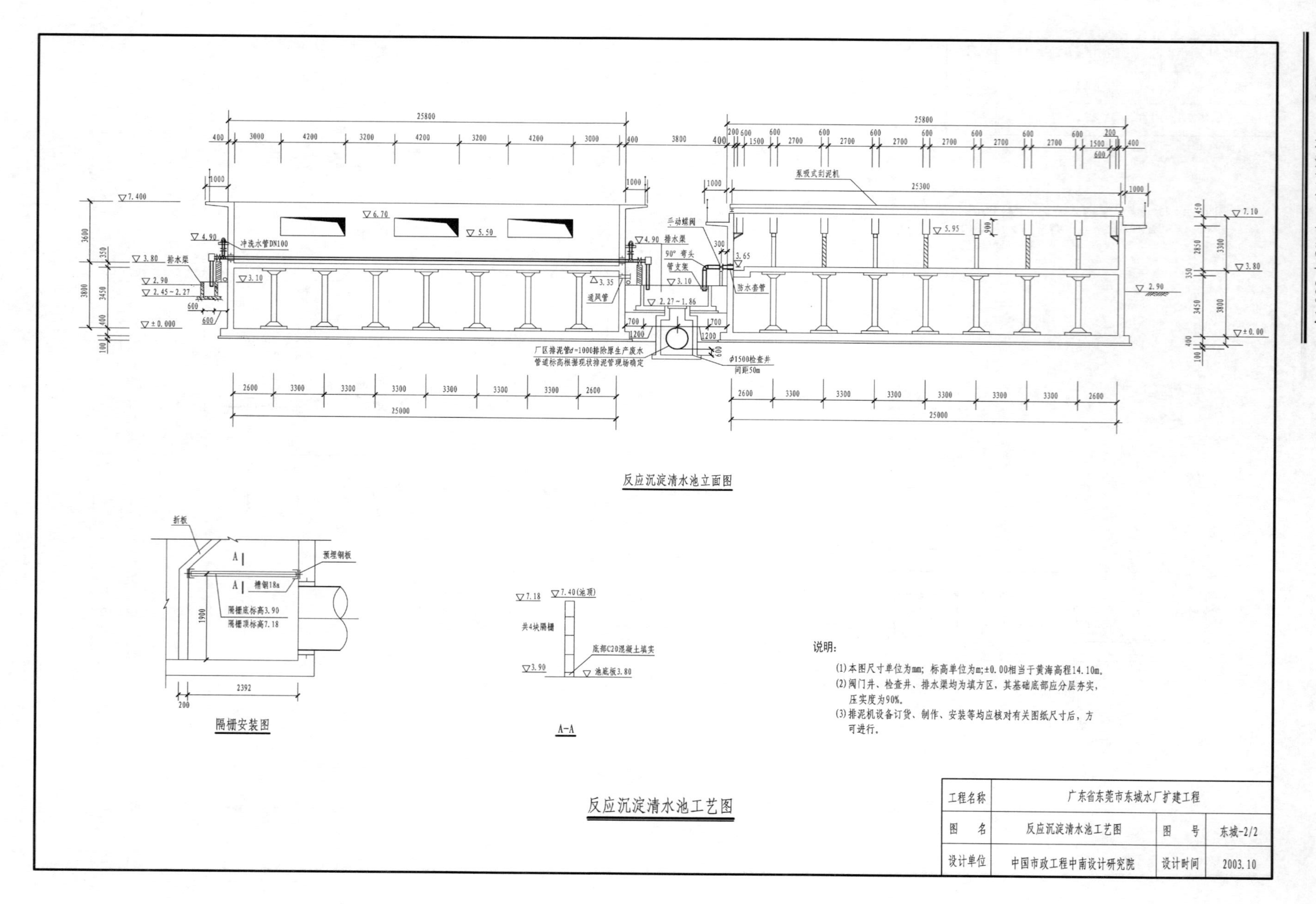

说明：

(1)本图尺寸单位为mm；标高单位为m;±0.00相当于黄海高程14.10m。

(2)阀门井、检查井、排水渠均为填方区，其基础底部应分层夯实，压实度为90%。

(3)排泥机设备订货、制作、安装等均应核对有关图纸尺寸后，方可进行。

工程名称	广东省东莞市东城水厂扩建工程		
图　名	反应沉淀清水池工艺图	图　号	东城-2/2
设计单位	中国市政工程中南设计研究院	设计时间	2003.10

广西苍梧县新地镇新科村饮水工程

一、工程概述

新科村人饮工程位于广西苍梧县南部的新地镇新科村,新科村属新地镇 19 个行政村之一，紧靠新地镇政府所在地新地圩镇，全村人口 4 598 人。历年来，新科村村民的饮用水均取自村边的上小河，随着社会经济的发展和人口增长，原来可以直接饮用的上小河水水源近几年来已污染严重不能饮用,为了解决日常生活用水问题,部分村民自筹资金从 3 ~ 4 km 的山中引泉水解决，生活用水不能正常供给，按照日供水量不小于 40 L/d 的标准，新科村有人饮困难人口 1 903 人，解决饮水困难问题已成为村民的头等大事。

二、工程总体规划

新地圩镇水厂建于 2002 年，设计日最大供水量为 1 000 m^3/d，实际圩镇水厂日最大用水量为 500 m^3/d，尚剩余日供水 500 m^3/d 的能力。由于水厂没有净化和消毒设施,供水水质稍差,经水质化验主要是铁(含量为 0.62 mg/L)、锰(含量为 0.54 mg/L)、总大肠杆菌、游离余氯不符合《生活饮用水卫生规范》。由于新科村靠近圩镇，为增加圩镇水厂的供水量和改善供水水质，新科村人饮工程设计结合对水厂进行技改，采用以圩镇水厂水作为供水水源的设计方案。项目的设计供水总人口为 10 000 人，设计供水规模为 1 000 m^3/d，其中新增新科村 3 500 人(含人饮困难人口 1 903 人)，其日供水量为 500 m^3/d。

该工程在管道建设方面：计划从水厂的主供水管(ϕ200，桩号 0+392)出引水至新科村，接入点高程为 55.10 m，实测水压为 0.553 MPa，可满足新科村的生产生活用水要求。同时对圩镇街道上的管网 B0+000 ~ B0+633 进行技改，增设 A0+174 ~ B0+493 和 A0+374 ~ B0+633 环状管网。

在电器机械方面技改方案为：水厂建设时采用的抽水设备为长轴井泵(型号 250JC80–8–9)，由于长轴井泵运行费用较高，自动化程度低，为降低运行成本，提高取水可靠性，因此增加 QJ 系列(型号为 250QJ80–80/4)井用潜水泵一套为备用，起动柜一套(型号：XJ01–40kW，含水池、大口井水位控制和电机保护装置)，保留原来长轴井泵的起动柜。

水质处理方面：增加一体化除铁、锰净水器一台和二氧化氯发生器消毒设备一套。

故项目工程建设内容为：购置 80 m^3/h 除铁、锰水处理装置一套，增设二氧化氯发生器一套和新建消毒机房一间，增加取水设备和自动抽水设备各一套，安装主供水、输水管路共 2 712 m，美化厂区环境。

三、水源水质与工艺流程

(一)水源水质

水厂水源为浅层地下水，取水构筑物为大口井。根据原水水质化验结果报告，原水中的铁、锰、总大肠菌群、游离余氯等项目不符合《生活饮用水卫生标准》(GB 5749—85)，但经过处理消毒后能够符合人畜饮水要求。

(二)工艺流程

含铁、锰原水→泵站→射流曝气→除铁、锰装置→加氯消毒→高位水池→用户

四、工程经济效益分析

该工程正常年效益为 20.81 万元，年费用为 10.19 万元。除经济效益外，该工程的社会效益主要表现在以下几个方面：工程的实施改善了村民的生存条件，通过测算，饮用水水质改善，减少了疾病的发生，医疗费每人每年平均减少支出 10 元；节省挑水劳动力，减少群众每户挑水时间(按每户 5 人计，每户每天 0.06 工日，每工日按 19.17 元计)，平均每人每年 84 元；通过解决村民饮水困难问题，节省了挑水劳动力，可大力发展庭院经济和发展多种经营，增加收入，每人每年平均增收 10 元。

由此可见，该农村饮水工程的建设，其效益和意义深远。

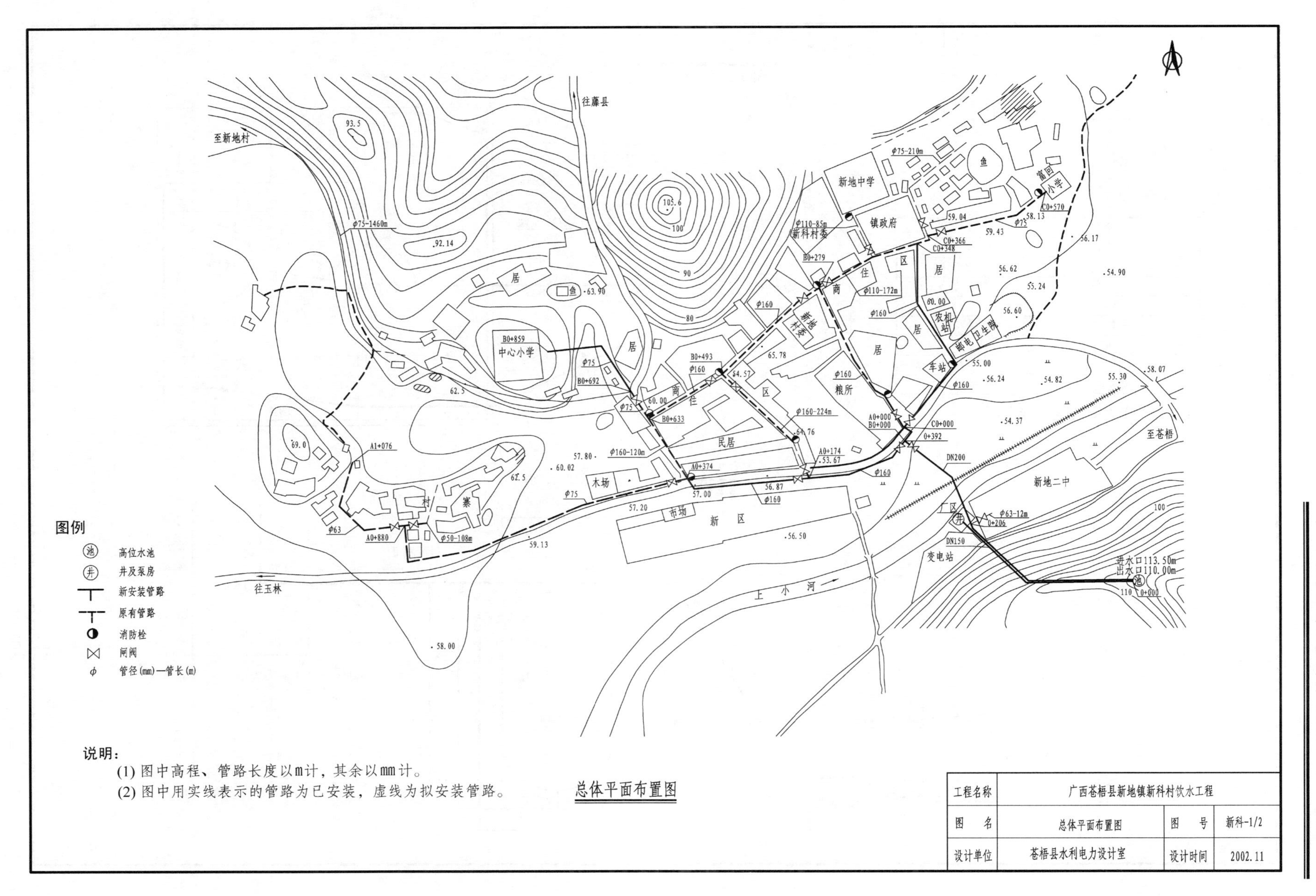
往藤县
至新地村
往玉林
至苍梧
上小河
新地中学
富回小学
镇政府
新科村委
新地村委
中心小学
粮所
车站
农机站
邮电
卫生院
居
住
区
商
民居
木场
市场
新区
村
寨
新地二中
变电站
DN150
DN200
进水口113.50m
出水口110.00m
0+000
0+206
0+392
C0+000
C0+348
C0+366
C0+570
A0+000
B0+000
A0+174
A0+374
A0+880
A1+076
B0+279
B0+493
B0+633
B0+692
B0+859
φ75-210m
φ110-85m
φ110-172m
φ160-224m
φ160-120m
φ75-1460m
φ50-108m
φ63-12m
φ160
φ75
φ63
103.6
93.5
92.14
63.90
69.0
图例
高位水池
井及泵房
新安装管路
原有管路
消防栓
闸阀
管径(mm)—管长(m)
说明:
(1) 图中高程、管路长度以m计，其余以mm计。
(2) 图中用实线表示的管路为已安装，虚线为拟安装管路。
工程名称
广西苍梧县新地镇新科村饮水工程
图 名
总体平面布置图
图 号
新科-1/2
设计单位
苍梧县水利电力设计室
设计时间
2002.11
总体平面布置图

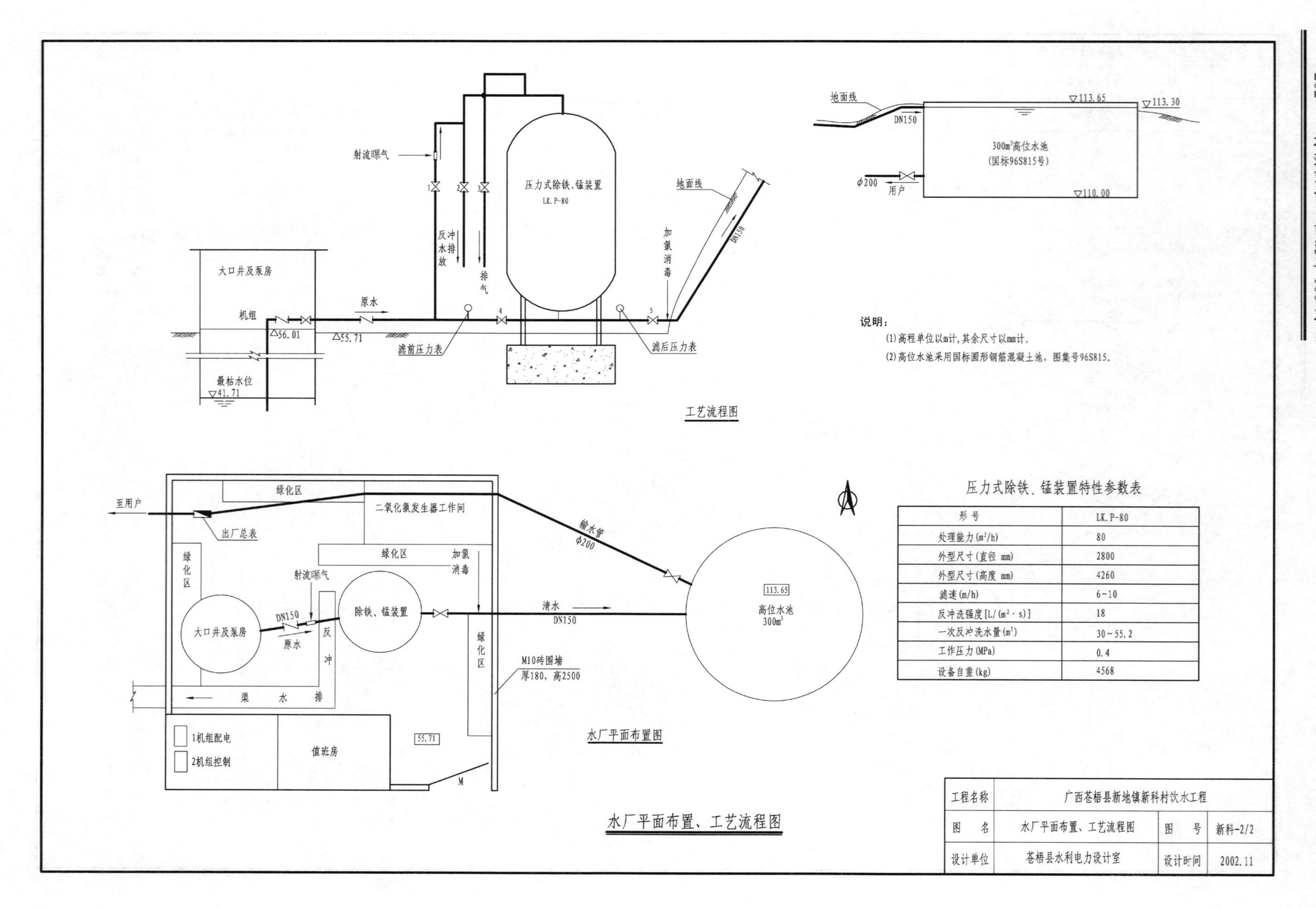

压力式除铁、锰装置特性参数表

形号	LK.P-80
处理能力(m³/h)	80
外型尺寸(直径 mm)	2800
外型尺寸(高度 mm)	4260
滤速(m/h)	6~10
反冲洗强度[L/(m²·s)]	18
一次反冲洗水量(m³)	30~55.2
工作压力(MPa)	0.4
设备自重(kg)	4568

工程名称	广西苍梧县新地镇新科村饮水工程		
图名	水厂平面布置、工艺流程图	图号	新科-2/2
设计单位	苍梧县水利电力设计室	设计时间	2002.11

广西合浦县沙岗镇七星岛饮水工程

一、自然条件

工程区地处亚热带，气候温和，雨量充沛，多年平均气温 22.4 ℃，极端最高气温 37.4 ℃，极端最低气温–0.8℃。多年平均降水量 1 689 mm，年最大降水量 2 106.9 mm，年最小降水量 906.5 mm。降水量年内分配不均匀，夏季雨量集中，5 ~ 9 月占 70%以上，非汛期占 22%左右。

工程区域属华南加里东褶皱系，西南部构造运动沉积作用，岩浆活动都具多旋回特征，燕山旋回以断块和岩浆活动为主。

二、工程概况

广西合浦县沙岗镇七星岛饮水工程位于沙岗镇南面 5 km 的大山村委附近，供水对象包括大山村委的 5 队、9 队，沙田丁，瓦墩，七星渡口 5 个自然村和七星岛，用水村民共 4 240 人，其中属大山村委 2 100 人、七星岛 2 140 人。

大山村委位于南流江主河道入海口右岸，与南面的七星岛隔河相望，七星岛由南流江入海口的沙洲发育而成，南临北部湾，另三面由南流江入海河网包围。该区为南流江河口冲积平原，地势平坦，地面高程在 0.5 ~ 3 m。

大山村委沙田丁等 5 个自然村和七星岛周围虽然拥有丰富的地下水，但受海水影响，地下水均为苦咸水，还含有其他有毒成分，不能饮用。

长期以来，村民们在汛期河水含盐量较低时，取南流江河水饮用，这时河水浊度高，还含有其他有害成分；非汛期要到 2 km 外的南流江上游挑水，或饮用不符合卫生标准的苦咸井水。水库放水期间，村民就挑取污染严重的渠道水饮用，不仅费工费时，而且严重影响村民身体健康。为解决村民饮水困难，提高村民健康水平，需要兴建七星岛供水工程。

三、工程总体布置及供水工艺流程

打井取水检验结果表明，水质良好，符合国家生活饮用水卫生标准。故该工程只需采用潜水泵从深井提水，经二氧化氯消毒后，压入输配水管网，当输水干管输水量小于水泵出水量时，多余的出水量从丁字管进入高位水塔；当管网处于用水高峰时段时，除水泵直接进入管网的水量外，高位水塔的水还可以自动进行补充。应用水箱浮球、关机开机卡、重锤及开关、交流接触器等电气元件组成机械式自动抽水装置，实现自动抽水。

四、供水水源及供水方案

供水区北面为滨海阶地，随着与河口距离的拉大和地面高程的升高，地下水受潮水影响逐渐减少，地下沉积层的成分也逐步改变，水质由坏变好。根据这一特殊条件，有办法选择适当距离和合适的地点打井取水，使井水既满足饮用水卫生标准、水量满足用户要求，还要求输水干管不要太长、减少工程造价，使供水工程建得成、村民用得起。

根据当地村民现有水井分布位置，调查其水质与井深变化规律，发现与河口距离和井深对井水水质影响呈线性关系。根据这一关系，推断出距河口的北面 5 km 左右、45 m 深度以上的地下水水质，能满足饮水卫生标准。

钻井提水消毒后，通过高位水塔调节，沿沙岗至七星岛机耕路铺设输水管道进入配水管网供水。

此方案实施，水质好，净水工艺简单，可省去反应、沉淀、过滤等净水流程，经消毒后，能达到饮用水卫生标准，可输入管网供用户使用，既方便管理，也降低了供水成本；输水干管只有 4 km 左右，且沿途分布相对较密用水村庄，因此管网利用率高，工程造价低。

五、工程效益分析

七星岛饮水工程解决了沙岗镇大山村委 5 个自然村、七星岛村委 19 个村民小组 4 240 人饮水困难，不仅提高了村民生活质量和健康水平，而且促进了当地经济发展和社会稳定。由于井水水量充足，工程目前已扩网到党江镇木案村委，增加解决木案村委 3 470 人饮水困难，让上万村民脱离长期饮用苦咸水困境，社会效益十分显著。

该工程主要效益表现为水费收入。水厂最高日供水量 322 m^3/d，扣除管网损失量 5%，最高日销售水量为 306 m^3/d。水费年收入 20.104 万元。

根据计算结果，经济效益费用比 *EBCR*=1.04，经济净现值 *ENPV*=9.83 万元，工程内部收益率 *EIRR*=8.471%，经济回收年限 10.9 年，经济效益良好。

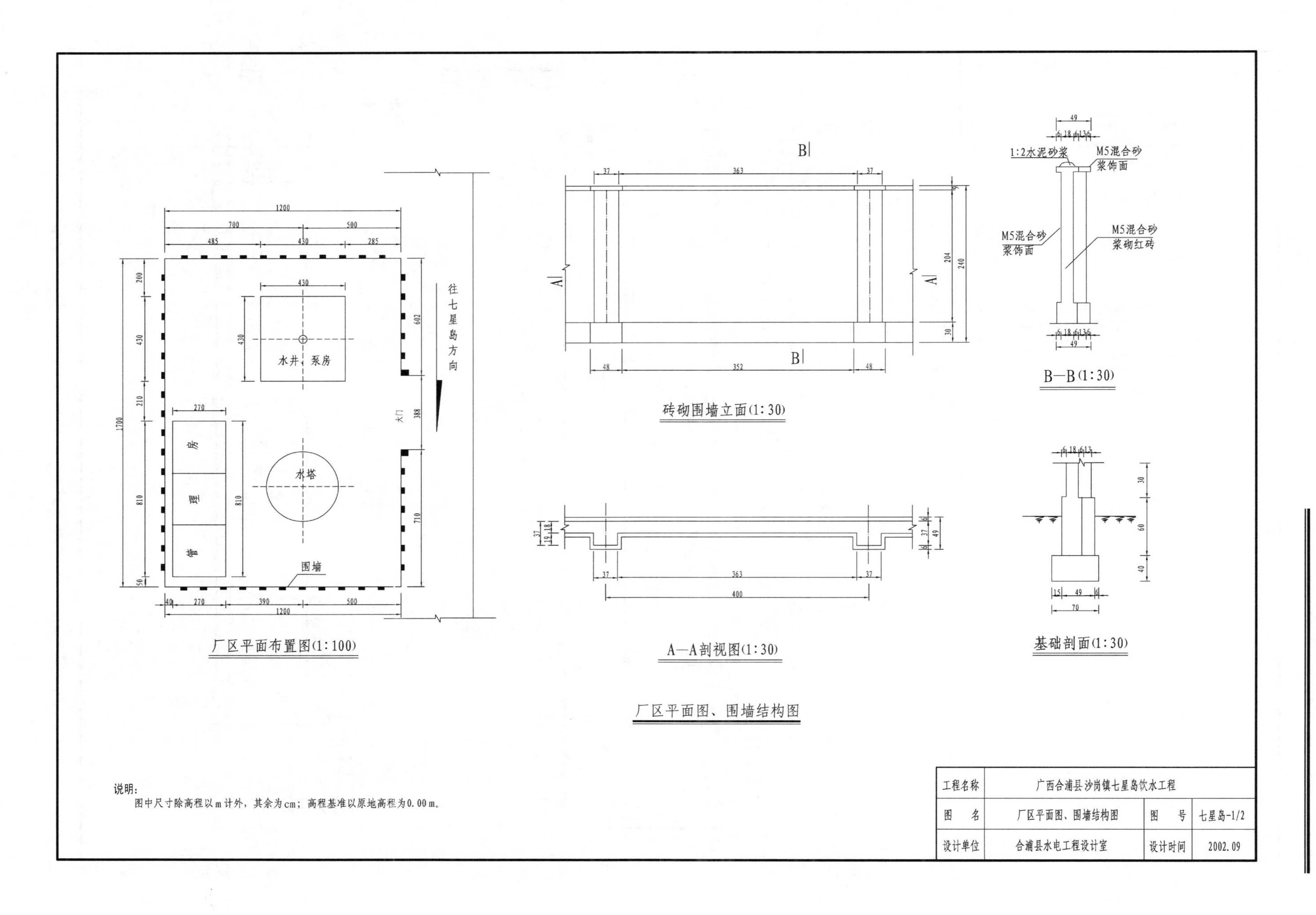
厂区平面布置图(1:100)
往七星岛方向
大门
水井、泵房
水塔
管
理
房
围墙
砖砌围墙立面(1:30)
A—A剖视图(1:30)
B—B(1:30)
1:2水泥砂浆
M5混合砂浆饰面
M5混合砂浆饰面
M5混合砂浆砌红砖
基础剖面(1:30)
厂区平面图、围墙结构图
说明:
图中尺寸除高程以m计外，其余为cm；高程基准以原地高程为0.00 m。
工程名称
广西合浦县沙岗镇七星岛饮水工程
图名
厂区平面图、围墙结构图
图号
七星岛-1/2
设计单位
合浦县水电工程设计室
设计时间
2002.09

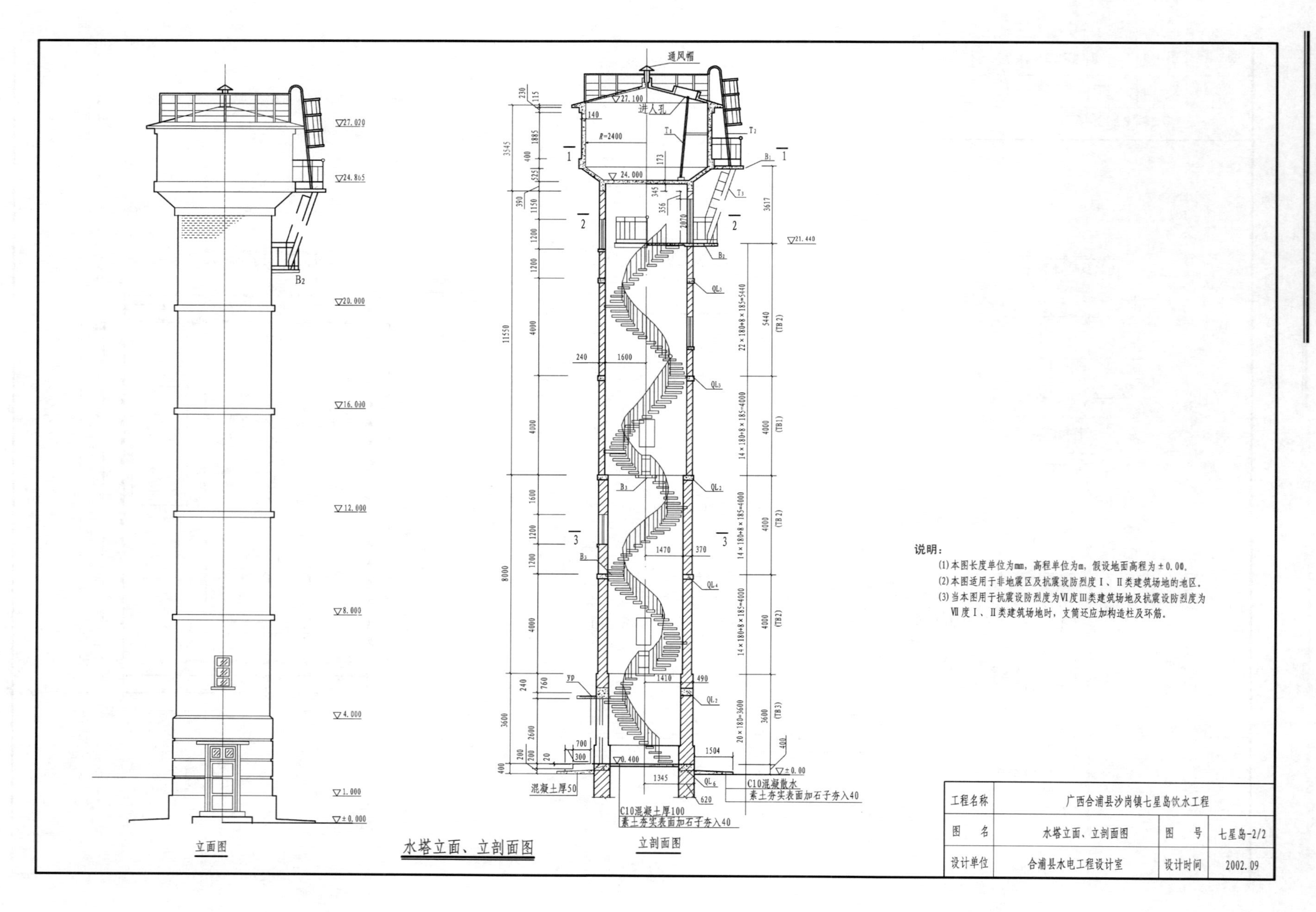

通风帽
进人孔
混凝土厚50
C10混凝土厚100
素土夯实表面加石子夯入40
C10混凝散水
素土夯实表面加石子夯入40
立面图
水塔立面、立剖面图
立剖面图
说明：
(1)本图长度单位为mm，高程单位为m，假设地面高程为±0.00。
(2)本图适用于非地震区及抗震设防烈度Ⅰ、Ⅱ类建筑场地的地区。
(3)当本图用于抗震设防烈度为Ⅵ度Ⅲ类建筑场地及抗震设防烈度为Ⅶ度Ⅰ、Ⅱ类建筑场地时，支筒还应加构造柱及环筋。
工程名称
广西合浦县沙岗镇七星岛饮水工程
图名
水塔立面、立剖面图
图号
七星岛-2/2
设计单位
合浦县水电工程设计室
设计时间
2002.09

广西防城港市茅岭乡饮水工程

一、工程概况

广西防城港市防城区茅岭乡饮水工程建于茅岭乡政府所在地集镇，距防城镇 17 km。该乡是防城港市防城区重点的“东翼经济”发展区域，水陆交通方便，不少工矿企业陆续落户该地建设，用水量不断增加。但该乡地处沿海，水源有限，水质较差，多数群众靠打浅水井解决吃水。旧街原有日供水 350 m^3 的供水厂，在山塘取水，没有过滤消毒设备，水质达不到饮用水要求，且水量不足，枯水期还要由小陶水库经 8 km 渠道补充。

茅岭乡饮水工程主要解决该乡集镇居民及附近群众、工矿企业的生活用水。

二、工程总体布置方案及工艺流程

工程勘测设计选用两个方案比较，第一方案在水库建取水泵站，抽水至后山集水池，提高水位后经输水管路到茅岭新区，过滤净化、消毒后至清水池自压供水。第二方案是取水口设在水库东一副坝放水涵管，经输水管路自流到茅岭新区，经过滤净化、消毒后到集水池，加压后至高位水池，再自压进入供水管网。第一方案泵站建在水库虽然可行，但距茅岭集镇较远，无道路直通，管理不便，管理人员多、费用高，且泵站用电需架设较远的供电线路，工程费用较大；第二方案具有交通便利、管理方便、管理和工程费用低等优点，经分析比较后，选择第二方案设计。

取水口设在水库东一副坝放水涵管，进水口高程 9.00 m，集水池底板高程 0.20 m、水面高程 3.50 m，清水池底板高程 26.85 m、水面高程 30.15 m。

第二方案的工艺流程是：

水库水 → 凝聚剂 → 净水器 → 消毒 → 集水池 → 泵房 → 清水池 → 用户

三、输配水管路

(一)输水管路

根据输水管路选线要求线路短、起伏小、造价经济、运输安装方便等原则，经过多方案比较，最后确定管线布置，管线全长6.43 m。因管路较长，要求选用适合的管径，以减小水头损失、节约工程投资。该工程采用自应力混凝土管，前段ϕ300管长3 000 m，后段ϕ200管长3 430 m。

(二)配水管

配水管采用热镀锌钢管，总长2 047 m，其中D200管266 m、D150管372 m、D80管209 m、D65管850 m、D40管350 m。配水管网布置成树枝状。

四、主要完成工程量情况

该工程完成投资207.51万元。完成主要工程量：输水热镀锌钢管1 808 m，挖土方11 358 m^3，填土方6 631 m^3，浆砌砖121 m^3，浆砌石187 m^3，混凝土433 m^3。

五、工程效益分析

(一)社会效益

茅岭饮水工程是一座综合利用小陶水库水资源的建设项目，饮水工程的建成解决了茅岭乡政府所在地及其附近居民近万人的饮水困难，进一步提高了生活用水的质量，改善了茅岭乡的经济投资环境，为茅岭乡的经济发展提供了重要保障。目前，一批工矿企业相继落户茅岭乡建厂投产，用水量日益增加，饮水工程的社会效益显著。

(二)经济效益

通过提高服务意识，保证供水质量，加强经营管理，实行合理的供水价格，使得饮水工程能够实现良性运行。按目前供水量，年均利润11.34万元，工程效益较好。

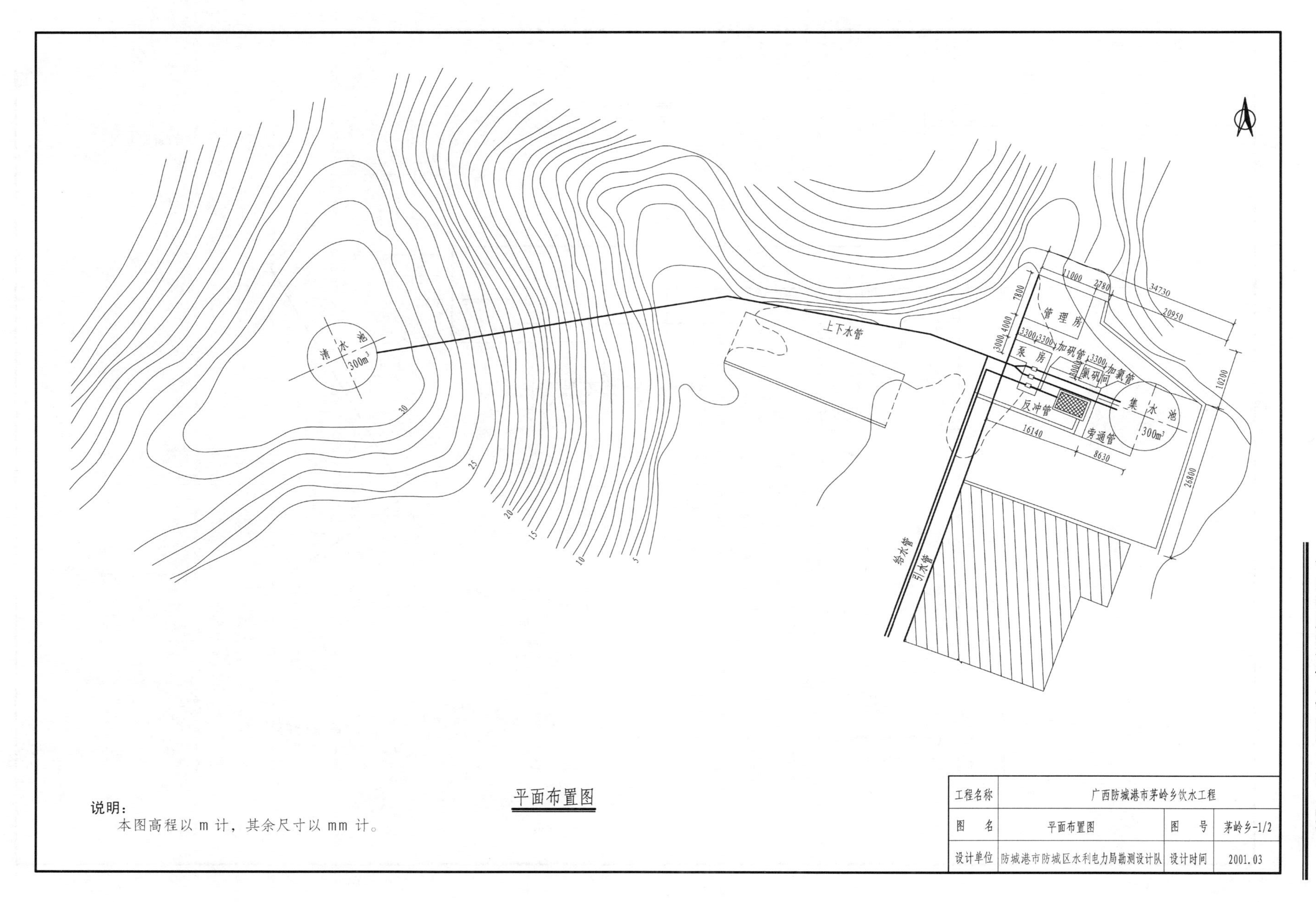
清水池
300m³
上下水管
管理房
泵房
加矾管
加氯管
氯矾间
反冲管
旁通管
集水池
300m³
给水管
引水管
11000
2780
34730
20950
7800
3000
4000
3300
3300
3300
10200
16140
8630
26800
30
25
20
15
10
5
平面布置图
说明：
本图高程以 m 计，其余尺寸以 mm 计。
工程名称
广西防城港市茅岭乡饮水工程
图 名
平面布置图
图 号
茅岭乡-1/2
设计单位
防城港市防城区水利电力局勘测设计队
设计时间
2001.03

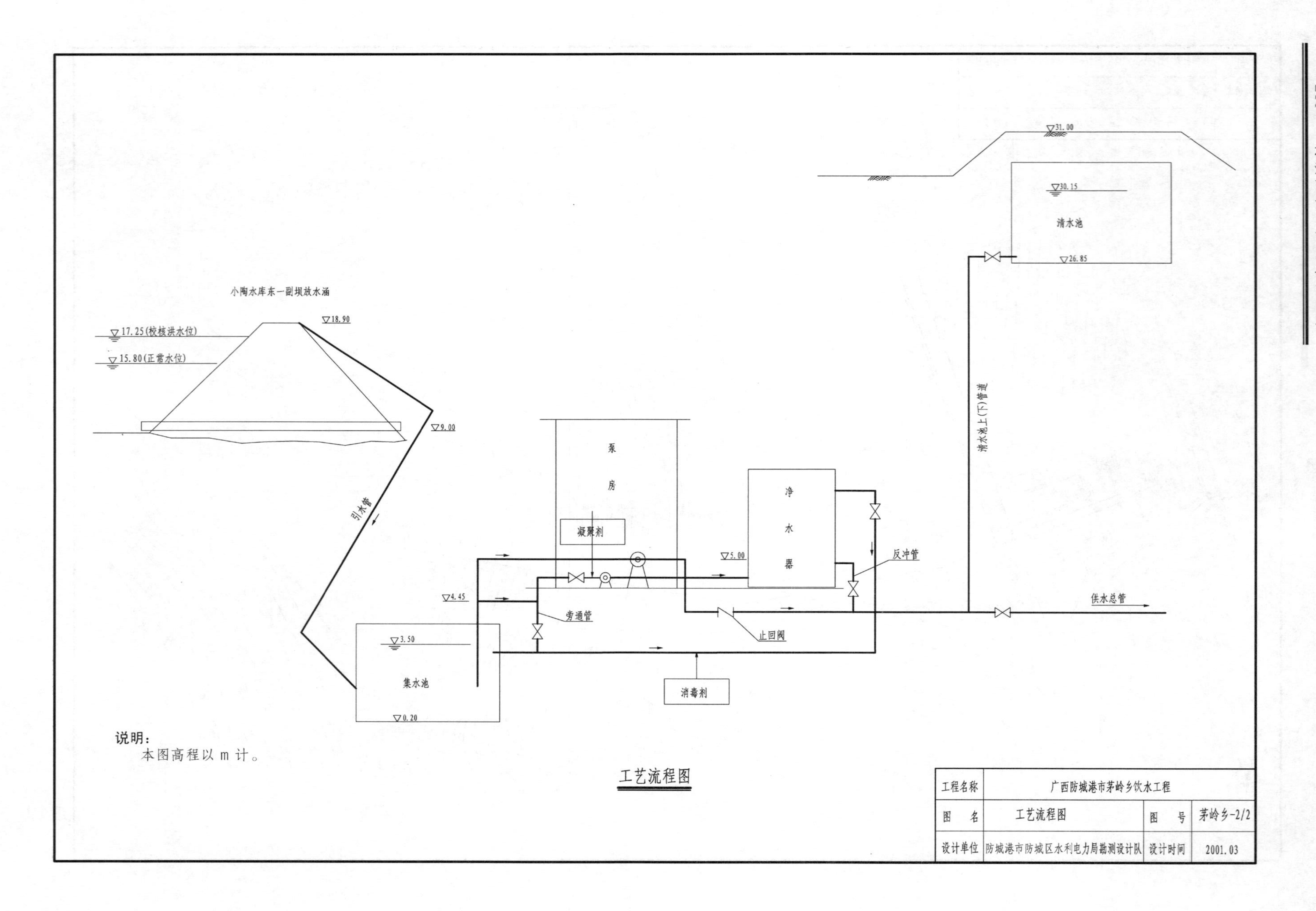

说明：
本图高程以 m 计。

工艺流程图

广西钦州市钦南区康熙岭饮水工程

一、自然条件及工程概况

康熙岭镇位于广西钦州城区西南部，圩镇距城区 13 km。该镇是钦南区沿海镇之一，南临钦州湾的茅尾海，西与防城区的茅岭镇隔茅岭江相望。全镇下辖 12 个行政村，一个居委会(圩镇)，2000 年底全镇人口约 3.8 万人。

康熙岭镇大部分为沿海沿江的咸酸田地带，地下主要是风化石构造，地下水含量非常有限。在远离沿海的地方，部分群众打深井达 30 m 左右，水才勉强够用，难以满足日益增长的用水需求。有些地方即使地下含水量稍微充足些，水质往往或多或少存在些问题，比如说水面有一层黄锈、水的味道非咸即酸，甚至是含氟(比如长坡行政村的螺壳墩、六条树村)等。由于缺乏安全卫生的饮用水，有些村庄的群众常年要到很远的地方拉水用，几乎家家户户都自备有拉水用的水箱、大胶水壶之类的容器和相应的工具，为用水问题占用了不少劳力，影响了生产生活，有些群众甚至被迫经常要买水用(屯和村青草坡一带)，用农用车拉水卖很有市场！要求尽快解决生活用水的难题、兴建供水工程成为康熙岭镇群众呼声最高、比较现实和迫切的问题。

康熙岭镇居住人口相对集中，生活饮用水比较缺乏，在工程设计中，把圩镇及附近的村庄列入供水范围统一考虑，以达到集中供水，统一管理，减少管理人员和费用开支，并减少饮水工程的建设数量和总投资规模的目的。供水设计把康熙岭圩镇及附近的 6 个村委会即板坪、横山、诗家、白鸡、长坡、团和等包括在内，现有的人口为 2.485 万人，占全镇人口的 60%以上。

二、工程总体布置方案

厂区布置在路边，与现有的圩镇供水用的深井(深 22 m，直径 6 m)泵房相邻，也即是清水池、泵房、净水器、办公管理房屋等布置在镇政府大院对面，与镇政府隔路相对。因建设的需要，除镇政府提供的一块用地外，再征用鱼塘两个，水厂区合计用地近 4.0 亩，建成后即成为圩镇的一部分。

水厂距离水库内的取水口约 350 m，水库的死水位为 5.60 m，水库涵洞出口处的底高程约为 4.2 m，取水口的高程为 4.60 m，水泵的安装高程为 5.20 m，净水器的基础高程为 5.20 m。清水池的最高水面高程为 4.60 m。在供水区域内的地形相对较为平坦，居住的地面高程一般为 2.5 ~ 8.0 m。

三、水源水质与工艺流程

(一)水源水质

供水水源选择康熙岭旁边的小(一)型那挖耳水库的水源。那挖耳水库的植被保护较好，库容相对较大，没有工业污染，除雨期外，平常水库均比较清澈，是很理想的供水水源。

(二)工艺流程

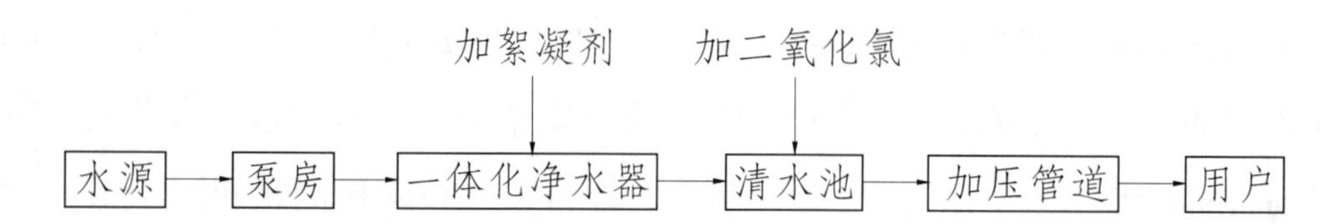

四、工程效益分析

康熙岭镇饮水工程建设投产后，作为一项基础设施工程，可以一举解决圩镇及周边农村的人畜饮水困难的问题，将对项目区的社会环境卫生的改善、人民生活水平的提高、为康熙岭社会经济的可持续发展打下坚实的基础，其社会效益是显而易见的。在屯和行政村青草坡过去不论是国家补助还是群众集资，用了不少的资金，搞了三四次饮水工程也未能从根本上解决用水问题，这次利用国债人饮资金建设，把供水管道铺设到了家门口。

按原概算，以现有人口 24 851 人计，该项目工程人均投资为 173.82 元/人(未入户，按实际施工的平均费用计，人均入户投资约 90 元，合计 263.82 元)。该工程的规模相对较大，区域内的居住人口也相对集中，如果不搞集中供水而搞分散的供水工程，则投资估计人均不少于 400 元，水源也不一定有保证，因此搞集中供水，既能减少工程投资，便于今后的运行管理，又能在一定程度上节省运行成本。虽然工程目前的具体经济效益不太好，但社会效益却比较显著。

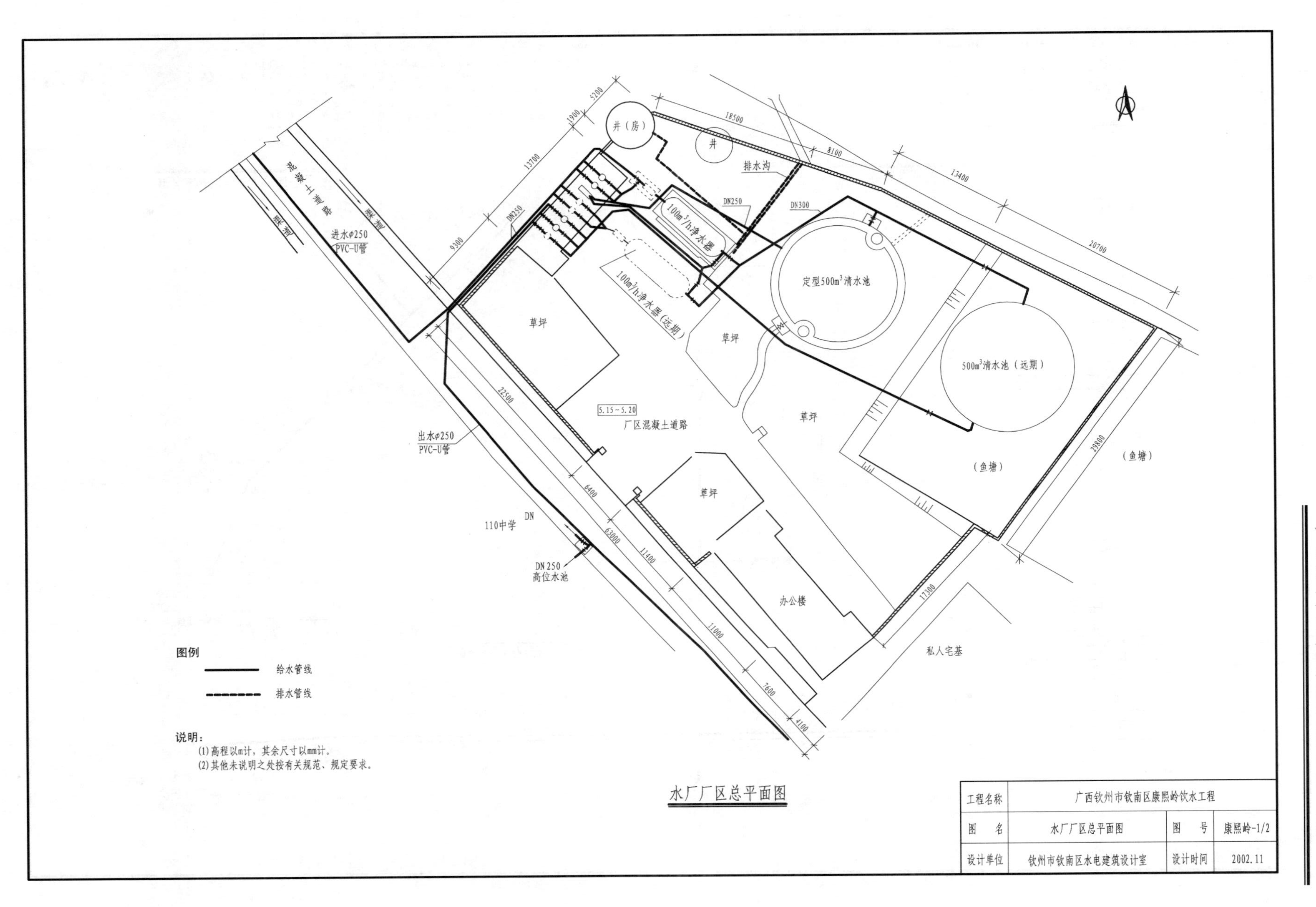
井（房）
井
排水沟
DN250
DN300
100m³/h净水器
100m³/h净水器（远期）
定型500m³清水池
500m³清水池（远期）
草坪
厂区混凝土道路
5.15－5.20
（鱼塘）
办公楼
私人宅基
混凝土道路
进水φ250
PVC-U管
出水φ250
PVC-U管
110中学
DN
DN 250
高位水池
18500
8100
13400
20700
29800
17300
5200
1900
13700
9300
22500
6400
63000
11400
11000
7600
4100
图例
给水管线
排水管线
说明：
(1)高程以m计，其余尺寸以mm计。
(2)其他未说明之处按有关规范、规定要求。
工程名称
广西钦州市钦南区康熙岭饮水工程
图　名
水厂厂区总平面图
图　号
康熙岭-1/2
设计单位
钦州市钦南区水电建筑设计室
设计时间
2002.11

水厂厂区总平面图

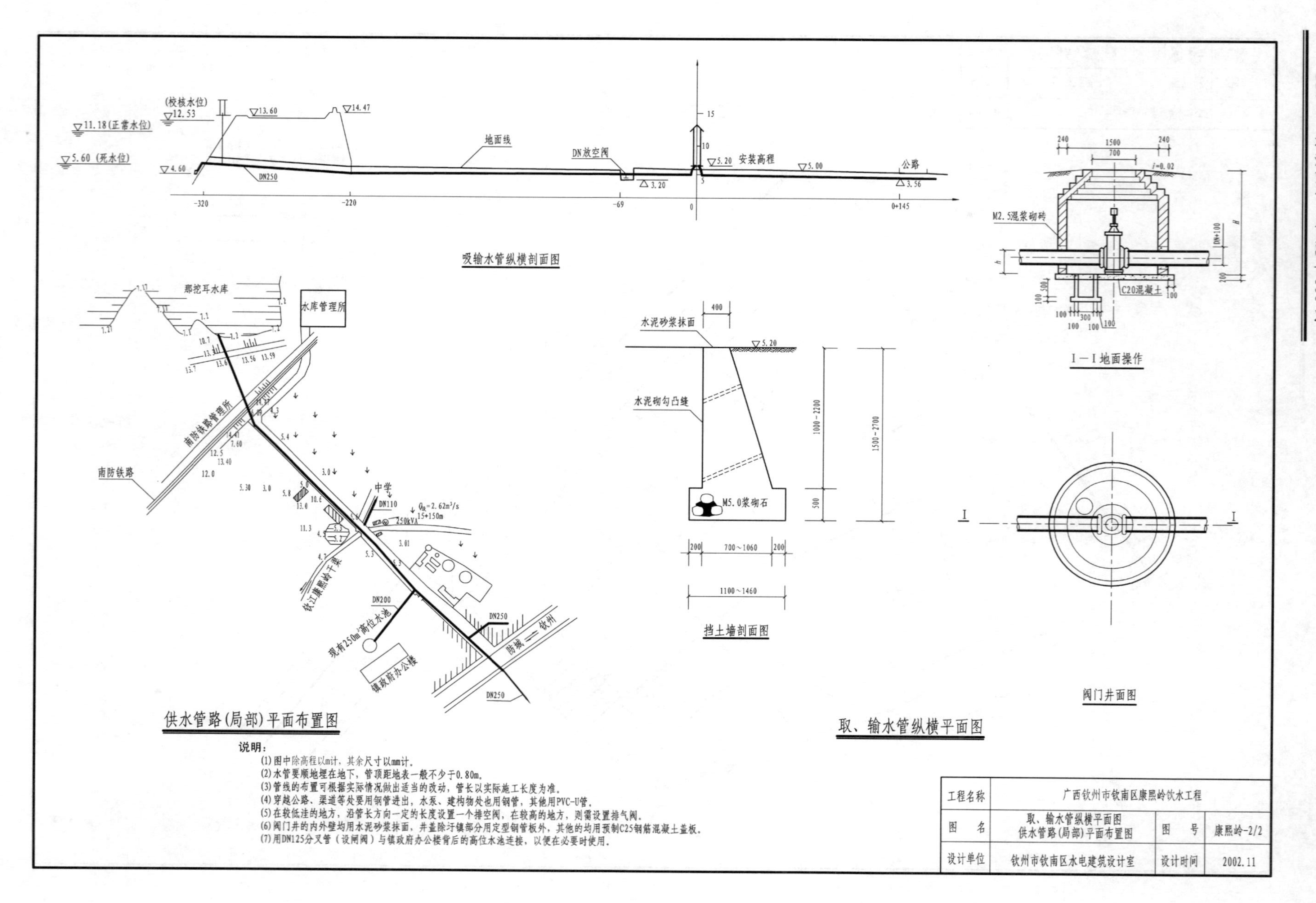

(校核水位)
▽12.53
▽11.18(正常水位)
▽5.60 (死水位)
▽13.60
▽14.47
▽4.60
DN250
地面线
DN放空阀
▽3.20
15
10
5
▽5.20
安装高程
▽5.00
公路
▽3.56
-320
-220
-69
0
0+145
吸输水管纵横剖面图
那挖耳水库
水库管理所
南防铁路管理所
南防铁路
中学
DN110
$Q_{设}$=2.62m³/s
15+150m
250kVA
钦江康熙岭干渠
DN200
现有250m高位水池
镇政府办公楼
DN250
防城 — 钦州
DN250
供水管路(局部)平面布置图
400
水泥砂浆抹面
▽5.20
水泥砌勾凸缝
M5.0浆砌石
1000~2200
1500~2700
500
200
700~1060
200
1100~1460
挡土墙剖面图
240
1500
240
700
i=0.02
M2.5混浆砌砖
C20混凝土
DN+100
200
I—I地面操作
I
I
阀门井面图
取、输水管纵横平面图
说明:
(1)图中除高程以m计，其余尺寸以mm计。
(2)水管要顺地埋在地下，管顶距地表一般不少于0.80m。
(3)管线的布置可根据实际情况做出适当的改动，管长以实际施工长度为准。
(4)穿越公路、渠道等处要用钢管进出，水泵、建构物处也用钢管，其他用PVC-U管。
(5)在较低洼的地方，沿管长方向一定的长度设置一个排空阀，在较高的地方，则需设置排气阀。
(6)阀门井的内外壁均用水泥砂浆抹面，井盖除汙镇部分用定型钢管板外，其他的均用预制C25钢筋混凝土盖板。
(7)用DN125分叉管（设闸阀）与镇政府办公楼背后的高位水池连接，以便在必要时使用。
工程名称
广西钦州市钦南区康熙岭饮水工程
图 名
取、输水管纵横平面图
供水管路(局部)平面布置图
图 号
康熙岭-2/2
设计单位
钦州市钦南区水电建筑设计室
设计时间
2002.11

海南省三亚市梅西村饮水工程

一、工程概况

梅西村地处海南市三亚市西部的崖城镇，共有 7 个村民小组，230 多户人家，1 300 多人，居住比较集中，东西、南北均在 500 m 范围内。村民日常生活用水全部采用自打小机井，抽取地下水，未经处理就直接饮用，水质不能满足《生活饮用水卫生标准》。梅西村是老区，为了解决村民饮水困难、喝不上清洁卫生水的问题，在 2004 年 6 月特兴建了梅西村饮水工程。

该项目的主要建设工程为：大口水井工程、清水池工程、泵房工程及管道工程。工程总投资为人民币 46.59 万元，工程供水规模为 200 m^3/d，可解决梅西村全村共计 1 300 多人的饮水困难问题。

二、供水工艺特点

(1)特别适合农村的小型供水工程。

(2)工程占地少，投资省，建设周期短，投产快。

(3)水质好，采用超滤膜净水设备处理、消毒后，水质达到饮用水标准。

(4)生产区全封闭，运行安全可靠。

(5)自动化程度高。该工程自原水提升、水质净化处理及清水输送过程全部采用自动控制，管路维护费用低。

三、水源水质与工艺流程

(一)水源水质

该工程水源选择距离梅西村村委会 300 m 的大口径水井，其水质满足《农村给水设计规范》(CECS82：96)中规定的原水水质要求。

(二)工艺流程

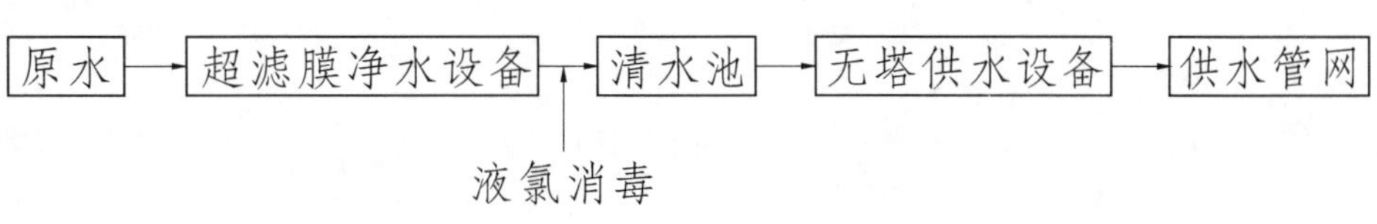

原水 → 超滤膜净水设备 → 清水池 → 无塔供水设备 → 供水管网

液氯消毒（加于超滤膜净水设备与清水池之间）

四、工程主要构筑物

(一)清水池

清水池为半地下式现浇钢筋混凝土方形水池，水池的有效容积设计为 30 m^3。主要尺寸为长 4 m、宽 3 m、高 2.5 m。

(二)供水设备

无塔供水设备型号为 FB2P–24–30，包括气压罐和工作泵，其中气压罐型号为 Sϕ600×6，工作泵型号为 40LG12–15×2、功率为 2.2 kW。

(三)输配水管网工程

输水管网工程：经计算原水输水管管径为ϕ75，长 275 m，选用 UPVC 塑料给水管。

配水管网工程：根据经济技术比较，配水管管径为ϕ40 ~ ϕ80，总长度为 3 517 m，主干管选用镀锌钢管。

五、工程效益分析

该项目是村镇公共基础设施建设，不仅具有较好的经济效益，而且项目的建设关系到当地居民的生活和工作需要，关系到当地社会经济的发展，具有极其重大的社会效益和环境效益。

(1)该项目的建设解决了梅西村 1 300 多人的饮水问题。

(2)该项目建成后，改善了居民生活用水质量，对降低各种疾病的发病率、延长人口寿命、提高人民健康水平起着重要的作用。

(3)该项目的建设极大地改善了梅西村的社会环境，为村民的安定生活打下了坚实基础，可促进当地社会经济的持续发展。

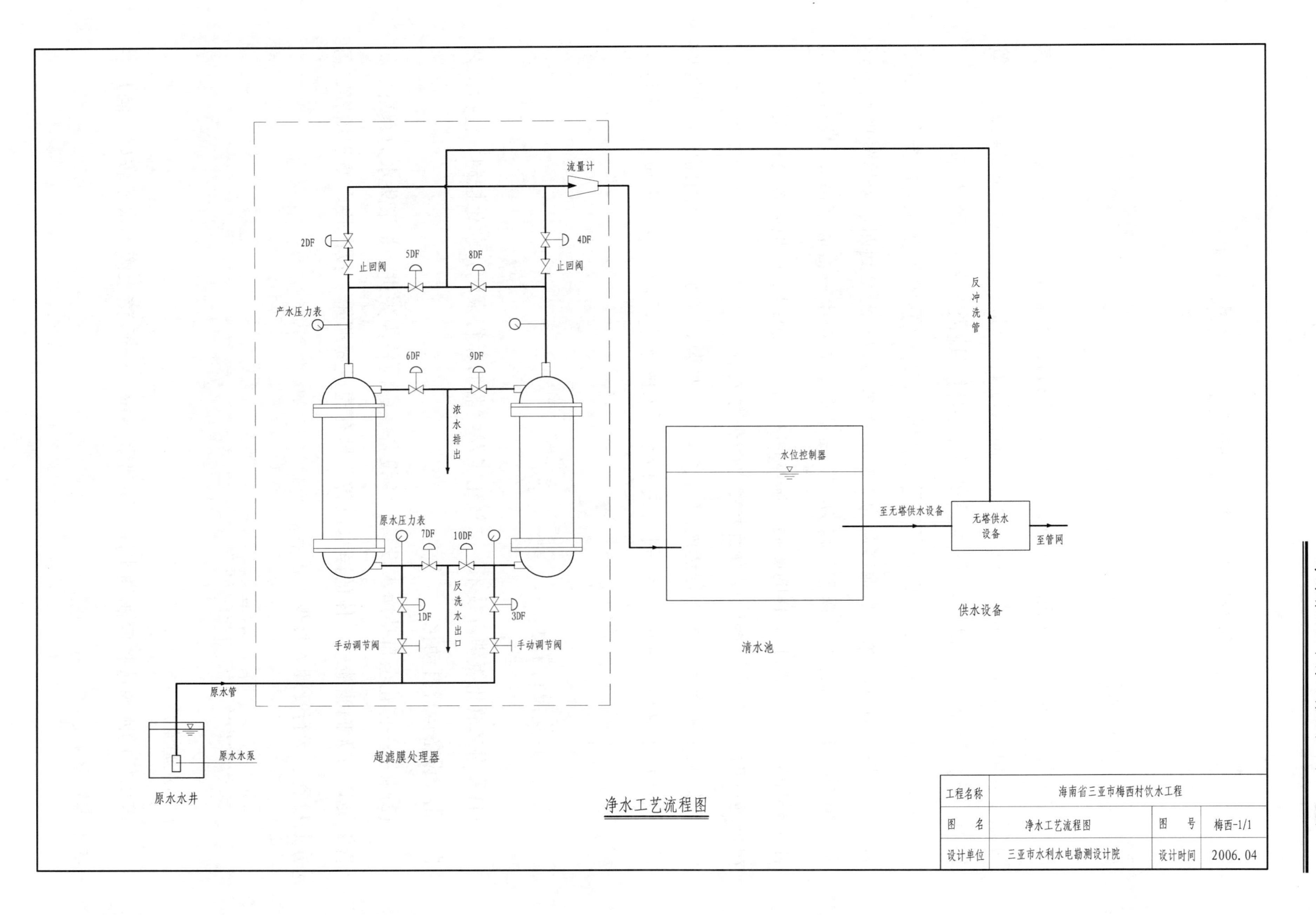
流量计
2DF
止回阀
5DF
8DF
4DF
止回阀
反冲洗管
产水压力表
6DF
9DF
浓水排出
水位控制器
至无塔供水设备
无塔供水设备
至管网
原水压力表
7DF
10DF
反洗水出口
1DF
3DF
手动调节阀
手动调节阀
清水池
供水设备
原水管
原水水泵
超滤膜处理器
原水水井
净水工艺流程图
工程名称
海南省三亚市梅西村饮水工程
图 名
净水工艺流程图
图 号
梅西-1/1
设计单位
三亚市水利水电勘测设计院
设计时间
2006.04

海南省安定县雷鸣地区饮水工程

一、工程概况

安定县位于海南省东北部，距离海口市 33 km，东邻文昌市，西接屯昌县，南与琼海市相连，北靠琼山市和澄迈县。总面积为 1 189 km^2，总人口 30.34 万人，管辖 10 个镇、4 个乡、113 个村委会、903 个自然村，境内有 3 个国营农场。

安定县是一个农业县，也是海南省的贫困县之一。雷鸣镇有 5 个村委会、15 个自然村，共计 10 410 人。当地群众为了解决饮水问题，需要到四五公里外的地方运水，浪费了大量的人力、物力、财力，对该地区的农业生产造成了极大的影响，给社会秩序的稳定带来了不利的影响，缺水问题已严重制约了该地区经济的发展。解决该地区的人畜饮水问题已成为当务之急的头等大事。

安定县雷鸣地区饮水工程选南丽湖水库作为水源，净水厂位于南丽湖管理处附近，设计供水规模 2 000 m^3/d，可解决 1.45 万人的饮水问题。该工程包括了水源工程、净水厂工程、配水管网工程。

二、工程设计特点

(1)采用二氧化氯消毒技术。二氧化氯发生器的运行采用自动化控制，包括工艺自动化和设备运行自动化。

(2)采用一体化全自动净水设备。该设备在国内较为先进，是聚集水力絮凝、斜管沉淀以及无阀滤池于一体的净水设备，具有建设周期短、投产快、便于增容、可分期投资、运行管理人员少等优点。

三、水源水质与工艺流程

(一)水源水质

该水厂的水源选择南丽湖水库，距离雷鸣镇 6 km。该水源的水质较好，满足供水水源要求。

(二)工艺流程

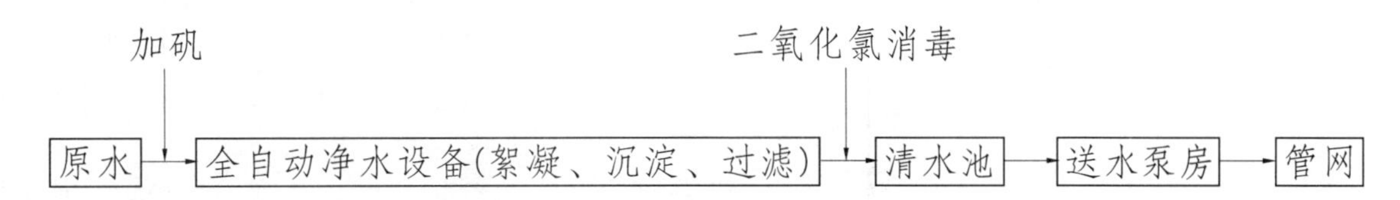

四、工程主要构筑物

(一)清水池

清水池为半地下式现浇钢筋混凝土方形水池，水池的有效容积设计为 300 m^3。

(二)送水泵房

送水泵房按 2 000 m^3/d 的最大日供水量设计安装，时变化系数取 1.5。泵房为半地下式泵房，自灌启动水泵，其中 IS100–65–200B 型水泵两台，一用一备。

(三)加药间

加药间平面尺寸为 7.2 m×3.6 m，加氯间和加矾间合建，加矾设备和二氧化氯发生器各一台。加矾采用计量泵投加，选用两台，一用一备。

(四)配水管网工程

配水管道选用 UPVC 给水管。雷鸣镇配水管总长 5 650 m，管道沿道路铺设。

五、工程效益分析

该项目是城镇公共基础设施建设，项目不仅具有较好的经济效益，而且项目的建设关系到当地居民的生活和工作需要，关系到当地社会经济的发展，具有极其重大的社会效益和环境效益。

该项目经财务分析得出全部投资内部收益率、投资回收期均满足行业基本要求，经济效益和投资效益良好，具有较好的盈利能力，资产负债率低，流动比率和速动比率较高，具有较好的借款清偿能力，各年财务状况良好。盈亏平衡点为 51%，项目盈利有保证。

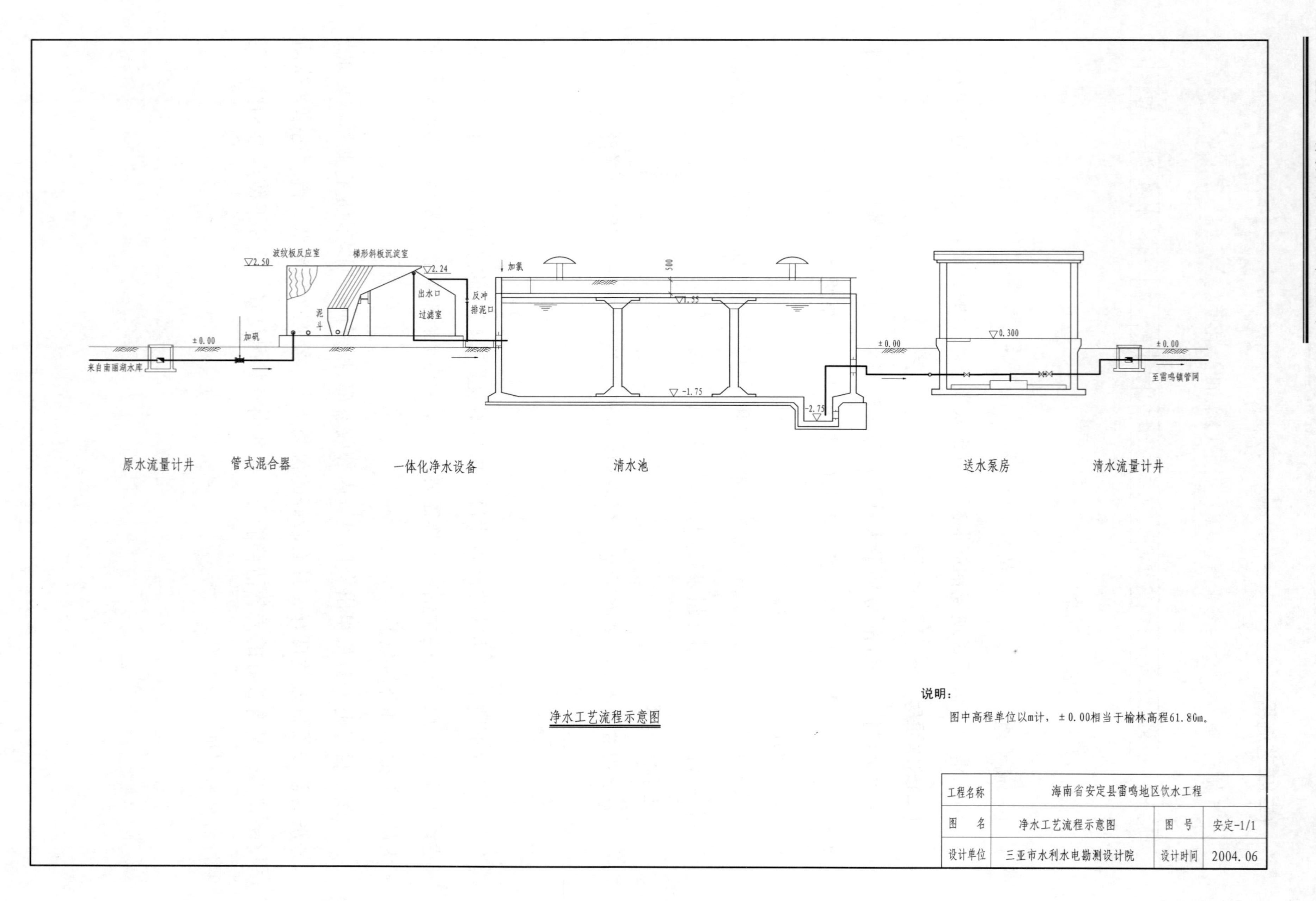

来自南丽湖水库
±0.00
加矾
▽2.50
波纹板反应室
梯形斜板沉淀室
泥斗
▽2.24
出水口
过滤室
反冲
排泥口
加氯
500
▽1.55
▽-1.75
▽-2.75
±0.00
▽0.300
±0.00
至雷鸣镇管网
原水流量计井
管式混合器
一体化净水设备
清水池
送水泵房
清水流量计井
净水工艺流程示意图
说明：
图中高程单位以m计，±0.00相当于榆林高程61.80m。
工程名称
海南省安定县雷鸣地区饮水工程
图　名
净水工艺流程示意图
图　号
安定-1/1
设计单位
三亚市水利水电勘测设计院
设计时间
2004.06

海南省屯昌县南坤镇饮水工程

一、工程概况

工程项目按现有人口的12‰自然增长率设计，供水受益人口 14 970 人。供水规模为 1 347.3 m^3/d。该工程供水范围为海南省屯昌县南坤市区、坡寮村委会、太安村委会、石岑村委会共 18 个自然村，2 所学校。南北向约 9 km，东西向约 6 km，供水面积约 45 km^2，解决 14 970 人的饮水问题和 4 680 头大牲畜用水问题。2005 年 5 月施工，2005 年 9 月供水。

二、水源水质与工艺流程

(一)水源水质

该水厂的水源选择高山二水库，水质较好，满足供水水源要求。

(二)工艺流程

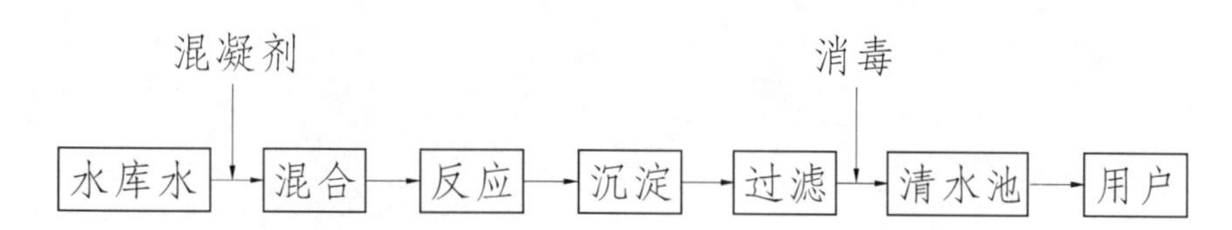

三、工程主要构筑物

(一)取水工程

主要取水构筑物为深埋虹吸管道。

(二)输水管

原水输水管采用镀锌钢管，管径ϕ250，管长 240 m。

(三)水处理厂

水处理厂建在高山二水库大坝下右侧，地面平均高程 199.03 m，占地面积 2.37 亩。厂内主要构筑物及建筑物有：综合楼一座、穿孔旋流反应斜管沉淀池一座、重力式无阀滤池一座、清水池一座、加药及配电间一座及其他等。

(四)配水管网

配水管网采用树状网布置形式，局部地势高的采用自动排气阀排气，局部地势低的设排泥阀。

四、工程效益分析

(一)社会效益

该工程的兴建切实解决了当地居民的饮水困难问题,成功实现了群众安全饮水。

(二)经济效益

通过降低运行经营成本，合理制定水价，能够实现供水工程的良性运行。

(三)环境效益

饮水工程没有对周围环境产生不利影响，有利于促进节约用水工作。

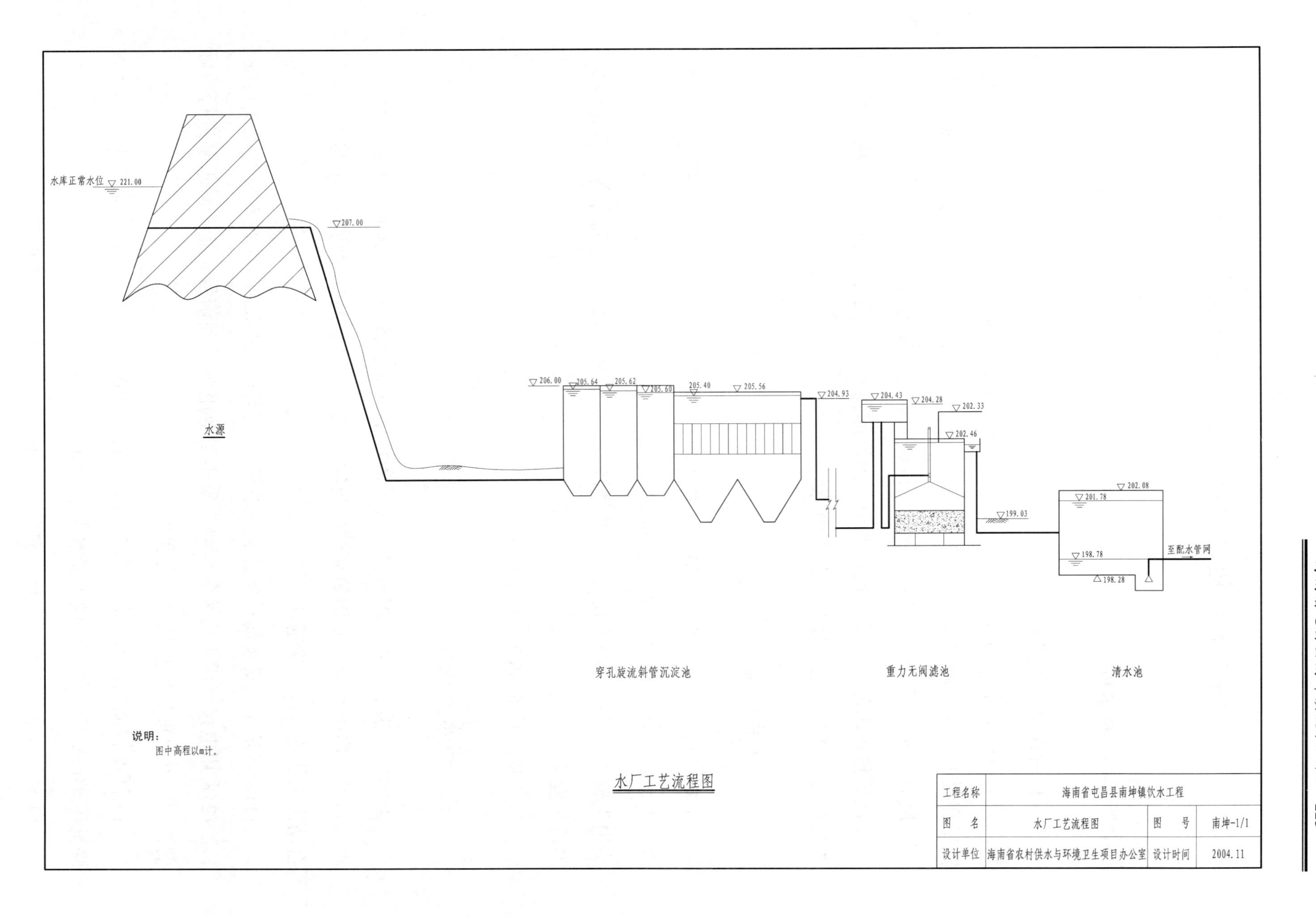

水库正常水位 221.00
207.00
水源
206.00
205.64
205.62
205.60
205.40
205.56
204.93
204.43
204.28
202.33
202.46
199.03
202.08
201.78
198.78
198.28
至配水管网
穿孔旋流斜管沉淀池
重力无阀滤池
清水池
说明：
图中高程以m计。
水厂工艺流程图
工程名称
海南省屯昌县南坤镇饮水工程
图 名
水厂工艺流程图
图 号
南坤-1/1
设计单位
海南省农村供水与环境卫生项目办公室
设计时间
2004.11

海南省澄迈县金江镇下大潭村饮水工程

一、自然条件

项目所在地区属热带海洋性气候，年平均气温 24.8 ℃，最高温度 39 ℃，年平均湿度为 83%，年平均日照时数大于 2 300 h，降水充沛，但季节分布不均。该地区热带风暴和台风影响严重，主要影响在 5 ~ 10 月份，以 8 ~ 9 月份为最多，热带风暴和台风对当地经济会造成较大的影响。该地区地震烈度为Ⅵ度。

该项目供水范围内地势比较平坦，地形起伏不大，高差均在 4 m 以内，上层主要为黏土和砂质黏土，地基承载力中等。

二、工程概况

工程项目受益单位为下大潭村，位于海南省澄迈县金江镇。该村现有住户 273 户，人口为 1 316 人。房屋布置相对集中，呈一字形分布，主干管拐弯较少，局部水头损失较小。该村的经济收入以农业经济为主，主要种植粮食、瓜菜等，养殖较少，经济欠发达。

该工程总投资 38.77 万元。

三、供水方式设计

采用集中供水方式，配电接点式无塔自动供水设备一套，24 h 全天候封闭式供水，不设置高位水池、水塔等调节构筑物，以减少供水的二次污染。电接点式无塔自动供水装置有以下优越性：

(1)价格适中，安装简单迅速，占地极少，封闭式供水，不存在水质的二次污染。

(2)采用电接点压力表采集信号，采用工业电脑处理信号，能够对水泵进行精确的控制，并且能够实现故障的自我保护。

(3)高度智能化、自动化，无人用水时自动切断电源，不存在多余的电耗，有效降低了运行费用，使单位供水成本大幅降低。

(4)适用于各种封闭式管网，对各种单相、三相泵均可自动控制。

(5)具有良好的扩展性，除单泵运行外，还可以实现双泵运行、多泵并联运行，多泵自动顺序投入运行；多个供水点管道联网，集中控制。有利于优势互补，并可实现远程实时监控。

(6)供水高程可以灵活调节，可适应农村住房高层化。

(7)应用领域广泛，可以应用于农村供水工程、市政供水工程、城市小高层供水工程、工厂智能化供水工程等。

四、工程水源

经过现场勘察和钻探取样化验，确定开凿井的地带位于下大潭村西偏南，远离村民生活区，生活污水对其影响较少，水源水质经相关部门检测，符合《生活饮用水卫生规范》要求。

水源卫生防护，在影响水源卫生 200 m 范围内，不得使用工业废水或生活污水灌溉和施用持久性或剧毒农药，不得修建渗水厕所、渗水坑、堆放废渣或铺设污水渠道，并不得从事破坏深层土层的活动，定期对井水进行消毒，不定期检测。

五、工程效益分析

该项目是农村的公共基础设施建设，项目不仅具有较好的经济效益，而且项目的建设关系到当地农民的生活和工作需要，关系到当地社会经济的发展，具有极其重大的社会效益和环境效益：

(1)基本上解决了当地农民的饮水问题，提高了当地农民的生活质量和生产效率，促进了当地经济的发展。

(2)改善了居民生活用水质量，对降低各种疾病的发病率、延长人口寿命、提高人民健康水平起着重要的作用。

(3)将有力地促进当地改厕工作的开展，减少人畜粪便对环境的污染。

(4)将有力地改善当地的环境卫生，创造一个良好的人居环境。

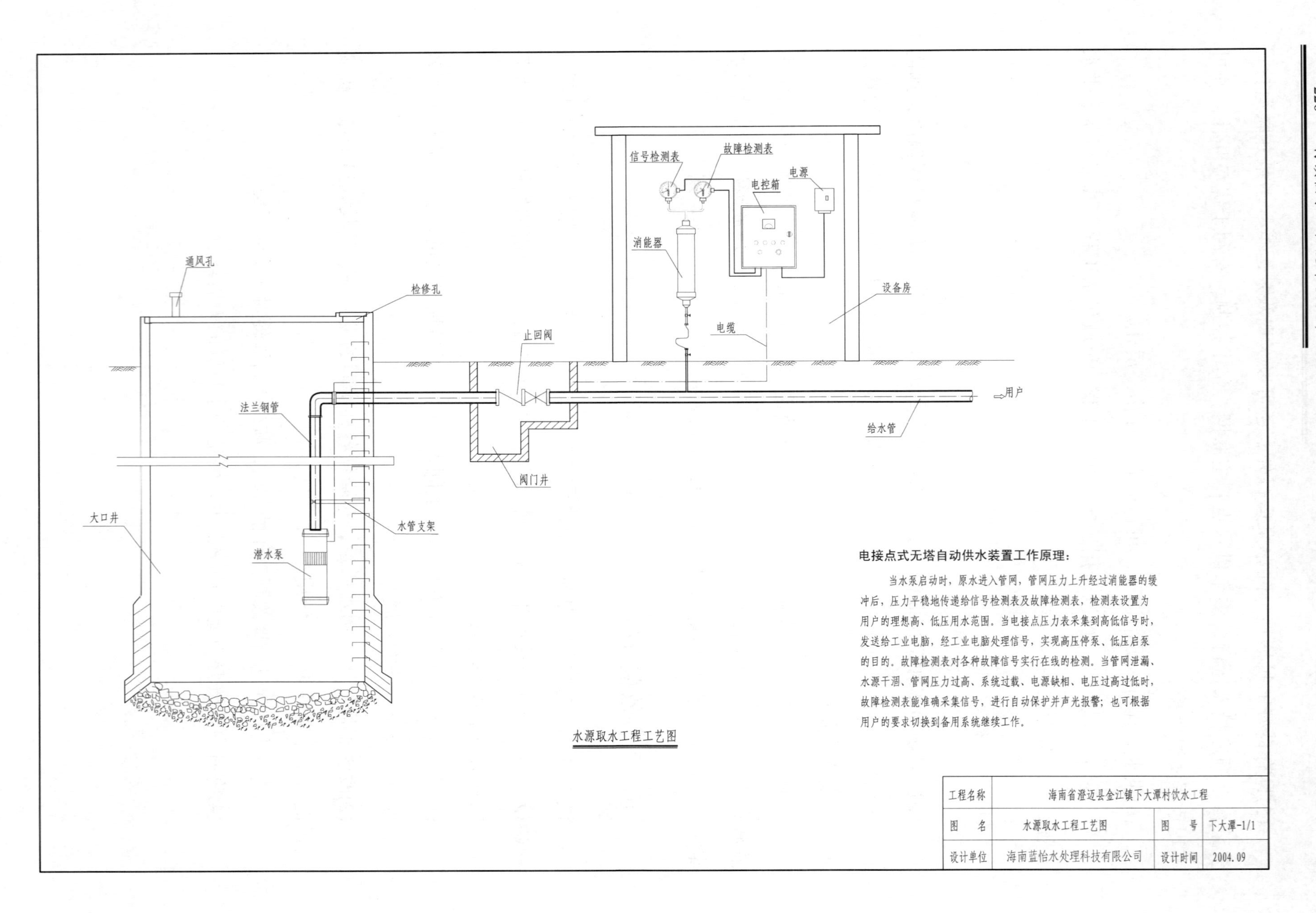
通风孔
检修孔
信号检测表
故障检测表
电源
电控箱
消能器
设备房
电缆
止回阀
用户
法兰钢管
给水管
阀门井
大口井
水管支架
潜水泵
电接点式无塔自动供水装置工作原理：
当水泵启动时，原水进入管网，管网压力上升经过消能器的缓冲后，压力平稳地传递给信号检测表及故障检测表，检测表设置为用户的理想高、低压用水范围。当电接点压力表采集到高低信号时，发送给工业电脑，经工业电脑处理信号，实现高压停泵、低压启泵的目的。故障检测表对各种故障信号实行在线的检测。当管网泄漏、水源干涸、管网压力过高、系统过载、电源缺相、电压过高过低时，故障检测表能准确采集信号，进行自动保护并声光报警；也可根据用户的要求切换到备用系统继续工作。
水源取水工程工艺图
工程名称
海南省澄迈县金江镇下大潭村饮水工程
图 名
水源取水工程工艺图
图 号
下大潭-1/1
设计单位
海南蓝怡水处理科技有限公司
设计时间
2004.09

重庆市北碚区复兴镇大树水厂饮水工程

一、工程概况

该工程设在重庆市北碚区复兴镇舵井小湾新区，地势平坦，海拔280 ~ 330 m，交通方便，人口居住密集，被北碚区政府规划批准为复兴镇小城镇建设新区。近几年来，工矿、乡镇企业、商贸发展很快，现常住人口0.5万人，流动人口不断增加，但基础设施建设严重跟不上发展的需要。现开发区无一供水设施，该地区村民、居民的饮水非常困难，靠接望天水、田角水作饮用水。同时制约了该地区的经济发展，开发区广大群众渴望建自来水厂的要求十分强烈。

二、工程设计规模及投资情况

由开发新区0.6万人供水人数确定出制水量，按人饮用水标准100 L/(人·d)，得日供水量600 m^3，因此需修建一座供水能力为600 m^3/d的自来水厂。

该工程总投资106万元，其中国债资金为60万元，自筹资金46万元，根据资金到位情况，工程分两期进行。

三、工程水源

该地区有两条河流(黑水滩河、后河)，一个海底沟地下水，一座中型地下水库，库容1 340万 m^3。该地区水资源较丰富，可开发利用。

经过对该地区水源调查和实地勘察发现：一是黑水滩河水质污染严重，二是海底沟地下水含铁量大。这两处水源通过水质化验结果，因其投资处理成本较高，都不能作为理想的饮用水水源。

经比较，复兴河水质较好、水量充足，是作为饮用水水源的最佳选择。该河流主河道长55 km，集雨面积24.53 km^2。而该河复兴河段20世纪70年代在石工堂修建的浆砌石拱坝水库，坝高9 m，蓄水量15.0万 m^3，可作调节水量，通过北碚区卫生防疫站对该水库蓄水进行的水质检验分析报告，确认该水源可作为生活饮用水水源。

四、工艺流程

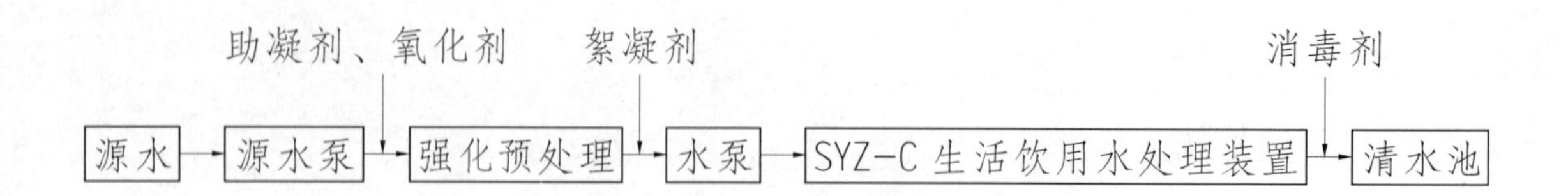

五、工程主要设备及土建构筑物

(1)强化预处理池：一座，容量 232 m^3；主要用于解决源水因环境、季节变化造成的水体微污染及浊度等变化所带来的水质变差的问题。

(2)高位清水池：一座，容量 268 m^3。

(3)制水车间：占地面积 177 m^2，车间内安装提升水泵、净化器、投药设施、电控装置。

(4)净水设备：设计采用 SYZ–C–SL–30 型净水装置，净化器内部设有专利技术无级变速涡旋混合反应技术装置，产品外形尺寸 ϕ 1 950×3 500 mm，日处理能力 Q=600 m^3/d，净化器的反冲洗则利用清水池自然高差来实现。

(5)消毒设备：采用次氯酸钠发生器 CLS–100，产氯量 100 g/h，外形尺寸为 970 mm×570 mm，电源 380 V。

六、工程效益分析

(一)社会效益

工程建成后，使 0.5 万人从饮水困境中解脱出来，改善了生活条件，节约了发生疾病引起的医疗费，为增进健康提供了保障。同时为小城镇建设新区经济发展起到积极的作用。

(二)经济效益

按照日供水量为 600 m^3，水价按 1.5 元/m^3 计算，年收益 32.4 万元，扣除运行成本 15.12 万元(运行成本包括电费、制水药剂费、人工费、设备折旧费，计 0.7 元/m^3)，年盈利为 17.28 万元。根据以上经济分析，该工程 6 年内可收回投资成本。

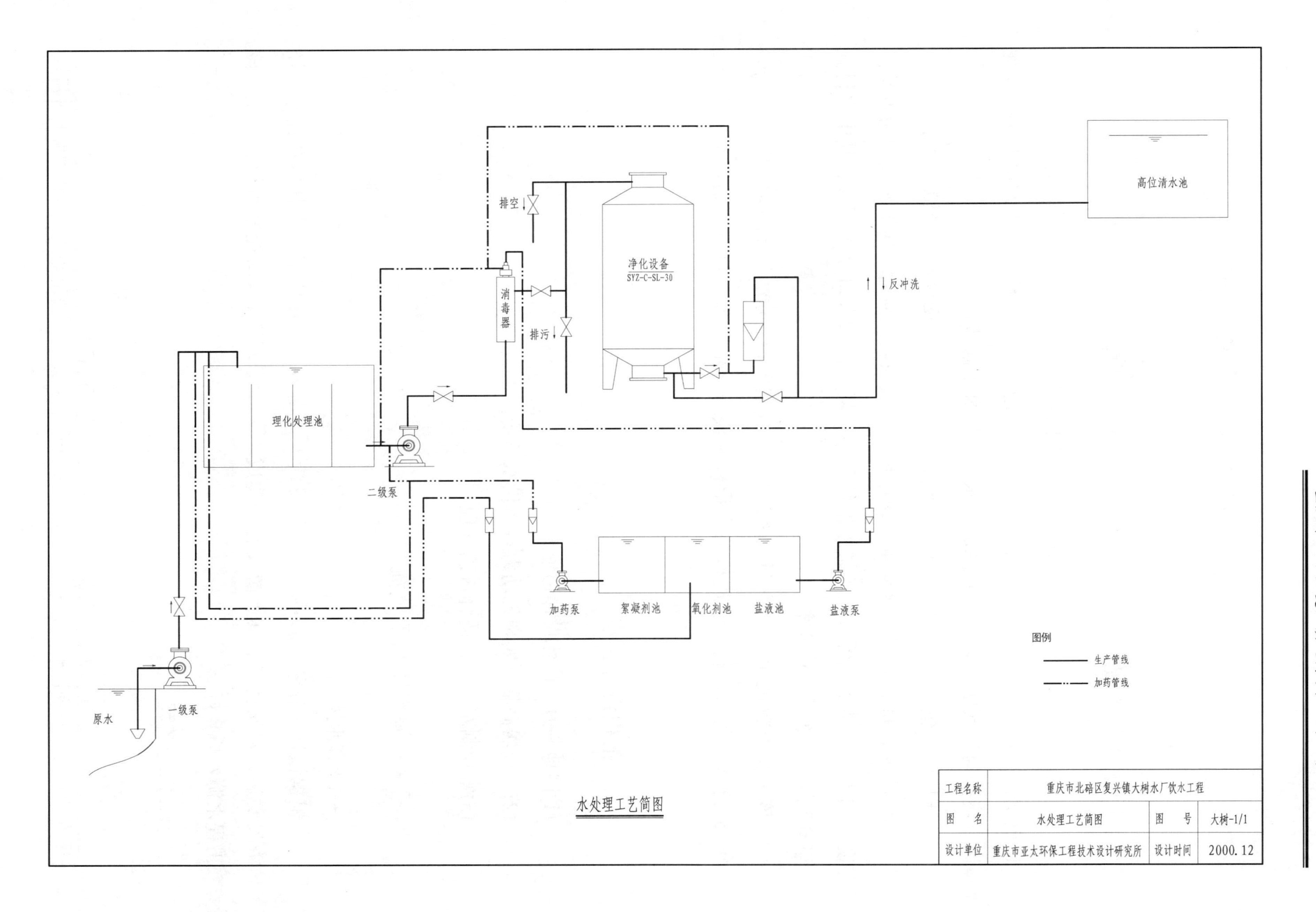

工程名称	重庆市北碚区复兴镇大树水厂饮水工程		
图　名	水处理工艺简图	图　号	大树-1/1
设计单位	重庆市亚太环保工程技术设计研究所	设计时间	2000.12

重庆市巴南区安澜饮水工程

一、工程概况

安澜供水站(又称龙岗水厂)建在重庆市巴南区安澜镇棋盘村道班处。地处重庆市巴南区长江一级支流一品河的支流龙岗河中游，水处理厂取地表水的取水口在龙岗干流搭勾河坝处，取水长1.3 km至水处理厂进水前池。

该厂就在鱼洞至龙岗公路边，距龙岗场1 km，距巴南区政府鱼洞20 km。

该厂现有职工15人，隶属重庆市巴南区水利农机局管理。现供水范围为下游沿途安澜镇、一品镇、桥口坝风景旅游区及百结场，供水人口3.0万人，其中农村人口0.7万人，企业单位8个。

该工程于2002年5月立项，2002年6月完成初设，2002年11月开工建设，2003年5月竣工投入运行，经质检综合指标考核为合格工程。执行生活用水价为2.3元/m^3，商业用水价为2.5元/m^3。

二、工程设计特点

(1)因地制宜、优化设计选址。

(2)厂址居高临下实现无动力自压供水系统。

(3)常规制水工艺，适合村镇管理。

三、水源水质与工艺流程

(一)水源水质

根据该地区丘陵地貌特点，二级支流龙岗河地处深丘地带，森林植被较好，经济欠发达，水质良好。其上游又有已建成小(一)型双河口水库控制水量、水质。该工程水源水质良好。

(二)工艺流程

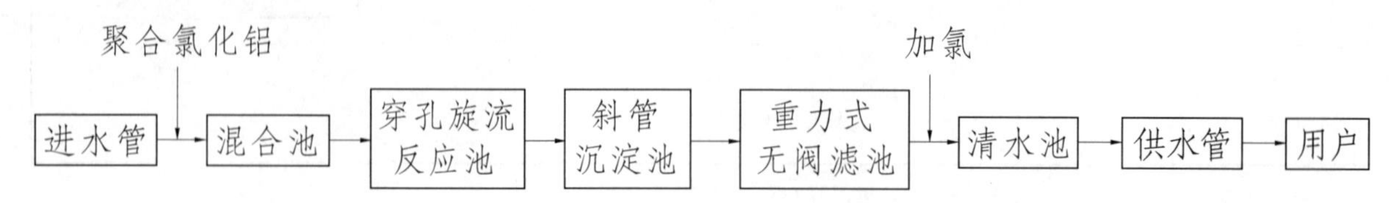

工程根据地形条件布置制水工艺流程。在混合池加入混凝剂聚合氯化铝，简易重力加药设置。在无阀滤池末端，加入消毒药液氯，采用简易加药设置。进水管采用平板闸阀控制，出水口设置水表检测供水量。这种制水工艺流程简单，结构清楚，适合村镇具有初级水厂管理技术人员的操作管理。

四、工程主要技术经济指标

(1)工程概算 605 万元，工程决算 600 万元。

(2)日平均供水量 1 700 m^3/d。

(3)制水总成本 1.34 元/m^3。

(4)制水经营成本 0.59 元/m^3。

(5)管网漏损率 23%，控制指标 20%。

(6)吨水混凝剂用量 0.018 kg/m^3。

(7)吨水消毒剂用量 0.001 6 kg/m^3。

五、工程效益分析

该工程建成后，在主管局的直接领导下，建立健全领导班子，制定了《安全生产规程》、《值班制度》、《交接班制度》等一系列文明生产、安全生产措施，以及保护环境、控制污染等相关措施，使厂区形成了环境优雅、树林环绕、空气清新的休闲场所。

该工程的建成解决了下游 3 个乡镇、桥口坝旅游区及众多企业长期使用污染严重的一品河干流河水问题。境内较大企业巴南氮肥厂、一坪化工厂、重庆市第二福利院等饮水安全得到了保证。为供水范围区城乡人民生活水平的提高，提供了可靠的基本条件。

该工程 2005 年全年收入 120 万元，实现利润 30 万元左右，工程计划在 2010 年前完成水处理厂终期规模 6 400 m^3/d 制水能力。

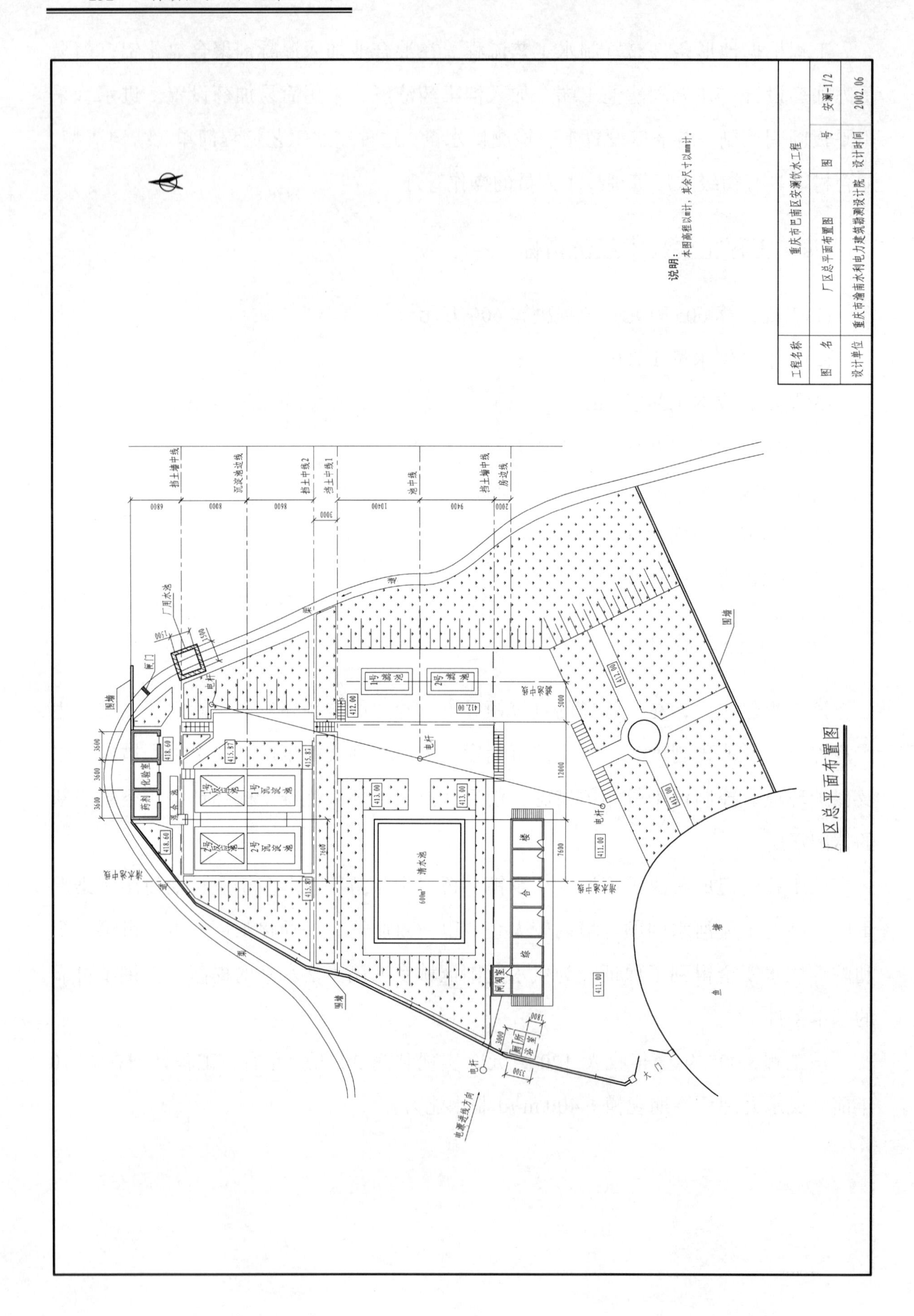

说明：
本图高程以m计，其余尺寸以mm计。
工程名称
重庆市巴南区安澜饮水工程
图 名
厂区总平面布置图
图 号
安澜-1/2
设计单位
重庆市渝南水利电力建筑勘测设计院
设计时间
2002.06
厂区总平面布置图
清水池
1号沉淀池
2号沉淀池
1号滤池
2号滤池
化验室
药剂
厂用水池
围墙
厕门
电杆
闸阀室
大门
渠
道
鱼
塘
电源进线方向
挡土墙中线
沉淀池边线
挡土中线2
挡土中线1
池中线
房边线

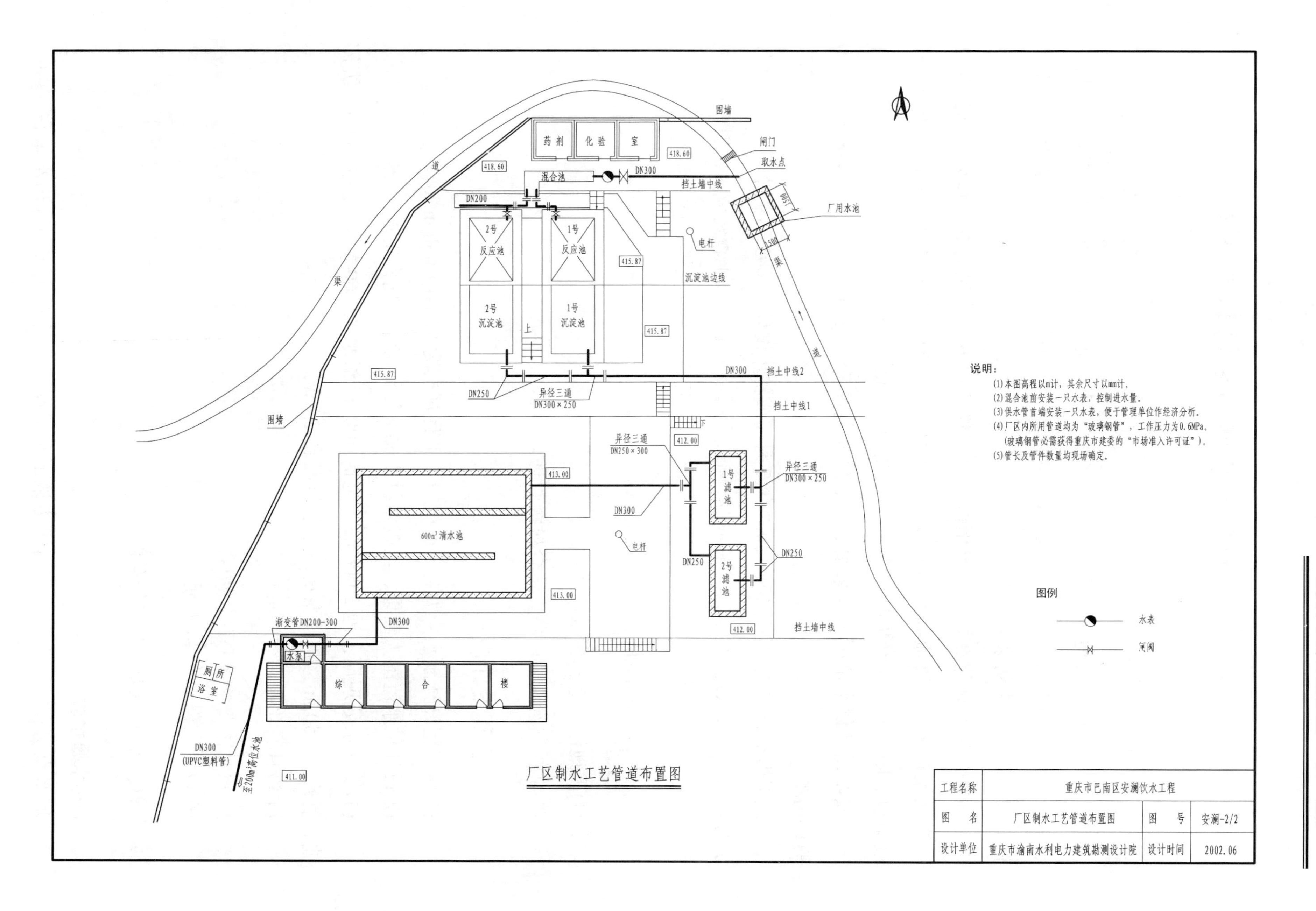

厂区制水工艺管道布置图

工程名称	重庆市巴南区安澜饮水工程		
图　名	厂区制水工艺管道布置图	图　号	安澜-2/2
设计单位	重庆市渝南水利电力建筑勘测设计院	设计时间	2002.06

重庆市巴南区南泉镇刘家湾饮水工程

一、工程概况

为解决西部农村地区缺水困难，全国妇联特设立“大地之爱·母亲水窖”专项资金。经巴南区妇联与巴南区水利农机局共同决定，为尽快解决南泉镇红星、红旗两村缺水困难，修建刘家湾供水站。

刘家湾供水站建在重庆市巴南区南泉镇红星村 6 社冉家湾处。地处巴南区长江一级支流花溪河的支流苏麻凼河边。该站址交通方便，南泉镇至重庆黄角垭公路穿过站边。距巴南区政府鱼洞 12 km，距南泉镇 5 km。

该站设计供水范围为南泉镇红星、红旗村 9 个合作社 2 068 人及 428 头大牲畜的饮用水。

该工程于 2003 年 6 月立项，2003 年 7 月完成初步设计，2003 年 9 月开工，2004 年 6 月全面竣工投入运行。经质量检测综合指标评定为优良。该工程建成后，现有管理人员 6 人，工程管理纳入白鹤供水站统一管理，隶属巴南区水利农机局渝江水利开发公司。

二、工程设计特点

(1)因地制宜选择供水站址。

(2)常规制水工艺简单，适合村级管理。

三、工程设计规模

(1)该工程设计制水能力为 800 m^3/d，工程规模为 200 ~ 1 000 m^3/d。

(2)设计供水范围为红星、红旗两村 2 068 人及 428 头牲畜用水。

(3)设计水处理厂占地 2 000 m^2。包括 300 m^3 清水池，60 m^3 快滤池，60 m^3 沉淀池，管理房 350 m^2，加压泵房一座装机两台 3 kW。

(4)设计日供水 800 m^3/d。

(5)设计供水主管长 3.6 km。

(6)设计工程概算 48 万元。

四、水源水质与工艺流程

(一)水源水质

取水点选在站址上游喻家湾河边地下水出露点。经多次实测日出水量在 500 ~

800 m^3，水质化验结果，除总大肠菌群超标外，其余检测27项指标，均符合《生活饮用水卫生规范》(2001)。

(二)工艺流程

进水管→混合池→穿孔旋流反应池→斜管沉淀池→重力式无阀滤池→清水池→供水泵→供水管→用户

根据地形条件布置制水工艺流程。在混合池加入混凝剂聚合氯化铝和消毒剂液氯。采用简易龙头控制加药设置。进水管闸阀控制，供水高位水池设简易供水计量设施。站用水由高位水池回供，整体制水工艺流程简单，结构清楚，适合村镇具有初级水厂管理技术人员的操作管理。

五、工程主要技术经济指标

(1)工程概算48.0万元，工程决算48.2万元。

(2)日平均供水量34.5 m^3/d。

(3)制水总成本1.58元/m^3。

(4)制水经营成本1.38元/m^3。

(5)管网漏损失25%，控制指标20%。

(6)吨水耗电费0.166元/m^3。

(7)吨水消毒剂用量0.001 7 kg/m^3。

(8)执行水价2.3元/m^3。

六、工程效益分析

该工程建成后，在主管局和渝江水利开发公司的领导下，在白鹤供水站的统一管理下，制定了《安全生产规程》、《值班制度》、《交接班制度》等一系列文明生产、安全生产措施。通过厂区绿化，植树保护环境，基本形成了环境优雅、空气清新的农村新型水厂。

该工程为南泉镇红星、红旗两缺水村提供了优良的生活供水条件，当地村民拍手称好。受地形和经济条件限制，延伸管网难度较大，目前供水范围尚未达到设计规模，因此经济效益尚未得到充分发挥，运行处于经济亏损状态。工程计划通过各方面支持2010年前达到设计规模，实现全面供水的目标。

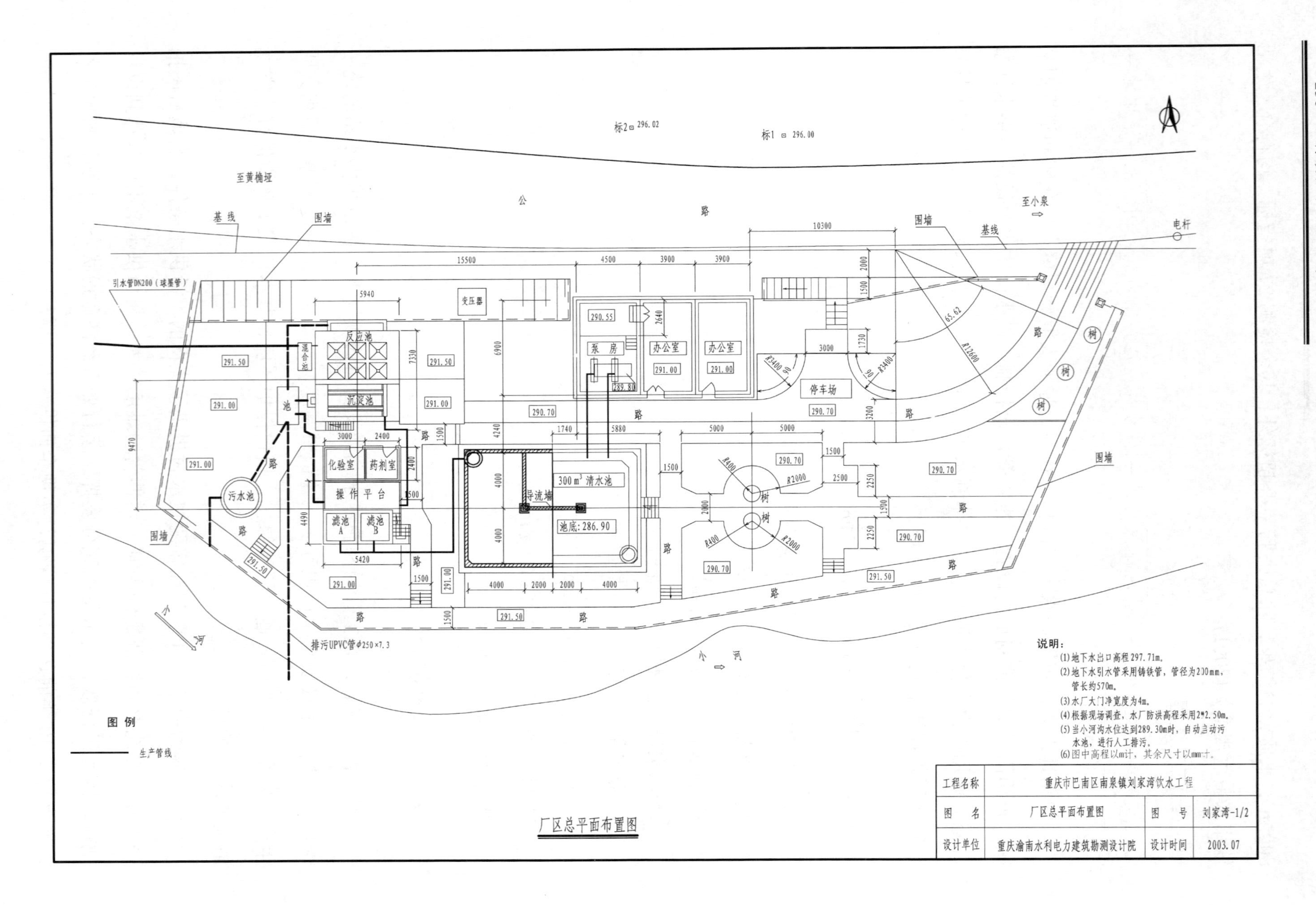
标2 296.02
标1 296.00
至黄桷垭
公
路
基线
围墙
至小泉
电杆
引水管DN200（球墨管）
变压器
反应池
混合池
沉淀池
池
化验室
药剂室
操作平台
滤池A
滤池B
污水池
300 m³ 清水池
导流墙
池底:286.90
泵房
办公室
办公室
停车场
树
排污UPVC管φ250×7.3
小河
图例
生产管线
说明：
(1)地下水出口高程297.71m。
(2)地下水引水管采用铸铁管，管径为230mm，管长约570m。
(3)水厂大门净宽度为4m。
(4)根据现场调查，水厂防洪高程采用2*2.50m。
(5)当小河沟水位达到289.30m时，自动启动污水池，进行人工排污。
(6)图中高程以m计，其余尺寸以mm计。
工程名称 重庆市巴南区南泉镇刘家湾饮水工程
图名 厂区总平面布置图 图号 刘家湾-1/2
设计单位 重庆渝南水利电力建筑勘测设计院 设计时间 2003.07

厂区总平面布置图

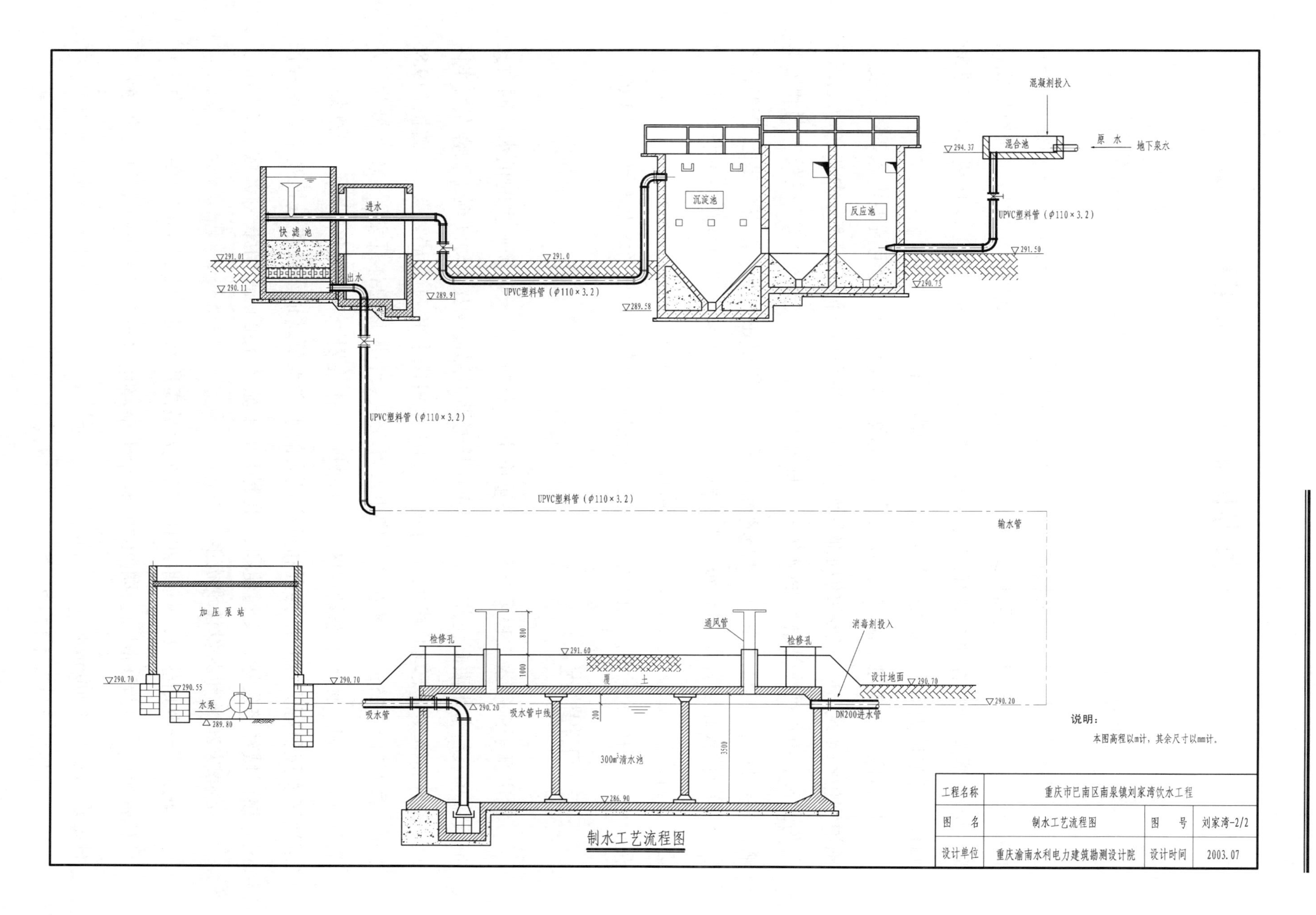

制水工艺流程图

工程名称	重庆市巴南区南泉镇刘家湾饮水工程		
图 名	制水工艺流程图	图 号	刘家湾-2/2
设计单位	重庆渝南水利电力建筑勘测设计院	设计时间	2003.07

重庆市长寿区狮子滩饮水工程

一、自然条件

项目区地形地貌，受地质构造和岩性的制约，区内分布有东北西南向的背斜和向斜，二者相间排列，呈隔档式构造形式。大背斜构成低山，小背斜和向斜构成丘陵，展布成平行岭谷地貌景观。项目区海拔一般在350 m左右。以丘陵、河谷地貌和构造剥蚀地貌为主，地势南高北低，属典型的山地丘陵地带。

项目区属中亚热带湿润气候区，气候湿润，雨量充沛。由河流型生态系统演变为湖泊型生态系统，形成独特的局部气候。区内常年平均气温17.7 ℃；月平均气温以8月份最高，历年平均气温为28.4 ℃；一日最冷累计平均气温6.7 ℃。受长寿湖和黄草峡影响，区内平均降水量为 1 123.8 mm。降水多集中在下半年，占全年的 75%，冬半年(11月~次年4月)水量较少，常年降水占全年的25%。区内日照为1 245.1 h，以夏季8月份光照最为充足，常年月平均日照为235 h；以初春3月和秋季10 ~ 11月份最少，一般100 h以下。区内四季温暖，少有积雪天气，常年平均无霜期为331 d。

二、工程概况

重庆狮子滩饮水工程主要是解决重庆市长寿湖镇及云集场城乡的供水。同时担负云集场农村节水灌溉任务，工程分布在长寿湖南部边缘及长寿湖枢纽工程左右岸区域。长寿湖镇及云集场共辖24个行政村，201个村民小组，1个居委会。总面积219.85 km^2。总人口87 257人。根据“重庆市长寿湖风景名胜区总体规划”，该区域为“人文景观区”和“林地生态景观区”。按照“总体规划”和长寿区“十一五规划”，该地区发展目标为风景旅游区和重庆最大的水产水果基地与夏橙基地及主要粮食产区。该区域经济发达，交通便利，距重庆市主城约130 km，距长寿区政府28 km。

工程以2006年为设计现状年。

净水厂分两期建设，一期(2010年)全天最高用水量为 3 220 m^3，则一期净水厂日处理水量为 3 200 m^3。二期(2020 年)全天最高用水量为 7 956 m^3，则二期净水厂日处理水量为8 000 m^3。

工程静态总投资1 179.77万元。

三、主要工程

(一)水源工程

马达凼水库为小(一)型水库，总库容 294.4 万 m^3，有效库容 203 万 m^3。该水库属灌溉、供水、防洪综合利用工程，工程水源丰富，调节量大。根据项目区经济发展要求，该工程主要实施供水及灌溉任务。

(二)供水工程

工程供水目标为长寿湖镇和云集场常住人口与近远期发展生活用水及旅游开发流动人口供水。

输水管道起点在马达凼水库 428.06 m 高程放水孔，终点在水处理厂混合池。全长 6 130 m,其中布置在原灌溉渠道中长 1 072 m,布置在泥结石乡村公路边 3 811 m，布置在交通干道水泥路面侧 532.5 m，其他 714.5 m。

水处理厂布置在马道子山丘顶，设计水平年规模为 8 000 m^3/d。近期规模达到 3 000 m^3/d。设计水平年(2020 年)总供水人口 45 000 人。

(三)灌溉工程

根据规划，输水管道沿线将发展节水灌溉，并以各种果树为主。根据水库水量调节，在满足城镇供水的条件下，可开发建设节水灌溉面积 3 400 亩。

四、水源水质与工艺流程

(一)水源水质

重庆狮子滩饮水工程水源取用长寿区马达凼水库。该库集雨面积大，径流丰富。周围森林覆盖良好，对径流有很好的自然净化条件。库区内尚无点污染源，因此水质好。2006 年 2 月，重庆市长寿区环境监测站对蓄水取样检测，所检测的 12 项指标均符合《地面水环境质量标准》(GB 3838—88)。因此，开发利用该水库蓄水供城乡生活用水是可行的。

(二)工艺流程

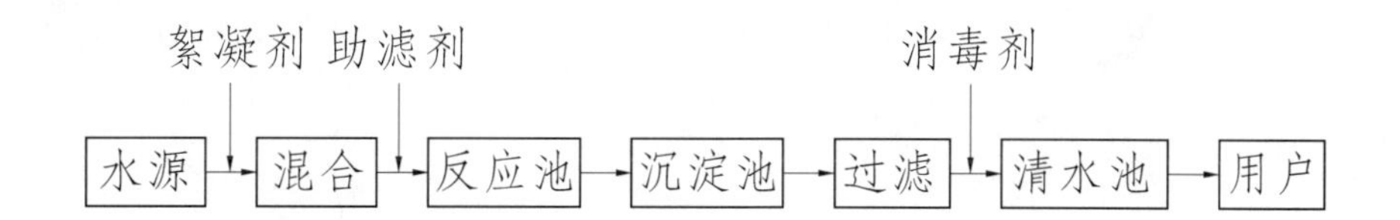

结合原水水质及类似水厂运行经验，絮凝药剂拟采用碱铝，消毒药剂拟采用液氯，当常年原水浊度低于50度时，应采用助滤剂加到反应池的进口处。一般情况下，助滤剂可采用活化硅酸，其投量一般为2～4 mg/L。

五、工程效益分析

该工程财务评价指标好，国民经济评价指标均满足规划要求，在经济上是合理的，在财务上是可行的。

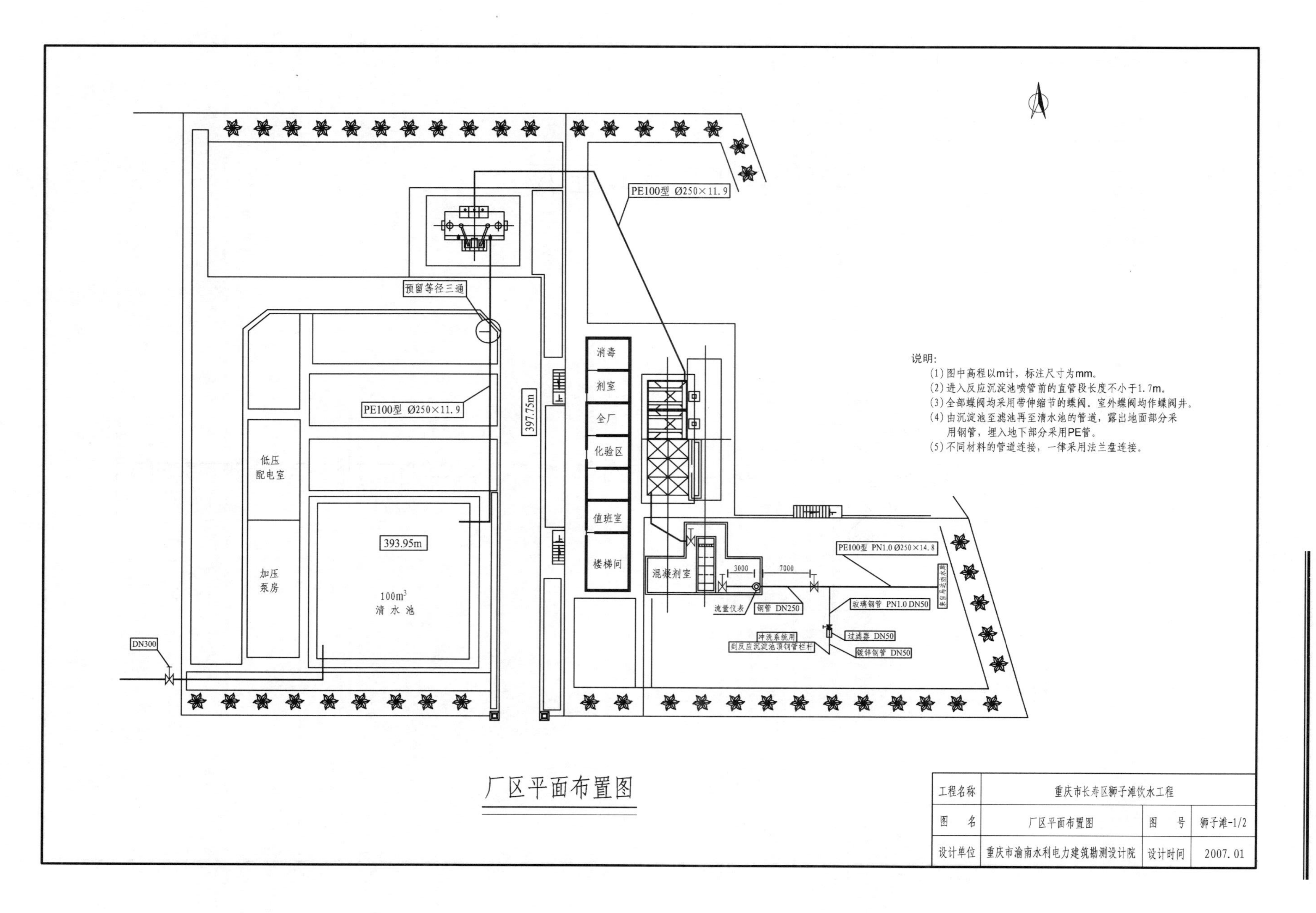

说明：
(1)图中高程以m计，标注尺寸为mm。
(2)进入反应沉淀池喷管前的直管段长度不小于1.7m。
(3)全部蝶阀均采用带伸缩节的蝶阀。室外蝶阀均作蝶阀井。
(4)由沉淀池至滤池再至清水池的管道，露出地面部分采用钢管，埋入地下部分采用PE管。
(5)不同材料的管道连接，一律采用法兰盘连接。
PE100型 Ø250×11.9
预留等径三通
PE100型 Ø250×11.9
397.75m
393.95m
100m³
清水池
低压
配电室
加压
泵房
DN300
消毒
剂室
全厂
化验区
值班室
楼梯间
混凝剂室
3000
7000
流量仪表
钢管 DN250
PE100型 PN1.0 Ø250×14.8
玻璃钢管 PN1.0 DN50
过滤器 DN50
镀锌钢管 DN50
冲洗系统用
到反应沉淀池顶钢管栏杆
工程名称
重庆市长寿区狮子滩饮水工程
图 名
厂区平面布置图
图 号
狮子滩-1/2
设计单位
重庆市渝南水利电力建筑勘测设计院
设计时间
2007.01

厂区平面布置图

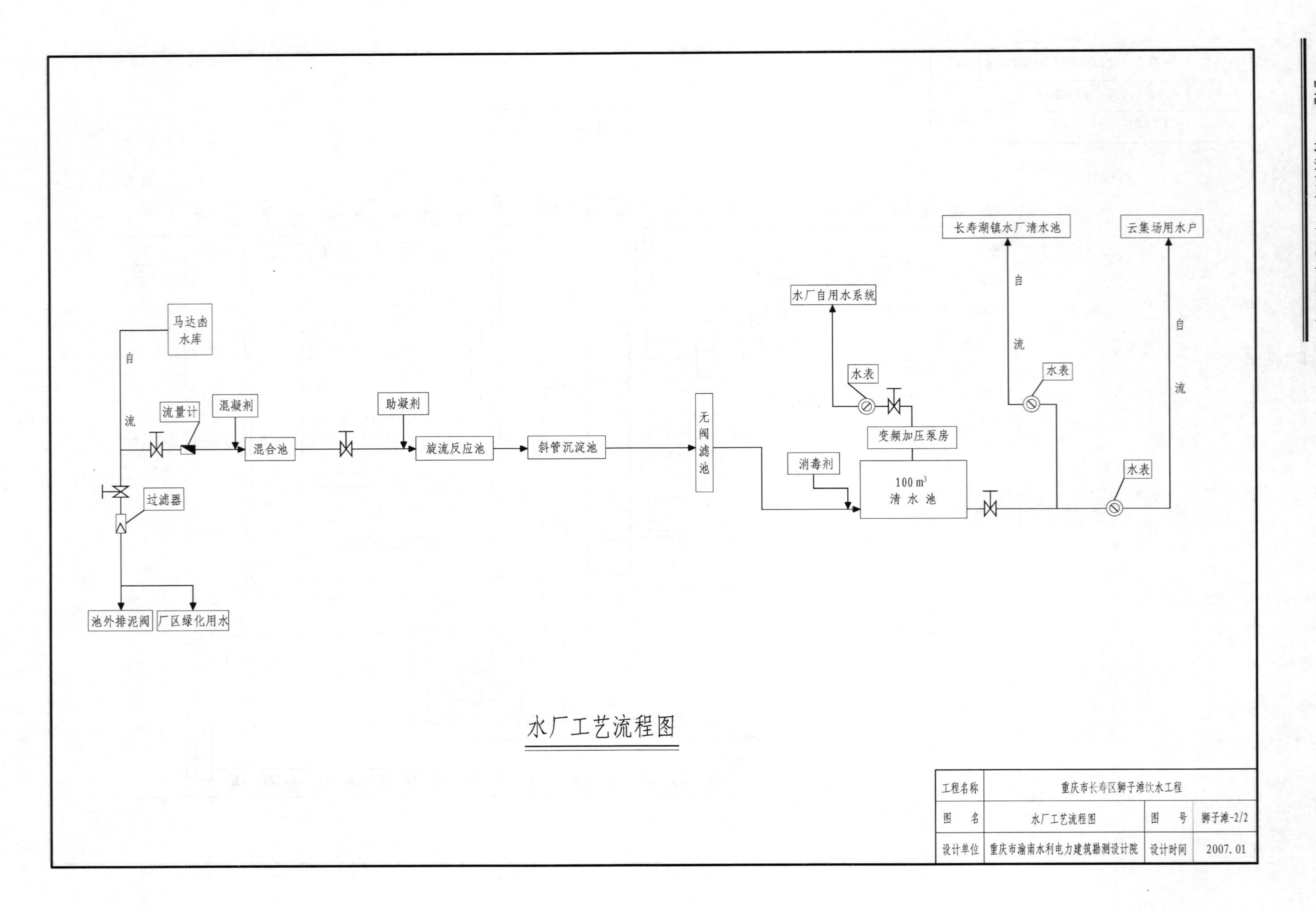

马达凼水库
自流
流量计
混凝剂
混合池
助凝剂
旋流反应池
斜管沉淀池
无阀滤池
消毒剂
100 m³ 清水池
变频加压泵房
水表
水厂自用水系统
水表
长寿湖镇水厂清水池
自流
水表
云集场用水户
自流
过滤器
池外排泥阀
厂区绿化用水
水厂工艺流程图
工程名称 重庆市长寿区狮子滩饮水工程
图名 水厂工艺流程图
图号 狮子滩-2/2
设计单位 重庆市渝南水利电力建筑勘测设计院
设计时间 2007.01

四川省成都市岷江水厂文星加压站工程

一、工程概况

四川省成都市岷江水厂文星分厂水源为金马河水。文星镇附近无符合标准的地表水可取，地下水资源缺乏，不能满足文星工业园区的发展需要，拟在岷江水厂双流至华阳输水主管ϕ800 上接水加压，其供区的水质、水量、水压均能得到保证。文星分厂建成后，将双华输水主管文星至华阳段作为配水主管，在文星周边及工业园区未形成用水规模前，近期能够实现解决华阳水压不足和华阳电子电器工业园区及中和用水问题。待文星、华阳、万安、中和总用水规模大于文星分厂供水规模时，再将中和、万安、华阳依次脱离文星分厂并入成都人南延线供水管网。

根据当地实际情况，文星分厂设计规模为日供水 4 万 m^3，最大日供水可达 6 万 m^3。工程总投资为 1 918.37 万元。

二、输、配水主管的铺设

主管ϕ630PE 管长 1.36 km、ϕ400PE 管长 4.87 km、ϕ200PE 管长 1.59 km、ϕ100PE 管长 1.6 km。输水主管ϕ800 承插式钢筋混凝土管 120 m，配水主管ϕ800 承插式钢筋混凝土管 150 m。其余主干管网待工业园区骨干道路建设时同步布网铺设。

三、供电系统

高压侧采用环网柜单母线结线，两路进线一备一用，每路电源要求能承担全部负荷。低压侧采用单母线分断结线，中间设母联开关(不自投)，正常工作时，母联开关处于合闸状态，检修时分断；低压侧分别由两台变压器供电(容量 1 250 kVA)，变压器为一用一备。

四、工艺流程

文星分厂距岷江水厂制水车间输水管道长约 20 km，水中余氯经沿途挥发，含量将降低，为确保供水水质，该分厂应设加氯消毒设备。工艺流程如下：

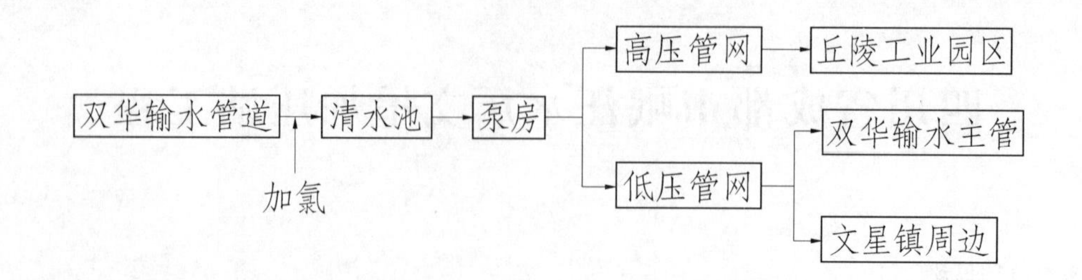

五、工程主要构筑物

文星分厂修建清水池一座，分为两格，有效水深 4 m，有效容积 9 600 m^3，钢筋混凝土结构。清水池调节容积为最大日供水量的20%，池内设有液位计，对清水池的水位进行检测和显示，并可以进行高低水位报警。

修建泵房一座，建筑面积385 m^2，钢筋混凝土结构。设电动单梁悬挂式起重机一台，便于设备安装、检修。排水泵一台。另外有综合用房、后勤房、配电房、加氯间各一座。

六、工程经济效益分析

每吨水费1.56元。按照工程实际投资和水费收入，三年内可还清全部贷款。该工程水源可靠，水质优良，经济效益和社会效益都十分显著。

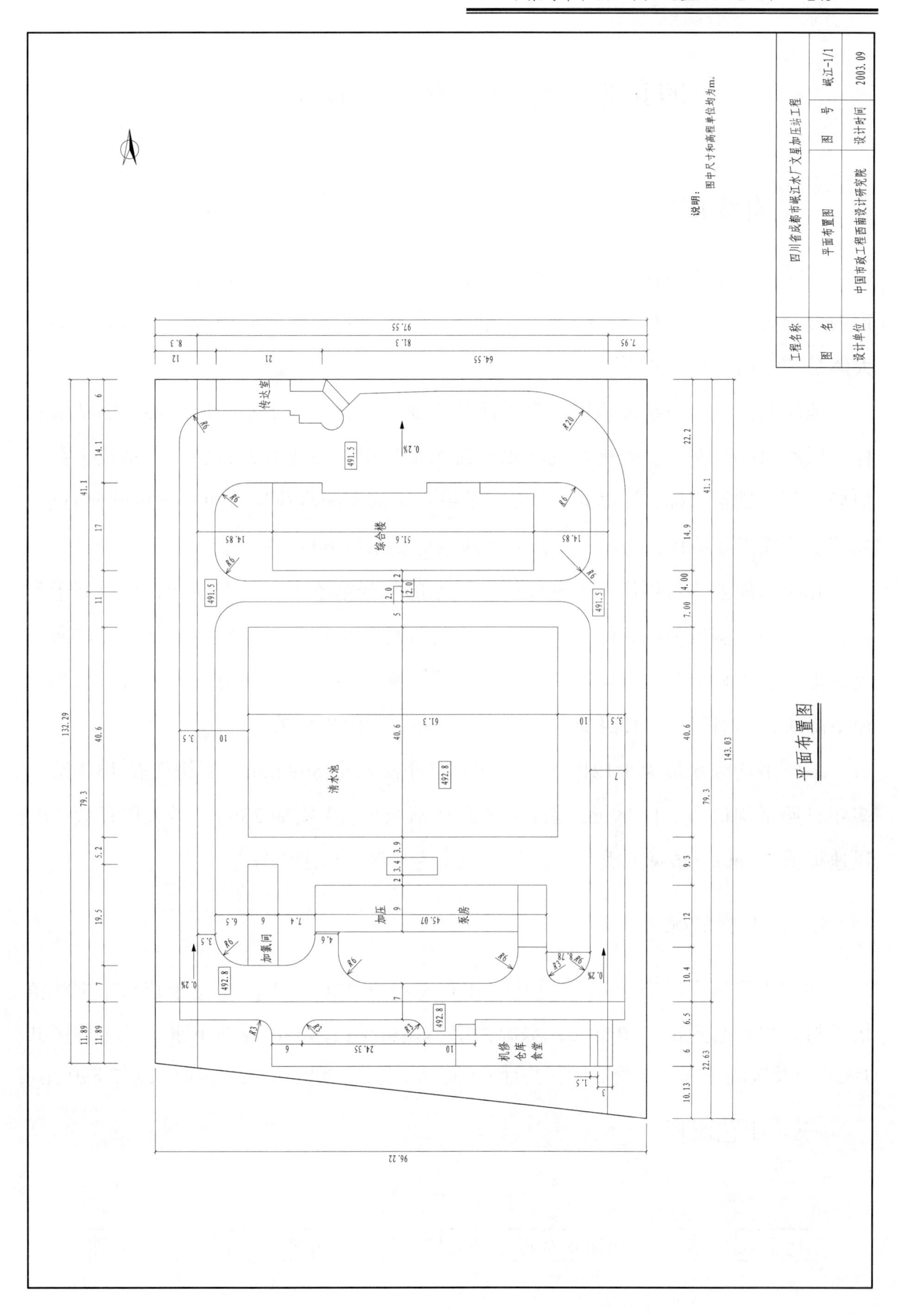
工程名称
四川省成都市岷江水厂文星加压站工程
图名
平面布置图
图号
岷江-1/1
设计单位
中国市政工程西南设计研究院
设计时间
2003.09
说明：
图中尺寸和高程单位均为m.
平面布置图
传达室
综合楼
清水池
加压
泵房
加氯间
机修
仓库
食堂

四川省邛崃市回澜水厂饮水工程

一、自然条件

邛崃市位于四川盆地成都市西南部，为成都平原与川西高原山区之间的过渡带。市内可分为平原、浅丘、低中山三大单元，低中山和丘陵的面积大，平原面积小，大体是“六山一水三分田”。

地质情况：全新统冲积层，为南河冲积而成，含水较丰富，但局部可能铁锰超标，层厚 10 m 左右。晚更新统冰水—流水堆积层，为泥混夹石层，含水较丰富，但局部可能铁锰超标，层厚 8 ~ 10 m。早更新统河湖相堆积层，为灰黄色砂卵石层，局部呈胶或半胶结状，含水中等，但水质较好，层厚 60 m 左右。

邛崃市属亚热带湿润季风气候区，气温的年变幅不大，冬季温和，秋温高于春温，日照属全国低值区，降雨丰沛，又有海洋性气候特色。气候特征是冬无严寒，夏无酷热，气候湿和，雨量充沛，雨水集中，多洪涝灾害，偶有冰雪危害，秋季气温下降快，多绵阴雨，日照少，冬季气候暖和，少雨少霜雪。

多年平均降水量为 1 121.7 mm，实测最小降水量 869 mm。年均气温 15.3 ℃，多年日照平均值为 1 117.9 h，随地势升高逐渐减少，无霜期 280 d，最大风日数 7 d，风速极值 25 m/s。根据地震鉴定，基本烈度为Ⅵ度，稳定性好。

二、工程概况

邛崃市回澜水厂于 2003 年建成，工程总投资 231.15 万元，位于邛崃市宝林镇塔子村，水厂总规模 700 m^3/d，水源为宝林镇塔子村 40 m 深地下水。该工程区共 1 850 户及医院 1 座，学校 2 所，共计 6 900 人，农民 2002 年人均纯收入为 2 890 元。

三、工艺流程

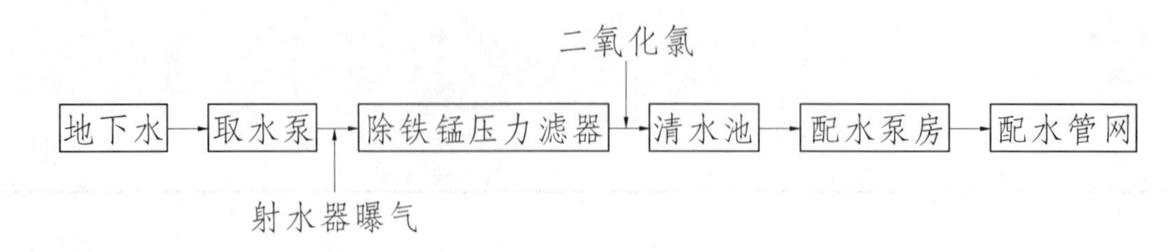

四、工程设计及构筑物

该水源井井深 40 m，井孔口径 1 000 mm，成井管内径 600 mm，滤料规格 0.5 ~ 1 cm。取水井段长 15 ~ 30 m，施工要求冲击钻井，空压机洗井，上部 5 m 钢管护壁，以下用黏土护壁，做好 10 m 以上井段止水。清水池为矩形，有效容积 200 m^3。输配水管网采用树枝状管网布置，主支管采用 UPVC 管，全部主管地埋 0.8 m 以上。该工程设计采用 RX–III 型全自动变频恒压供水系统。水厂工艺为井下曝气，RX–LX–50 型压力滤器除锰，QL–100 小型消毒机消毒。

五、工程经济效益分析

该水厂年制水成本为 26.52 万元，单位制水成本为 1.16 元/m^3。水费标准为生活用水 1.5 元/m^3，工业、商业等其他用水 2 元/m^3。据测算，该项目各项经济指标满足国家规定的要求，在国民经济评价上是合理的、可行的。

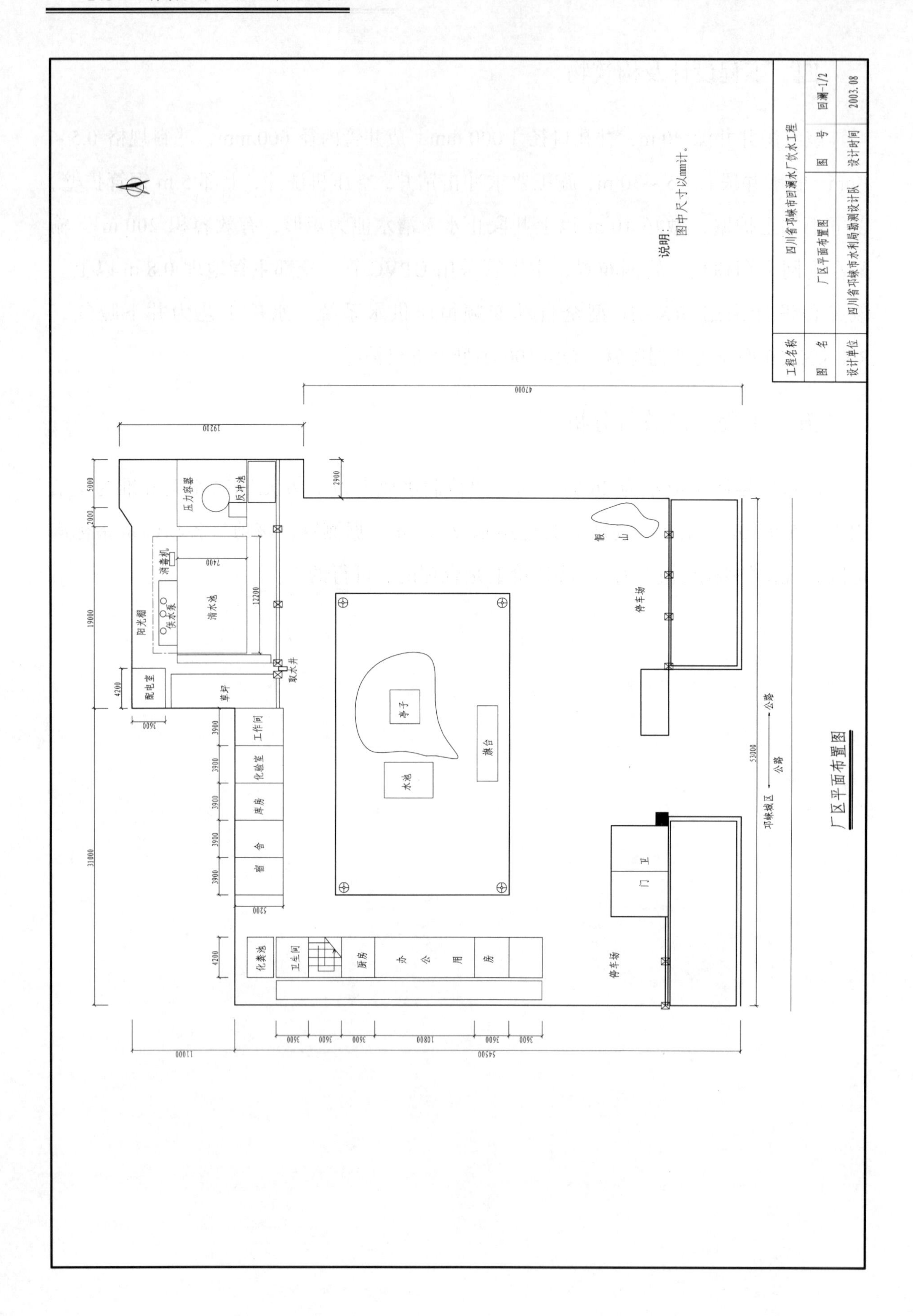
说明：
图中尺寸以mm计。
工程名称
四川省邛崃市回澜水厂饮水工程
图名
厂区平面布置图
图号
回澜-1/2
设计单位
四川省邛崃市水利局勘测设计队
设计时间
2003.08
压力容器
反冲池
消毒机
清水池
供水泵
阳光棚
配电室
草坪
取水井
工作间
化验室
库房
宿舍
化粪池
卫生间
厨房
办公用房
亭子
水池
旗台
假山
停车场
门卫
邛崃城区
公路
47000
19200
2900
53000
54500
11000
31000
19000
7400
12200
10800
3900
3600
4200
5200
5000
2000

厂区平面布置图

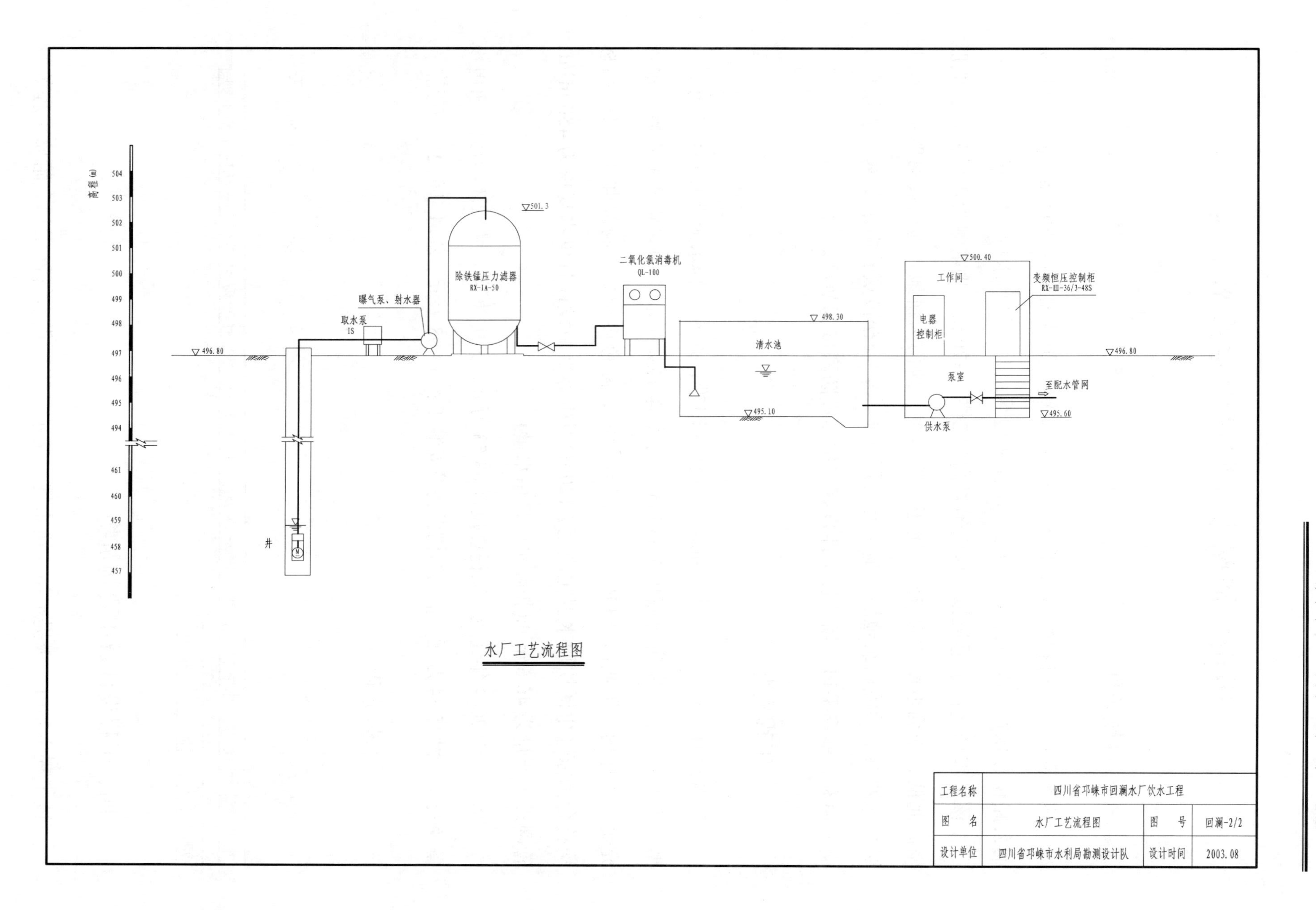
高程(m)
504
503
502
501
500
499
498
497
496
495
494
461
460
459
458
457
501.3
除铁锰压力滤器
RX-1A-50
曝气泵、射水器
取水泵
IS
496.80
井
二氧化氯消毒机
QL-100
498.30
清水池
495.10
500.40
工作间
电器
控制柜
变频恒压控制柜
RX-III-36/3-48S
泵室
至配水管网
495.60
供水泵
496.80
工程名称
四川省邛崃市回澜水厂饮水工程
图 名
水厂工艺流程图
图 号
回澜-2/2
设计单位
四川省邛崃市水利局勘测设计队
设计时间
2003.08

水厂工艺流程图

四川省泸州市江阳区宜定饮水工程

一、自然条件

该工程位于四川省泸州市江阳区西部通滩镇，距泸州市区 20 km，泸州至自贡的公路横穿该镇。该镇为浅丘地形，沱江从边缘绕过，田高水低，是泸州市常旱区。

该工程场地位于通滩镇，地面绝对高程 358 ~ 370 m，北东侧为乡村公路，地形南高北低，地面坡度约为 15°，属于丘陵地貌，地面为耕地。地层属第四系残积土层与侏罗系上沙溪庙组地层。地下有一层地下水，为松散层孔隙水及基岩裂隙水。交通便利，地形平坦，场地稳定性良好。抗震设防烈度为Ⅵ度。

二、工程概况

为解决宜定村和陵园村 3 000 人的饮水困难，饮水工程水源选择在该乡小(一)型楼方沟水库，水库集雨面积 2.66 km^2，总库容 129 万 m^3，为多年调节水库，水量充足。水库内无工业污染和生活污染，经检测，除色度和总大肠菌群外，其余指标均符合国家《生活饮用水卫生规范》(2001)卫生标准。设计日供水规模为 450 m^3/d，管网最大流量为 46.6 m^3/h(扣除水厂自用水量)。

该工程于 2004 年建成，工程总投资 83.53 万元，其中建筑工程 52.38 万元、机电设备及安装工程 15.34 万元、金属结构设备及安装工程 13.08 万元、临时工程 2.73 万元。

三、工艺流程

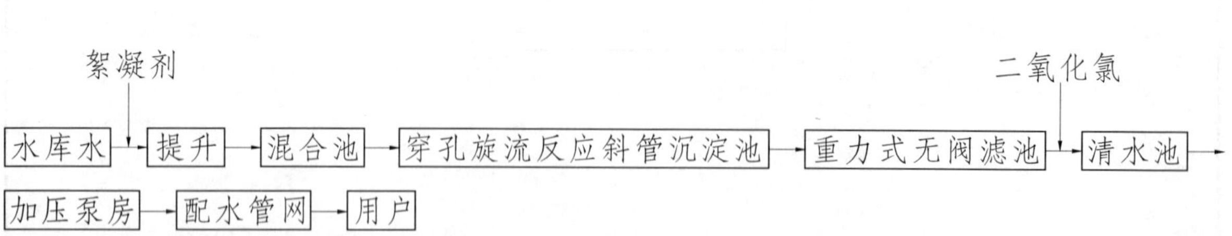

絮凝剂 ↓（加于水库水与提升之间）；二氧化氯 ↓（加于重力式无阀滤池与清水池之间）

水库水 → 提升 → 混合池 → 穿孔旋流反应斜管沉淀池 → 重力式无阀滤池 → 清水池 → 加压泵房 → 配水管网 → 用户

四、工程设计及主要构筑物

该工程主要由一级提水站、输水管、制水工程、供水管网工程、附属工程等组成。一级站装机 2×30 kW，总提水扬程 94.99 m(净扬程 68 m)，出水流量 46.7 m^3/h；输水管总长 608 m，管材为 PE 管，管径为 110 mm；净水厂占地 1 288 m^2，制水工艺为构筑物，净水能力为 60 m^3/h。

净水厂主要由混合池、沉淀池、无阀滤池、清水池、投药池、水射器、流量计、搅拌机、二级恒压变频供水设备、生产管理用房、围墙、道路、绿化带等组成。调节构筑物为清水池，容积为 300 m^3。为保护用户正常用水，建二级加压泵站。输配水管网采用树枝状管网供水，随着小集镇建设和经济发展加快，可以向环形管网与树枝管网相结合的混合方式过渡。

五、工程经济效益分析

该项目总投资 83.53 万元，解决 3 000 人的饮水问题，年供水量为 9.17 万 m^3，水价 2.62 元/m^3。经过分析，该项目各项经济评价指标均能满足要求，在经济上是合理的，财务上是可行的。

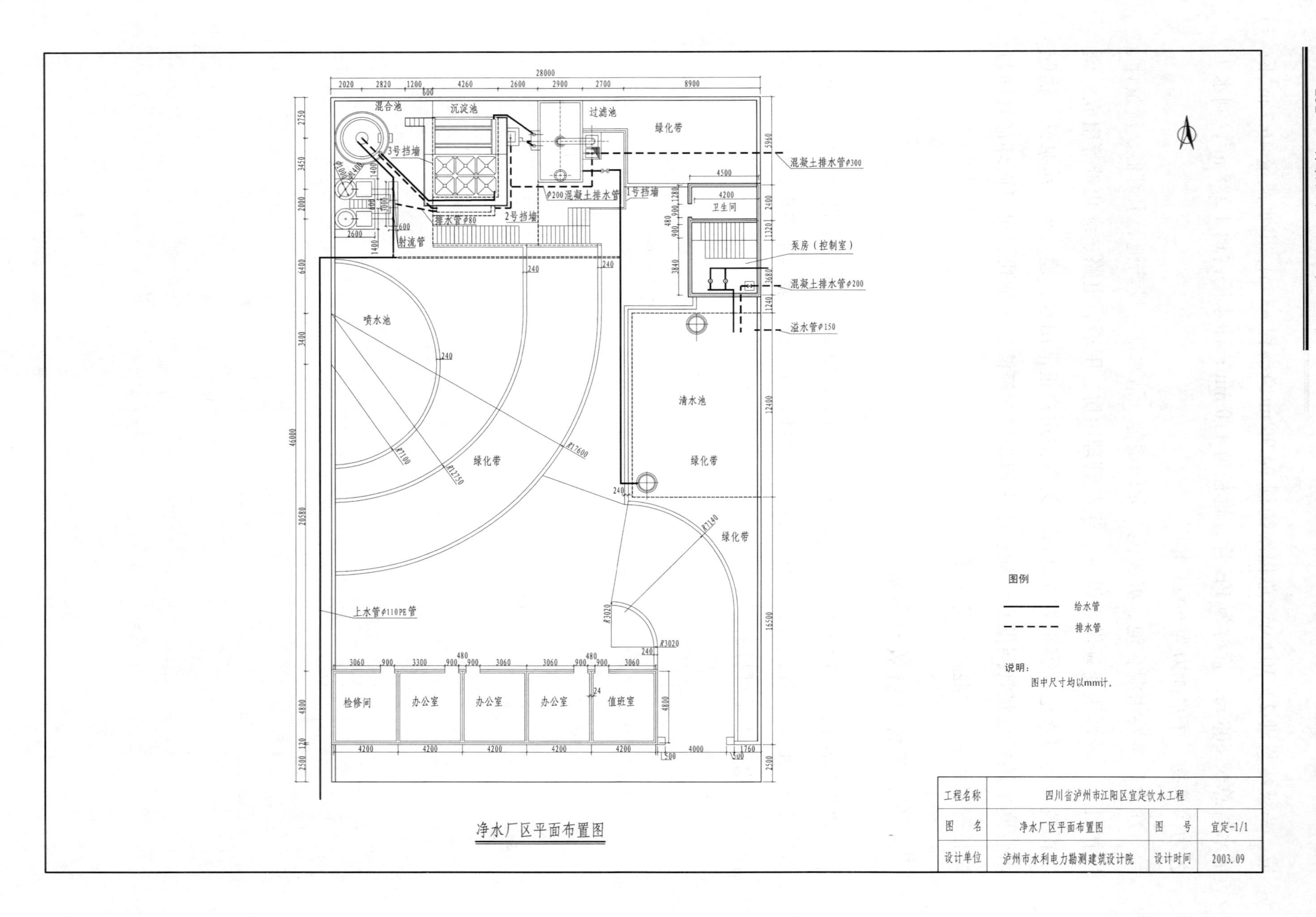

混合池
沉淀池
过滤池
绿化带
3号挡墙
1号挡墙
2号挡墙
φ200混凝土排水管
排水管φ80
射流管
混凝土排水管φ300
卫生间
泵房（控制室）
混凝土排水管φ200
溢水管φ150
喷水池
清水池
绿化带
绿化带
绿化带
上水管φ110PE管
检修间
办公室
办公室
办公室
值班室
图例
给水管
排水管
说明：
图中尺寸均以mm计。
工程名称
四川省泸州市江阳区宜定饮水工程
图　名
净水厂区平面布置图
图　号
宜定-1/1
设计单位
泸州市水利电力勘测建筑设计院
设计时间
2003.09

净水厂区平面布置图

四川省泸县得胜镇宋观饮水工程

一、自然条件

泸县得胜镇宋观饮水工程，坐落于四川省泸县得胜镇东约 1 km。工程建设场地为坡荒地，场地左侧高、右侧低，高差为 13 m，表面为残坡堆积，均厚度不大，局部见基岩裸露，岩石完整，排水条件好。该场地地层简单，表面覆盖层为 0.5 ~ 0.8 m 厚砖头石块等坡积物，以下为紫灰至黑灰色、厚至块状、中粒岩悄长石石英砂岩与粉砂质泥岩不等互层、砂岩，成分以石英为主，次为岩悄长石，中粒结构，钙泥质胶结。粉砂质泥岩质地致密、性软、易风化。砂岩、粉砂质泥岩表层具 1 m 左右厚风化带，风化带内岩石具有一定节理和裂隙，岩石完整性差，局部十分破碎软弱。该场地位于北东向新华夏体系华荣山帚状构造带之断裂褶皱群，古佛山破背斜南东侧之堆金湾断层南东侧，地层产状倾向 170°，倾角 12°，属地质构造简单区，场地内或较近地带无滑坡、崩塌、塌坑、泥石流等不良工程地质现象存在。该区地震基本烈度为Ⅵ度，按Ⅵ度设防。

项目区内多年平均降水量为 1 078 mm，降水时空分布不均，水资源十分贫乏，干旱频繁。

二、工程概况

该工程水源为距水厂仅 60 m 的冯河水库，水库集雨面积广，来水量充沛，流域内无化学工业厂矿和集镇等污染源，水质符合生活饮用水水源国家标准。

该工程于 2004 年建成，总投资 160.8 万元，日供水量 400 m^3，项目区内人口 4 500 人。

三、工艺流程

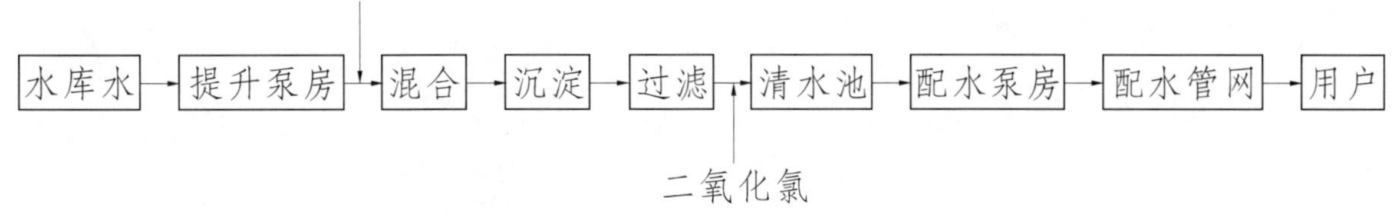

四、工程设计及构筑物

泵站位置选择在冯河水库右侧库弯的凸岸，由于岸陡、水深、无漂浮物、泥沙少且不淤积，水质较好；所选泵房基岩完整，河岸稳定，覆盖层薄。净水厂选在距冯河水库 60 m 的空旷平地上，地质条件好，用电方便，靠近居民集中区。

其他构筑物为穿孔旋流式絮凝池、斜管沉淀池、重力式无阀滤池、清水池。消毒设施为在清水池附近置放二氧化氯发生器，安设前后消毒管线，根据需要选择消毒加二氧化氯。供水管网按树枝状布设。

五、工程经济效益分析

据测算，年运行费为 23.3 万元，制水成本为 1.42 元/m^3，水价为 2.8 元/m^3。

该工程财务评价指标好，国民经济评价指标均满足规划要求，在经济上是合理的，在财务上是可行的。

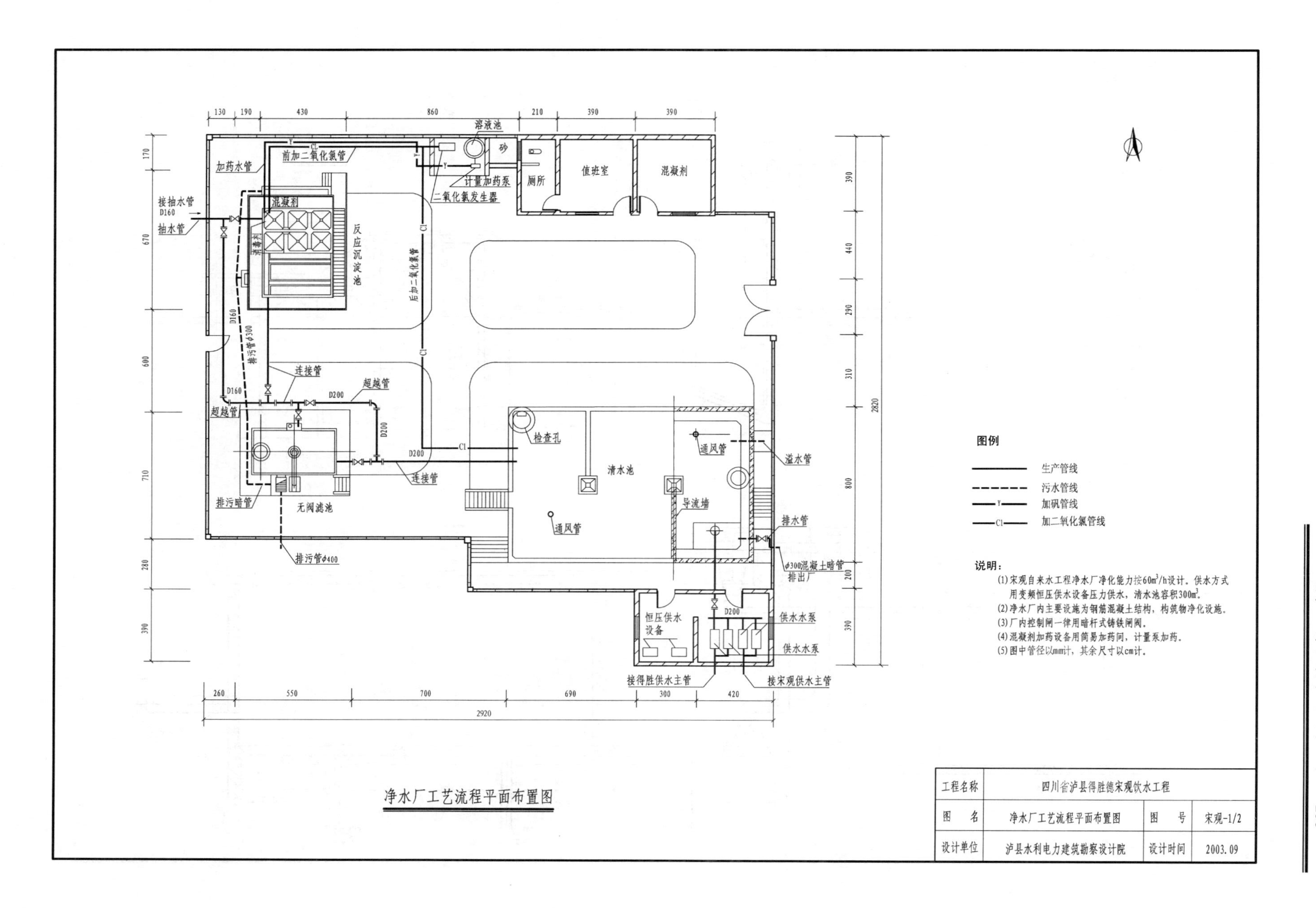

说明：

(1)宋观自来水工程净水厂净化能力按60m³/h设计。供水方式用变频恒压供水设备压力供水，清水池容积300m³。

(2)净水厂内主要设施为钢筋混凝土结构，构筑物净化设施。

(3)厂内控制阀一律用暗杆式铸铁闸阀。

(4)混凝剂加药设备用简易加药间，计量泵加药。

(5)图中管径以mm计，其余尺寸以cm计。

净水厂工艺流程平面布置图

工程名称	四川省泸县得胜德宋观饮水工程		
图　名	净水厂工艺流程平面布置图	图　号	宋观-1/2
设计单位	泸县水利电力建筑勘察设计院	设计时间	2003.09

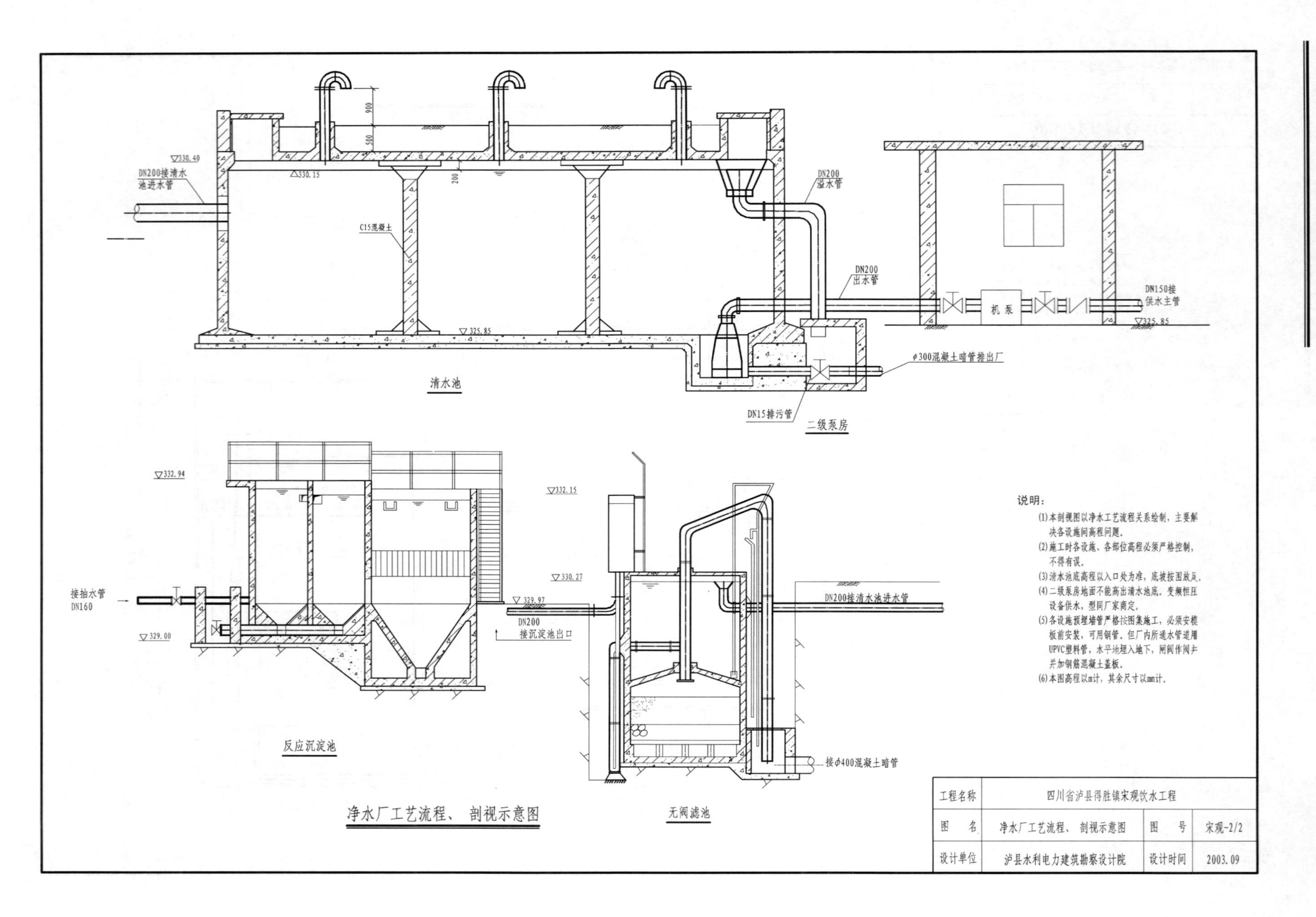

清水池
DN200接清水池进水管
▽330.40
△330.15
C15混凝土
900
500
200
▽325.85
DN200溢水管
DN200出水管
机泵
DN150接供水主管
▽325.85
φ300混凝土暗管排出厂
DN15排污管
二级泵房
反应沉淀池
▽332.94
接抽水管DN160
▽329.00
▽332.15
▽330.27
▽329.97
DN200接沉淀池出口
DN200接清水池进水管
接φ400混凝土暗管
无阀滤池
说明:
(1)本剖视图以净水工艺流程关系绘制，主要解决各设施间高程问题。
(2)施工时各设施、各部位高程必须严格控制，不得有误。
(3)清水池底高程以入口处为准，底坡按图放足。
(4)二级泵房地面不能高出清水池底。变频恒压设备供水，型同厂家商定。
(5)各设施预埋墙管严格按图集施工，必须安模板前安装，可用钢管。但厂内所通水管道用UPVC塑料管，水平地埋入地下，闸阀作阀井并加钢筋混凝土盖板。
(6)本图高程以m计，其余尺寸以mm计。
净水厂工艺流程、剖视示意图
工程名称 四川省泸县得胜镇宋观饮水工程
图 名 净水厂工艺流程、剖视示意图
图 号 宋观-2/2
设计单位 泸县水利电力建筑勘察设计院
设计时间 2003.09

四川省平武县王朗自然保护区饮水工程

一、自然条件

该工程位于四川省平武县王朗自然保护区内，处高寒地带，属国家级自然保护区、原始森林景区，是国家级保护动物大熊猫的栖息地。

二、工程概况

该工程水源为地下水，于2005年建成，工程总投资为73.28万元，其中土建14.47万元、管网13.8万元、设备费37.65万元、其他3.96万元、工程预备费3.4万元。该区属旅游区，采用全日供水，高峰常住人口200人，流动人口300人，最高日用水定额为450 L/(人·d)，流动人口最高日生活用水定额为100 L/(人·d)。饮用水水质标准按欧共体饮用水公共卫生标准执行，优于《生活饮用水卫生标准》(GB 5749—85)，可达到桶装水标准，能直接饮用。

三、工程特点

(1)工程运行管理自动化程度高，实现了无人管理。

(2)工程防冻、备用措施严密，有效提高了供水保证率。

(3)工程实现分质供水，水质质量标准达到欧洲饮用水水质标准，水质处理采用全物理措施，能有效促进王朗的环境保护和争创国际绿色环保景区，也是提升景区品质的有力支撑。

(4)工程建设中，供水管理自动增压设备为王朗景区当年拓宽建设范围提供了可靠保证。

四、工艺流程

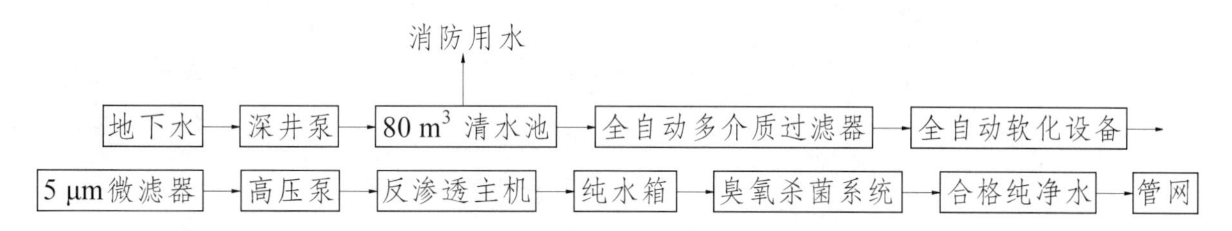

五、工程措施和构筑物设计

输水管线按单管输水布置，配水管网布置成树枝状，选用 PE 塑料管。输配水管道地埋，管道埋设深度在冻深线以下，管道保暖采用内包发泡石棉加硬质聚氨酯泡沫塑料保温层保温，防腐采用玻纤布加环氧树脂。

取水构筑物：水源井设计为大口井，直径 2.5 m，井深 6 m；泵站和设备间为砖混结构，平顶屋，泵房建于水井之上，设备间建于清水池和纯水池之间。

调节构筑物的形式为高位清水池，有效容积为 80 m^3，清水池下部存留 30 m^3 水供消防使用。高位水池为圆形，内直径 6 m，池深 3 m，整个池体采用 C28 钢筋混凝土现浇，池内壁贴白色瓷砖，上覆盖 1 m 土层，设置两个水位控制器、供水管、排空管和消防管出口。清水池饮用水取水口不低于清水池底部以上 1.1 m 位置。清水池有效容积 20 m^3，池内壁为不锈钢，其他做法和清水池相同。

六、工程运行及效益分析

销售水价 2.15 元/m^3，适合当地经济发展现状及用户的经济承受能力。

工程建成后，提高了用户的饮水安全度，保护了用户生活质量及健康水平，社会效益及经济效益显著。

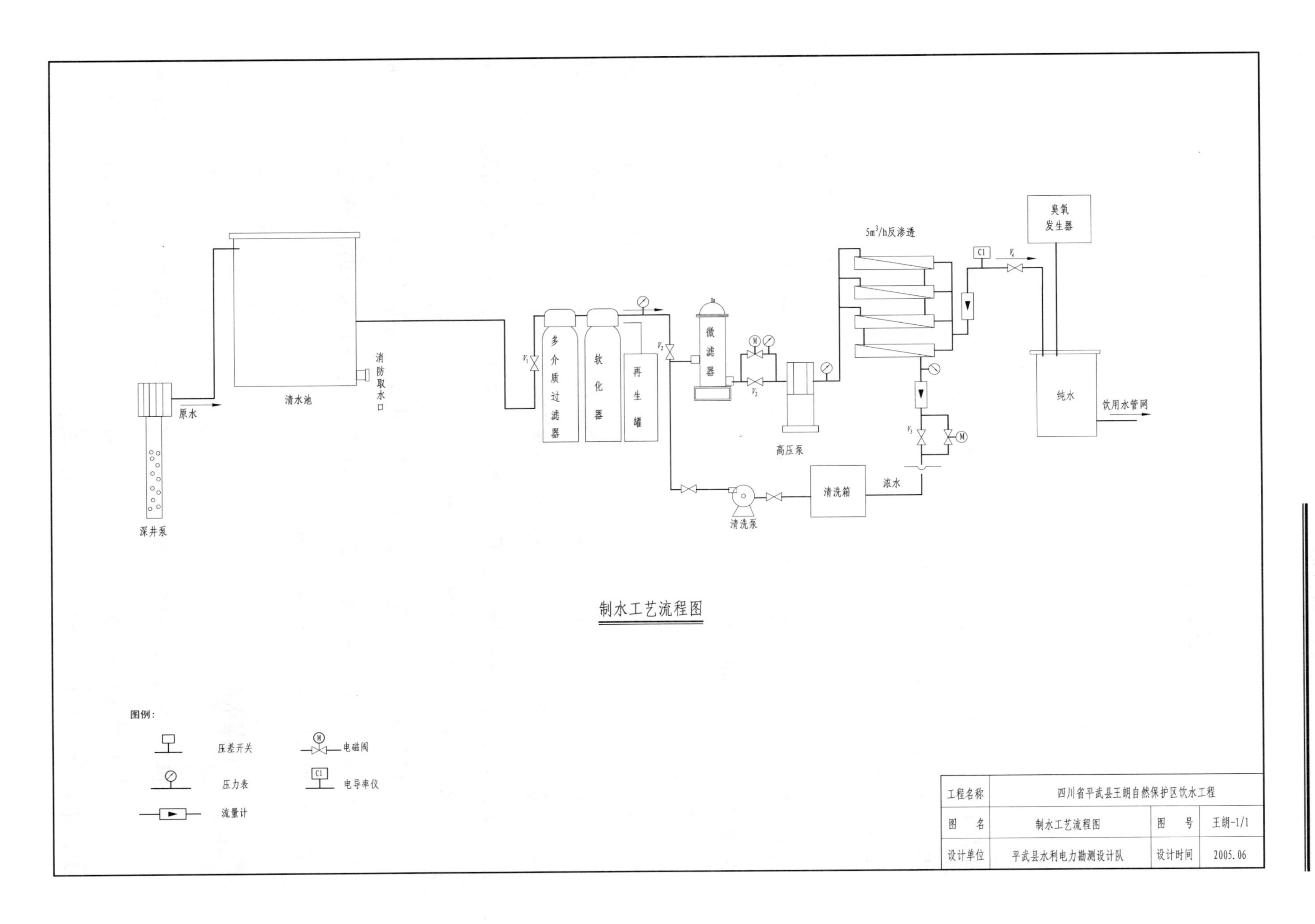

深井泵
原水
清水池
消防取水口
多介质过滤器
软化器
再生罐
微滤器
高压泵
5m³/h反渗透
臭氧发生器
纯水
饮用水管网
清洗箱
清洗泵
浓水
图例：
压差开关
压力表
流量计
电磁阀
电导率仪
工程名称
四川省平武县王朗自然保护区饮水工程
图 名
制水工艺流程图
图 号
王朗-1/1
设计单位
平武县水利电力勘测设计队
设计时间
2005.06

制水工艺流程图

四川省蓬安县罗家饮水工程

一、工程概况

蓬安县罗家镇地处四川省东北部，面积 29 km^2，境内属丘陵地区，主要特点是山高坡陡，岭梁伸延，切割破碎，溪沟纵横，农耕发达，植被较好。境内水资源较丰实，有天然溪河多条，骨干水利工程有中型水库 1 座、小(一)型水库 3 座，工程蓄水达 4 000 多万 m^3。

该镇属北温带湿润性季风气候区，气温较暖，多年平均温度为 17.6 ℃，最高气温 40 ℃，最低气温–3.5 ℃，多年平均日照 1 191.7 h，多年平均无霜期 303 d，多年平均降水量为 986.5 mm。

罗家供水站位于大深沟水库库区，取水水源为大深沟水库工程水。该区地层岩性主要为砂岩和黏土岩互层，一般砂岩形成陡岩，黏土岩形成缓坡，彼此抗风化能力差异较大，因而冲沟发育，河流弯曲，河谷呈缓 U 字形，台地广布，山顶常呈猪脊岭、方山、平顶山地，属侵蚀堆积和构造剥蚀类型。河流下切，地块上升。两岸一级阶地发育，该区物理地质作用不甚发育，主要为风化作用，次为滑坡、崩塌作用，后者规模较小，零星分散于斜坡坡脚等地。

该工程总投资 99.5 万元，于 2003 年 12 月建成，主要供水区内常住人口为 4 700 人，设计年限 15 年，终期规模 5 920 人，用水定额按 55 L/(人·d)，制水能力 440 m^3/d (按每日工作 12 h 计)，现供水 280 m^3/d。

二、工程水源

罗家供水站位于大深沟水库库区，取水水源为大深沟水库工程水，水库集雨面积大，库区植被较好，库水浊度低，水质较好。经检测，库区水质除大肠杆菌和细菌总群超标外，其他各项指标均符合饮用水标准。

三、工艺流程

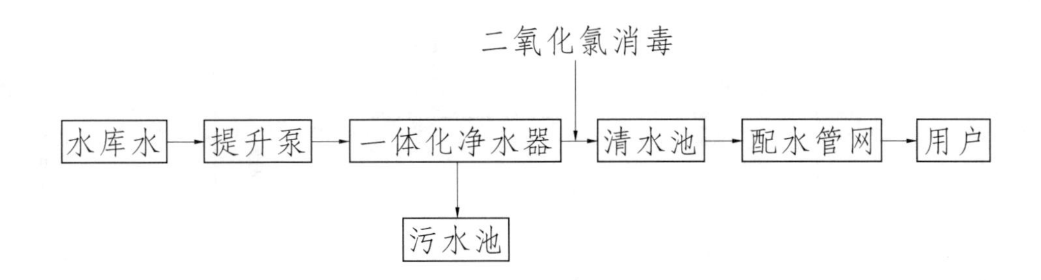

四、工程总体布置与枢纽工程配套设计

该工程采用潜水泵提水方式取水，一体化设备制水、消毒、高位清水池供水。原水通过提水管后，直接进入一体化制水设备进行制水处理，经过二氧化氯发生器消毒后自流进入高位清水池，然后供向用户。

五、工程经济效益分析

根据当地经济条件，供水水价核定为 2.1 元/m^3。

据测算，该项目各项经济指标满足国家规定的要求，在国民经济评价上是合理的、可行的。

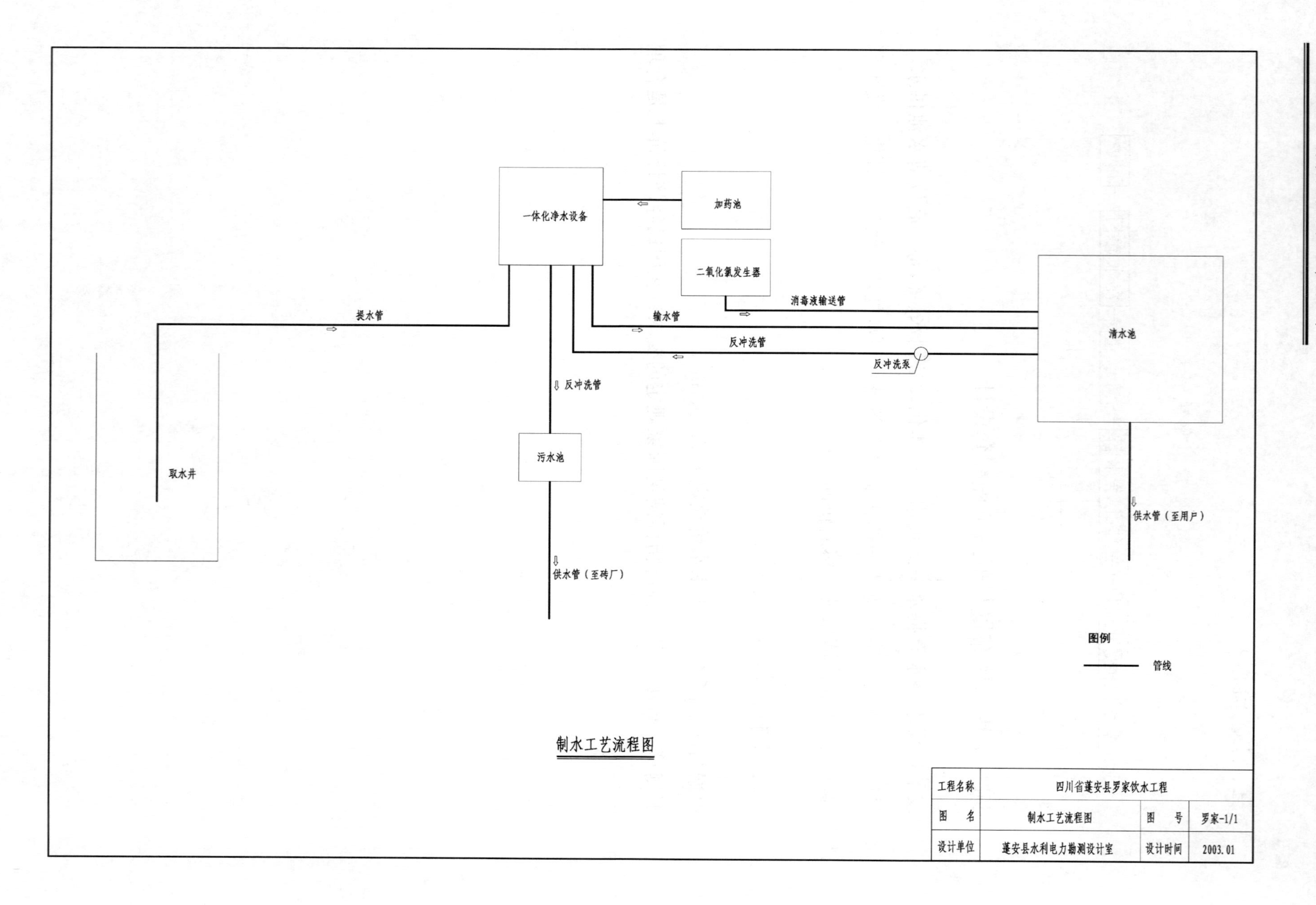

一体化净水设备
加药池
二氧化氯发生器
消毒液输送管
提水管
输水管
反冲洗管
反冲洗泵
清水池
反冲洗管
取水井
污水池
供水管（至用户）
供水管（至砖厂）
图例
管线
制水工艺流程图
工程名称
四川省蓬安县罗家饮水工程
图 名
制水工艺流程图
图 号
罗家-1/1
设计单位
蓬安县水利电力勘测设计室
设计时间
2003.01

四川省南溪县南溪镇西郊饮水工程

一、自然条件

南溪镇位于四川省南溪县境内中部偏东，是一座有 1 000 多年历史的古城镇。项目区主要地形为丘陵地貌，中间有宜泸公路自西向东，南观公路自南向北通向 206 省道，交通便利。地下水多靠地表雨水补给，项目区离县城近，通信设施较好，电源有大电网白山变电站，电源充足。地震强度为Ⅵ级防震区。

工程区为长江岸坡地段，该岸坡呈东北—西南向延伸。选点南面因长江水下切后形成冲积小平原，北面为七洞湖尾水郭麻沟，处于二级台地边沿，因周围地表剥蚀后形成小山丘，天然坡度在 15 °~ 20 °。

在工程区域内无基岩出露，均为第四系堆积物。该层多为耕作层或人工堆积物，成分杂乱，结构松散，厚度较薄，平均在 0.5 ~ 1.0 m。

第四系全新统冲积堆积层，主要为泥沙卵砾石层，卵砾石成分为花岗岩、石英岩、闪长岩为主，岩石坚硬，磨圆度好，但分选性差，粒径 2 ~ 10 cm 不等，含砾量 60%左右，在泥土(沙)中嵌入状产出。结构密实，厚度不详，为建筑物主要持力层。工程区位于宋家场背斜南东翼，距背斜轴部约 1 000 m，下伏基层为侏罗纪上统遂宁组紫红色泥岩夹砂质泥岩。岩层产状为：倾向南东，倾角 5 °~ 8 °。根据工程区域调查以及区域地质资料表明，厂址无大断裂存在，下岩层整体性好，区域稳定。

二、工程概况

该工程于 2004 年 5 月建成，工程总投资 101 万元，日供水量 420 m^3/d，主要解决南溪镇人口相对集中的 4 000 人的饮水问题，可向周边辐射解决规划外的 1 500 人的饮水问题。

工程水源为水库尾水。

三、工艺流程

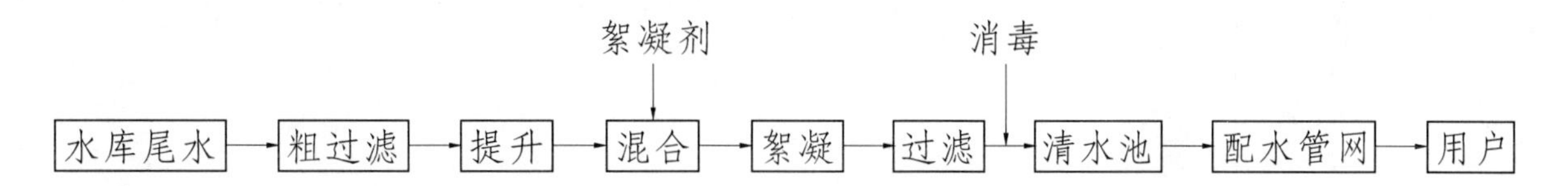

四、工程设计及构筑物

该工程水源为小(一)型水库七洞桥水库尾水郭林溪取水，经溪沟放水。结合当地实际和洪期原水浑浊度变化较大的特点，设计时在取水点修建了拦水堰，并对取水点 50 m 的溪沟两岸进行了条石砌筑，既提高了防洪能力，又可充当自然沉池。在抽水前池将常规的拦污栅改设为粗过滤进水槽，内填粗过滤料，既可挡原水污染，又可过滤原水中的可见悬浮物、杂质和部分泥沙。

根据水源方案综合分析和地质勘测报告，取水泵房建在七洞桥下游 1 km 以七洞桥水库为水源的郭林溪，在溪沟房建一个 25 m^3 抽水前池、粗过滤进水槽。经泵房扬水到离泵站 100 m 处，高程为 299 m，川主庙坡上对面高地建净水系统及清水池，净水厂占地 800 m^2。

泵房设计为砖混结构，因该地区为Ⅵ级地震区，在设计时作一般抗震结构设计。泵房内布置两台水泵，水泵采用平等单式，水泵间净距为 1 m，安装 Y 型三通与两台水泵相接连好。每台泵分叉口安装一台闸阀，截止阀安在共用出口管处，配电屏在泵房中间工作平台上。在泵房设置排水沟，以排除泵房地面积水。

净水厂设计规模为日产水 770 m^3，占地面积 800 m^2。净水厂构筑物为混凝剂池、反应池、斜管沉淀池、普通快滤池、反冲洗泵房、配药间及清水池。

五、工程运行及效益分析

该工程建成后，解决 4 000 人的饮水困难问题。经核算，水费按 1.2 元/m^3 计算，内部收益率和效益费用比均合理。

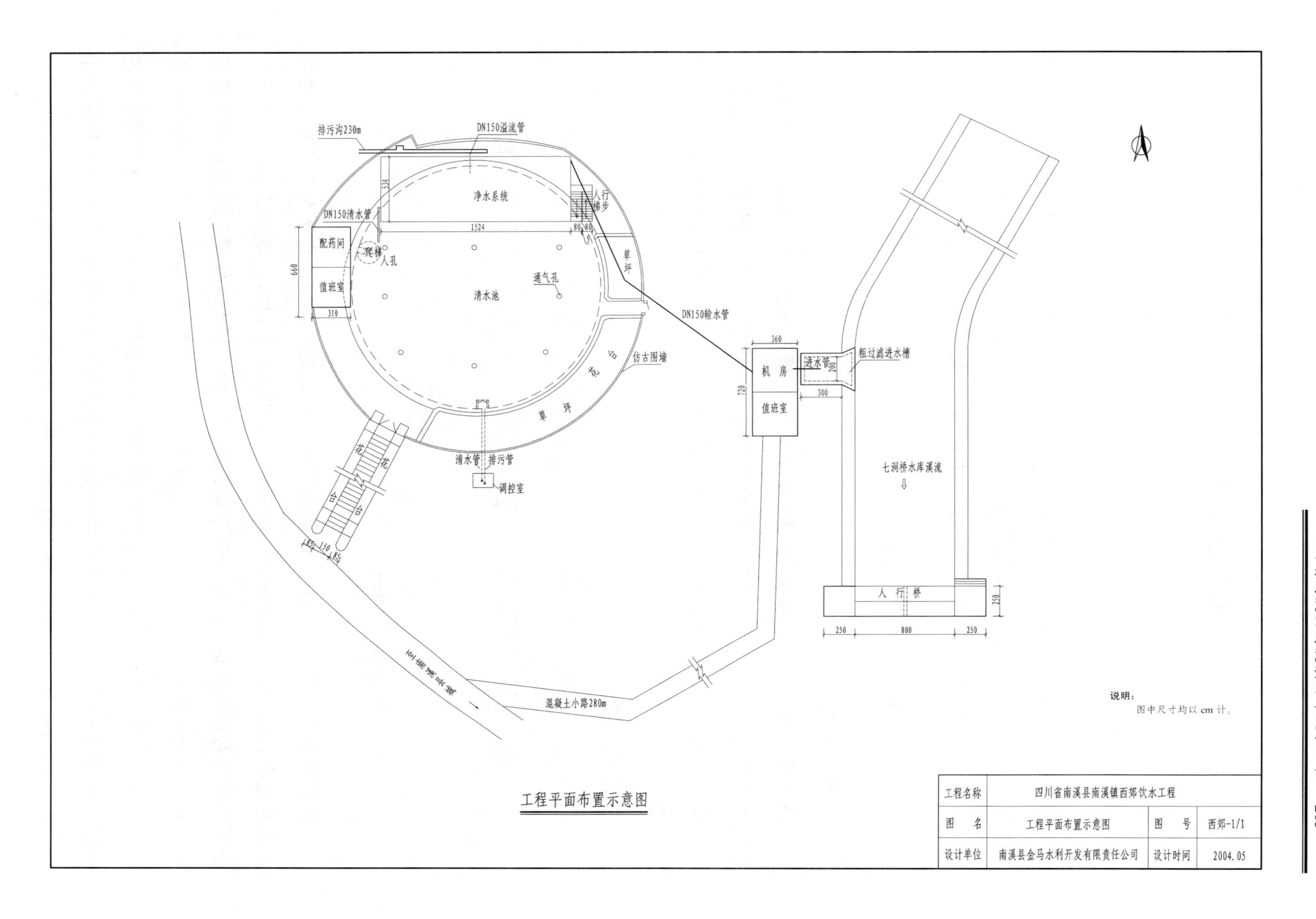
排污沟230m
DN150溢流管
净水系统
人行梯步
DN150清水管
1524
配药间
值班室
人孔
爬梯
通气孔
清水池
草坪
DN150输水管
仿古围墙
花台
草坪
清水管
排污管
调控室
机 房
值班室
进水管
粗过滤进水槽
七洞桥水库溪流
人 行 桥
混凝土小路280m
说明：
图中尺寸均以cm计。
工程平面布置示意图
工程名称
四川省南溪县南溪镇西郊饮水工程
图 名
工程平面布置示意图
图 号
西郊-1/1
设计单位
南溪县金马水利开发有限责任公司
设计时间
2004.05

四川省武胜县三溪饮水工程

一、工程概况

该工程于2002年6月动工，2002年10月竣工，厂址位于四川省武胜县三溪镇三溪村，工程规模为320 m^3/d(每日运行10 h)。现供水273 m^3/d，解决了三溪镇及周边3个村庄居民共计2 305人的饮水困难。工程总投资68万元。

二、水源水质与工艺流程

(一)水源水质

该工程水源为罗斗岩河水。罗斗岩河位于三溪镇三溪村境内，水资源十分丰富，水质无工业废污水排放，污染物主要是沿河附近居民生活、生产的废弃物及农田生产污染。经检测，除总氮超标和大肠菌群超标外，其他各项指标均符合Ⅲ类水域水质标准。

(二)工艺流程

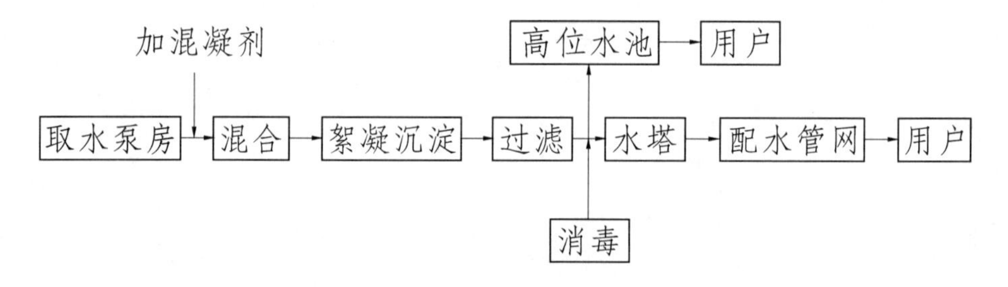

三、工程设计及构筑物

根据当地水文资料，结合三溪镇和罗斗岩河的地形，取水点选在三溪镇尖嘴湾一高台地上，取水高程328.76 m。泵房设计采用离心泵提水，喇叭式取水，泵房位于罗斗岩河右岸高台地上，地面式泵房，砖混结构。制水区修建浆砌条石矩形清水池和旋流式反应池及斜管沉淀池，修建管理房及其他附属构筑物。反应池采用旋流式反应池，水从底部由喷嘴沿池壁切线方向流入，在池内旋转上升，完成絮凝后通过上部出水管进入沉淀池，池底设排泥管。沉淀池选用斜管沉淀池。过滤构筑物采用净产水能力为40 m^3/h的普通快滤池。消毒剂选用二氧化氯，投加方式为重力投加。

由于制水区位置高度只能解决供水区内农户和居民的生活饮用水困难，还无法满足有学校、镇政府和信用社用水要求，为了供水工程今后的效益，减少运行费用，所以采用高位水池和水塔分开控制的办法。输配水管网布置成树枝状管网。

四、工程经济效益分析

水价经县物价部门审核批准为1.7元/m^3。

五、工程特点

(1)针对源水水质采用的工艺流程方案合理可行。

(2)工程采用的净水构筑物均为国内有成熟使用经验的形式，易于管理维护。池型选择时注意了当地的运行管理水平。

(3)考虑工程规模、农村供水管理水平等因素采用水力混合等简单易行的方式。

(4)考虑用水压力不同采用高位水池及水塔分压供水方式，简单易行。

(5)厂区布置紧凑，节省工程用地。

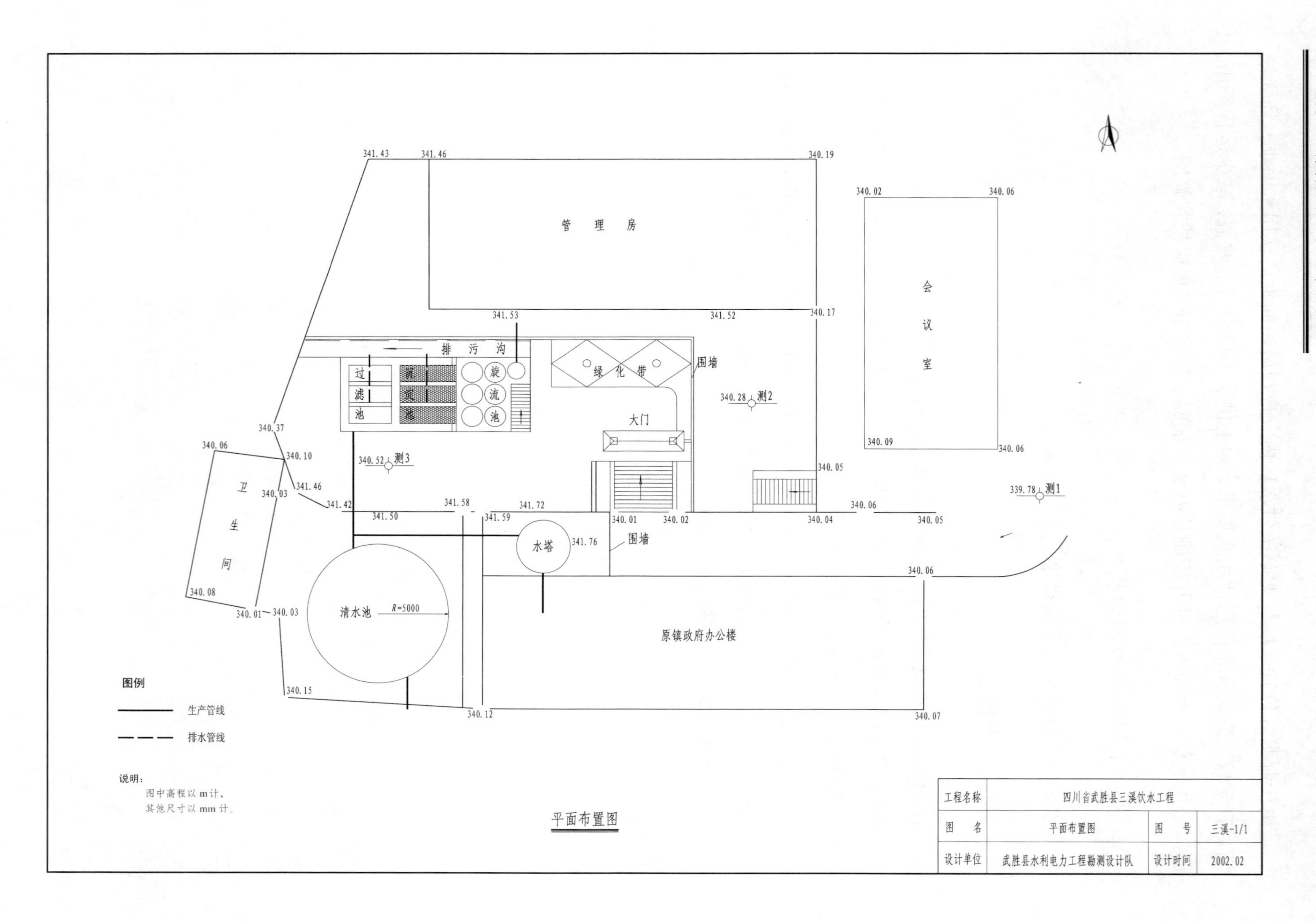

管理房
会议室
原镇政府办公楼
排污沟
过滤池
旋流池
绿化带
围墙
大门
水塔
清水池
R=5000
卫生间
测1
测2
测3
图例
生产管线
排水管线
说明：
图中高程以m计，
其他尺寸以mm计。
平面布置图
工程名称
四川省武胜县三溪饮水工程
图名
平面布置图
图号
三溪-1/1
设计单位
武胜县水利电力工程勘测设计队
设计时间
2002.02

四川省巴中市巴州区后溪沟饮水工程

一、自然条件

四川省巴中市巴州区处于川北深丘—低山带，整个地势由南向北逐渐增高，形成围高中低地形。地貌特点主要表现为山高坡陡，山岭延绵，河谷呈“V”字形，溪沟纵横，切割破碎。项目区处于巴州区北部低山区，整体地形呈台地状，村民居住点最高海拔 689 m，最低海拔为 485 m，耕地沿等高线呈台状分布，一般坡度 10°～30°，平均坡度为 20°。项目区属盆中丘陵红土层，含水层主要为中粗粒长英质砂岩裂隙及第四系列坡积物，泥质、泥质粉砂岩为相对隔水层，地下水蓄存条件较差，储量不丰，地下水资源贫乏。

项目区属四川盆地亚热带湿润气候区，气候温和，无霜期长，湿度大，阴天多，日照少，四季分明。多年平均降水 1 117 mm，年际变化大，最丰年降水 1 449 mm，最枯年降水量 651 mm；年内降水极不均匀，6～10 月降雨占全年降水的 73%，12 月～次年 2 月降水量仅占全年的 3%。

二、工程概况

该工程是中英合作中国水行业发展基础上农村供水与卫生项目的示范工程，水源为后溪沟水库水，位于巴州区平梁乡东北的黄家山脚下，场地周围无废气和工业废水污染，无危险建筑物，环境条件较好。

该工程分两期设计建设，一期工程为炮台供水工程，二期工程为玉皇供水工程。设计服务区域为解决平梁乡场镇和炮台、玉皇庙两个村 1 408 户 6 184 人的饮水困难(设计服务人口 7 396 人)，设计制水能力 740 m^3/d，设计供水能力 700 m^3/d，供水保证率为 95%。

该工程于 2004 年建成并投入使用，工程总投资 276.81 万元。

三、设计特点和主要技术经济指标

(1)用水户参与设计过程。该工程是中英合作中国水行业发展基础上农村供水与卫生项目的示范工程，在设计过程中，采用参与式方法开展基线调查，由村民用口袋法投票选择水源(97%的村民反对引用后溪沟水库蓄水作为供水水源)和选举产生用水户代表组成用水户协会，协会成员给设计人员提供资料，反馈群众意见，参与工程测量、供水管道走向、支管道的分支点布局、设计议案讨论等全过程，确保了设计方案科学合理。

(2)采用新材料、新技术、新设备。①该工程率先使用了UPVC、PE供水管道，一是减少了供水的二次污染，确保了水质；二是深埋塑料管道使用寿命长，减少了折旧、大修理费用；三是塑料管道造价低。②率先使用了二氧化氯发生器作为消毒设备，操作简单，管理方便，既确保了供水质量，又降低了运行成本。③率先在供水总闸后使用通气管技术，有效地避免了在供水过程中因快速关闭供水闸阀或管道形成真空，发生事故。④在减压池使用浮球阀作为水位自动控制装置，操作简单，维修方便，既保证了工程运行安全、降低了工程造价，又降低了运行费用。

(3)减压池与调节供水相结合。由于该工程地处山区，用水户相对高差大，为确保供水设施的正常运行，必须布设减压设施。由于一般的减压阀不能减少静水压力，所以工程采用减压池减压，用水户呈台阶状分布，供水高差大，必须实行分区供水，减压池沿高程布置，因此减压池又可作调节池，当水厂或主管道检修时，还能保证供区一段时间的用水。

(4)技术指标：经专家讨论，按80 L/人的日用水定额、12‰的人口自然增长率、设计年限为15年，最大制水规模为740 m^3/d，最大供水规划为700 m^3/d。水厂安装20 m^3/h的一体化净化器2套，二氧化氯发生器2台，建清水池2座、容积70 m^3，仅为日供水量的10%，建减压池15座，兼以调节供水量。

(5)主要工程量：完成土方开挖回填46 908 m^3，开挖石方8 589 m^3，浆砌和干砌条石620 m^3，砌砖196 m^3/h，C20混凝土128 m^3，铺设UPVC引、供水管道22 354 m，铺设PE供水管道77 813 m。

四、工艺流程

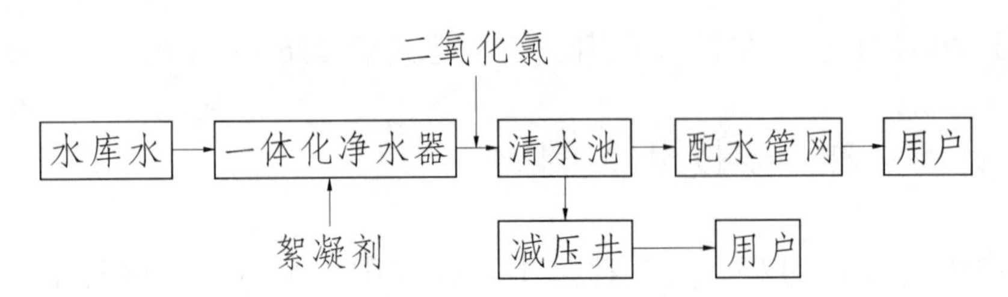

五、工程主要建设内容

采用后溪沟水库水作为项目区饮用水源，水厂修建在后溪沟水库管理所后山台地，乐平市引供水管道布设减压池。

六、工程效益分析

该工程年供水 15.4 万 m^3，水价为 1.5 元/m^3，年水费收入 23.1 万元。

该工程经济内部收益率为 17%，经济效益费用比为 1.18，经济净现值为 205.45 万元，经济上是合理的。

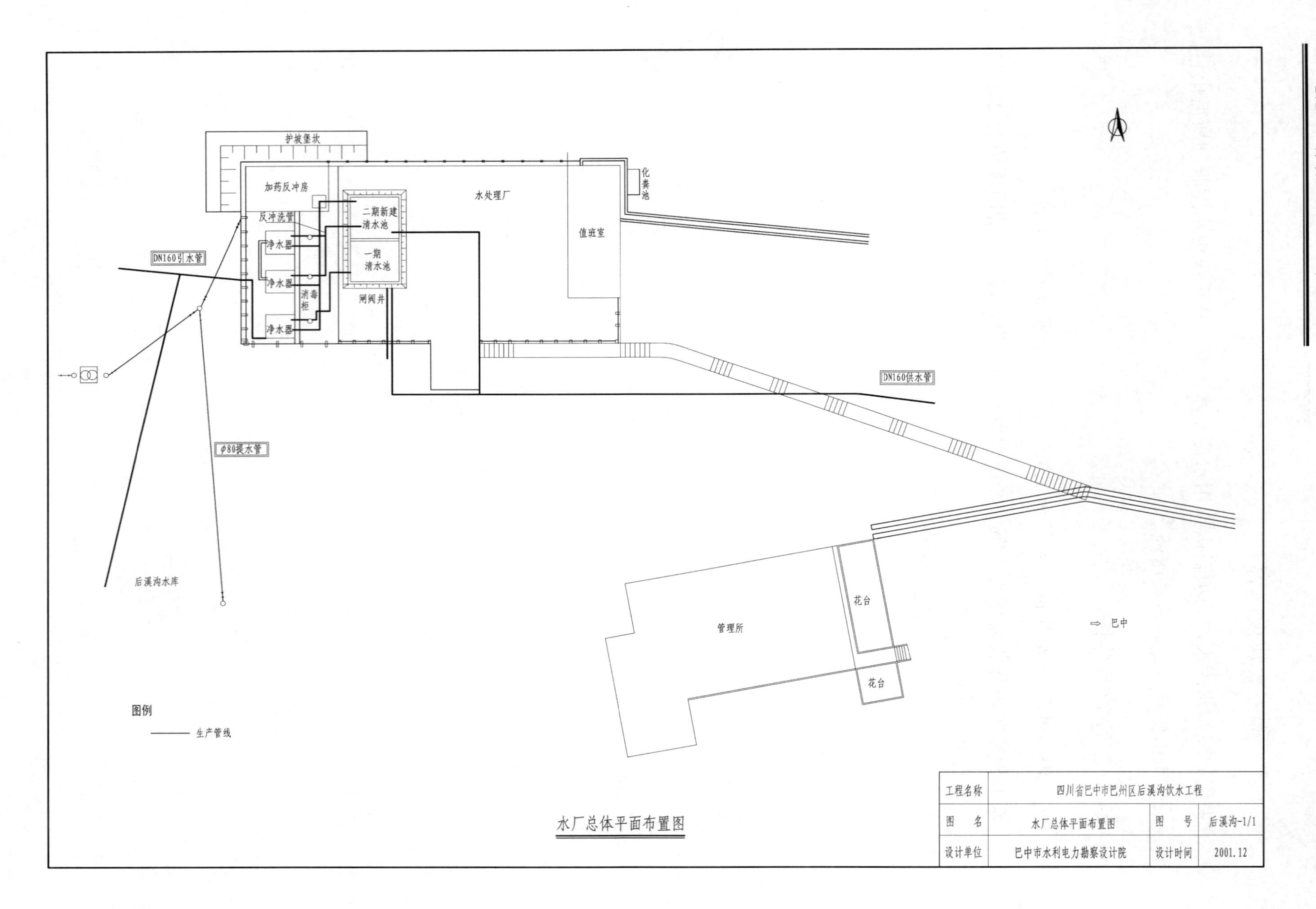
护坡堡坎
加药反冲房
反冲洗管
净水器
净水器
净水器
消毒柜
二期新建
清水池
一期
清水池
闸阀井
水处理厂
值班室
化粪池
DN160引水管
φ80排水管
DN160供水管
后溪沟水库
管理所
花台
花台
⇨ 巴中
图例
生产管线
工程名称
四川省巴中市巴州区后溪沟饮水工程
图　名
水厂总体平面布置图
图　号
后溪沟-1/1
设计单位
巴中市水利电力勘察设计院
设计时间
2001.12

水厂总体平面布置图

贵州省遵义县三渡镇水洋村饮水工程

一、工程概况

三渡镇水洋村饮水工程位于贵州省遵义县东部，地理位置东经 106°18′03″～106°18′45″、北纬 27°40′58″～27°41′27″。供水范围包括三渡镇政府机关、三渡中学和小学、三渡集镇街道居民及水洋村石岗嘴、亭子台、红旗、东风 4 个村民组，2003 年现状人口 2 230 人，设计水平年(2020 年)预测供水人口 3 540 人。工程措施为泵站扬水，设计供水规模 520 m^3/d。

二、工程设计特点

三渡镇水洋村饮水工程充分体现了人性化、科学化、自动化的设计理念，设计具有如下特点。

(一)水厂布置合理

水厂紧靠街道布置，厂区房屋建筑和街道浑然一体，作为三渡集镇一个有其特色的建筑，美观大方。同时，将管理房、泵房间的低洼地及过滤池、清水池池顶利用集水池、过滤池、清水池等开挖的土石方填筑到设计洪水位 806.50 m 以上，然后进行绿化，建成花园式厂区，一方面可使厂区环境优美，另一方面解决了水厂建设产生的弃渣问题，避免了工程建设可能造成的水土流失。

(二)水厂生产自动化

为了减少管理人员和保证供水系统正常运行，该工程一、二泵站及过滤池反冲洗均按自动化设计。为了消毒的次氯酸钠发生器与一级提水站抽水工作同步，研制了次氯酸钠发生器工作与提水站同步自动化。由于自动化程度高，与同类工程相比，可减少运行管理人员 3 人，节省管理费用 3 万元/年以上，降低供水成本 30%以上。

(三)上水管与配水管共用

将上水管道与配水管道共用，泵站抽水时直供用户，余水流入高位水池，不抽水时高位池重力供水。这样既节省了投资，又减少了占地，也便于狭窄地形的安装。

(四)设计突出人性化理念

龙井泉水冬暖夏凉，附近居民历来有在泉水下游洗衣洗菜的习惯。为此，设计在清水池下游修建洗衣池 16 个，深受群众好评。

三、水源水质与工艺流程

(一)水源水质

工程水源为龙井泉水，水量满足项目区2002年用水要求，且水质较好，细菌总数虽然超标，但容易处理。龙井泉水其他各项指标均满足《生活饮用水卫生标准》(GB 5749—85)要求。

(二)工艺流程

一级泵站(取水池、机泵、泵房等) → 消毒间 → 二级泵站(机泵、泵房等) → 上水管(兼配水主管) → 高位水池 → 配水管网

四、工程主要构筑物

(1)水源工程：建集水池一座，容积14 m^3，引水渠道长45 m；为保护水源，另修建排污渠及涵洞总长155 m。

(2)一、二级提水站各一座，总提水扬程76 m，分别安装功率1.5 kW和11 kW的离心泵各两台；铺设上水管长290 m。

(3)水处理厂一座，其中建清水池一个，有效容积135 m^3；过滤池两座，面积5.12 m^2；并附设次氯酸钠发生器一台；启闭自动化控制箱及信号装置2套，过滤池自动冲洗控制箱1套。

(4)改造高位水池一座，总容积264 m^3。

(5)管理房一座，建筑面积280 m^2；一级提水站泵房(含加药间)，建筑面积25 m^2；二级提水站泵房，建筑面积15 m^2。

(6)附属设施：洗衣池16个。

(7)配水管网：铺设配水管总长6 270 m，其中0.8 MPa ϕ110UPVC管270 m、0.8 MPa ϕ90UPVC管485 m、0.8 MPa ϕ63UPVC管485 m、0.8 MPa ϕ32UPVC管4 365 m、0.8 MPa ϕ25PE管665 m。

五、工程效益分析

项目的实施，可彻底解决三渡集镇及附近村民的饮水安全问题，项目区群众肠道病发病率高的状况得到了较大的改善，对促进项目区经济社会的持续稳定发展和建设新农村具有积极意义。

由于水厂设计基本达到了全自动化，节省了管理人员，而且由于上水管与配水管共用降低了能耗，与类似工程相比，每年可减少成本约3.4万元，经济效益显著。

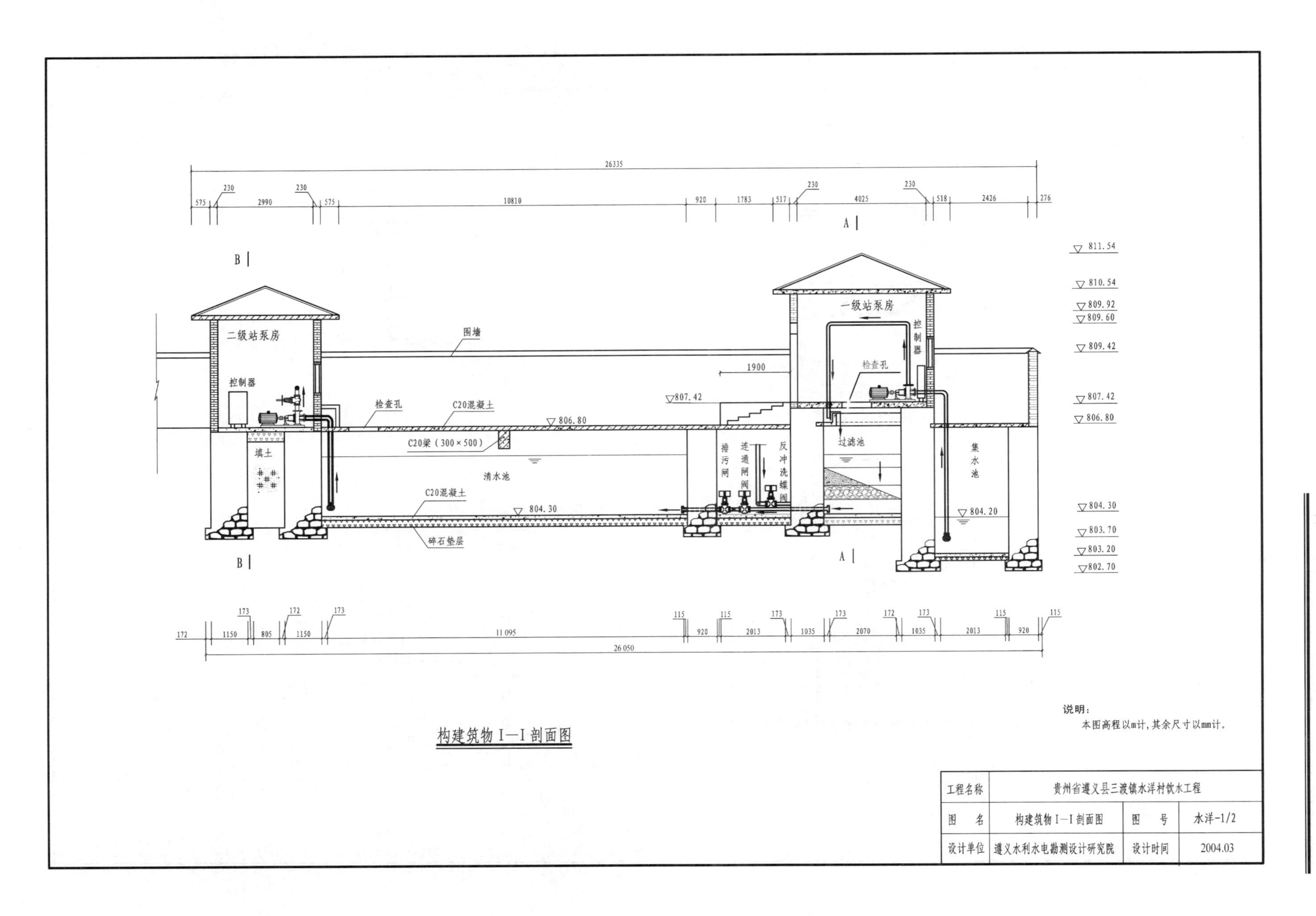

构建筑物 I—I 剖面图

说明：

本图高程以m计，其余尺寸以mm计。

工程名称	贵州省遵义县三渡镇水洋村饮水工程		
图　名	构建筑物 I—I 剖面图	图　号	水洋-1/2
设计单位	遵义水利水电勘测设计研究院	设计时间	2004.03

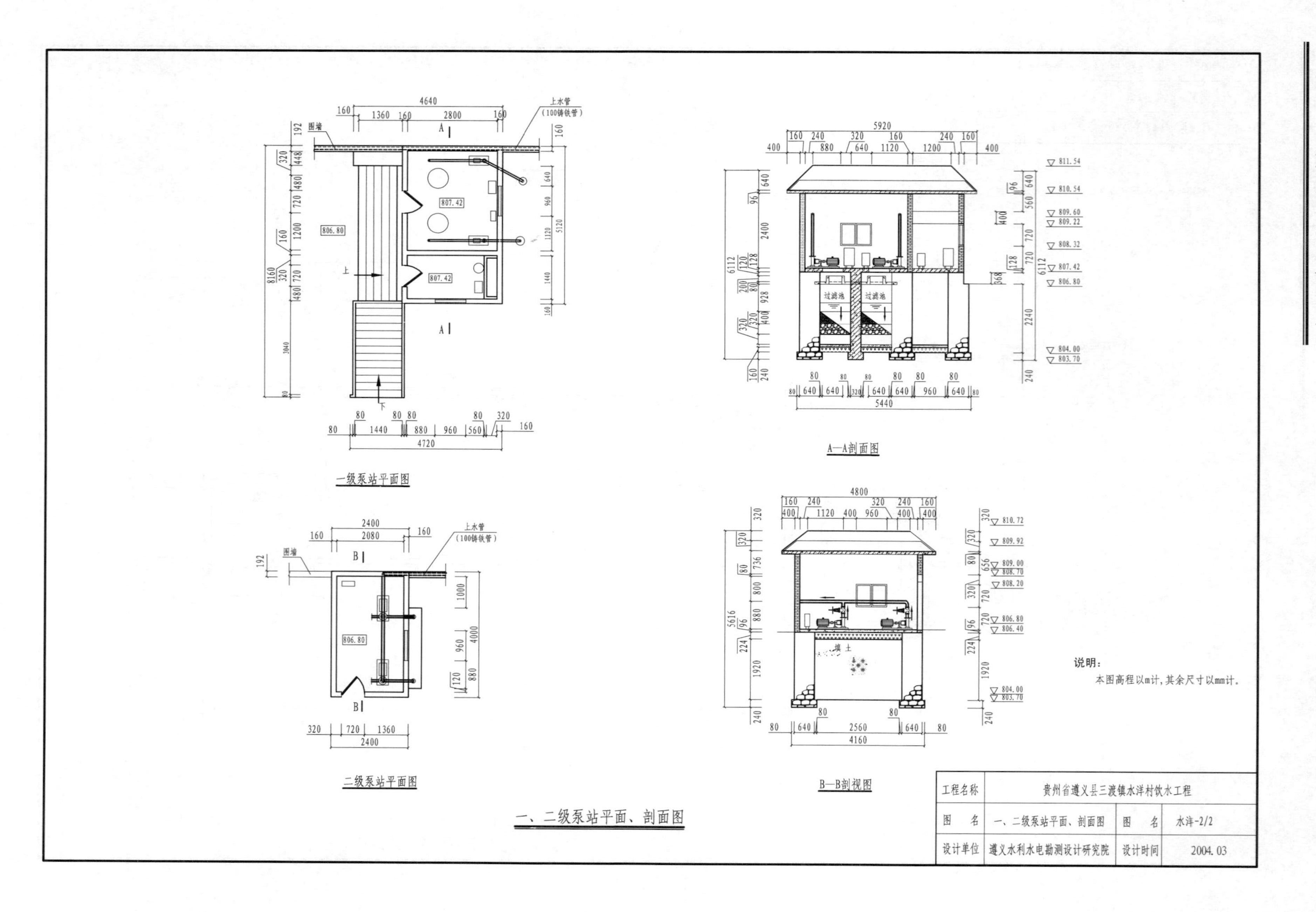

一级泵站平面图
二级泵站平面图
A—A剖面图
B—B剖视图
上水管
（100铸铁管）
围墙
过滤池
填土
一、二级泵站平面、剖面图
说明：
本图高程以m计，其余尺寸以mm计。
工程名称
贵州省遵义县三渡镇水洋村饮水工程
图　名
一、二级泵站平面、剖面图
图　名
水洋-2/2
设计单位
遵义水利水电勘测设计研究院
设计时间
2004.03

贵州省遵义县山盆镇饮水工程

一、自然条件

山盆镇位于贵州省遵义县西北部，东临沙湾镇，南接芝麻镇，西与仁怀县隔河相望，北与桐梓县山水相连。全镇辖 27 个村和一个居委会，共计 401 个村民组，总人口 56 717 人。该镇总面积 236.14 km^2,耕地面积 37 854 亩。该镇距遵义市区 55 km，距县城南白镇 75 km。

山盆镇具有丰富的旅游资源，境内群山起伏，风光旖旎，大娄山山脉横贯东南面。山盆镇是典型的喀斯特地形，拥有数十个天然溶洞，洞内石钟乳千奇百怪，其中丁村灰洞奇景更是少见，具有较大的开发价值。

山盆镇是一个农业镇，目前除煤矿开掘外，无其他工矿业，属全省 100 个贫困镇乡之一。2003 年全镇完成国民生产总值 10 816 万元，完成镇级财政收入 351 万元，农民人均纯收入 1 907 元，低于全县人均水平 2 233 元。

二、工程概况

工程于 2004 年 1 月 24 日动工，工程概算投资 173.6 万元。该镇(山盆、小湾、田上)现状人口 7 150 人，大牲畜 600 头。工程设计水平年为 2019 年，日供水总量 800 m^3，提水站按 14 h 工作时间计算，设计最大供水流量 15.9 L/s。

三、工程特点

(1)水厂布置合理。水厂紧靠公路溪沟旁布置，厂区房屋建筑和环境浑然一体，作为山盆集镇一个具有特色的建筑，美观大方。

(2)水厂生产自动化。该工程利用源头蓄水池调节后采用ϕ200PE 管自流到过滤池反冲洗均按自动化设计。

(3)上水管沿遵山公路布置，在出口高位水池进口安装总水表，便于计量计价，通过高位水池调节直供用水户，管护方便。

(4)为了使消毒的二氧化氯发生器与提水站抽水工作同步，研制了二氧化氯发生器工作与泵站同步自动化设备。

(5)该工程设计自动化水平高，且设计采用上水管与配水主管共用，在节约管材的同时，能耗指标与类似工程对比约节能30%。

(6)环境保护措施有力，效果显著。

四、工程水源

工程供水水源选择南山桥水源。该水源为地下泉水，位于山盆镇政府南面的南山村境内，水源实测最枯流量为100 L/s，日产水量8 600 m^3/d，该水源一年四季不断流，水源无污染，水质好，水量有保证。

五、工程设计和构筑物选型

该项目在南山桥高程为838.24 m的水源点取水。在水源点兴建75 m^3集水池，池墙采用M7.5浆砌块石，池墙厚80 cm，并用M10水泥砂浆抹面防渗；池底铺垫20 cm厚的渣石垫层后浇筑厚10 cmC15混凝土防渗。

在集水池和水处理系统间安装管径为ϕ200 mm的输水管，管长230 m。

在南山桥头(高程 831.8 m)处兴建水处理系统(水处理净化器、清水池、排污渠及围墙)和提水泵房及值班室(面积51.92 m^2)，安装两套水泵和配套电机(提水总扬程243 m，每小时提水量52.9 m^3)，在泵房中安装消毒用二氧化氯发生器一台。

在供水区内铺设供水管网工程，采用PE塑料管，共计3 395 m。安装80kVA变压器一台，架设10 kVA输电线路0.5 km、动力线路0.1 km。

六、工程效益分析

该工程实施后，水价定在1.8元/m^3以上。该工程的建成将极大地改善山盆镇群众的生活状况和推动镇区经济的发展，产生巨大的社会效益。

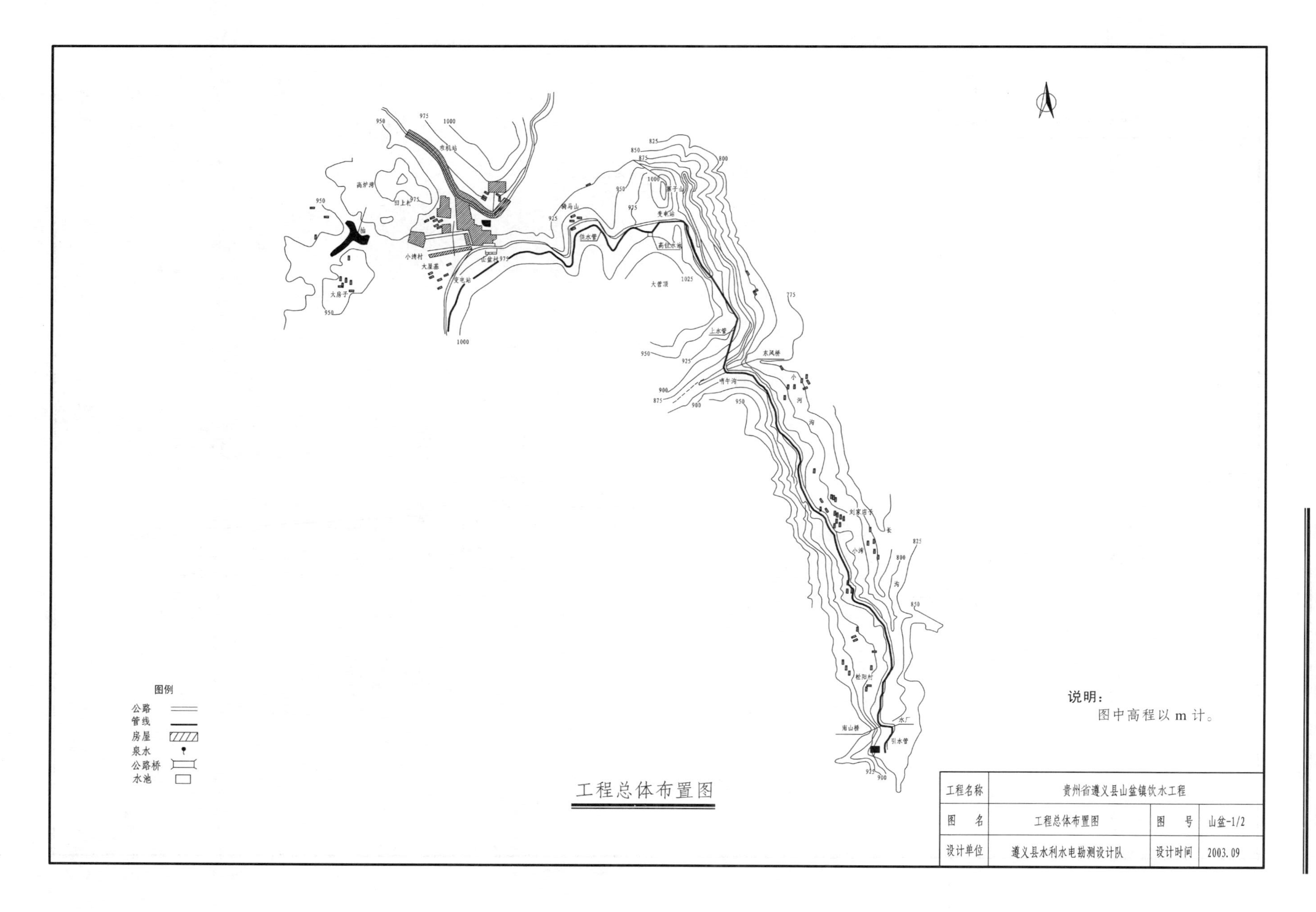
说明：
图中高程以m计。
工程名称
贵州省遵义县山盆镇饮水工程
图名
工程总体布置图
图号
山盆-1/2
设计单位
遵义县水利水电勘测设计队
设计时间
2003.09
工程总体布置图
图例
公路
管线
房屋
泉水
公路桥
水池

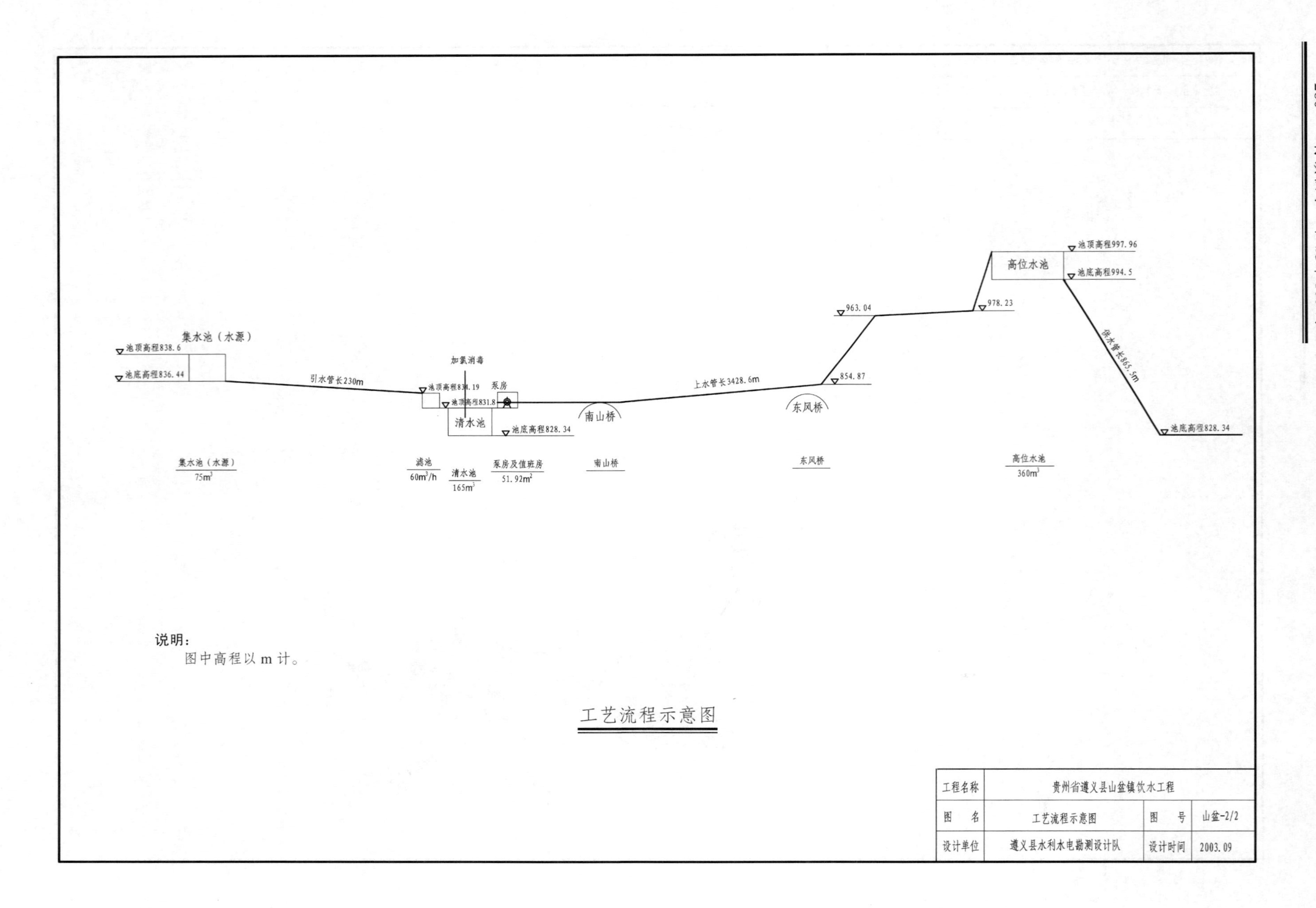

集水池（水源）
池顶高程838.6
池底高程836.44
引水管长230m
加氯消毒
池顶高程834.19
泵房
池顶高程831.8
清水池
池底高程828.34
南山桥
上水管长3428.6m
854.87
东风桥
963.04
978.23
高位水池
池顶高程997.96
池底高程994.5
供水管长865.5m
池底高程828.34
集水池（水源） 75m³
滤池 60m³/h
清水池 165m³
泵房及值班房 51.92m²
南山桥
东风桥
高位水池 360m³
说明：
图中高程以 m 计。
工艺流程示意图
工程名称 贵州省遵义县山盆镇饮水工程
图名 工艺流程示意图
图号 山盆-2/2
设计单位 遵义县水利水电勘测设计队
设计时间 2003.09

陕西省眉县槐芽镇饮水工程

一、自然条件

项目区跨越陕西省眉县两个地貌单元，即渭河二级阶地和黄土梁塬。地势南高北低，相对高差约 25.20 m。镇区处在渭河二级阶地上，地势平坦，呈东西方向走势，东西长约 2 000 m，南北宽约 700 m。现有东西向街道 2 条，南北向街道 3 条，均为水泥硬化。其他 4 个行政村处在黄土梁塬或渭河二级阶地和黄土梁塬过渡带上，地形地貌多变，居民居住集中。

眉县属大陆性季风半湿润气候，光照充足，雨热同季，冷暖干湿四季分明。平均日照时数 2 088 h，多年平均气温 12.8 ℃，极端最高气温 43 ℃，极端最低气温–15 ℃，无霜期 280 d。多年平均降水量 769.9 mm，其时间分布为一、二、三、四季度降水量分别占全年降水量的 7.2%、29.7%、47.7%和 15.4%，多年平均蒸发量 1 270 mm，平均干旱指数 1.49，属亚湿润区。风速 2.4 m/s，最大月平均风速 2.8 m/s，以西北风和东南风为主。最大冻土深度 0.4 m。

二、工程概况

项目区处在眉县县城东南 16 km 处的槐芽镇，自然条件优越，农业生产发达，镇区商贩云集，贸易成交活跃，是眉县第三大镇。据统计，项目区 2002 年工农业总产值 11 358 万元，其中农业 1 632 万元，农民人均收入 1 360 元。

眉县槐芽镇镇区饮水工程是在上级批复的 2001 年人畜饮水项目槐芽镇肖里沟村供水工程的基础上，实施槐芽镇镇区供水工程，变单一供水为多元化集中供水。该项目设计供水规模为 1 533 m^3/d，涉及槐芽镇肖里沟、范家沟、保安堡、仓房堡 4 个行政村及镇区所在地企事业单位和工商个体户 121 户，现状受益人口 12 578 人，设计受益人口 12 947 人。工程主要建设内容包括取水工程、输水工程、净水工程、配水工程、供用电系统和厂区基础设施共 6 类 19 个单项，概算总投资 334.27 万元。

三、工程设计特点

(一)优化设计方案

项目区地形南高北低，相对高差 25.20 m，跨越渭河二级阶地和黄土梁塬两个地貌单元。项目区涉及 4 个行政村和镇区所在地企事业单位、工商个体户 121 户。村村相连，村镇一片。单独实施某一个村或镇区，必然造成项目的重复建设，与提倡的“条件具备的地方应积极实施集中联片供水”的要求相背驰。所以，在计划批复下达并进行详细勘测后，经过方案比选，确定了充分利用地形高差优势，集中联片供水的设计方案。

(二)突出技术创新

一是针对人饮工程普遍缺少水质净化设施或沿用漂白粉进行水质净化的老工艺，该项目采用了较为先进的欧泰华 99 普通系列二氧化氯发生器进行水质净化。具体工艺是：以氯酸钠和盐酸为原料，采取化学法负压曝气工艺产生二氧化氯，通过水射器注入蓄水池，达到消毒净化水质的目的。

二是该项目设计采用水位自动控制仪对蓄水池水位及水泵联合进行自动化控制。工作原理是：当水位自动控制仪浮子下降或上升至设定高度时，控制仪触点接触或断开控制水泵开启或关闭的电器按钮，水泵自动开启或停机，达到自动控制、便于管理和科学调度的目的。

(三)强调节能环保

一是充分利用地形高差优势，以蓄水池替代加压设施，进行重力式自压供水，降低了工程投资和运行成本。

二是水泵选用高效节能的潜水电泵，合理确定其安装深度，使其充分发挥效能，达到降低抽水成本的目的。

三是管材、管件、控制阀门、计量水表等，均采用正规生产厂家产品，做到安全、环保、高效、节能。

四、工程水源及工艺流程

该工程供水水源为地下水，采用二氧化氯消毒。工艺流程如下：

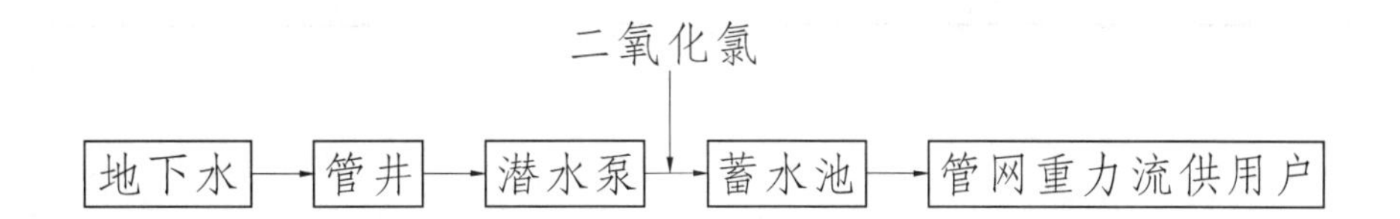

五、工程效益分析

截至 2005 年底，项目区受益人口约 7 300 人，累计输配水 46 万 m^3，实现水费收入约 55.2 万元，除电费、管理费和维修费外，水厂仍有一定的资金积累。项目区供用水条件的改善，提高了城乡居民的用水质量，减少了因水质污染而诱发的各种疾病，确保了人民群众的身心健康，达到了安全饮水项目的实施目的。同时，由于用水环境的改善，为商贸繁荣的槐芽镇创造了招商引资和快速发展的有利条件。故项目实施后社会效益、经济效益和生态效益十分显著。

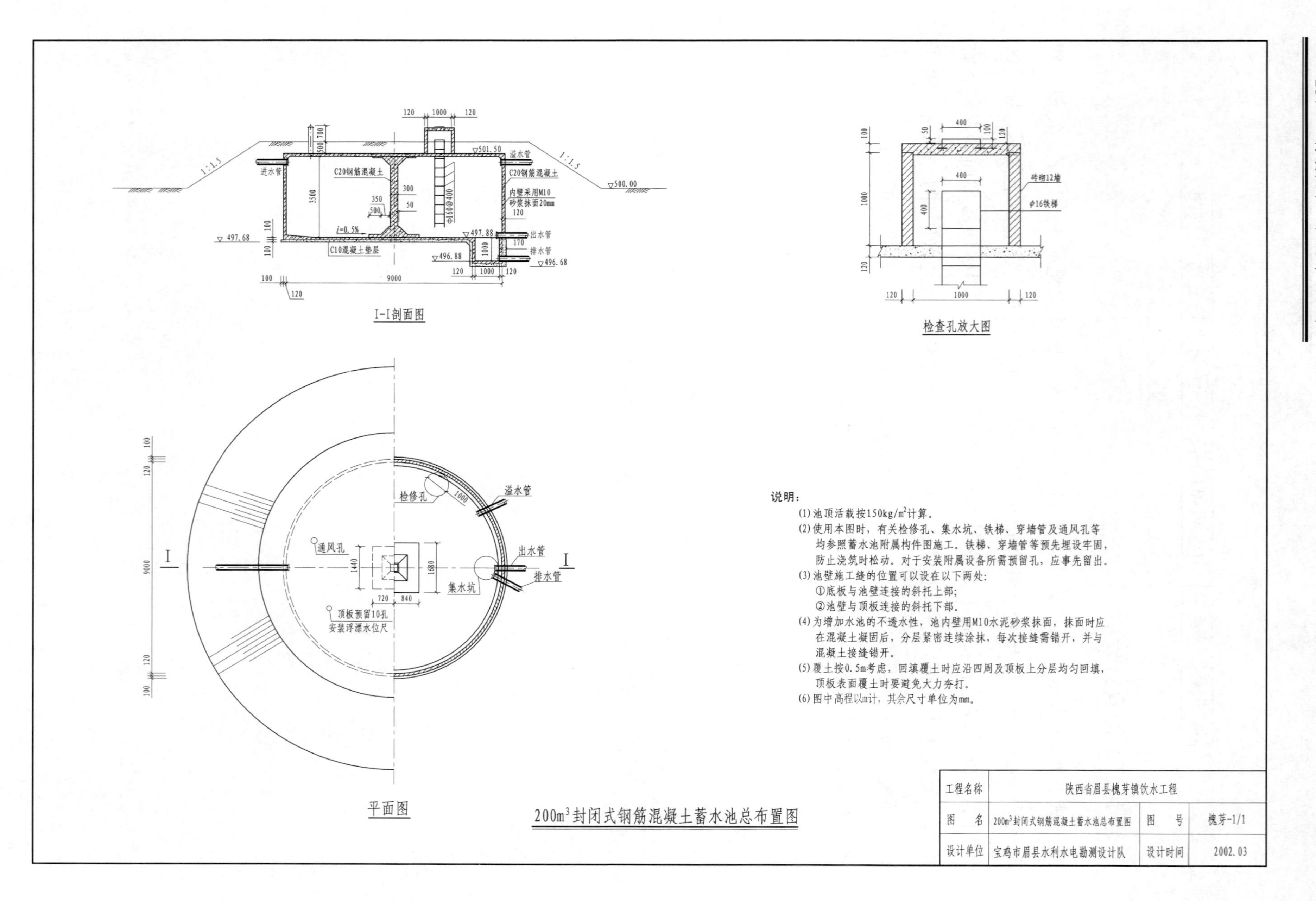

I-I剖面图
进水管
溢水管
C20钢筋混凝土
内壁采用M10
砂浆抹面20mm
C10混凝土垫层
出水管
排水管
▽501.50
▽500.00
▽497.68
▽497.88
▽496.88
▽496.68
1:1.5
i=0.5%
Φ16@400
9000
3500
检查孔放大图
砖砌12墙
φ16铁梯
平面图
检修孔
溢水管
通风孔
出水管
集水坑
排水管
顶板预留10孔
安装浮漂水位尺
说明:
(1)池顶活载按150kg/m²计算。
(2)使用本图时，有关检修孔、集水坑、铁梯、穿墙管及通风孔等均参照蓄水池附属构件图施工。铁梯、穿墙管等预先埋设牢固，防止浇筑时松动。对于安装附属设备所需预留孔，应事先留出。
(3)池壁施工缝的位置可以设在以下两处:
①底板与池壁连接的斜托上部;
②池壁与顶板连接的斜托下部。
(4)为增加水池的不透水性，池内壁用M10水泥砂浆抹面，抹面时应在混凝土凝固后，分层紧密连续涂抹，每次接缝需错开，并与混凝土接缝错开。
(5)覆土按0.5m考虑，回填覆土时应沿四周及顶板上分层均匀回填，顶板表面覆土时要避免大力夯打。
(6)图中高程以m计，其余尺寸单位为mm。
200m³封闭式钢筋混凝土蓄水池总布置图
工程名称 陕西省眉县槐芽镇饮水工程
图名 200m³封闭式钢筋混凝土蓄水池总布置图
图号 槐芽-1/1
设计单位 宝鸡市眉县水利水电勘测设计队
设计时间 2002.03

陕西省大荔县羌八饮水工程

一、自然条件

大荔县地处陕西省关中平原东部，羌白镇、八鱼乡氟水区位于县城西南 15 ~ 25 km 处，108 国道两侧，辖区 22 个行政村 53 个自然村，总面积 110.1 km^2，总人口 5.86 万人。供水区域面积 90 km^2，供水区现有人口 5.22 万人，设计水平年受益人口为 5.93 万人。

该工程的实施可解决羌白、八鱼两乡镇 16 村 2.55 万人的吃水困难。

二、工程概况

该工程 2003 年 11 月 30 日竣工，总投资 881.66 万元。

三、工程设计特点

(1)南水北调，设计跨乡连村饮水工程。

(2)采用新工艺，设计乡镇联合二级供水方式。

(3)分质供水，节约优质水资源，降低工程造价。

(4)将变频调速恒压变量供水设备引入村镇饮水工程。

(5)针对长距离、小水量的村镇输配水管网工程特点，采用摩阻小、性价比好的 PVC-U 硬聚氯乙烯给水塑料管材。

(6)针对当地沙苑区采沙方便、沙石价廉的条件，输配水管道采用沙土基础。

(7)针对设计年期内用水量变化、水源井水位变化情况，设置一级泵站超越管，降低能耗，近期运行降低费用。

四、工程水源与消毒措施

该工程水源为地下水。采用二氧化氯消毒。

五、工程设计和构筑物选型

设计单井取水量 20 m^3/h，水源地共需打井 11 眼，其中备用 1 眼。设计水源井深90 m，井泵出水管和取水管采用ϕ80钢塑复合管，计算井泵扬程88.2 m，选用潜水深井泵150TQSG20–96–15型，性能为：Q=20 m^3/h，H=98 m，N=9.8 kW。

八鱼水站：蓄水池容积250 m^3，水池规格12.4 m×6.2 m×3.5 m，半地下式布置。设计水泵扬程为49.7 m，流量为67.78 L/s，选用KQL125–200型水泵3台，2用1备，水泵性能为Q=26.7 ~ 53.3 m^3/h、H=55 ~ 46 m、N=37 kW。

羌白水厂：该水厂取水于八鱼水站，供水规模2 070 m^3/d，蓄水池容积400 m^3，水池规格15.6 m×7.8 m×3.5 m，半地下式布置。设计水泵扬程54.2 m，流量为74.4 L/s，选用KQL125–250B型水泵3台，2用1备，与HBL16055型全自动给水设备配套工作，用变频调速装置控制运行，水泵性能为Q=21.7 ~ 46.1 m^3/h、H=65 ~ 55 m、N=37 kW。

输配水管网：输配水管道均采用PVC-U硬聚氯乙烯给水塑料管，管径$\phi \geqslant$70 mm的干支管道采用R型扩口管材，橡胶圈接口；管径$\phi \leqslant$70 mm的配水管网采用平承口管材，黏接。输水管埋深1.2 m，配水管埋深1.0 m。

六、工程运行及效益分析

单位制水成本为1.06元/m^3，预测售水价格1.32元/m^3，项目区市场水价为1.7元/m^3。经效益计算，该工程年销售收入为143.10万元。

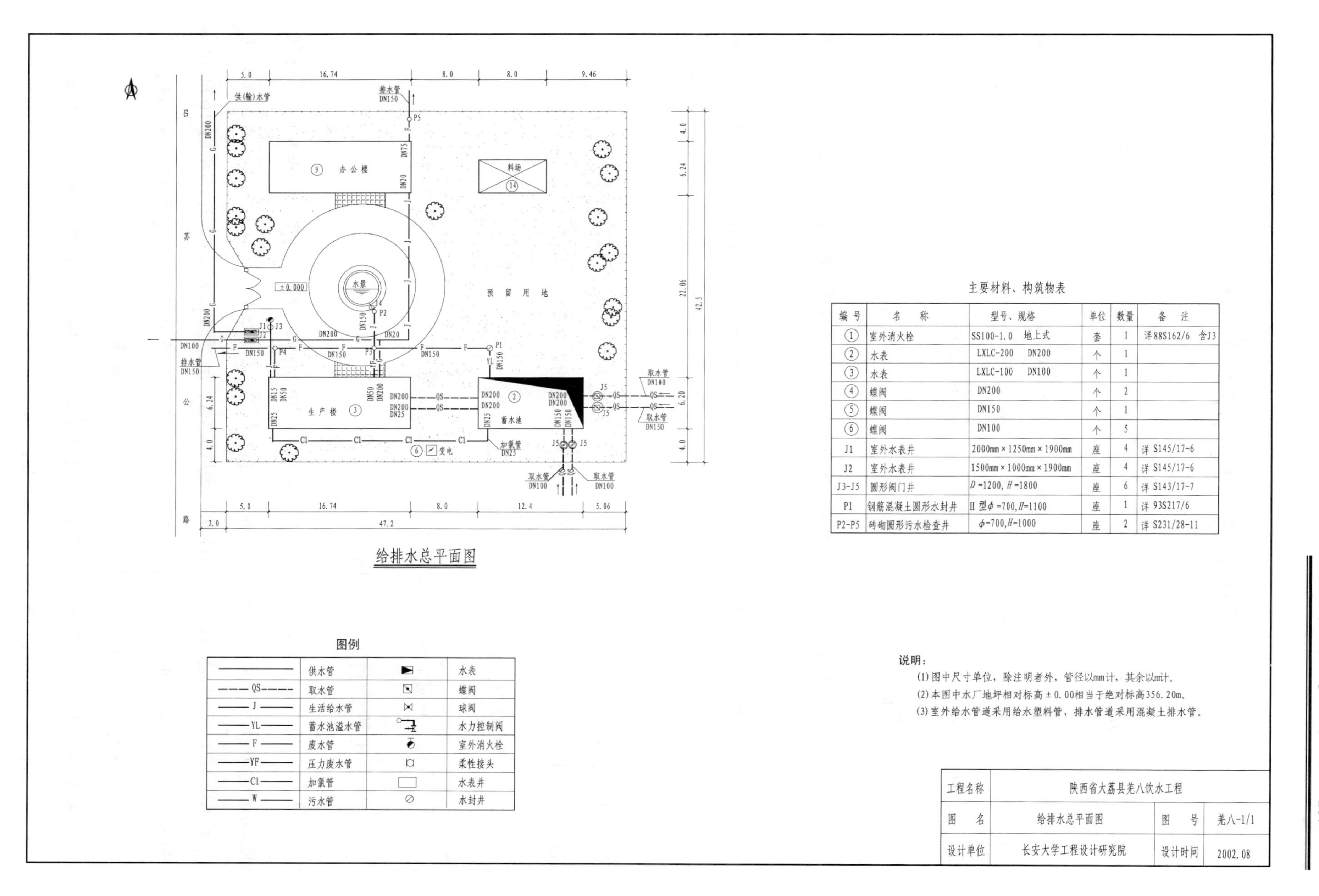

给排水总平面图

主要材料、构筑物表

编号	名称	型号、规格	单位	数量	备注
①	室外消火栓	SS100-1.0 地上式	套	1	详88S162/6 含J3
②	水表	LXLC-200 DN200	个	1	
③	水表	LXLC-100 DN100	个	1	
④	蝶阀	DN200	个	2	
⑤	蝶阀	DN150	个	1	
⑥	蝶阀	DN100	个	5	
J1	室外水表井	2000mm×1250mm×1900mm	座	4	详S145/17-6
J2	室外水表井	1500mm×1000mm×1900mm	座	4	详S145/17-6
J3-J5	圆形阀门井	D=1200, H=1800	座	6	详S143/17-7
P1	钢筋混凝土圆形水封井	Ⅱ型ϕ=700, H=1100	座	1	详93S217/6
P2-P5	砖砌圆形污水检查井	ϕ=700, H=1000	座	2	详S231/28-11

图例

线型	名称	符号	名称
——————	供水管		水表
——QS——	取水管		蝶阀
——J——	生活给水管		球阀
——YL——	蓄水池溢水管		水力控制阀
——F——	废水管		室外消火栓
——YF——	压力废水管		柔性接头
——Cl——	加氯管		水表井
——W——	污水管		水封井

说明：

(1)图中尺寸单位，除注明者外，管径以mm计，其余以m计。

(2)本图中水厂地坪相对标高±0.00相当于绝对标高356.20m。

(3)室外给水管道采用给水塑料管，排水管道采用混凝土排水管。

工程名称	陕西省大荔县羌八饮水工程		
图　名	给排水总平面图	图　号	羌八-1/1
设计单位	长安大学工程设计研究院	设计时间	2002.08

陕西省澄城县东庄饮水工程

一、自然条件

该区位于陕西省澄城县醍醐火车站、东庄村附近，距县城约 24 km，108 国道从中通过，交通方便。地貌上工作区地处渭北高级黄土与低级黄土过渡地带，由西北向东南倾，陡坡较多，且发育有冲沟，地面高程 565 ~ 605 m。

二、工程概况

该工程于 2003 年 3 月开工，2004 年 5 月底完成基本建设内容，完成投资 799.50 万元，使项目区内 3.1 万人饮水实现了自来水化。

工程主要建设内容：新打机井 1 眼，建水厂 1 座，占地 8 000 m^2；厂内布设 500 m^3 蓄水池 2 座，并完成生活房、配电设施等；铺设主干管 1 条 0.3 km、干管 2 条 18.9 km、支管 14 条 34.1 km；沿途设 50 m^3 减压池 5 座，减压池设在调压站内，调压站 5 座占地 1 440 m^2；东干沿途设置闸室三间，建筑面积 32.7 m^2；管网工程新建 9 处、改造 8 处，自来水新入户 4 429 户，与原村级管网连通 9 处。

三、工程水源

工程水源为地下水，水源充足，水质良好，符合生活饮用水取水标准。

四、工程设计及构筑物

水厂：选择在醍醐东庄村 108 国道南侧 200 m 处，厂区占地 8 000 m^2。以绿化隔离带为分界线，将厂区分为两部分。前半部分为生活区：大门，职工宿办楼，上下两层，建筑面积 620 m^2；左侧灶房、餐厅三间，建筑面积 80 m^2，左侧厕所 16.86 m^2；供暖房、洗澡间三间，建筑面积 51.42 m^2；库房、车库三间，建筑面积 87.83 m^2。后半部分为生产区：机井、配电房、调蓄池、闸阀井。

调蓄池：厂内布设 500 m^3 全封闭式钢筋混凝土调蓄池 2 座，直径 14.6 m，深 3.5 m，地面以下 2.0 m，水池底高程 590.20 m。

机井：两眼，其中一眼为远期规划实施。井壁选用ϕ300 mm 及ϕ250 mm 无缝国际钢管，安装深度 520 m，一号井安装 200QJ63–300/17 潜水泵一台，配套功率 90 kW。

输变配电工程：厂内安装 200 kVA 变压器一台，架设高压线路 2.2 km、低压线路 0.3 km，设置配电房一间。

树枝状管网供水，管材选用 UPVC 管。

五、工程运行及效益分析

该工程彻底解决了寺前、韦庄两镇 26 个村 25 698 人、3 634 头家畜的防氟改水问题。

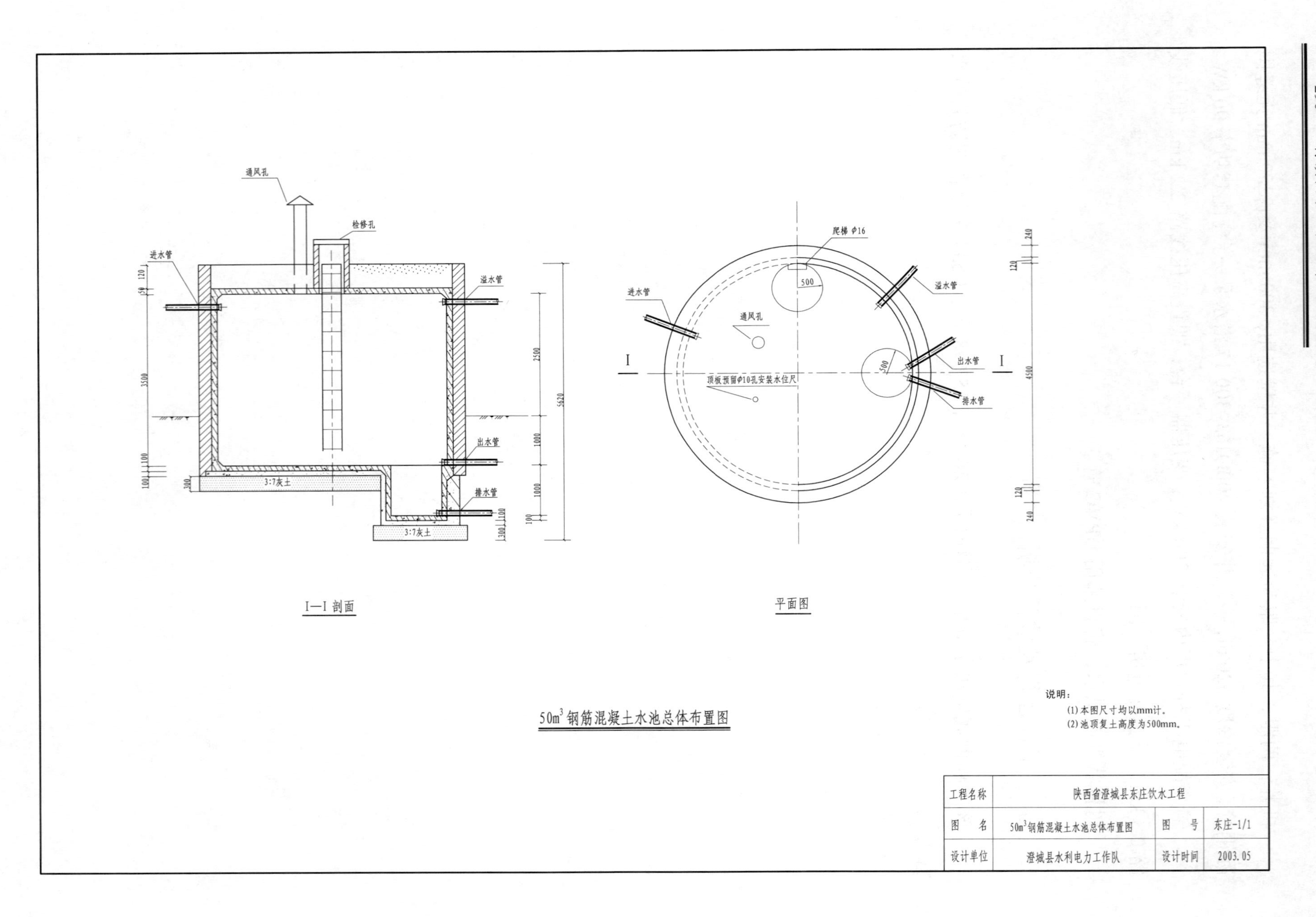

50m³钢筋混凝土水池总体布置图

说明：

(1)本图尺寸均以mm计。

(2)池顶复土高度为500mm。

工程名称	陕西省澄城县东庄饮水工程		
图　名	50m³钢筋混凝土水池总体布置图	图　号	东庄-1/1
设计单位	澄城县水利电力工作队	设计时间	2003.05

陕西省志丹县任窑子水窖饮水工程

一、自然条件

该工程地处黄土高原丘陵山丘沟壑区的一部分，县境内土壤以黄绵土为主。由于黄绵土土质具有结构疏松、有湿陷性、透水性好等特点，因此极易被水冲刷、侵蚀，从而也导致全县境内水土流失比较严重。

二、工程概况

该工程需投资 37.29 万元，其中国家投资 5.0 万元、省扶贫资金补助 6.0 万元、县财政配套 10.6 万元、群众自筹 15.69 万元。

任窑子水窖饮水工程位于陕西省志丹县永宁镇任窑子行政村上，距镇政府驻地 15 km 左右。该村是一个纯山岭村，现辖 5 个村民小组，80 户，总人口 385 人。

三、工程水源与消毒措施

该工程水源为天然雨水。采用漂白粉消毒。

四、工程措施和构筑物设计

工程建设位置考虑因地制宜，一般建在住户的两侧高出住户地面 10 m 的位置，但考虑不要影响到住户。由集水场、窖体、入户水栓三部分组成，由水场把雨水收集经沉淀、过滤至水窖内，后由水窖经配水管道自压到用户。

水窖容积为 40 m^3，为防止污染、降低造价、结构稳定，拟建成地埋式全封闭砖砌形式。

溢流、进水管直径为 63 mmPE 管，户均按 20 m 计。根据区内气候条件，室外管道均需埋深在地面以下 1.2 m，以免受冻破坏，安装好经通水实验后，方可回填，回填土必须夯实。

工程设计新建 40 m^3 水窖 53 个，人工浇筑混凝土集水场 6 625 m^2，安装入户水栓 53 套，铺设输配水管道 6 360 m。

五、工程运行及效益分析

工程建成后，可解决 5 个村民小组 272 人 53 户农民的饮水困难问题，且群众的健康水平得到保证。每户年可节省取水劳动工日 25 工日，每工日按 30 元计，合 750 元；每户年可节省医药费支出按 100 元计，则两项每户年可节支 850 元，故效益十分显著。同时工程实施后可带动庭院经济及养殖业的发展，进一步增加农户的经济收入。

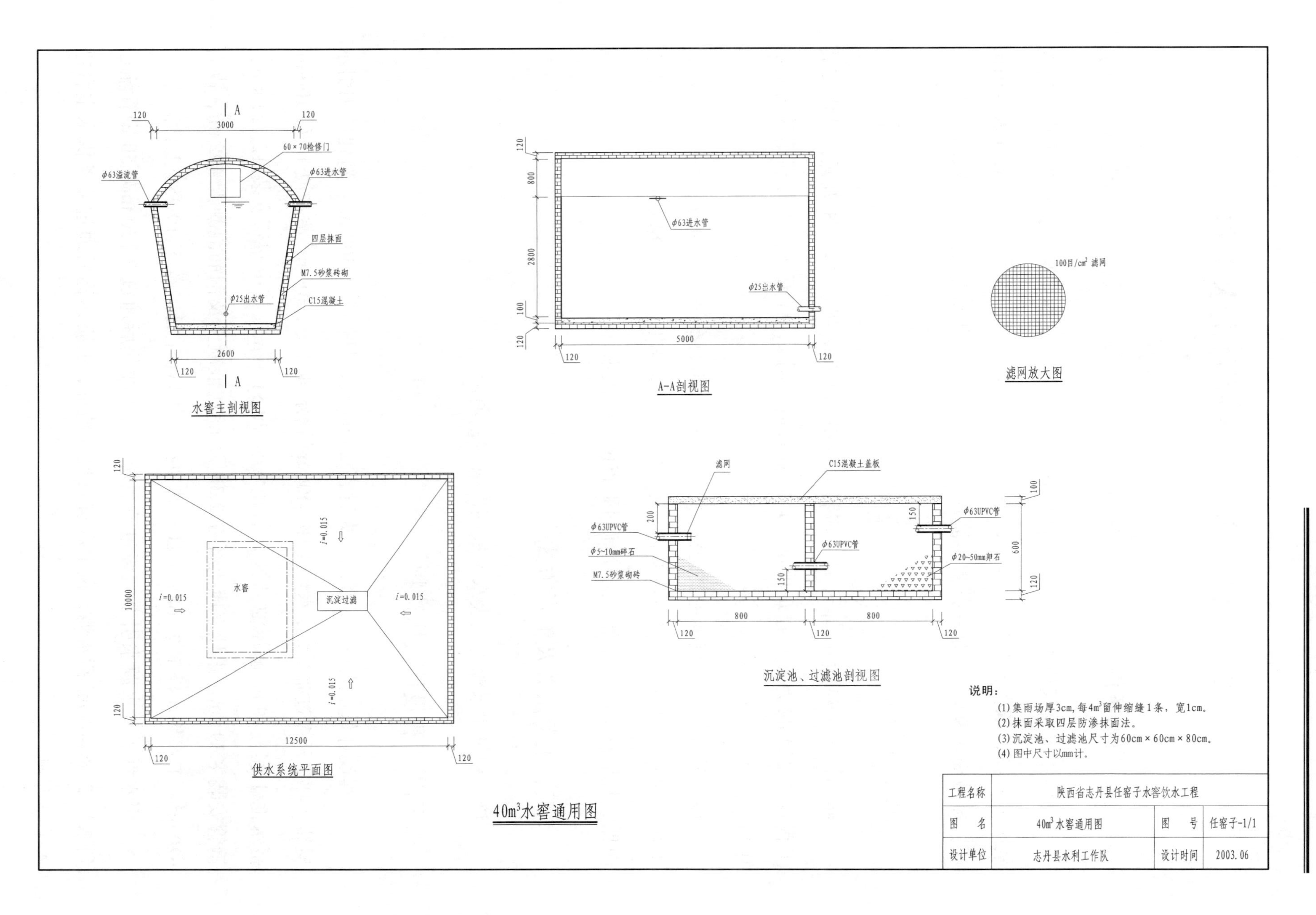

3000
60×70检修门
φ63溢流管
φ63进水管
四层抹面
M7.5砂浆砖砌
φ25出水管
C15混凝土
2600
水窖主剖视图
800
2800
φ63进水管
φ25出水管
5000
A-A剖视图
100目/cm² 滤网
滤网放大图
i=0.015
水窖
沉淀过滤
10000
12500
供水系统平面图
滤网
C15混凝土盖板
φ63UPVC管
φ5~10mm碎石
M7.5砂浆砌砖
φ20~50mm卵石
沉淀池、过滤池剖视图
40m³水窖通用图
说明：
(1)集雨场厚3cm，每4m³留伸缩缝1条，宽1cm。
(2)抹面采取四层防渗抹面法。
(3)沉淀池、过滤池尺寸为60cm×60cm×80cm。
(4)图中尺寸以mm计。
工程名称 陕西省志丹县任窑子水窖饮水工程
图名 40m³水窖通用图
图号 任窑子-1/1
设计单位 志丹县水利工作队
设计时间 2003.06

陕西省汉中市汉台区西沟饮水工程

一、自然条件

汉中市汉台区位于陕西省秦岭巴山间，地处汉中盆地中部，区内地形由南向北呈阶地升高，依次分为平坝、丘陵、山区三种地貌。西沟位于汉中区北部天台山南麓，流域面积 9 km^2，是一条常年流水的天然沟道，常年最枯流量为 15 L/s。

二、工程概况

西沟饮水工程 2002 年 8 月建成投入使用。工程总投资 246.75 万元，其中安装工程投资 224.82 万元、建筑单位管理费及其他费用 21.93 万元。工程利用西沟泉水作为水源。

该工程设计供水范围主要是汉台区武乡镇以北的石堰寺、同力、吴庄、宋沟、王庄、同心、明光 7 个行政村及武乡集镇。整个设计供水区约 20 km^2，地势呈北高南低，且地形呈扇形分布，比较有利于布设自流供水管网。

三、工程水源及消毒方式

该工程供水水源为地表水。采用次氯酸钠消毒。

四、工程设计及构筑物

工程设计供水人口 2.2 万人、大牲畜 2 600 头，日供水 1 300 m^3。新建低坝引水枢纽 1 座，三级过滤系统，水厂 1 座，400 m^3 蓄水池 2 座，300 m^3 蓄水池 1 座，100 m^3 蓄水池 1 座，10 m^3 减压池 4 座，管道安装 20.513 km，其中塑管安装 12.123 km、钢管安装 8.39 km。累计完成土石方 2.38 万 m^3，混凝土及钢筋混凝土 405 m^3，砌石 620 m^3。工程累计投工 21 687 工日，其中技工 2 431 工日、普工 19 256 工日。

引水低坝将水源水引至三级过滤系统，初步净化后通过 2 150 mϕ150 钢管输送到水厂 2 个 400 m^3 蓄水池，在水厂进行检疫消毒，水质达标后通过 4 条供水主管进入千家万户。

五、工程运行及效益分析

目前，日供水量为 800 m^3，水费为 0.9 元/m^3，由于管网渗漏等原因，年供水总量为 21 万 m^3，年实现销售收入 19 万元。该项目每年可节约电能 8.2 万 kW·h，至少为项目区受益群众减轻 7 万余元的经济负担。

工程投入使用几年来社会、经济、生态效益十分显著。该工程为群众节省劳力：每年节省运水劳力折算计 67.5 万元；节省医疗费用 20 万元；增加大牲畜饲养量，年增加效益 12 万元；养殖业、粮食加工业、庭院经济迅猛发展，年增加收入 30 万元。

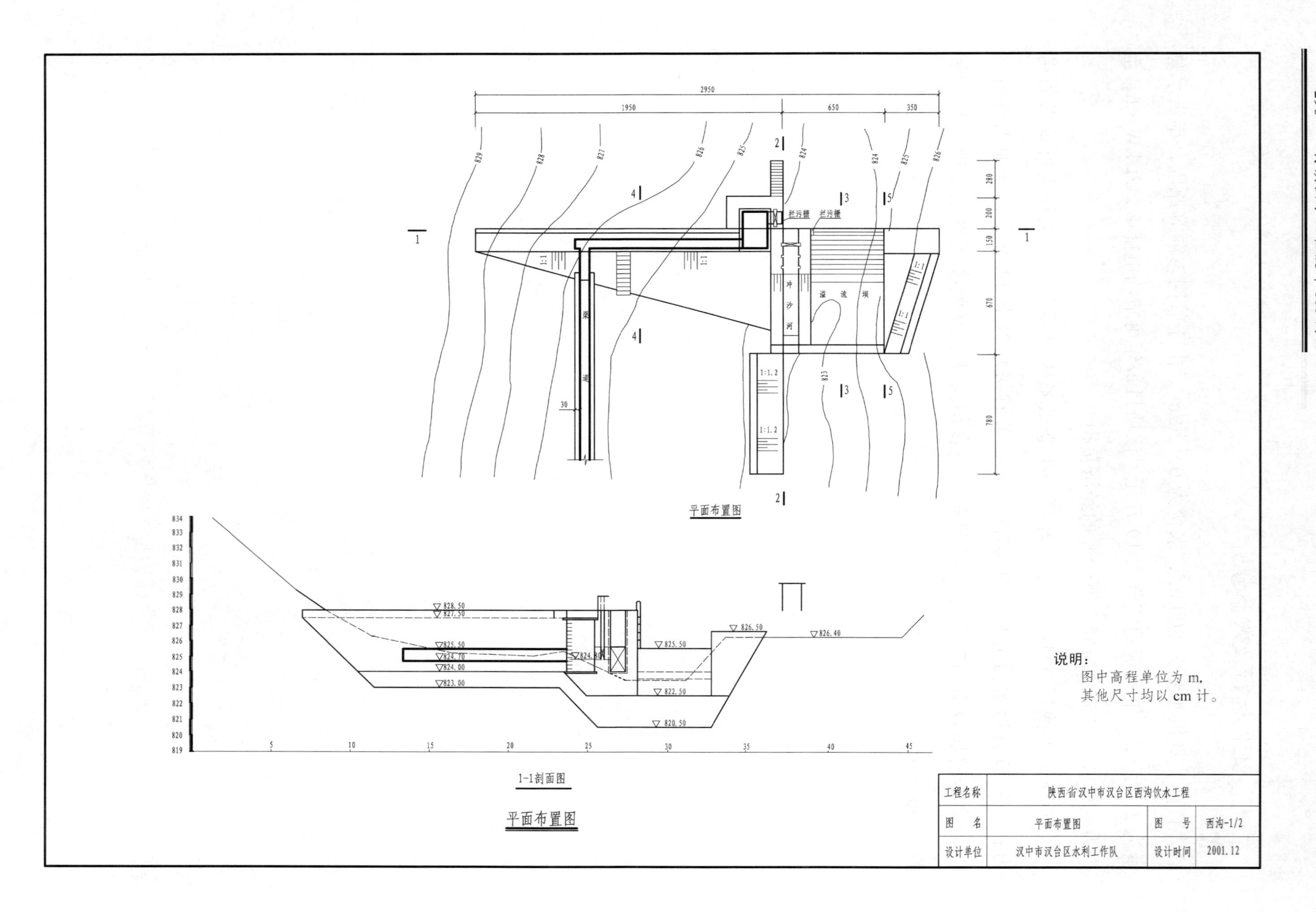

2950
1950
650
350
拦污栅
拦污栅
冲沙闸
溢流坝
1:1
1:1.2
平面布置图
828.50
827.50
825.50
824.70
824.00
823.00
826.50
826.40
822.50
820.50
1-1剖面图
说明：
图中高程单位为 m，
其他尺寸均以 cm 计。
工程名称 陕西省汉中市汉台区西沟饮水工程
图名 平面布置图
图号 西沟-1/2
设计单位 汉中市汉台区水利工作队
设计时间 2001.12

平面布置图

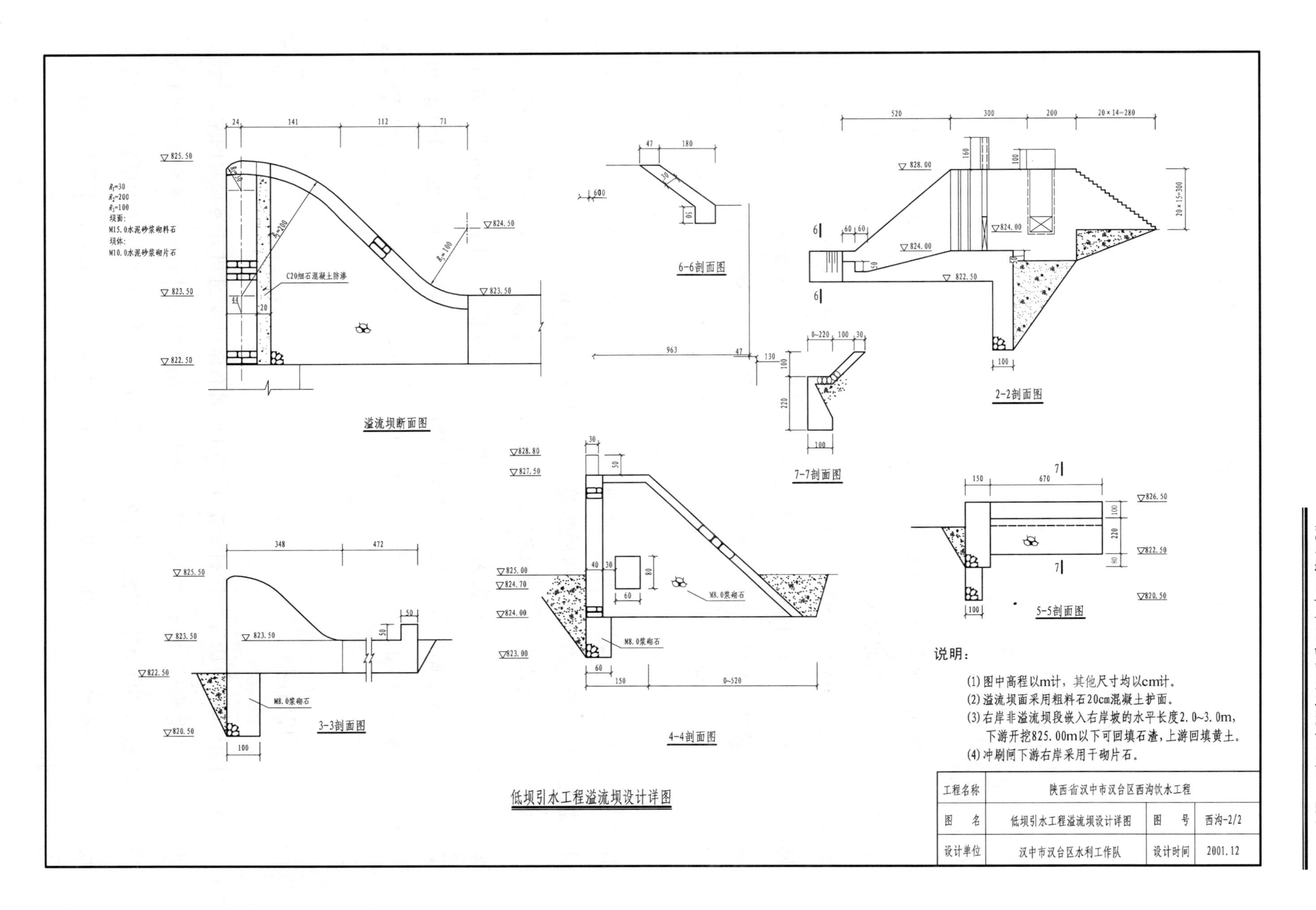

溢流坝断面图
R_1=30
R_2=200
R_3=100
坝面:
M15.0水泥砂浆砌料石
坝体:
M10.0水泥砂浆砌片石
C20细石混凝土防渗
6-6剖面图
2-2剖面图
7-7剖面图
4-4剖面图
M8.0浆砌石
3-3剖面图
5-5剖面图
说明:
(1)图中高程以m计，其他尺寸均以cm计。
(2)溢流坝面采用粗料石20cm混凝土护面。
(3)右岸非溢流坝段嵌入右岸坡的水平长度2.0~3.0m，下游开挖825.00m以下可回填石渣，上游回填黄土。
(4)冲刷闸下游右岸采用干砌片石。
低坝引水工程溢流坝设计详图
工程名称 陕西省汉中市汉台区西沟饮水工程
图名 低坝引水工程溢流坝设计详图
图号 西沟-2/2
设计单位 汉中市汉台区水利工作队
设计时间 2001.12

甘肃省皋兰县南庄、北庄村饮水工程

一、自然状况

皋兰县什川镇南庄、北庄村饮水工程位于兰州市东北、皋兰县城以南；最近处距兰州市区 20 km、距皋兰县 21 km；南依兰州市，西靠永登，北接白银市。总人口 2.1 万人。

项目区什川镇是皋兰县南部的一个河谷小盆地，东西长、南北窄呈椭圆形状，黄河从西南入境、东北出境，将盆地分为南北两个阶地，海拔在 1 490 ~ 1 520 m。盆地群山环抱，海拔在 1 600 ~ 1 700 m，山体上部大部分为 Q_3 黄土覆盖，下部为花岗闪长岩大片裸露。地下水补给来源丰富，又受蒸发及岩性等各种因素的影响，地下水矿化度较高，大部分地区水质苦、咸，不宜饮用和灌溉。地下水受河涨河落的影响，北岸大致顺地形沿沟谷排泄于黄河，其水的化学特征具有水平带的规律，离山越远水质越坏，流程越长水质越差。南岸地下水主要依靠黄河水补给，一般河南比河北水质较好。按地下水埋藏分布地质条件，属河谷第四系冲积洪积砾卵石潜水，离河越近水质越好，离河越远水质越差，深度为 15 ~ 35 m。

项目区地处内陆腹地，属典型的大陆性温寒干旱气候，特点是寒冷、干燥、温差大，日照长，降水少，蒸发大，气温随海拔增高而降低，降水随海拔增加而增加。近 10 年皋兰县气象站资料统计，多年平均气温 7.0 ℃，最大冻土深度为 101.2 cm；年平均无霜期为 183 d，年平均降水量 278.1 mm，年蒸发量 1 622.6 mm，平均风速 2 m/s。

二、工程概况

皋兰县什川镇南庄、北庄村供水工程由黄河右岸处所打机井为水源取水，经输水管输送至水处理厂 20 m^3 缓冲池内，加压进入精密过滤器和钠离子交换器进行水质处理后，进入 200 m^3 清水池，再经二氧化氯消毒、恒压变频设备加压后进入配水管网输送至用水户。配水管网沿乡间道路布置，支管、分支管及以下管网按村庄分布沿小街小巷埋设。

三、水源水质与工艺流程

(一)水源水质

水厂取水水体，现状水质较差，已超出 GB 3838—2002Ⅲ类水质标准及 CJ 020—93 一级标准，说明水源附近受到一定程度的污染，应采取相应的保护措施来保障水源区水质不受污染。

(二)工艺流程

皋兰县什川镇南庄、北庄村供水工程工艺流程为：

机井→水厂→管网→用水户

水厂工艺流程：

机井水源→精密过滤器（管道泵增压）→钠离子交换器→清水池（二氧化氯消毒）→恒压系统→用水户

四、工程主要建设项目及工程量

该镇南庄、北庄两村已征地 3 亩，用于饮水工程建设。工程土建由水处理车间、管理房、200 m^3 清水池、输水管网组成。水源机井布置在北庄村黄河右岸水厂院内。水厂内建水处理车间，设计将精密过滤器、钠离子交换器、二氧化氯消毒、200 m^3 清水池、恒压供水设备置于同一车间内，再建设管理房、大门、围墙等水厂配套设施。输水管网按村庄分布沿小街小巷埋设。

五、工程效益分析

(一)社会效益

(1)工程实施后，人们可从车拉、肩挑等繁重的饮水现状中解放出来，全身心地投入到小康建设的大潮中去。

(2)改善了饮水条件，并且使当地群众拥有了安全的饮用水，有利于群众特别是妇女和儿童的身心健康。

(3)提高了群众生活质量和健康水平。

(4)增强了党群关系，确保了农村社会稳定。

(5)极大改善了农民生活生产条件，促进了社会主义精神文明和物质文明的建设。

(6)解除了远距离拉运生活用水的后顾之忧，减轻了政府及农民的负担。

(二)经济效益

工程 2004 年建成后，有效解决了什川镇南庄、北庄两村 6 900 人，27 头大牲畜、6 747 头(只)猪羊的饮水困难问题，为该区域人民群众全面实现小康奠定基础。与其他工程相比，其经济效益是十分明显的，经分析，该工程效益费用比为 1.000 7>1，净现值为 0.4 万元>0，经济内部收益率为 20.15%>7%；成本水价为 2.03 元/m^3，经营水价为 2.88 元/m^3。

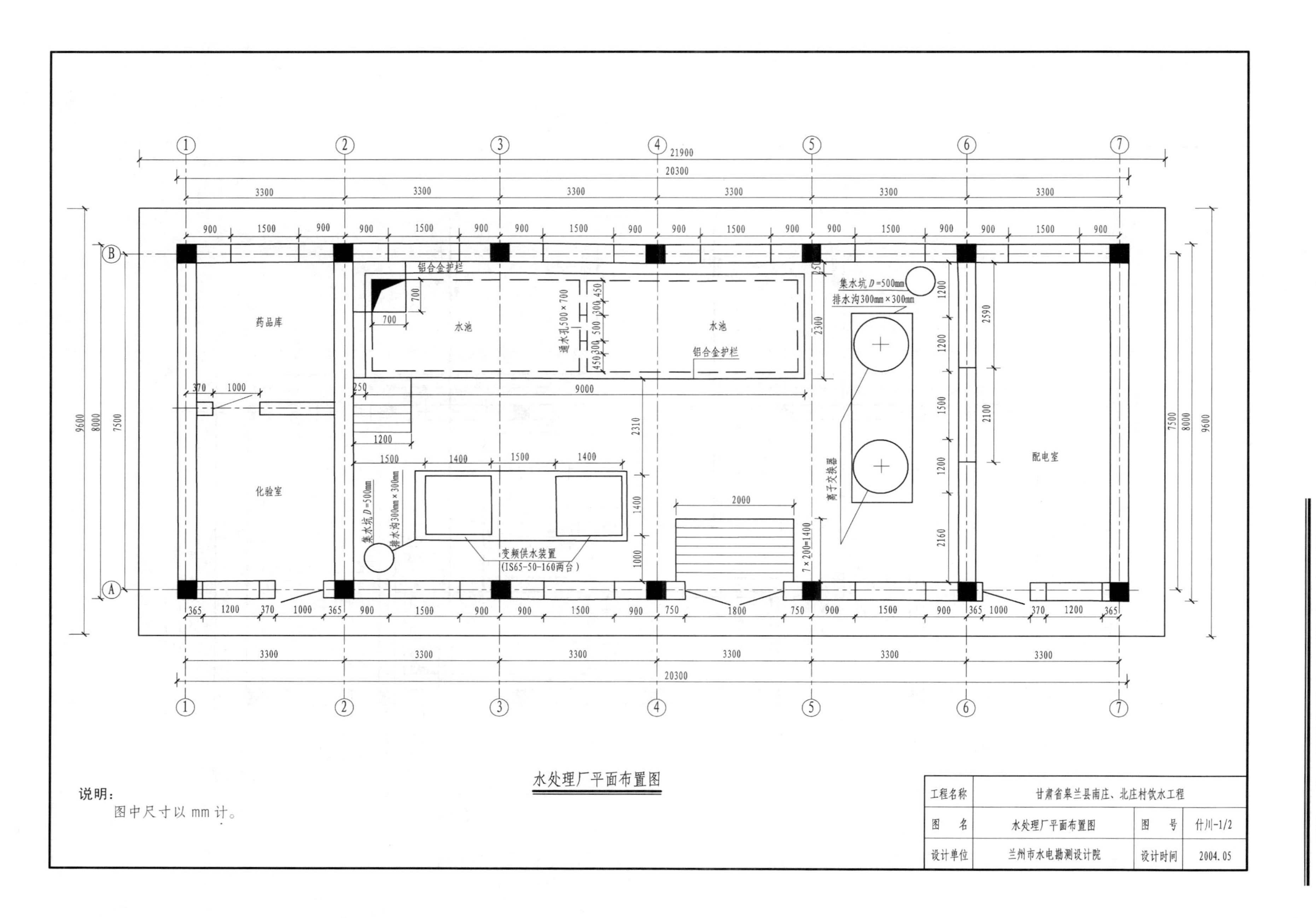

水处理厂平面布置图

说明：

图中尺寸以 mm 计。

工程名称	甘肃省皋兰县南庄、北庄村饮水工程		
图　名	水处理厂平面布置图	图　号	什川-1/2
设计单位	兰州市水电勘测设计院	设计时间	2004.05

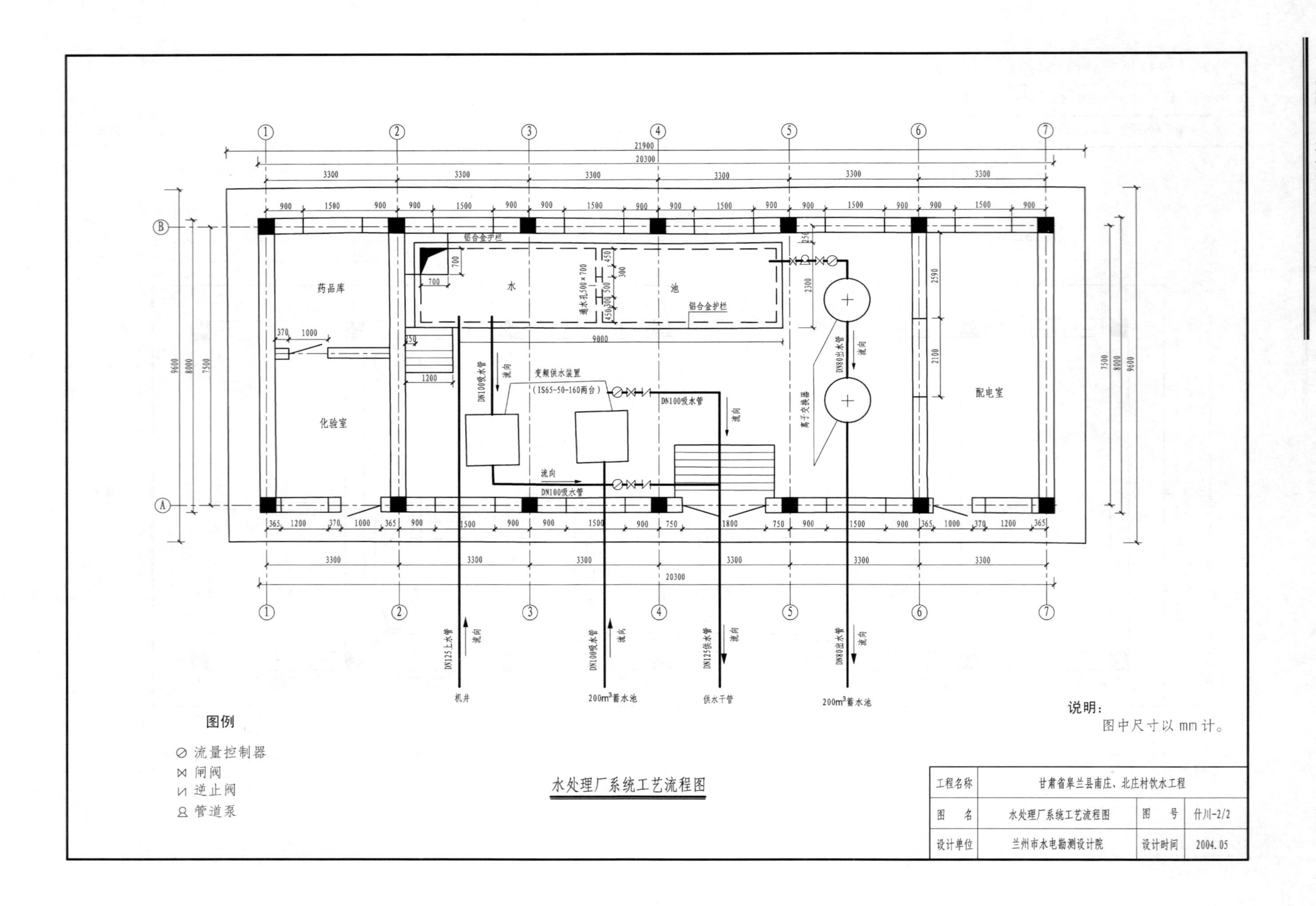
药品库
化验室
水
池
铝合金护栏
通水孔500×700
变频供水装置
（IS65-50-160两台）
DN100吸水管
离子交换器
DN80出水管
配电室
流向
DN125上水管
机井
DN100吸水管
200m³蓄水池
DN125供水管
供水干管
DN80出水管
200m³蓄水池
图例
流量控制器
闸阀
逆止阀
管道泵
水处理厂系统工艺流程图
说明：
图中尺寸以mm计。
工程名称
甘肃省皋兰县南庄、北庄村饮水工程
图名
水处理厂系统工艺流程图
图号
什川-2/2
设计单位
兰州市水电勘测设计院
设计时间
2004.05

甘肃省靖远县中堡饮水工程

一、工程概况

中堡农村饮水工程位于甘肃省靖远县南部，黄河左岸，供水范围为中堡村、营坪村的10个社，受益人口1.184万人，设计人口1.445万人，受益面积6.08 km^2，东西方向长度3.2 km，南北方向宽度1.9 km。

设计供水规模850 m^3/d，年平均供水总量31.02万m^3，取水总量44.31万m^3。工程总投资436.82万元，其中建筑工程233.64万元，机电设备及金属结构设备安装工程77.59万元，临时工程33.89万元，其他费用70.89万元，预备费20.81万元。

工程于2004年8月主体工程建成并试水成功，高峰期日最大供水量1 100 m^3。

二、水源水质与工艺流程

(一)水源水质

建设单位于2003年4月15日在取水口采集水样，送甘肃省疾病预防中心化验，结果浑浊物和肉眼可见物超标，其他指标合格。随着兰州市、白银市污水治理力度加大，该段黄河水质将逐年变好，经过净化处理，COD和总磷可去除30%～50%，完全可以满足生活饮用水标准。

(二)工艺流程

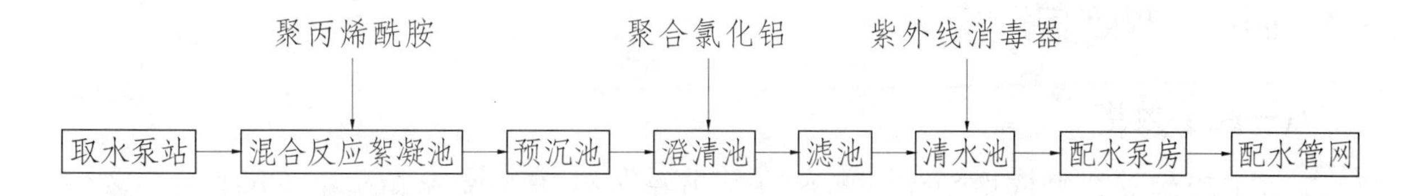

三、工程主要建筑物

(一)取水泵站

为充分利用现有水利工程设施，该工程利用并局部改造靖远县水利局所属的中堡农灌工程一泵站，作为该工程的水源泵站。

(二)预沉池

该工程预沉池结构形式为平流预沉池，现浇钢筋混凝土框架结构。采用絮凝与自然沉淀相结合的办法，混合、絮凝池与自然预沉池合建，絮凝池为穿孔旋流式，共分8格竖井，井内设PVC格栅，竖井下均设排泥漏斗。设计絮凝时间25 min。

(三)机械加速澄清池

设计澄清池为钢筋混凝土结构，直径为7.14 m，H=3.0 m(地上2.6 m，地下0.4 m)。设计产水量80 m^3/h；设计进水含沙量为0.5 kg/m^3；设计清水区上升流速为1.0 mm/s；总停留时间1.5 h，设中心传动刮泥机一台。

(四)过滤设计

过滤系统选择重力式无阀滤池，设在厂房内，滤池为混凝土现浇构件。设计进水浊度10度，出水浊度小于3度。

(五)消毒间

消毒系统设在净水间内，采用紫外线消毒器，型号为DBG16–30，处理能力60 m^3/h。

(六)清水池设计

清水池共设1座。采用S828矩形定型设计图，容积为300 m^3，长13.9 m，宽7.1 m，池深3.5 m。

(七)净水厂房设计

净水厂房内设预沉池、澄清池、过滤和消毒4道工艺实施及附属设备，平面尺寸为$L\times B$=51.24 m×13.44 m，砖混结构。

(八)配水泵房设计

配水泵房设在净水厂西端，内设型号IS125–100–250单级单吸离心泵3台，2用1备，设计扬程82.0 m。同时设变频调速器1台，型号1324PLUSⅡB200。

四、工程效益分析

(一)社会效益

该工程的兴建彻底解决了项目区1.2万余人饮用苦咸水和污染水的历史，使当地的农民饮用上了和城市居民一样安全、卫生的自来水，对促进项目区社会经济的整体发展起到了巨大作用。

(二)经济效益

设计单位制水总成本1.23元/m^3，实际征收水价2.35元/m^3。2005年实际征收水费21.9万元，盈余3.9万元，实现了供水工程的良性运行。

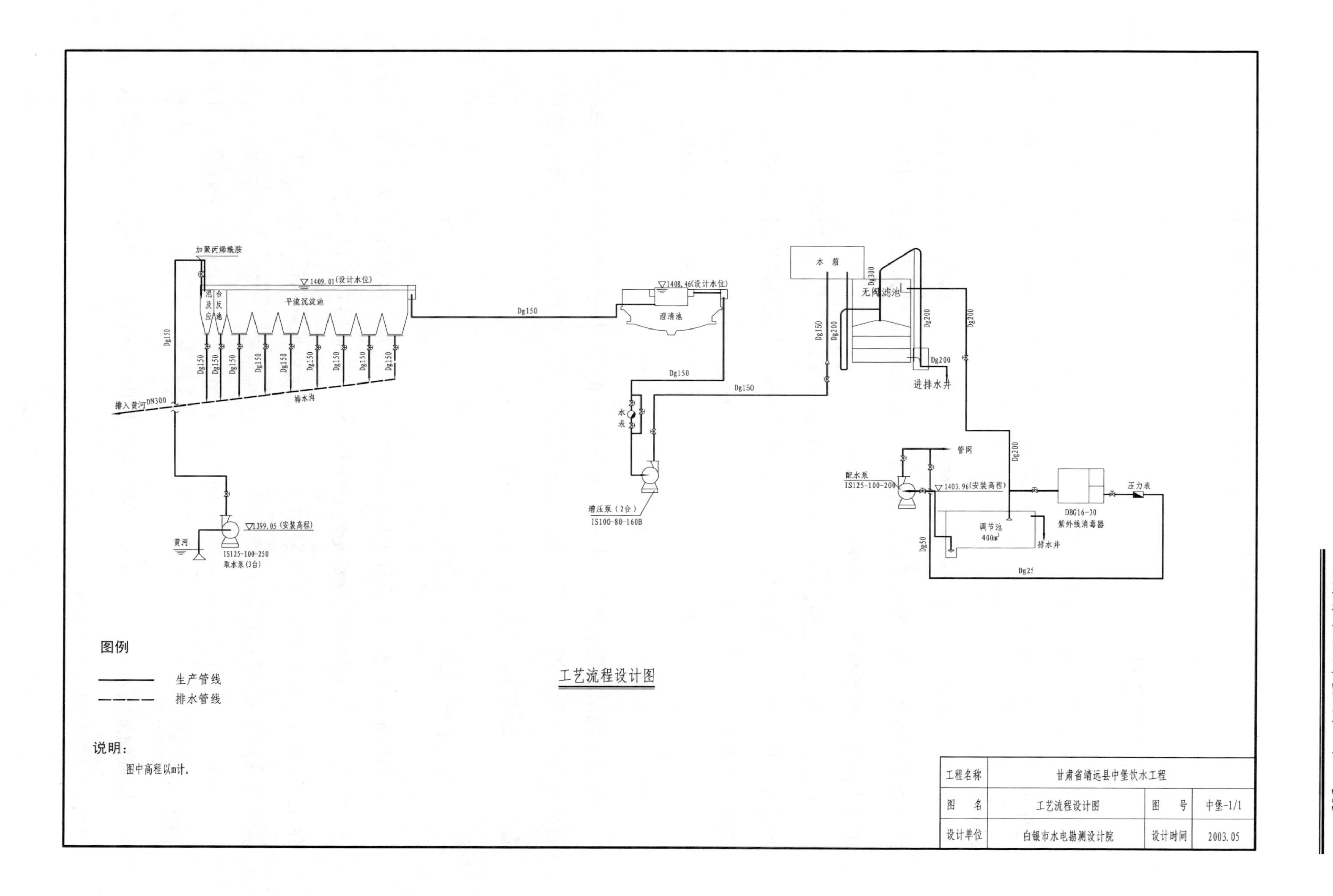
加聚丙烯酰胺
▽1409.01(设计水位)
混合及反应池
平流沉淀池
Dg150
排入黄河DN300
排水沟
▽1399.05（安装高程）
黄河
IS125-100-250
取水泵(3台)
▽1408.46(设计水位)
澄清池
水表
增压泵（2台）
IS100-80-160B
水箱
Dg300
无阀滤池
Dg200
进排水井
管网
配水泵
IS125-100-200
▽1403.96(安装高程)
调节池
400m³
排水井
DBG16-30
紫外线消毒器
压力表
Dg50
Dg25
图例
生产管线
排水管线
说明：
图中高程以m计。
工程名称
甘肃省靖远县中堡饮水工程
图 名
工艺流程设计图
图 号
中堡-1/1
设计单位
白银市水电勘测设计院
设计时间
2003.05

工艺流程设计图

甘肃省民乐县瓦房城水库饮水工程

一、自然条件

民乐县瓦房城水库饮水工程位于民乐县城西部，南依祁连山，西靠南古，北连张掖，东以小堵麻河与丰乐、六坝镇相隔，项目区最近处距县城23 km，最远处距县城45 km。

项目区地形由东南向西北倾斜，自然纵坡1/50左右，海拔1 800～2 690 m，大堵麻河为区内主要河流，发源于祁连山北麓，属内陆河流域黑河水系。径流来源主要由冰雪融水、降水和基岩裂隙水补给为主。

项目区地处内陆腹地，属典型的大陆性温寒干旱气候，具有寒冷、干燥、昼夜温差大、日照时间长、降水量少、蒸发量大的特点。气温随海拔增高而降低，降水随海拔增高而增加。多年平均气温0～7.6 ℃，无霜期78～188 d，封冻期9月下旬至次年5月中旬，平均冻土深度1.84 m，年平均降水量300 mm，年蒸发量1 638.4 mm，干旱指数由南到北分别为10.2和4.3。平均风速22 m/s。

项目区地层结构表层为0.4～1.5 m的粉质壤土，其下为砂卵砾石层。地层在垂直方向大致分为三层，上部为现代河流冲积的砂层，中部为中砂、细砂、粉砂、亚黏土、黏土透水体，下部为古河床沉积的砂粉石层。

二、工程概况

瓦房城水库饮水工程投资1 148.6万元，其中建筑工程投资97.97万元，安装工程775万元，金属结构及设备安装工程177.83万元，临时工程11.25万元，其他费用45.71万元，基本预备费40.84万元。总投资中申请国家投资682.4万元，地方配套和群众自筹466.24万元。

一期工程于2002年6月开工，同年12月完工。二期工程于2003年7月开工，同年10月底完工。

区域的地表水源主要是来自大堵麻河流域内的祁连山冰雪融水和大气降水，实施的项目水源为瓦房城水库。

三、工程设计特点及主要技术经济指标

(1)水厂及设备布设上，在过滤器进口安装了减压稳压装置，成功地将 DA863 过滤器的进水部分由电泵输水变为自压输水，将 DA863 过滤器的反冲洗水源由水塔供水变为自压供水，节省工程投资 20 万元，年节省电费 7.4 万元。

(2)在净水工艺上，融传统的沉淀、过滤、消毒为一体，并引入自动化控制系统。

(3)自动化设计与应用方面，通过自动化程序设计，实现了对 DA863 过滤系统、二氧化氯消毒系统的自动化控制。

设计指标：农村人口最高生活用水量为 50 L/(人·d)，大牲畜用水量 50 L/(头·d)，小牲畜及家禽用水量 5 L/(头·d)，计算年限为 20 年，人口增长率 7‰，设计年末大牲畜发展到现状的 1.5 倍，小畜牲发展到现状的 2.0 倍。

四、工艺流程

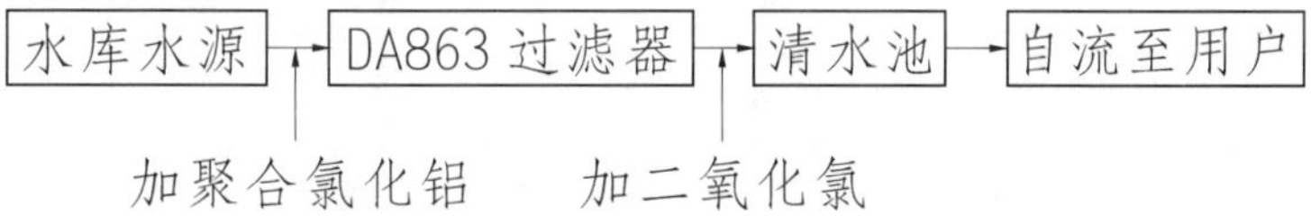

水库水源 → DA863 过滤器 → 清水池 → 自流至用户

（水库水源→DA863 过滤器之间：加聚合氯化铝；DA863 过滤器→清水池之间：加二氧化氯）

五、工程运行及效益分析

水价：地表水生活用水 1.1 元/m^3，生产用水 1.5 元/m^3；地下水生活用水 2.0 元/m^3，生产用水 2.5 元/m^3。2005 年度，工程供水量达 138 万 m^3，供水成本 63.48 万元，实际收取水费 76.6 万元，水厂年盈利 13.12 万元。

项目解决了 3.07 万农村人口的饮水困难，社会效益、经济效益、生态效益比较显著。农民的生活质量有了明显的提高，密切了党群、干群关系，提高了群众的民主意识，促进了供水行业自身的发展，增加了就业机会。改善了农村的生态环境，巩固了退耕还林工作成效。

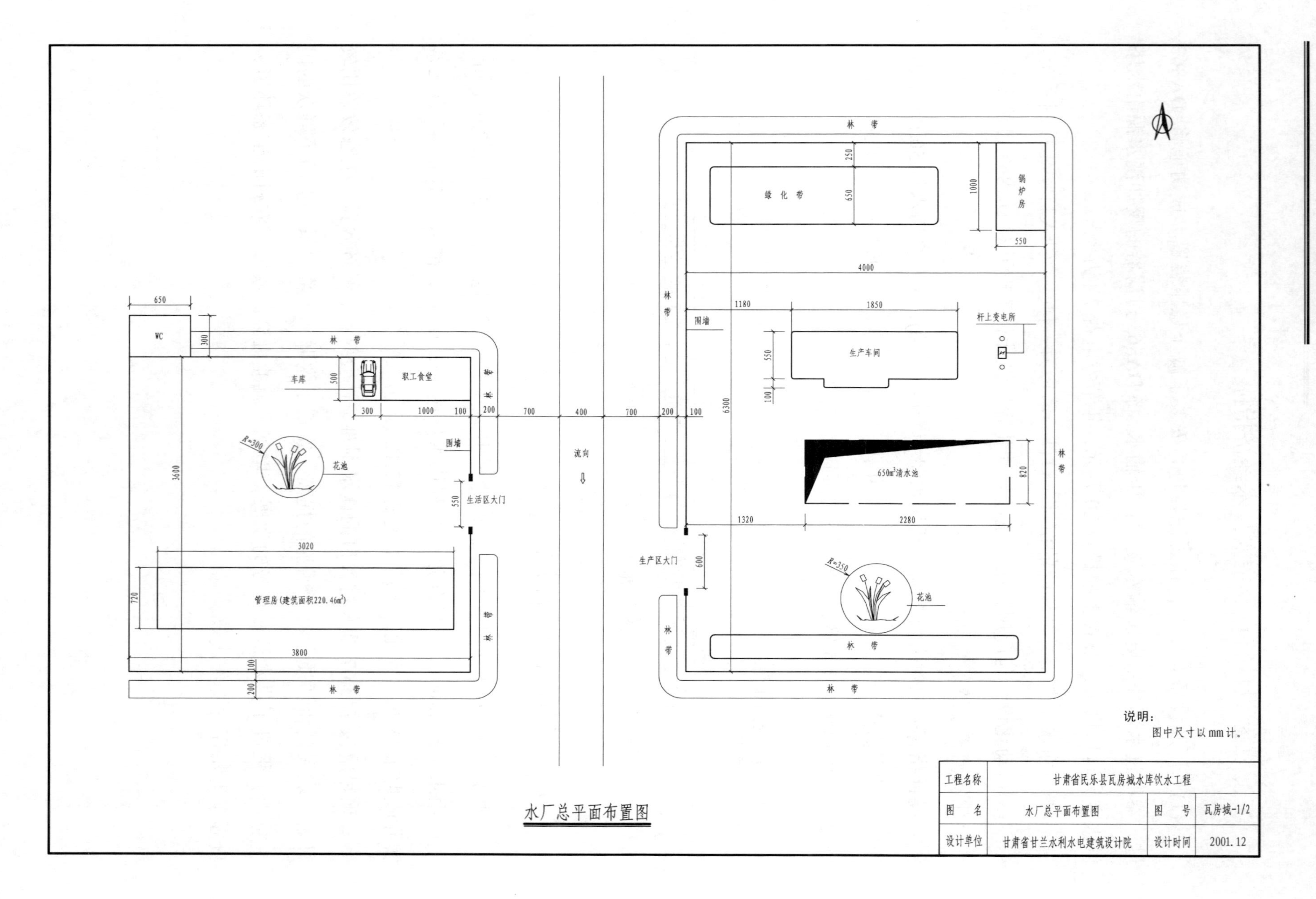

说明：
图中尺寸以 mm 计。

工程名称	甘肃省民乐县瓦房城水库饮水工程		
图 名	水厂总平面布置图	图 号	瓦房城-1/2
设计单位	甘肃省甘兰水利水电建筑设计院	设计时间	2001.12

水厂总平面布置图

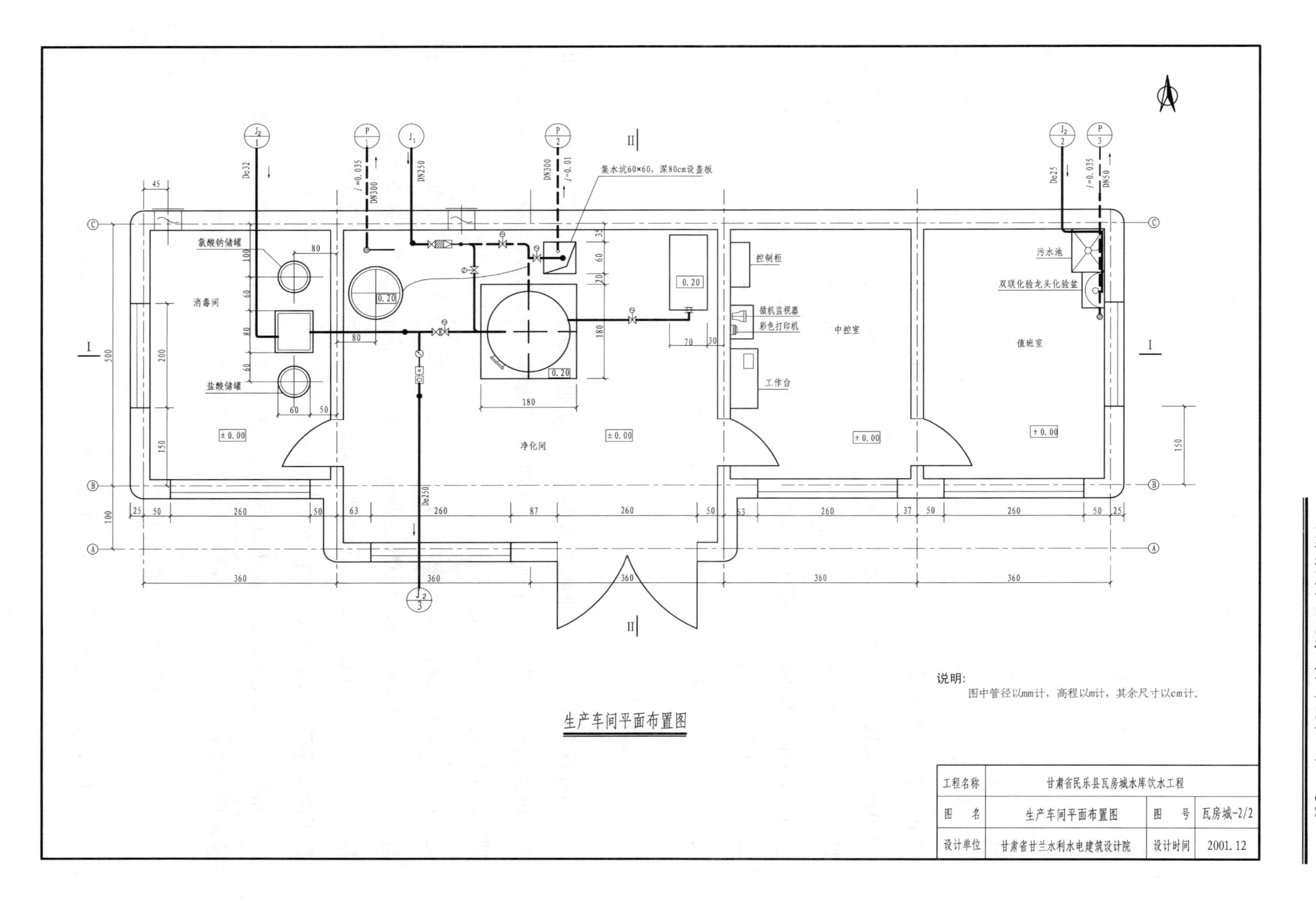
值班室
中控室
净化间
消毒间
控制柜
工作台
污水池
双联化验龙头化验盆
氯酸钠储罐
盐酸储罐
集水坑60×60，深80cm设盖板
说明:
图中管径以mm计，高程以m计，其余尺寸以cm计。
生产车间平面布置图
工程名称
甘肃省民乐县瓦房城水库饮水工程
图 名
生产车间平面布置图
图 号
瓦房城-2/2
设计单位
甘肃省甘兰水利水电建筑设计院
设计时间
2001.12

甘肃省泾川县王家嘴水厂

一、自然条件

王家嘴水厂工程位于甘肃省泾川县南部塬区飞云乡，距县城 35 km，西接高平镇，东连窑店镇。其供水范围主要是飞云乡、窑店镇的飞云、东高寺、南峪、将军、南头湾、峪头6村33社1 919户8 015人和2 700头大家畜。区域处于鄂尔多斯地台中心地带，是典型的黄土高塬沟壑区。原地平坦，丘陵坡缓，沟谷开阔，海拔1 189～1 230 m。属陇东半湿润区，四季分明，冬季长，夏季短，春秋季适中，大陆性气候明显。年平均气温 10.0 ℃。年平均降水量为 555.4 mm，全年降水量以 7 月最多，达205.5 mm。年平均无霜期为174 d。风速3.4 m/s，最大月平均风速4.4 m/s，以北风为主。冰冻线为 0.7 m。区域内主要为地下水，埋深在 60～70 m，水质良好，单井出水量为300～400 m^3/d。区域内地表为黄土覆盖层，厚度在60～90 m。

二、工程概况

当地群众长期以来受地形和水源不足的限制，普遍要到1 km以外的沟泉人担、畜驮解决饮水，水源无人管护，枯草败叶及其他脏物浸泡其内，给人民的身心健康带来严重影响。特别逢天阴下雨，人们要以雨水饮用，吃水困难，也很不安全，因此水已成为制约当地经济发展的一个重要因素。312 公路通过工程施工区域，公路与镇、村公路连通。外购的三材及管件可直接运到各施工工地。砂石料从泾河砂场拉运，运距约为30 km，采集率为30%～40%，质量、数量均满足施工要求。10 kVA高压输电线路直达工程区，工程所在各村全部通电，供电可靠。

水厂厂址选在飞云乡王家嘴社 312 公路南侧 25 m 处，王家嘴水厂规划供水覆盖面积25 km^2。

三、工程设计及主要构筑物

工程设计主要包括水源工程、上水工程、供水工程、附属工程四个部分。

(一)水源工程

水源工程主要是新打机井 2 眼，井深均为 160 m，单井日出水量均在 338 m^3 左右，采用钢筋混凝土井壁管固井。

(二)上水工程

在水厂院内建砖混结构机泵房 1 座。工程选用ϕ100 钢管作为上水管道，选配 200QJ20–175/13–18.5 kW 型潜水泵 2 台，配套电机功率均为 18.5 kW，额定流量均为 20 m^3/h，扬程均为 175 m。加压泵选用变频调速泵，出水量 15 m^3/h，扬程 48 m，配套功率为 5.5 kW。蓄水池设在水厂院内，单池容积 100 m^3，为全封闭式圆形结构。水厂工程采用自动控制变频系统供水，变频柜配置变频器为 ABB 原装进口产品。

(三)供水工程

供水管道首端设变频调速加压泵，供水管网呈树枝形布置，分干支管两级，均选用 UPVC 管。工程设检查井 36 孔，井口加盖钢筋混凝土井盖，共设进户工程 1 919 处。

(四)附属工程

修建水厂管理站 1 处，占地 5 亩。修建砖混结构宿办楼 344.15 m^2，泵房 3 间 91.93 m^2，厨房及餐厅 60.32 m^2，厕所 16.2 m^2，砖围墙 200 m，大门一座，院内走道及房前 5 m 范围采用 C10 混凝土硬化，厚度 10 cm，硬化面积 1 200 m^2，花坛及草坪树木绿化 1 400 m^2。

四、水源水质与工艺流程

(一)水源水质

项目区地下水资源丰富，平均埋深 65 m，根据卫生防疫站检测结果，各项指标均符合《生活饮用水卫生标准》(GB 5749—85)，可作为生活饮用水水源。

(二)工艺流程

水源→立式多级泵→蓄水池→进水阀门→变频泵→用户

五、工程效益分析

(一)经济效益

工程效益费用比为 1.31>1，净现值为 192.12 万元>0，内部收益率为 8.2%>7%。以上三方面分析计算结果表明，工程经济合理，各项指标满足限定要求，新建该工程在技术和经济上是可行的。

(二)社会效益

工程对改善当地的生产条件和群众的生活条件，促进当地经济迅速发展起着十分重要的作用，并由于饮水安全卫生条件改变，可增强人民身体健康素质，使群众可以安居乐业，消除人心不定的现象，对促进当地生产发展、维护社会稳定、尽快奔向小康社会提供可靠的保证。

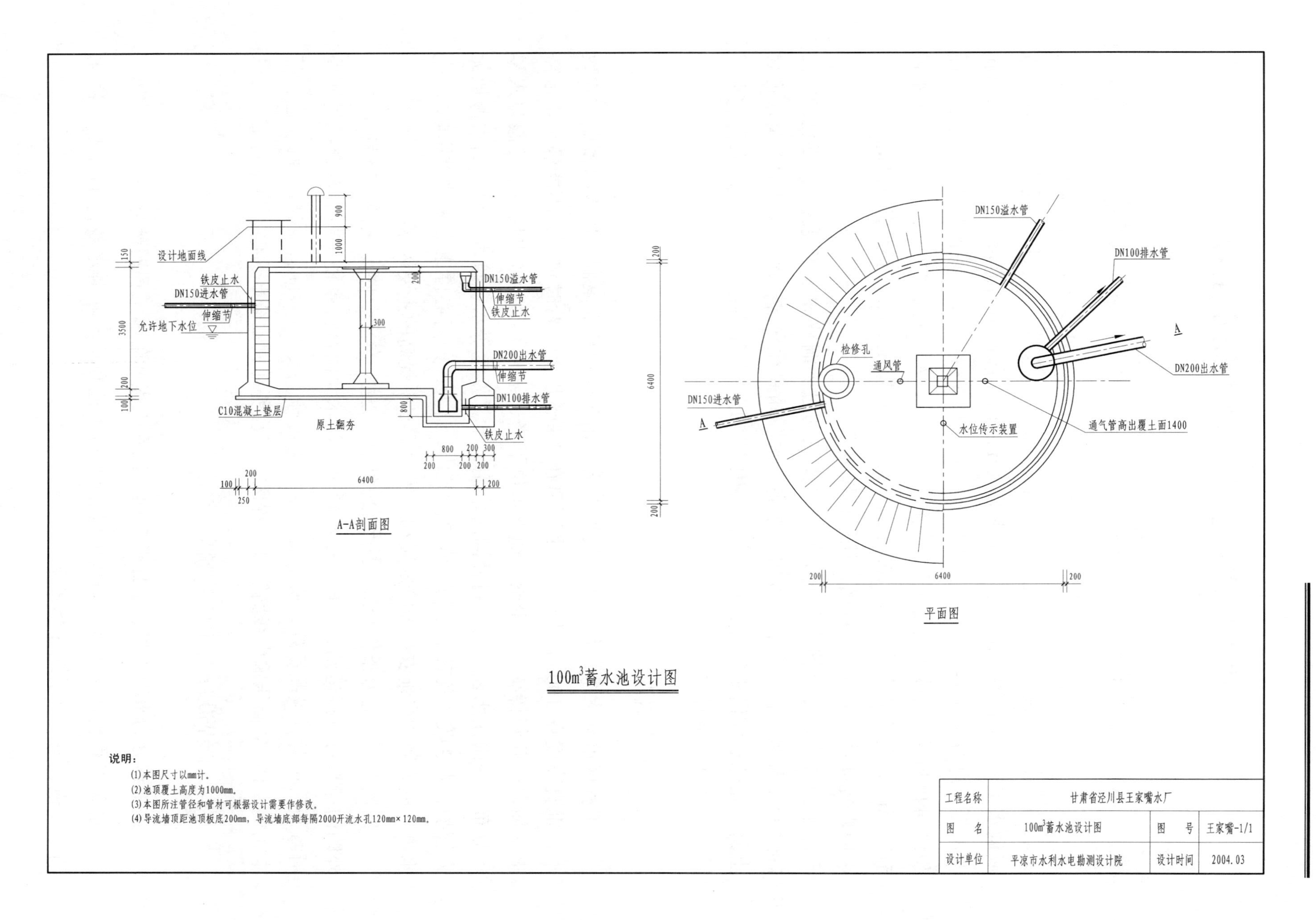

设计地面线
铁皮止水
DN150进水管
伸缩节
允许地下水位
C10混凝土垫层
原土翻夯
DN150溢水管
伸缩节
铁皮止水
DN200出水管
伸缩节
DN100排水管
铁皮止水
A-A剖面图
DN150溢水管
DN100排水管
DN200出水管
检修孔
通风管
DN150进水管
水位传示装置
通气管高出覆土面1400
平面图
100m³蓄水池设计图
说明：
(1)本图尺寸以mm计。
(2)池顶覆土高度为1000mm。
(3)本图所注管径和管材可根据设计需要作修改。
(4)导流墙顶距池顶板底200mm，导流墙底部每隔2000开流水孔120mm×120mm。
工程名称 甘肃省泾川县王家嘴水厂
图 名 100m³蓄水池设计图
图 号 王家嘴-1/1
设计单位 平凉市水利水电勘测设计院
设计时间 2004.03

甘肃省庄浪县洛水北调饮水工程

一、自然条件

甘肃省庄浪县洛水北调饮水工程是调洛水北河一级支流通过陈家洞子及永宁葛家峡沟道泉水解决庄浪县西北部干旱山区柳梁、白堡等乡镇饮用水困难的一项跨流域调水工程。工程覆盖区位于距县城15 km的西北部庄浪河流域，整体地势东北高、西南低，海拔1 700～2 200 m。工程覆盖区南北宽约11 km、东西长约40 km，总面积约 440 km^2。区域属大陆性季风气候类型，多年平均气温 7.8 ℃，多年平均降水量513 mm，多年平均蒸发量1 310.2 mm，最大冻土层130 cm，最佳施工期3～10月。区内山峦重叠，梁峁沟壑纵横，地形地貌复杂。

水源位于庄浪县洛水北河上游一级支流通过陈洞峡和永宁葛家峡，距县城 35 km。该地地处关山腹地，森林覆盖率高，水源涵养林丰富，水源水量均以泉水形式出露，孔隙裂隙潜水发育，水量充沛，因而引用该处水源解决干旱山区人畜饮水问题，无疑是一条有效途径。

二、工程概况

工程区群众大多居住在梁峁或半山腰，由于受地形的限制，以人担畜驮方式取水，垂直高度在100 m以上，水平距离在1 km以上，费时费力，不能满足用水需求。加之近几年持续干旱少雨，地下水位下降，泉水干涸，区内仅有的几眼泉水零星分布，一眼泉水往往几个村社同时取用，常常发生等水、抢水现象。而水源地无人管护，枯草败叶及其他赃物常常浸泡其内，给人民的身心健康带来严重影响。“吃水难”成为制约当地农村经济发展和人民生活水平提高的主要因素。

区内交通、电力条件较好，县乡公路网络发达，秦隆公路及庄泾公路贯穿全区，外购的三材可直接运到各工地，砂石料可在洛水北河良邑乡杨王村和苏苗源村两处河滩开采拉运，级配良好，质量及储量均满足施工要求。目前，农村电网改造已基本完成，10 kV高压输电线路穿过工程区，工程所在村社全部通电，供电可靠。

三、工程设计及主要构筑物

该工程分为水源工程、倒虹吸工程、供水工程和附属工程四部分。

水源工程包括截水墙、清水池(陈洞峡清水池和葛家峡清水池)、配电房、净化消毒设施、输配电系统五个部分。

倒虹吸工程从陈家洞子及葛家峡引水汇合于陈堡林场(3+150)，再由清水池向杨河元嘴高位蓄水池输水，由于中途跨沟跨河，因而采用倒虹吸的形式。倒虹吸工程包括倒虹吸管、排气阀、伸缩节及高位蓄水池四个部分。

供水工程包括供水管道、检查井(共 760 座)、减压池(包括 21 m^3、15 m^3 两种水池)及入户工程四个部分。

附属工程包括管理站、管理所两个部分。

四、水源水质与工艺流程

(一)水源水质

据调查，当地群众已饮用该沟道水几十年，未发现异常病状，周围水源水质也较好，说明该流域水能够饮用。

(二)工艺流程

规划在咯水北河一级支流通过陈家洞子及葛家峡沟修建截水墙 30 道，拦截森林覆盖区出露的泉水，水质经清水池汇集、澄清、处理后，通过倒虹吸管道输水至元嘴山顶的集水池，水量经调蓄后，再通过供水管网向各用水户供水。

五、工程效益分析

(一)经济效益

该工程年运行费用包括固定资产折旧费、大修理费、维护费、管网基金、工资福利费、水资源费、动力费、药剂费及其他费用，经核算为 135 万元。工程投入使用执行 2.68 元/m^3 的供水水价，既可保证工程的正常运行，又能达到良性循环的目的。工程效益费用比为 1.01>1，净现值为 25.93 万元>0，内部收益率为 9.3%>7%，说明修建该工程是经济合理的。

(二)社会效益

工程建成后可解决当地 7 乡 31 村 31 694 人、7 501 头大牲畜的饮水问题，大大改善了当地的生产条件和群众的生活条件，促进了当地经济迅速发展，并因饮水卫生条件改变，增强了人民身体素质。可使群众安居乐业，消除人口外迁、人心不定的现象，促进生产发展，维护社会稳定。

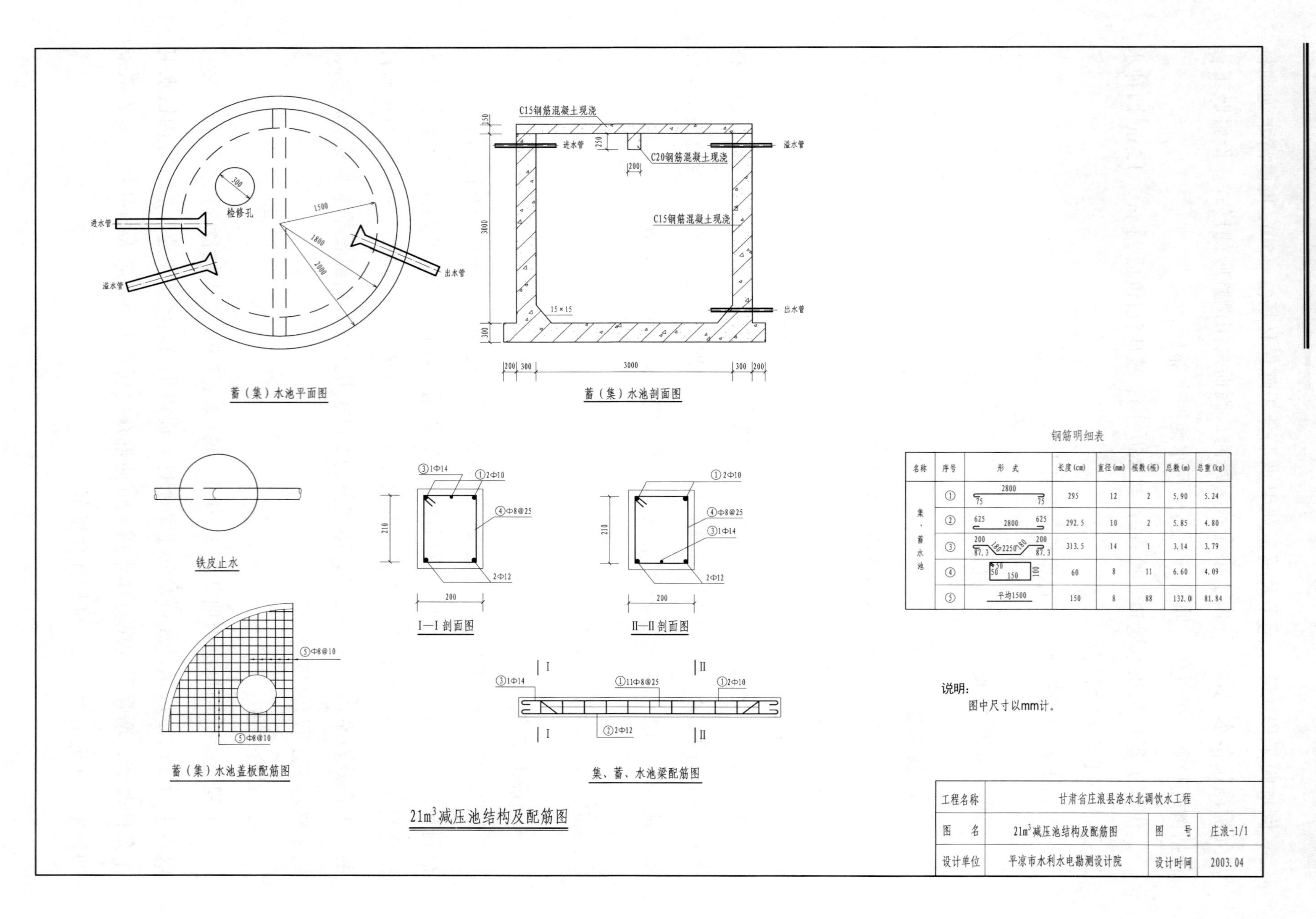

钢筋明细表

名称	序号	形式	长度(cm)	直径(mm)	根数(根)	总数(m)	总重(kg)
集、蓄水池	①	75 2800 75	295	12	2	5.90	5.24
	②	625 2800 625	292.5	10	2	5.85	4.80
	③	200 87.3 180 2250 180 200 87.3	313.5	14	1	3.14	3.79
	④	50 50 150 100	60	8	11	6.60	4.09
	⑤	平均1500	150	8	88	132.0	81.84

说明：

图中尺寸以mm计。

工程名称	甘肃省庄浪县洛水北调饮水工程		
图 名	21m³减压池结构及配筋图	图 号	庄浪-1/1
设计单位	平凉市水利水电勘测设计院	设计时间	2003.04

甘肃省定西市青岚乡大坪村水窖工程

一、工程概况

大坪村位于甘肃省定西市安定区东部的青岚乡境内，距定西市区约 5 km，包括大坪、碾盘、贾家湾 3 个社，现有农户 123 户 601 人，318 个劳动力。总流域面积 4.21 km^2，其中耕地面积 181 km^2，人均 0.3 km^2，梯田面积 168.7 km^2，人均 0.28 km^2。区域内气候干燥，降雨稀少，既无地下水，又无地表水，多年平均降水量仅为 380 mm，蒸发量高达 1 500 mm 以上。长期以来，这里生活用水极其困难，主要靠饮用沟道苦咸水和冬季消冰水为生，既严重危害人民群众的身体健康，又耗费大量人力和时间。因此，干旱缺水是制约该地区农业经济发展的瓶颈，也是稳定解决温饱致富奔小康的最大障碍。

为了改变严酷的自然环境，寻求解决干旱山区人畜饮水的路子，从 20 世纪 80 年代末开始，当地人民和工程技术人员总结前人利用红黏土水窖集蓄雨水的经验，探索和研究利用农户房屋面和硬化的混凝土庭院收集雨水，开挖浇筑混凝土水窖集蓄雨水，解决人畜饮水困难的问题。

自 1995 年，安定区大规模实施“121”雨水集流工程、农村人畜饮水解困工程、氟病改水工程、结合集雨节灌和易地扶贫搬迁的人畜饮水工程等项目以来，大坪村已建成人畜饮水集雨水窖 246 眼，户均达到 2 眼，彻底解决了全村 123 户 601 人，120 头大牲畜，618 头(只)猪、羊的饮水问题。农户不但饮用到了干净卫生的生活用水，还利用窖水发展庭院经济，发展养殖和加工业，增加农民的收入，改善当地农民的生活条件，走出了一条利用集雨水窖发展致富的成功之路，在建设社会主义新农村的道路上率先迈出了一步。

二、水质标准及处理措施

安定区卫生防疫站对青岚乡大坪村水窖蓄水化验结果表明，境内水窖水质除大肠杆菌群超标、少部分窖水细菌总数超标外，各项技术指标均达到人饮标准。目前对水窖水质处理的主要措施是投放生石灰、漂白粉和净水宝等，通过处理，水质均符合《甘肃省农村生活饮用水卫生标准》。

三、工程建筑物结构形式

(1)水窖：根据确定的水窖容积，采用内径 3.2 m、深 4.5 m 的混凝土拱盖拱底、水泥砂浆抹面的圆柱形水窖。窖顶及窖底均为拱形，其中拱顶矢高 1.0 m，拱底矢高 0.6 m，窖底拱形基础夯填 3∶7 灰土厚 30 cm，其上现浇 C15 混凝土厚 20 cm，然后在混凝土底板上部夯填红黏土抹平，用于改善水质。窖顶采用 C15 混凝土现浇，厚 10 cm，并在窖顶颈部留一孔径为 50 cm、高 60 cm、侧壁厚 6 cm 的窖孔，孔顶部设 6 cm 厚铅丝网预制混凝土窖盖，窖顶覆土 50 cm。窖壁采用 M10 砂浆抹面，壁厚 3 cm。

(2)沉淀池：沉淀池为一级沉淀池，尺寸为(长)0.2 m×(宽)0.2 m×(深)0.2 m，池壁、池底、挡板均厚 8 cm，为 C15 混凝土浇筑。

(3)窖台、窖盖：窖台为 M10 砂浆砌单砖，外围尺寸为(长)0.72 m×(宽)0.72 m×(高)0.36 m；窖盖尺寸为(长)0.84 m×(宽)0.84 m×(厚)0.06 m，取水窖孔直径 0.36 m。

(4)集流场：混凝土集流场基础原土翻夯 30 cm，夯实干容重要求大于 1.5 g/cm^3，其上现浇 C15 混凝土厚 6 cm。硬化分块尺寸为 2.0 m×2.0 m，伸缩缝采用三油二毡伸缩缝，厚度大于 1 cm，缝宽为 1.0 ~ 1.5 cm。集流面的纵横方向都应有一定的坡度，横向 1%，纵向 2%，向汇流方向找坡。

四、工程效益分析

(一)社会效益

水是人类生存和生产的重要源泉，集雨水窖建成以后，不仅能够解决人畜饮水问题，而且对促进农村经济和农业发展将起到重要作用，对提高农民的生活质量和健康水平、减少流行疾病蔓延、促进社会主义精神文明建设和社会稳定做出重要贡献。

(二)经济效益

每眼水窖及 80 m^2 集流场平均投资 2 853.59 元，水窖一次性投资建成，年运行按 100.00 元计算(包括工程养护、水质净化等费用)。

水窖建成后，农民可饮到清洁、卫生之水，提高生活质量和健康水平，减少疾病。每人每年节约医药费按 30.00 元计算，每户全年可节约医药费 150.00 元；同时可节省农民挑水劳务费，平均按每人 20.00 元/年计，则年节省劳动力增加的收入为 100.00 元。合计年工程效益 250.00 元。

根据混凝土工程使用年限，集雨水窖使用期确定为 30 年，年工程投资及费用为

$$K_0=2\,853.59/30+100.00=195.12(\text{元})$$

工程效益费用比　　　$B=250.00/195.12=1.28$

从经济上来看，水窖的经济效益费用比大于 1，经济上是合理的。

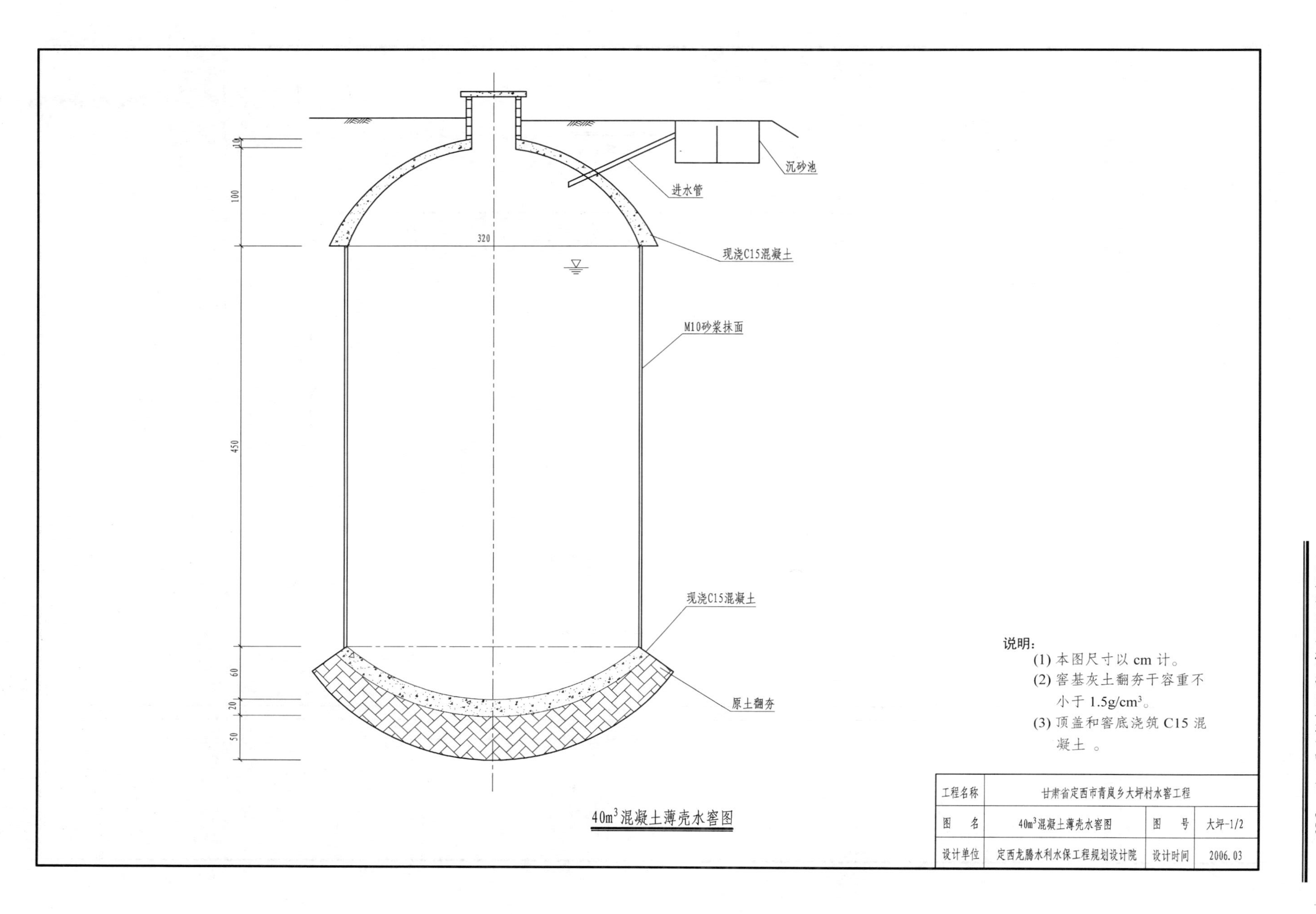

40m³混凝土薄壳水窖图

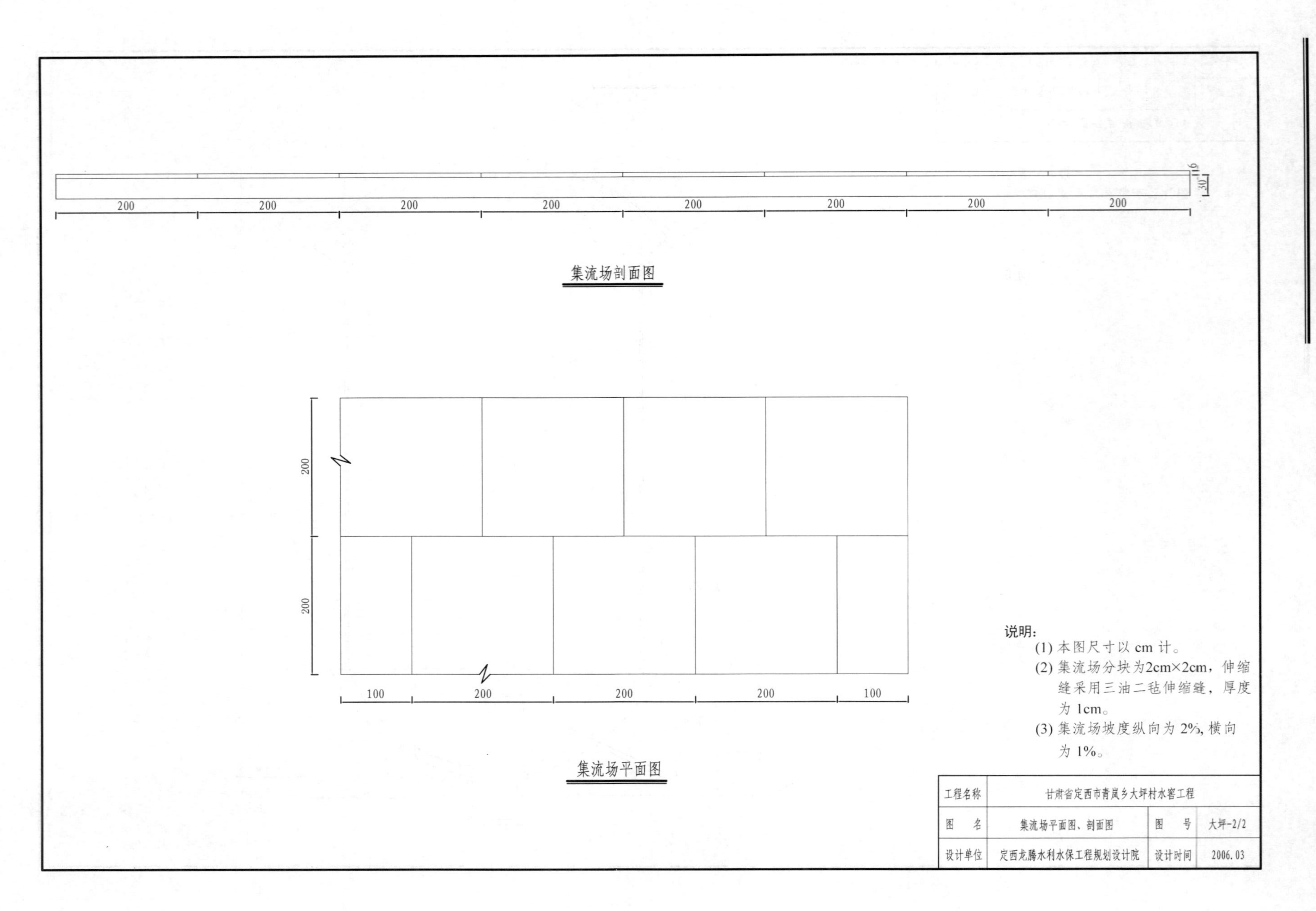

16
30
200
200
200
200
200
200
200
200
集流场剖面图
200
200
100
200
200
200
100
集流场平面图
说明:
(1) 本图尺寸以 cm 计。
(2) 集流场分块为2cm×2cm，伸缩缝采用三油二毡伸缩缝，厚度为 1cm。
(3) 集流场坡度纵向为 2%，横向为 1%。
工程名称
甘肃省定西市青岚乡大坪村水窖工程
图 名
集流场平面图、剖面图
图 号
大坪-2/2
设计单位
定西龙腾水利水保工程规划设计院
设计时间
2006.03

甘肃省渭源县北寨镇饮水工程

一、自然条件

北寨镇属于甘肃省渭源县北部干旱山区，是该县八大镇之一，也是该县北部最大的集镇，距离县城 35 km。

工程区年平均气温为 4.5～6.2 ℃，年平均降水量 460 mm，降水年内分配极不均匀，6～9 月平均降水 307.9 mm，工程区为秦祁河河谷川沿区，一、二级阶地较发育。二级阶地为基座阶地，一级阶地为内叠式阶地。

定渭公路从此经过，交通十分便利，但由于特殊的地理位置，长期干旱少雨，植被稀少，秦祁河从该镇经过，长期断流，成为季节性河流，且河水为苦咸水，人畜无法饮用，北寨镇长期饮水十分困难。因此，严重缺水影响着当地群众生产生活和北寨小城镇建设的步伐，加之近年来北寨镇集贸市场的快速发展及流动人口的不断增加，同时干旱少雨使得水源水量严重不足，无法满足北寨街道现有人口的饮水，急需修建北寨人饮工程。

二、工程概况

北寨饮水工程是甘肃省渭源县第二期第三批农村人饮解困工程之一，位于北寨镇，距县城 35 km。该工程引秦祁河支流暖阳口及陈家渠地下水，经水厂沉淀、消毒、加压后供给用户。工程设计最大日供水能力 316.47 m^3，供水形式全部为自来水入户，受益范围为暖阳村崖湾社、前进村、盐滩村、郑家川村、北寨镇街道及机关单位和流动人口。共解决 4 个村，15 个社，1 289 户，7 165 人，1 028 头大家畜的饮水困难。工程总投资 269.13 万元，其中国补 155 万元、自筹 114.13 万元。

三、工程水源

结合当地情况，经勘测，该工程在秦祁河暖阳沟上游取水，进行全断面截引，出水量为 120 m^3/d，且水量稳定、水质好。在加强工程运行管理的同时，注意水源保护。采取涵养水源，对水源采取工程封闭措施，并注意对水源临近范围的保护工作，对水质进行定期检测，定期投放消毒药剂，确保水源的干净卫生和不受污染。

四、工程主要构筑物

该工程于2004年9月15日开工建设，同年11月20日竣工。建成自来水厂一座，围墙170 m，394.4 m^2的办公楼一栋，花园两座，37.2 m^2的泵房一间，现浇100 m^3和30 m^3的200号钢筋混凝土蓄水池各一座。安装扬程50 m的离心泵两台，变频恒压控制设备一套，上水加压实现了自动化。埋设各类管道32 018 m，建设检查井12座，供水井1 478座。工程于2004年11月20日建成通水，运行情况良好。

五、工程效益分析

(一)社会效益

该工程建成后，可以满足北寨镇小城镇建设的需要，保障生产生活用水，解决了受益区群众长期缺水的困难，进一步提高了群众生活质量和健康水平，贯穿了党“执政为民”的政策，改善了党群和干群关系，也是我们水利职工实践“三个代表”重要思想的具体体现。

(二)经济效益

供水成本即年运行费，包括固定资产折旧费12.6万元、大修费3.79万元、经常维护费2.52万元、管理人员工资0.96万元(每人每月800元，按1人计)、水资源费1.73万元、电费0.87万元、其他费2.24万元等。年运行费24.72万元，供水成本2.1元/m^3。按成本加微利润法核定，利润取10%，则供水水价P_0=2.1×1.1=2.3(元/m^3)，在实际管理中按2.5元/m^3收取。

北寨镇饮水工程的建成，结束了当地吃苦咸水的历史，改善了人民群众的生产生活条件，为当地经济发展和全面建设小康社会打下了坚实的基础，将带来较大的社会效益和经济效益，是一项为民工程和德政工程，功在当代，利在千秋。

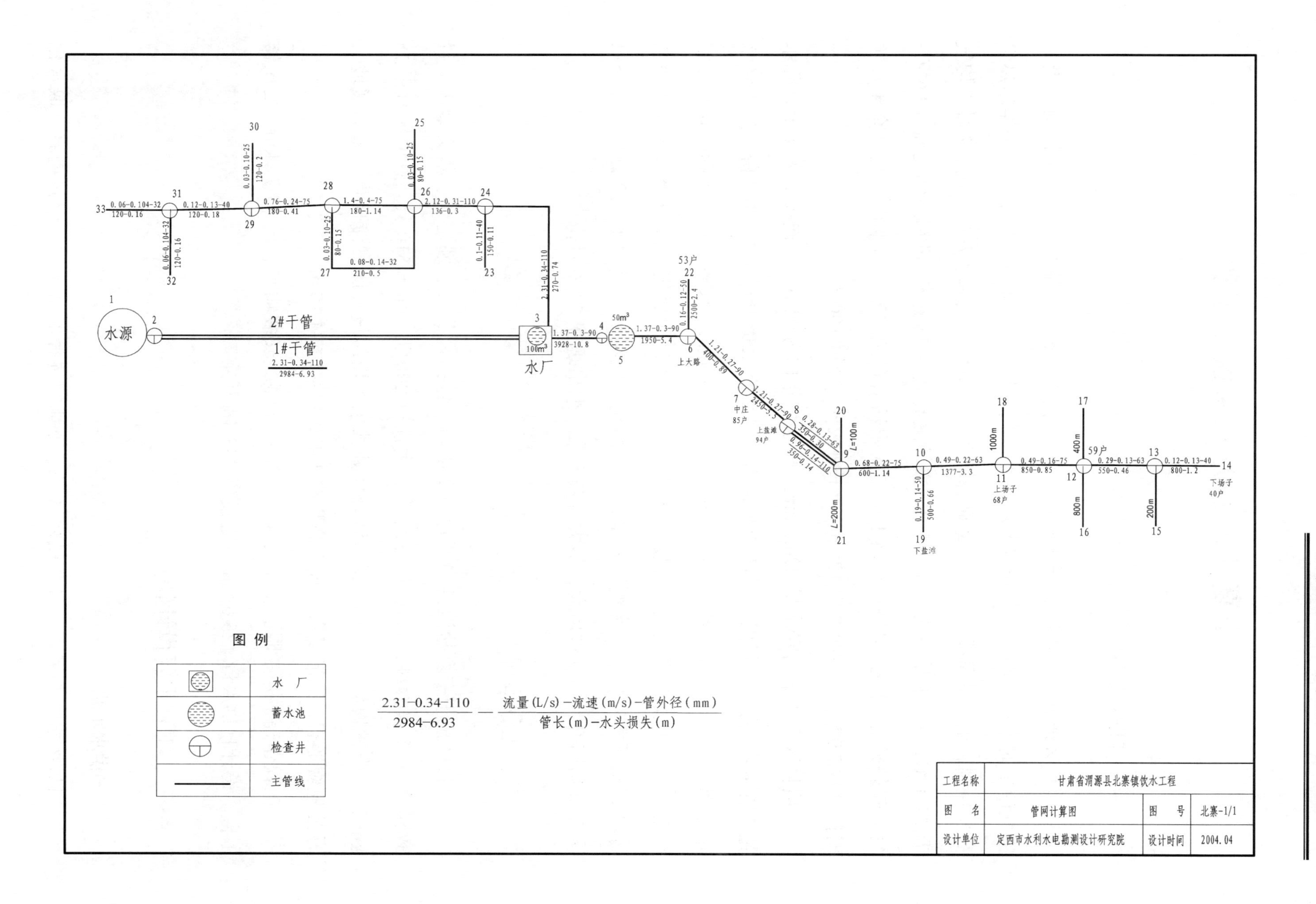
水源
2#干管
1#干管
2.31-0.34-110
2984-6.93
水厂
100m³
50m³
上大路
中庄
85户
上盘滩
94户
下盘洼
上场子
68户
59户
下场子
40户
53户
L=100m
L=200m
图例
水 厂
蓄水池
检查井
主管线
2.31-0.34-110 / 2984-6.93 — 流量(L/s)-流速(m/s)-管外径(mm) / 管长(m)-水头损失(m)
工程名称 甘肃省渭源县北寨镇饮水工程
图 名 管网计算图
图 号 北寨-1/1
设计单位 定西市水利水电勘测设计研究院
设计时间 2004.04

宁夏盐池县月儿泉饮水工程

一、自然条件

项目区地处西北内陆，属大陆性气候，干旱少雨。冬季受蒙古高压控制，当冷空气南下时形成寒潮，常有降雪出现，是冬季降水的主要来源。夏季受太平洋副热带高压控制，东南季风盛行，降水量显著增多。多年平均气温 7.7 ℃，最热 7 月平均气温 22.3 ℃，最冷 1 月平均气温–8.9 ℃，极端最高气温 38.1 ℃，极端最低气温–29.6 ℃，气温年较差 31.2 ℃、日较差 14.1 ℃。太阳辐射资源丰富，日照时数长，全年日照时间 2 867.9 h。无霜期平均 128 d，最长 152 d，最短 100 d。

项目区多年平均降水量 296.5 mm，降水量年内分配不均，连续最大 4 个月降水量均在 6 ~ 9 月，占年降水量的 70%左右，最大降水量出现在 7、8 月份，最小降水量出现在 1、12 月份。多年平均水面蒸发量 1 380 mm，水面蒸发的年际变化小、年内变化大，其随各月气温、湿度、日照、风速的变化而变化。11 月至次年 3 月为结冰期，水面蒸发量小，水面蒸发量最小月出现在气温最低月的 1、12 月份；春季风大，气温回升，蒸发量增大，最大月蒸发量一般出现在 5、6 月份。

二、工程概况

项目区位于宁夏盐池县中部青山乡境内，包括月儿泉、郝记台、猫头梁 3 个行政村共 16 个自然村，总人口 3 321 人，大牲畜 200 头，羊 6 510 只。总土地面积 78 km^2，其中耕地面积 18.45 km^2。区域地处鄂尔多斯缓坡丘陵过渡地带，多为缓坡、丘陵地貌形态，地形复杂，地面高程在 1 400.38 ~ 1 604.15 m。

工程建辐射井 1 眼、蓄水池 4 座、泵站 2 座，安装输水管道 48.77 km、变压器 1 台。设计日供水量 125.63 m^3，总投资 233.48 万元。

三、工程主要设计特点

(一)供水水源

项目区水资源贫乏，且为氟病区，水源地的选择非常关键。经过勘察、取水化验，水源地选在刘窑头西侧的低洼地，其北侧为浩瀚的哈巴湖沙漠，补给面积大，且沙漠凝结水水质较好，不需要进一步处理。利用沙漠凝结的浅层地下水为供水水源，是设计上的一个主要特点。

(二)水源井的设计

水源地地面 6 m 以下有弱透水层存在，再往下水质就发生了变化，采取什么样的水源井设计形式也很重要。为了满足供水需要，在设计上采取水平辐射安装无砂混凝土管取水，井深 4 m，水平埋设双排、口径为 1.0 m 的无砂混凝土管 50 m。无砂混凝土管一端用无砂混凝土封口，另一端用浆砌石砌 1.5 m×2.0 m×1.0 m 蓄水池，蓄水池上口装 3.0 m 长ϕ300 mm 的无砂混凝土管到地面，管口安装有检查口的混凝土井盖。实践证明，这种方法起到了辐射取水的效果，为浅层地下水的开采利用探索出了一条新的途径。

(三)水源泵站到二泵站的自动打水控制

水源地到二泵站蓄水池的距离为 1 700 m，地形高差 60.92 m。通过在蓄水池上安装液位自动控制装置，可利用水位控制水源泵站的水泵，实现取水自动化控制。

(四)二泵站向东梁高位蓄水池打水采用变频控制

从二泵站蓄水池开始，分两线供水，一线利用地形高差自压向赵记塘、刘窑头、郝记台、猫头梁等自然村供水；一线通过变频泵加压向东梁 80 m^3 高位蓄水池送水，扬程为 36 m，距离为 5 300 m，也实现了自动化控制。

四、工程主要构筑物

完成辐射井 1 眼；建泵房 1 间、管理房 7 间、供水房 26 间；安装潜水泵 1 台/套；铺设输水管道 46.405 km；建 150 m^3 钢筋混凝土蓄水池 1 座、80 m^3 钢筋混凝土减压池 2 座、30 m^3 钢筋混凝土减压池 1 座、各类阀井 38 座、跨沟建筑物 2 处、穿路 3 处；架设输电线路 1.10 km；安装 10 kVA 变压器 1 台、20 kVA 变压器 1 台。

五、工程效益分析

月儿泉饮水工程 2002 年建成，到目前已运行了 6 个年头，水源水量有保证，供水系统一切运行正常，没有出现过一次故障，供水管理人员和受益群众都十分满意。特别是自动化管理效果非常好，供水成本很低，测算单方水价不到 1.3 元，供水效果很好，取得了良好的社会经济效益。

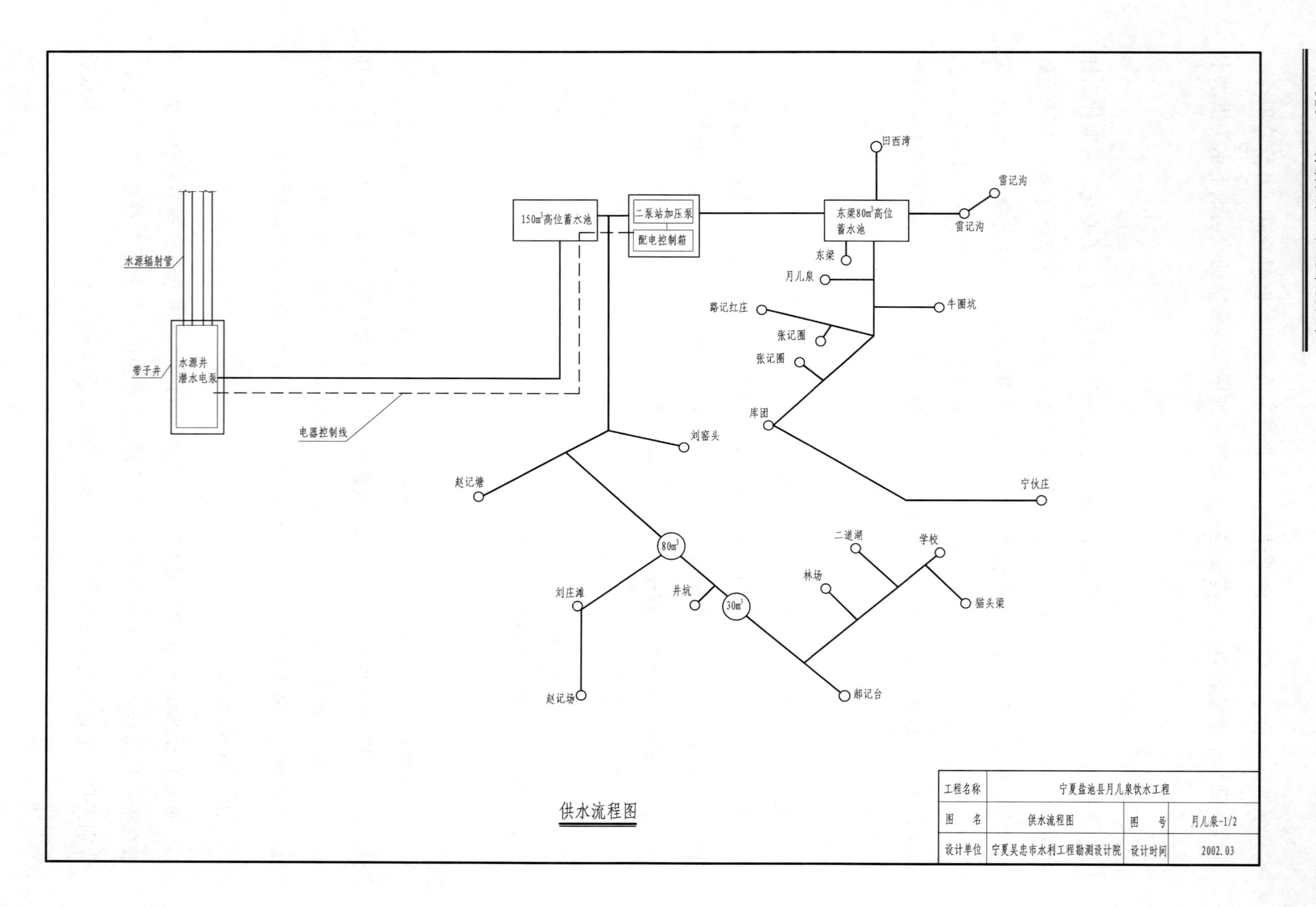

水源辐射管
带子井
水源井
潜水电泵
电器控制线
150m³高位蓄水池
二泵站加压泵
配电控制箱
东梁80m³高位
蓄水池
田西湾
雷记沟
雷记沟
东梁
月儿泉
牛圈坑
路记红庄
张记圈
张记圈
库团
宁伙庄
刘窑头
赵记塘
80m³
刘庄滩
赵记场
井坑
30m³
林场
二道湖
学校
猫头梁
郝记台
供水流程图
工程名称
宁夏盐池县月儿泉饮水工程
图　名
供水流程图
图　号
月儿泉-1/2
设计单位
宁夏吴忠市水利工程勘测设计院
设计时间
2002.03

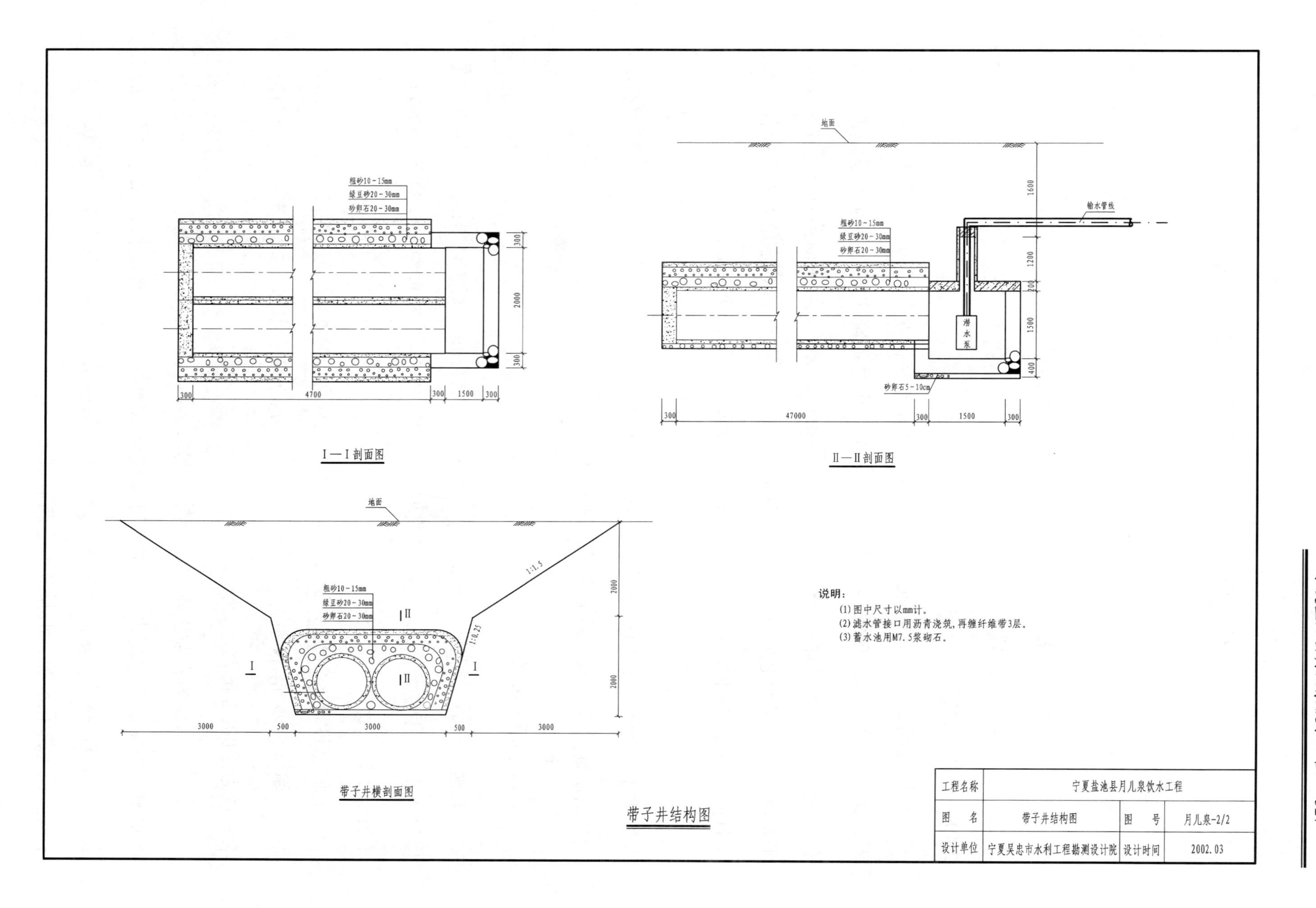
粗砂10～15mm
绿豆砂20～30mm
砂卵石20～30mm
300
4700
300
1500
300
2000
I—I剖面图
地面
输水管线
1600
1200
200
1500
400
潜水泵
砂卵石5～10cm
47000
II—II剖面图
1:1.5
1:0.25
I
II
3000
500
3000
500
3000
2000
2000
带子井横剖面图
带子井结构图
说明：
(1)图中尺寸以mm计。
(2)滤水管接口用沥青浇筑，再缠纤维带3层。
(3)蓄水池用M7.5浆砌石。
工程名称
宁夏盐池县月儿泉饮水工程
图 名
带子井结构图
图 号
月儿泉-2/2
设计单位
宁夏吴忠市水利工程勘测设计院
设计时间
2002.03

宁夏隆德县大水沟饮水工程

一、自然条件

隆德县大水沟饮水工程位于宁夏隆德县渝河流域的北部延山地区，地处隆德县北部，供水区地理位置东经105°52′～106°11′，北纬35°35′～35°41′，海拔1 825～2 400 m，供水区东西长60.8 km。

项目区属于渝河流域和好水川流域，多年平均降水量520 mm左右，分布极为不均匀，春季干旱，秋季多暴雨，7、8、9三个月的降水占全年降水总量的70%左右。多年平均地表径流深78 mm，主要为暴雨径流，年平均水面蒸发量为1 050 mm，平均陆面蒸发量约870 mm。年平均气温5.2 ℃，无霜期118 d，最大冻土层深1.5 m。年日照时数2 228 h。常有旱、冻、雹、涝等较频繁的自然灾害发生。

该工程项目区属典型的西部黄土丘陵沟壑区，海拔1 900～2 400 m，地形地貌以峁为主、梁峁并存的黄土丘陵，属湿陷性第四系黄土类土。沟谷中堆积着含盐量较高的淤泥质土，地表常流水矿化度较高。

二、工程概况

工程建成后可解决32 682人、3 923头大家畜和5 370只羊的饮水困难。在工程建成1～3年水费按0.23元/m^{3}收取，工程建成3～5年水费按0.74元/m^{3}收取，5年后按1.9元/m^{3}收取。

工程总投资1 211.79万元，其中建安工程费991.67万元，临时工程费10.4万元，勘测设计费76.38万元，工程监理费47.93万元，其他85.41万元。最高日设计给水量为1 006.0 m^3/d。

该工程水源为六盘山水源涵养林区的大水沟沟道常流水，水量充沛可靠，属二类水源。为保证工程用水，在主沟道兴建截水墙一处，截水墙长30 m、顶宽0.5 m、边坡1∶0.3，材料用浆砌石砌筑，截水墙开挖深度要求挖至基岩上，深度为3.0 m。采取过滤池净化水源，水源蓄水池调节供水。

三、工程特点

(1)500 m^3 的调蓄水池基础坐落在四级自重湿性黄土上，采用较先进的预浸水泡水处理，取得了良好效果。地质复勘表明，其湿陷性彻底消除，保证了建筑物安全运行。

(2)优秀的工程设计软件在结构选型、管网压力计算中广泛应用，有力地保证了设计质量，提高了工作效率。

(3)在设备选型上，自动化程度高，管理操作方便，在同行业中有一定的推广价值。

四、创新技术设计的难点及先进性

(1)采用分离式供水方式，即在调蓄水池中根据每个供水点的需水量要求，按照容积大小划格，分离供水，确保每个供水点有水，避免了由于水压不均引起的供水差异。

(2)过滤消毒池采用斜管式结构，泥沙过滤效果更好，调蓄水池安装了自动控制装置，节约了水量，降低了运行成本。

(3)减压设备采用目前较为先进的减压阀，替代减压井，不但节约了工程量，而且操作方便。

(4)改进农户取水方式，即在取水井内外各设一供水龙头，避免了冬季管道冻裂和用水困难问题。

五、工程设计及构筑物

方案：由干管统一供水，再由支管从干管取水直接引水到各村。由于该工程供水干管道长 59.5 km，特在供水干管间设 1 座 1 000 m^3 调蓄水池、2 座 600 m^3 调蓄调压水池作为供水水源向各村供水，设计做到集中供水。在该工程设计中，输水干管主要沿北峰渠布置，以减少管道首末压力差，从而降低工程造价。

隆德县大水沟饮水工程主要由过滤池、调蓄水池、减压井、闸阀井、供水管道、供水分区管网、管理房以及其他附属设施组成。

六、工程运行及效益分析

工程效益主要体现在提高健康水平、减少农民医药费支出、节省运水劳力、发展经济等方面。项目区改善水质减少疾病等节约的医药费支出按每人每年15元计算，共节省医药费49.02万元。节约运水劳力按每户每年40工日计算，每工日按13.85元计算，则节省运水劳力费301.76万元，总计350.78万元。该工程在经济上是可行的。

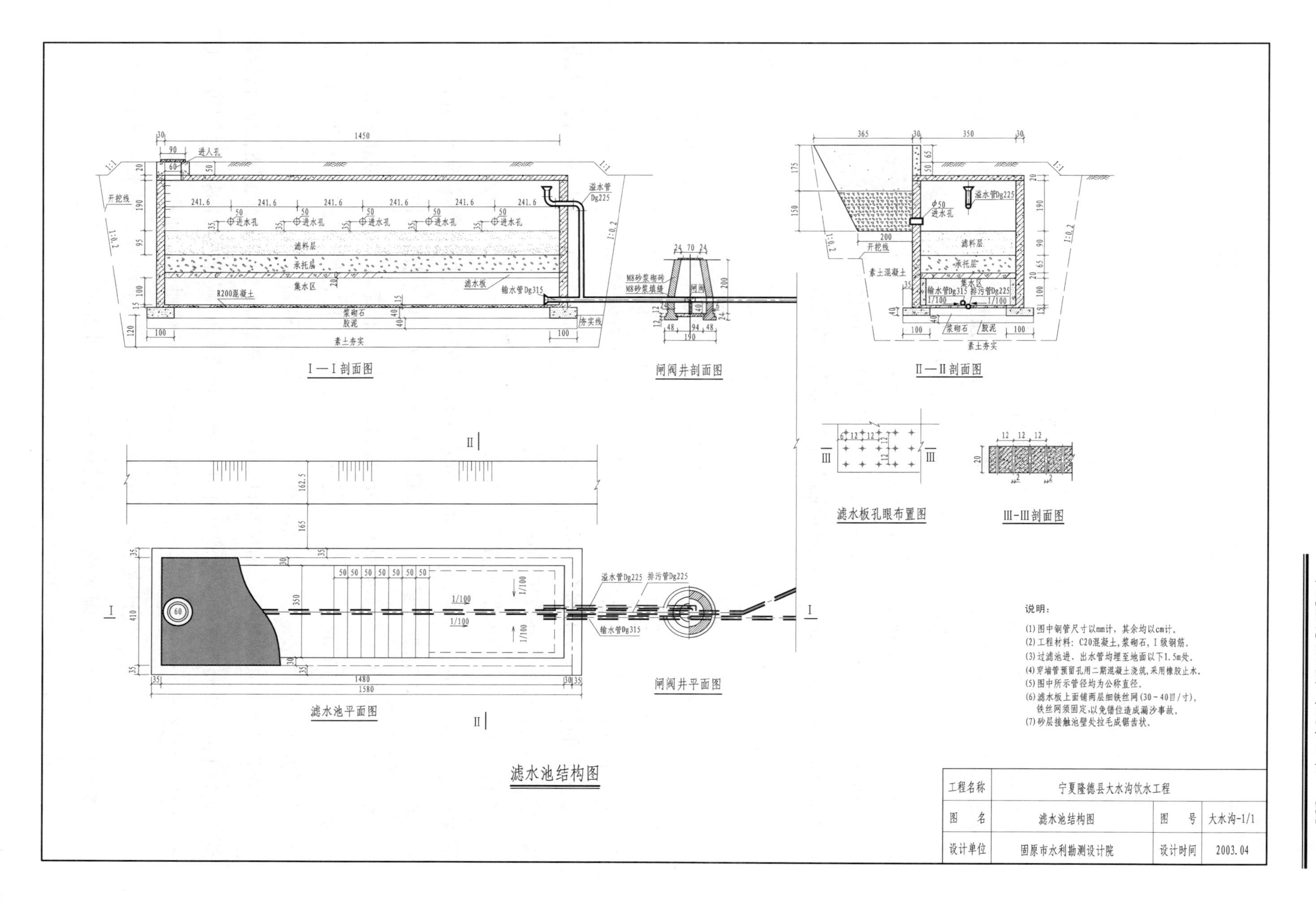
I—I剖面图
进人孔
开挖线
进水孔
滤料层
承托层
集水区
滤水板
R200混凝土
浆砌石
胶泥
素土夯实
夯实线
溢水管 Dg225
输水管Dg315
闸阀井剖面图
M8砂浆砌砖
M8砂浆填缝
闸阀
II—II剖面图
φ50 进水孔
溢水管Dg225
排污管Dg225
素土混凝土
滤水板孔眼布置图
III-III剖面图
滤水池平面图
闸阀井平面图
1/100
说明：
(1)图中钢管尺寸以mm计，其余均以cm计。
(2)工程材料：C20混凝土，浆砌石，I级钢筋。
(3)过滤池进、出水管均埋至地面以下1.5m处。
(4)穿墙管预留孔用二期混凝土浇筑，采用橡胶止水。
(5)图中所示管径均为公称直径。
(6)滤水板上面铺两层细铁丝网(30~40目/寸)，铁丝网须固定，以免错位造成漏沙事故。
(7)砂层接触池壁处拉毛成锯齿状。
滤水池结构图
工程名称
宁夏隆德县大水沟饮水工程
图 名
滤水池结构图
图 号
大水沟-1/1
设计单位
固原市水利勘测设计院
设计时间
2003.04

宁夏海原县八斗农村饮水工程

一、自然条件

项目区位于宁夏海原县中部，属清水河流域的西河水系，地处黄土高原丘陵区，区域内山大沟深，丘陵起伏，沟壑纵横。项目区缺水严重，水土流失程度严重，植被覆盖率低，是典型的大陆性气候，干旱少雨，蒸发强烈。年平均气温 7.0 ℃，最高气温 34.2 ℃，最低气温可达–24℃，年平均无霜期 149 d 左右。多年平均降水量 300 ~ 330 mm，多集中在 6 ~ 9 月，占全年的 70%，多年平均水面蒸发量 1 200 mm，平均干旱指数 4.1，冻土深度 1.2 ~ 1.4 m，主要自然灾害有干旱、霜冻、沙尘暴等，其中以干旱造成的危害最大，严重地制约了当地经济的的发展。

二、工程概况

该工程以农村供水为主，不考虑农业灌溉和工业用水。供水范围为海原县中部关桥、贾塘、李旺、兴隆 4 个乡 16 个行政村 72 个自然村。现状总人口 2.699 2 万人，大家畜 4 172 头，羊及生猪 10 885 只。此外，还有学校 32 所、清真寺 36 座。

该工程的任务是以用固海扬水八干渠扬黄水为水源，解决海原县中部农村人畜饮水安全问题，改善当地农民群众生产生活条件。

工程采用集中、全时供水方式，考虑禽畜用水，设计采用 40 L/(人 · d)，大牲畜 40 L/(头 · d)，猪、羊 5 L/(只 · d)，取水保证率 95%。管网漏失率按 10%估算，水厂自用水量按 5%估算。最高日用水量 1 494.1 m^3/d，年需水量 41.95 万 m^3。

整个管网系统共布设管道总长 320.908 km，其中干管 6 条总长 73.008 km，支干管 40 条总长 43.56 km，支管 73 条总长 41.561 m，上水压力管道 5 条 8.78 km。另外，为了方便入户供水，布设管径ϕ40 串巷管道总长 154 km。

工程新建提升泵站 1 座，加压泵站 4 座，设计流量 79.39 ~ 49.3 m^3/h，压力管线总长 8.78 km，净水厂 1 座，过滤池 1 座，蓄水池 8 座，减压池 21 座，过沟防洪工程 42 处，过路建筑物 11 座，各类闸阀井 1 133 座。新建供水管理站 2 座。

现状年：2005 年；设计水平年：2020 年。设计年限为 15 年。供水保证率 95%。

整个工程一年半内实施完成，即从 2008 年 3 月到 2009 年 9 月。

该工程总投资概算为 2 997.27 万元。

三、工程水源及工艺流程

(一)工程水源

该工程饮水水源考虑两种供水途径解决，一是从固海扩灌八干渠引水，二是固海扬水工程八干渠引水，通过调蓄向八斗人畜饮水工程供水。

据卫生防疫部门检测，该水源的水质较好，满足供水水源要求。

(二)工艺流程

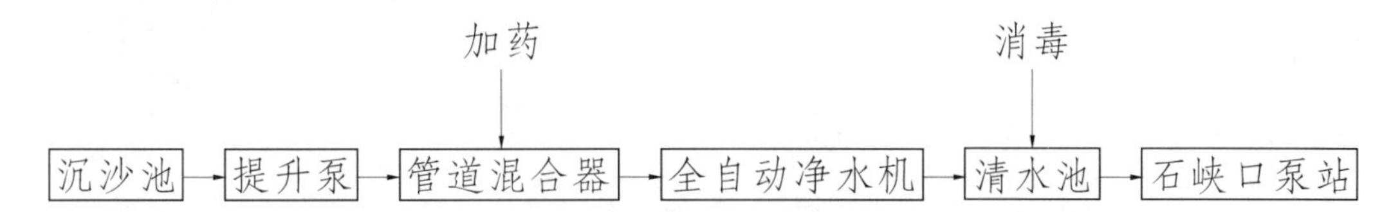

四、工程效益分析

(一)社会效益

该项目实施后，将彻底解决受益区人畜的饮水问题，做到大旱之年保证饮用水的供应，而且在一般年份还可以利用余水发展庭院经济，并能起到稳定畜牧的作用。同时解除了广大人民群众的后顾之忧，解放了农村劳动力，使人民群众把更多的精力投入到农业生产和经济建设中去。人民群众将减少因长期饮用不符合卫生条件的脏水、污染水和高氟水而导致的氟中毒、地方病的危害，健康水平和生活质量将得到提高，为建设新农村社会主义精神文明打下基础。项目的实施将加快受益区群众致富奔小康的步伐，促进西部大开发战略的开展，拉动国民经济的稳步增长，因而具有十分重要的社会意义。

(二)经济效益

工程建成后，节省了运水的劳力、畜力、机械和相应的燃料、材料等费用；改善了水质，减少了疾病开销的医疗保健费用。从项目国民经济评价指标看，供水项目的内部收益率 11.1%，经济净现值 867.0，经济效益费用比 1.22，均满足相应要求，说明该项目在经济上合理可行。

(三)环境效益

项目实施后，解决了人畜争用有限窖水的问题，大大缓解了当地的水资源紧张问题，使项目区的水环境问题得到改善。丰水年利用余水发展的庭院作物和部分得以灌溉的小片荒地作物可以发展畜牧。牲畜进行圈养后，有利于植被恢复，改善生态环境。

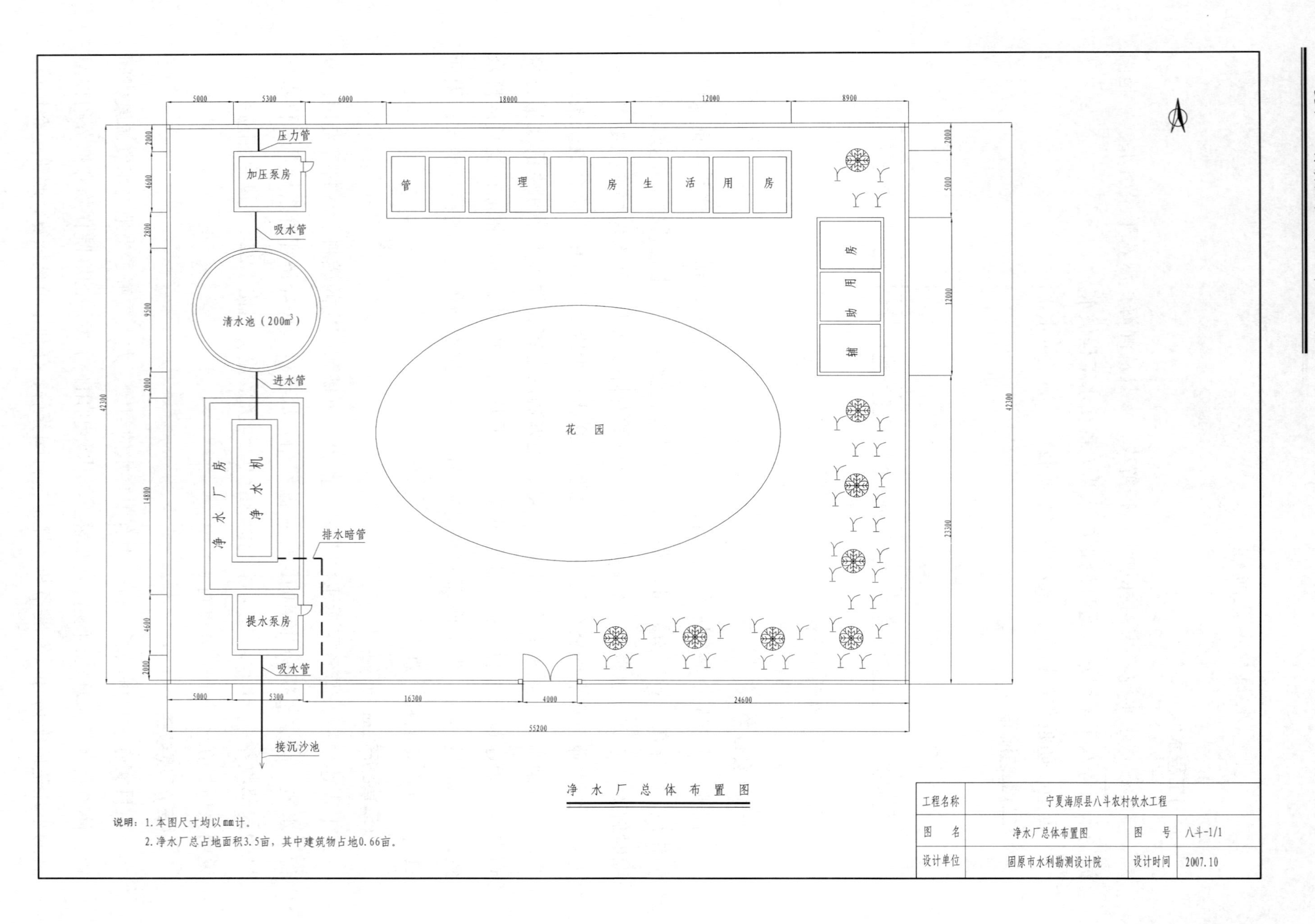
压力管
加压泵房
管理房
生活用房
辅助用房
吸水管
清水池（200m³）
进水管
花园
净水厂房
净水机
排水暗管
提水泵房
吸水管
接沉沙池
净水厂总体布置图
说明：1.本图尺寸均以mm计。
2.净水厂总占地面积3.5亩，其中建筑物占地0.66亩。
工程名称
宁夏海原县八斗农村饮水工程
图名
净水厂总体布置图
图号
八斗-1/1
设计单位
固原市水利勘测设计院
设计时间
2007.10

新疆兵团农五师八十五团二连饮水工程

一、自然条件

该工程位于八十五团团部东南侧的二连。农五师八十五团位于新疆博尔塔拉蒙古自治州境内，地跨东经 82°03′00″～82°23′00″，北纬 44°35′00″～44°52′00″。东至博乐河与大河沿子河交汇处，西至博乌公路，南到 312 国道，团部距博乐市东南 10 km。东西宽 25 km，南北长 27 km，总面积 357.5 km^2。

二、工程概况

工程总投资 68.28 万元，人均投资 620.73 元，制水经营成本为 0.7 元/m^3，制水总成本为 1.05 元/m^3。取水水源为地下水，水源地选择在该团四连。供水工程实际供水规模为设计供水规模的 83%。

三、设计特点及主要技术经济指标

设计特点：①采取单连集中供水，供水到户，水表入户；②供水工程首部采用恒压变频设备供水；③采用定时供水方式供水；④管网采用树枝状结构布置，选择线路时充分利用地形，优先考虑重力流或部分重力流输水；⑤管网水力计算采用比流量法计算各管段的流量；⑥管材选用符合人饮卫生标准、综合造价低和施工安装方便的 UPVC 管和 PE 管。

主要技术经济指标：居民生活用水定额取 80 L/(人·d)；二连现状常住人口 1 100 人，设计年限为 15 年，年人口自然增长率 12‰，规划年人口 1 277 人，规划年机械增长人口数为 55 人，规划年生活用水量 106.66 m^3/d；庭院浇灌用水量为 15.98 m^3/d；未预见水量及管网漏失水量为 10.66 m^3/d；最高日用水量 133.21 m^3/d；管材选择：设计直径大于 63 mm 的管道使用 PVC-U 管，直径小于或等于 63 mm 的管道使用 PE 管；最不利节点最小服务水头不小于 10 m，设计水泵扬程为 40.97 m，选用水泵型号为 200QJ80–44/4，变频控制柜型号为 ACE1–20。

四、水源水质与工艺流程

(一)水源水质

工程采用新打饮水专用井的方法解决问题。供水保证率不低于 95%，水质符合生活饮用水取水标准。

(二)工艺流程

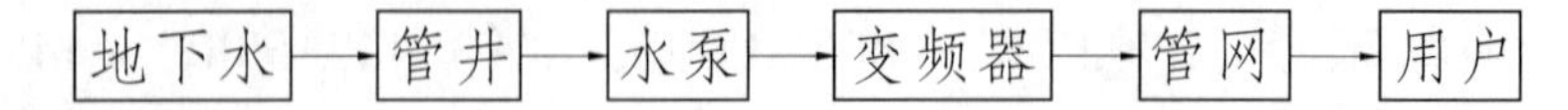

五、工程设计及构筑物

该工程确定在四连打井建水厂，通过 4.47 km 的输水干管将水输至二连居民区，再通过管网输配水到户。水厂内设变频器供水，输水干管沿四连至二连的公路布置，干管敷设至二连西北角，然后通过管网沿居民住房间的道路与房前屋后配水到户。

水厂设计：在四连境内建一座水厂，包括泵房、值班室和围墙，占地总面积 181.02 m^2，泵房设计建筑总面积为 34.98 m^2，为一层砖混结构，并用砖围墙对水厂进行围护，围墙高 2.2 m，水厂大门规格为 3.3 m×3 m 钢制大门。

管道基础：采用天然开挖基础。管道转角及三通、四通处管径≤ϕ63 时可不设镇墩，其余需设。

阀门井：输配水管道及管网中的各类附件安装在阀门井内，采用砖砌圆形立式阀门井。

六、工程效益分析

项目的建成很好地解决了八十五团二连 1 100 人的饮水安全问题，减少了团场职工“因病致贫”的现象，对连队的经济发展、团场的振兴起了积极的促进作用。该工程设 1 名专职管护人员负责水厂的正常运行、看护、收取水费等工作，降低运行经营成本，合理制定水费标准，实行定额管理，超定额用水累计加价方法，并报地区物价局核定后执行。该工程的实施对周围环境无任何不利影响。

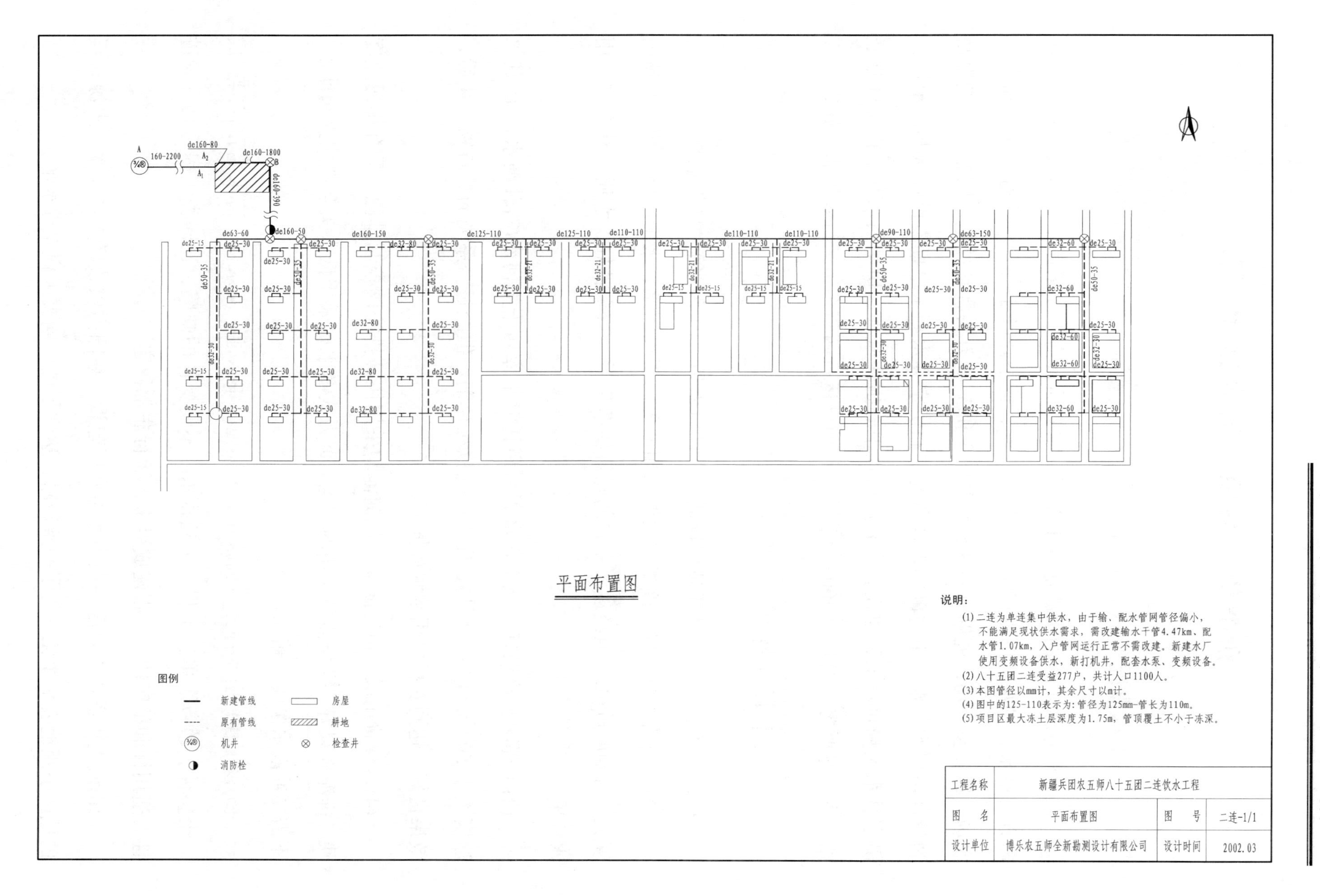
A
160-2200
de160-80
de160-1800
B
de160-390
de160-50
de63-60
de160-150
de125-110
de110-110
de90-110
de63-150
平面布置图
说明：
(1) 二连为单连集中供水，由于输、配水管网管径偏小，不能满足现状供水需求，需改建输水干管4.47km、配水管1.07km，入户管网运行正常不需改建。新建水厂使用变频设备供水，新打机井，配套水泵、变频设备。
(2) 八十五团二连受益277户，共计人口1100人。
(3) 本图管径以mm计，其余尺寸以m计。
(4) 图中的125-110表示为：管径为125mm-管长为110m。
(5) 项目区最大冻土层深度为1.75m，管顶覆土不小于冻深。
图例
新建管线
原有管线
机井
消防栓
房屋
耕地
检查井
工程名称
新疆兵团农五师八十五团二连饮水工程
图 名
平面布置图
图 号
二连-1/1
设计单位
博乐农五师全新勘测设计有限公司
设计时间
2002.03

新疆伊宁县曲鲁海乡饮水工程

一、工程概况

曲鲁海饮水工程的水源地位于新疆伊宁县曲鲁海乡，采用重力高效净水设备处理方式供水，供水范围为伊宁县的曲鲁海乡、莫洛托呼于孜乡、阿吾利亚乡和青年农场，即三乡一场，能够解决 3.5 万名群众和 5.46 万头牲畜的吃水问题。该工程勘测设计由伊犁州水利电力勘察设计研究院和伊宁县水利水电勘察设计队共同承担，伊宁县水电局负责工程建设，水利厅监理中心担任监理，伊犁州水利工程质量监督站负责质量监督。工程于 2005 年建成，目前已运行两年多，运行效果非常好。

二、工程设计特点

(1)工程布局合理，基建费用较低。设计时做到了因地制宜，就地取材。

(2)工程消毒效果好。该工程水源引用曲鲁海干渠河水，水中细菌总数、大肠菌度大于 1 600 mg/L，但经过一系列的建筑物净化后，效果良好，水质达到农村饮用水标准。

(3)工程净水效果好。该工程水源引用托海水库西干渠河水(喀什河水)，因其水浊度大于 500 mg/L(4 ~ 9 月)，推移质颗粒粒径细，但经过一系列的建筑物净化后，效果良好，达到农村饮用水水质标准。

(4)运行费用低。预沉淀池和沉淀池均采用快开排泥阀控制排泥，具有排泥速度快、排泥效果好、操作简单实用的特点。重力式净水机采用低水头互洗式无阀滤池，不需要冲洗水泵或水箱。

(5)该工程把引水部分、沉砂井、沉淀池、集水池、净水机、清水池和管网连成一个整体，改革了单独工程、单独排水、不便操作的缺陷，比同类工程更具有先进性、适用性和推广性。工程建成以来，运行非常稳定。

(6)该工程适合农牧区一般中小型水厂建设，在国内农牧区人畜饮水、水源缺乏的地区引用地表水净化开创了一条新路，达到了国内同类工程先进水平。

三、工程水源与工艺流程

(一)工程水源

曲鲁海乡、莫洛托呼于孜乡、阿吾利亚乡和青年农场所处地理位置比较高，地下水埋藏很深，打机井解决不了群众的生活饮水问题，同时周围又无其他地下水资源，唯一的办法只能利用曲鲁海的地表水，通过净化、消毒处理来解决群众饮水问题。经过实地勘察、测量，研究决定引用曲鲁海河的地表水，在距乡政府以北 4.8 km 的地方，充分利用有利的地形地貌条件，经过重力高效净水设备处理和消毒，使水质达到国家规定的生活饮用水标准，彻底解决这里的农牧民生活用水问题。

(二)工艺流程

底栏栅引水→沉沙井→沉淀池→集水池→净水机→清水池→管网

四、工程主要构筑物布置

该工程从引水闸引水，经过 775 m 的混凝土 U 形渠道建一座分水闸。在分水闸的下面有两个平台，在上平台进水闸下依次布置一座直径 3 m 的沉砂井(沉淀粗颗粒泥沙)，一座 44.6 m×14.6 m 的预沉淀反应池，一座直径 7.8 m、容量 150 m^3 的集水池。在下平台处布置一座 33 m×11.75 m 设备厂房，安装高效净化设备 6 台，修建一座 16.6 m×20.4 m 的清水池，上下平台中间有一陡坡，高差 8.8 m，符合 LJDG 型重力式高效净水设备安装高程要求。净水设备出来的合格水流入清水池，清水池的水注入沿曲鲁海河西岸乡间道路的一条输水主管道，该管道长 3 300 m，与曲鲁海供水管网西主管线和南主管线相接，在桩 2+900 的地方新开一分水口，向东布置一条长 7 500 m 的输水主管线，在其输水主管线 5+100 和 7+500 处，分别修建容量 200 m^3 和 150 m^3 的高位水池。

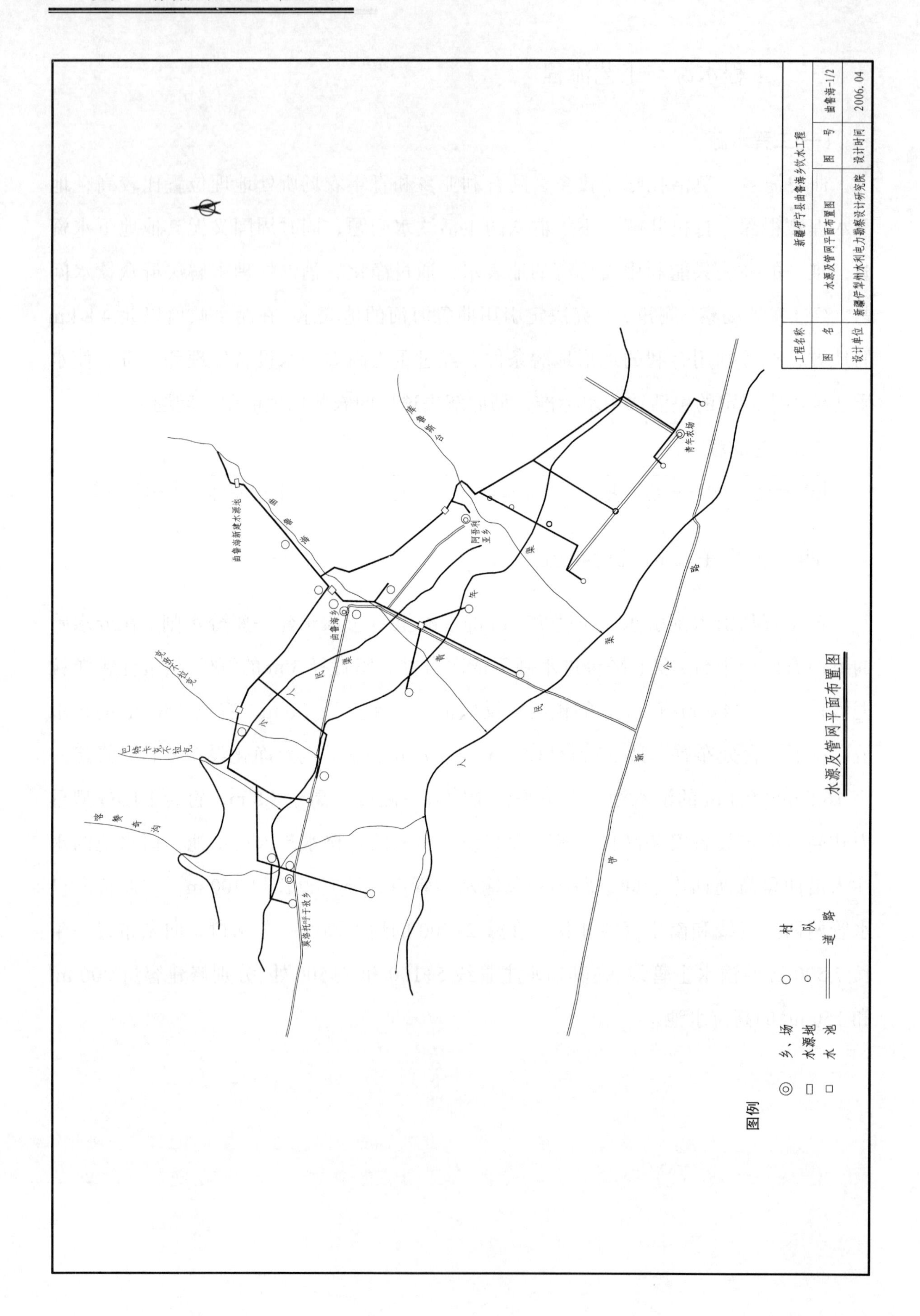

工程名称 新疆伊宁县曲鲁海乡饮水工程
图名 水源及管网平面布置图
图号 曲鲁海-1/2
设计单位 新疆伊犁州水利电力勘察设计研究院
设计时间 2006.04
水源及管网平面布置图
图例
乡、场
水源地
水池
村
队
道路

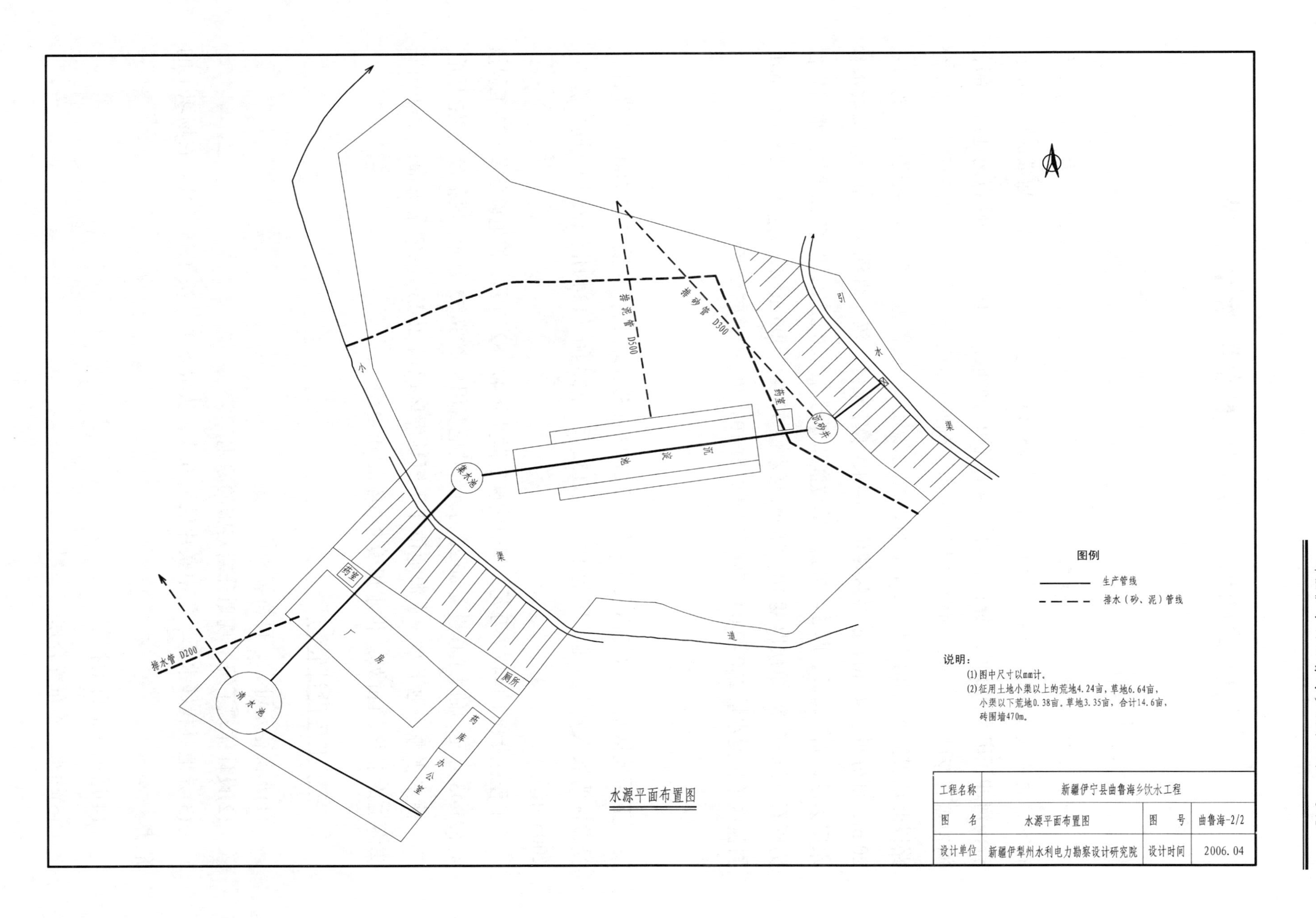
引 水 渠
沉砂井
药室
沉 淀 池
排泥管 D500
排砂管 D300
小
集水池
渠
道
药室
厂 房
厕所
药 库
办 公 室
清水池
排水管 D200
图例
生产管线
排水（砂、泥）管线
说明：
(1)图中尺寸以mm计。
(2)征用土地小渠以上的荒地4.24亩，草地6.64亩，
小渠以下荒地0.38亩，草地3.35亩，合计14.6亩，
砖围墙470m。
水源平面布置图
工程名称
新疆伊宁县曲鲁海乡饮水工程
图 名
水源平面布置图
图 号
曲鲁海-2/2
设计单位
新疆伊犁州水利电力勘察设计研究院
设计时间
2006.04

新疆兵团农八师下野地灌区饮水工程

一、自然条件

新疆兵团农八师下野地饮水工程，位于新疆维吾尔自治区沙湾县境内，水源工程在安集海片区 142 团境内，地理坐标东经 85°30′、北纬 44°26′。安集海灌区所在的巴音沟河冲积扇及冲洪积平原区，为第四纪沉积物组成。灌区乌伊公路以南地层上部普遍覆盖有亚砂土层，自南向北土层厚度由薄到厚。地层下伏巨厚砂卵砾石层。乌伊公路以北地层为冲洪积沉积层，岩性颗粒相对较细，表层覆盖的亚砂土、亚黏土层厚 3 ~ 20 m，部分可达 40 m。凿井区域位于潜水–承压水区，潜水埋深 2 ~ 5 m，上部潜水含水层为砂砾石、粗砂，厚 5 ~ 50 m，单位涌水量小于 100 m^3/d；下部承压水含水层岩性为砾石、砂砾石等，单层厚度 10 ~ 25 m，富水性 900 ~ 2 000 m^3/d，渗透系数 28 ~ 86 m/d，自流区单位涌水量 200 ~ 900 m^3/d，渗透系数 10 ~ 40 m/d，矿化度小于 1 g/L。

二、工程概况

下野地饮水工程(简称人饮一期)于 2003 年竣工验收，人饮二期 2003 年设计，受益区为农八师下野地片区的 122 团、132 团、133 团、134 团、135 团。同年施工，2005 年完工。

工程总投资 1 144.67 万元，其中建筑工程投资 479.82 万元、机电设备及安装工程投资 521.43 万元、临时工程投资 80.22 万元、其他费用投资 36.33 万元、预备费 26.87 万元。

蓄水水源为地下水，水源地位于下野地灌区以南 25 km 的安集海灌区 142 团安集海二库下游 3 km 处。供水规模 9 704 m^3/d。

三、工程设计特点

(1)水源稳定可靠，可持续利用。

(2)设计体现了统一规划分期实施的原则。

(3)异地寻找好水源、集中联片供水方式，从根本上解决了高氟水对农场职工的危害。

(4)遥测遥信自动控制。

(5)输水干管布置合理。

四、工程主要建设项目

下野地人饮工程一期工程由凿井工程、输水管线工程、蓄水池工程、水厂建设工程、10 kV 输电线路工程、机井配套、电气自动化等设备及安装工程组成。其主要工程项目有：机井 4 眼，2 500 m^3高位水池 1 座，输水干管 32.1 km，其中ϕ450 干管 25.1 km、ϕ400 干管 5.0 km、ϕ250 干管 2.0 km，输水干管设计流量 161.31 L/s。

五、水源水质与工艺流程

(一)水源水质

工程水源为地下水，凿井区域位于 142 团安集海二库下游 3 km 处，经勘察及水质化验报告，水质为国家一级水标准，符合生活饮用水要求。

(二)工艺流程

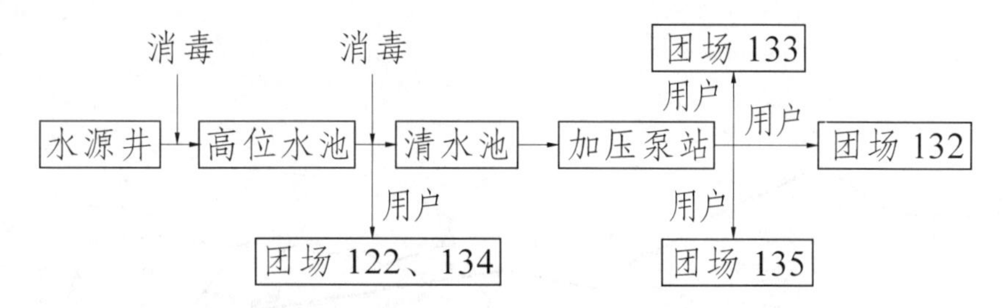

六、工程设计及构筑物

供配水管道：管道采用单管地埋布置，管道顶面必须在冻土层 0.2 m 以下，沟深 2.0 m。管沟底部铺 20 cm 厚粗砂层。全线除去西岸大渠及明渠、建筑物的地段，采用 U-PVC 管材。

输配水管道应设置检修闸门、排(进)气阀和泄水阀，全线共设 13 个闸阀井。

七、工程运行及效益分析

项目实施后年供水 69.795 万 m^3，水价按 1.71 元/ m^3 计，年供水费为 119.35 万元。

经济内部收益率为 9.01%，经济净现值 92.55 万元，经济效益费用比 1.02，通过管理降低运行经营成本，制定合理水价，能够实现供水工程的良性循环。在具有较高经济效益的同时也具有很好的环境效益和社会效益。

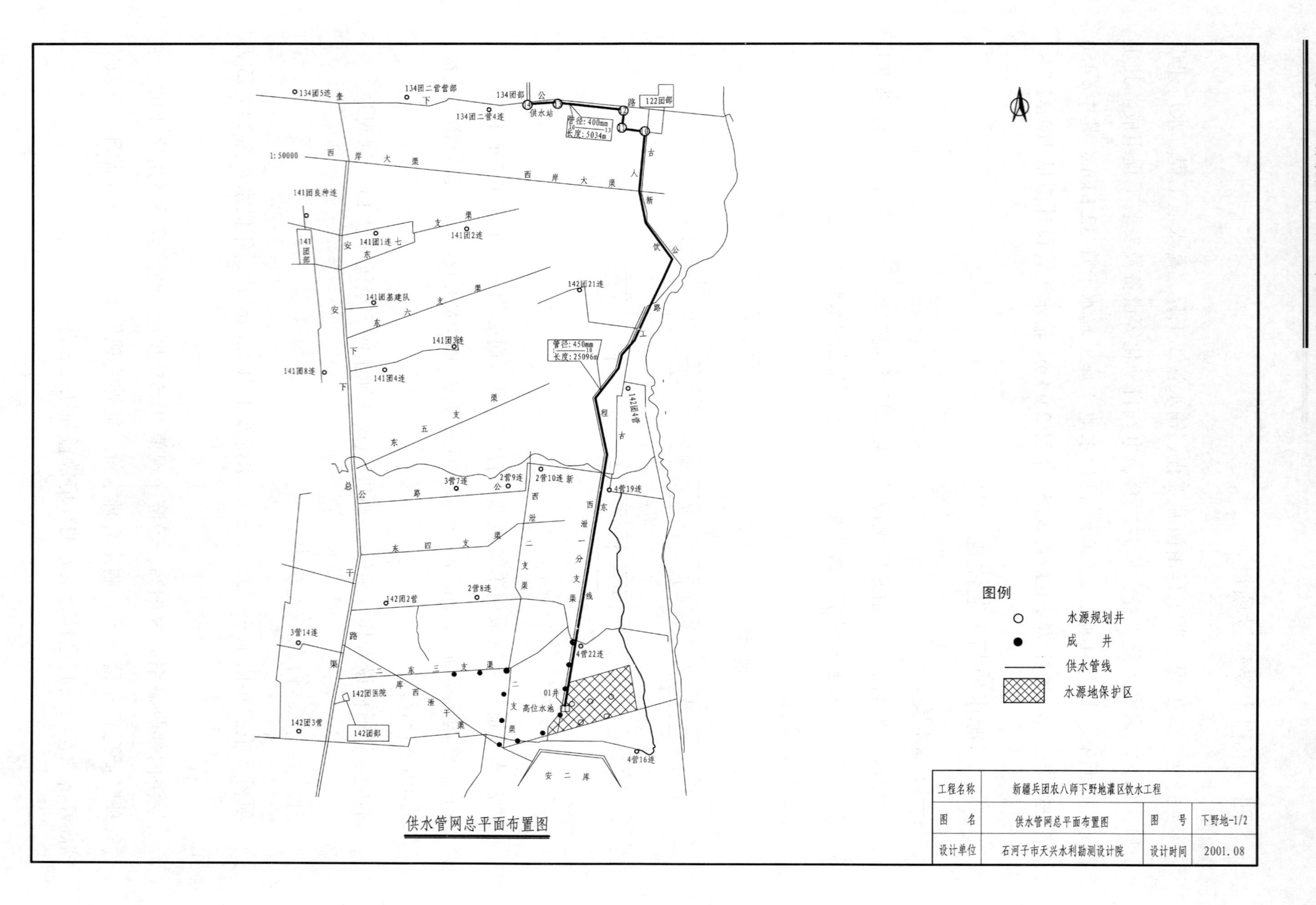

134团5连
134团二管营部
134团部
134团二管4连
供水站
管径:400mm
长度:5034m
122团部
1:50000
西岸大渠
141团良种连
141团部
141团1连
141团2连
141团基建队
142团21连
141团3连
管径:450mm
长度:25096m
141团8连
141团4连
142团4管
3管7连
2管9连
2管10连
4管19连
142团2管
2管8连
3管14连
4管22连
142团医院
01井
高位水池
142团3管
142团部
4管16连
图例
水源规划井
成井
供水管线
水源地保护区
工程名称
新疆兵团农八师下野地灌区饮水工程
图名
供水管网总平面布置图
图号
下野地-1/2
设计单位
石河子市天兴水利勘测设计院
设计时间
2001.08

供水管网总平面布置图

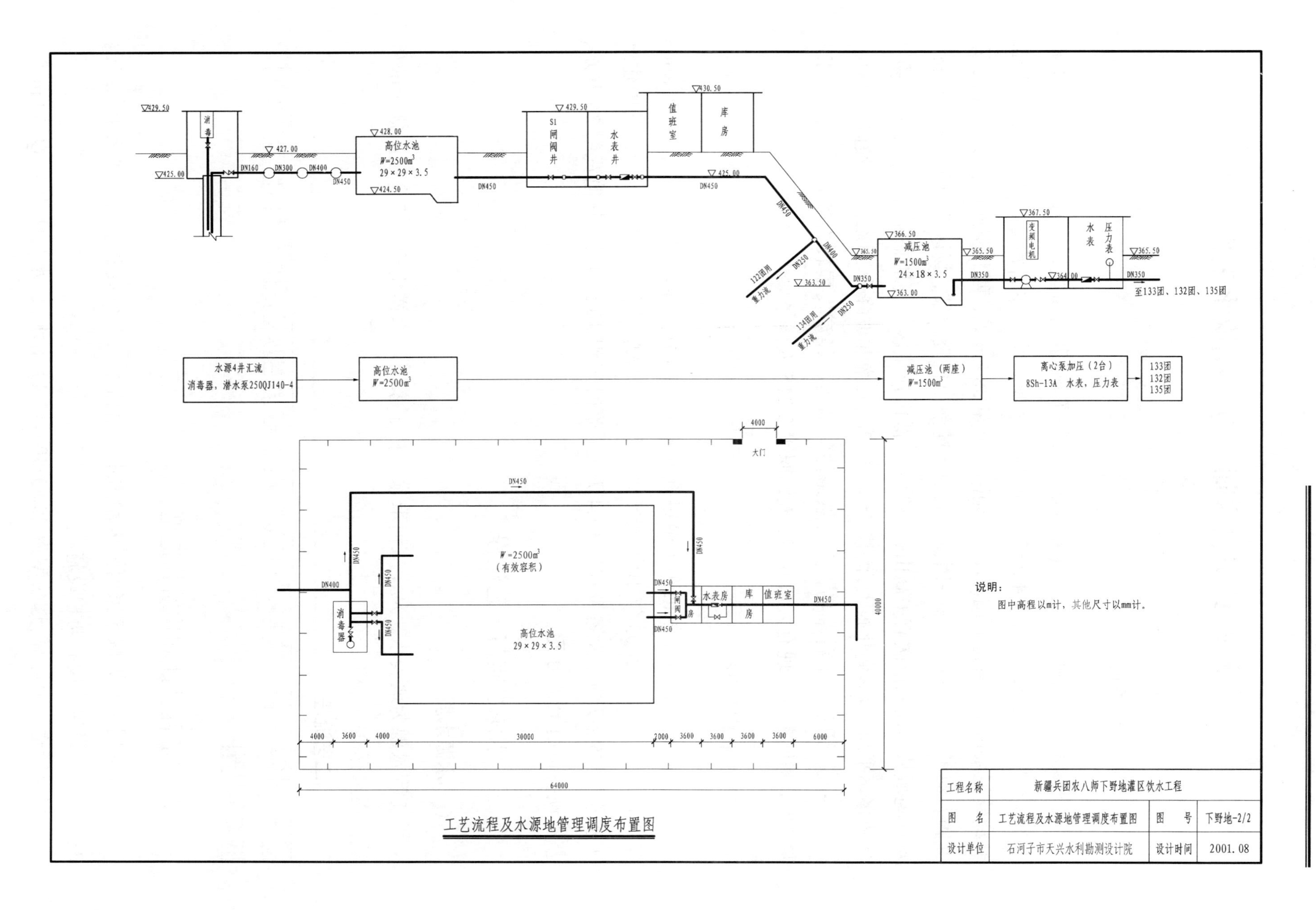

工艺流程及水源地管理调度布置图

新疆兵团农八师一五一团饮水工程

一、自然条件

新疆兵团农八师一五一团(又名紫泥泉种羊场)隶属新疆兵团农八师，地理坐标东经85°18′~85°52′，北纬42°57′~44°04′，在新疆维吾尔自治区沙湾县境内。场部驻地紫泥泉镇位于省道石南(石河子到南山)公路38 km处，西北距沙湾县城54 km，东北距石河子市53 km。一五一团位于天山北麓前山丘陵地带，场区总面积1 341.7 km^2。场区地域从南向北依次有中高山、中低山、低山丘陵区、谷地平原等地貌单元，场区地势极不平坦，地形变化很大，海拔850~5 120 m，南北坡降为25‰，东西坡降为15‰。

一五一团是一个种羊场，受自然条件的制约，经济发展较为落后。一五一团下属17个基层单位，现有人口6 222人，职工2 215人。

二、工程概况

该工程水源选取宁家河东干渠渠首下游1.8 km处河床浅层地下水。工程于2003年9月25日完工，2003年10月投入试运行。工程总投资为198.7万元，其中建筑工程投资75.2万元、设备及安装68.4万元、临时工程10.5万元、其他费用26万元、基本预备费用18.6万元。

三、水源水质与工艺流程

(一)水源水质

工程水源为地表水，从宁家河取水。从宁家河取水样化验，符合国家规定的生活饮用水标准。

(二)工艺流程

水井→泵站→一级减压阀→二级减压阀→三级减压阀→清水池→五级减压阀→团部原管网

四、工程设计和构筑物选型

工程选用竖井提取宁家河河床渗透水和潜流水，井位设置宁家河河床中心线偏左处，井口设置浆砌石防护设施。

根据管道水力计算，选泵型为200QJ50–143/11潜水泵。水泵性能为：Q=50 m^3/h，

H=143 m，N=37 kW。采用 2 台水泵，1 用 1 备。

根据管道水力计算，考虑管道压力结合管线地形确定管道各段的管材及规格，管道主要采用无缝钢管及 PVC 管，输水管道总长 9.8 km，其中扬压输水管道长 1 850 m、重力流输水管道长 7 950 m；考虑管道的承压能力，四处设置减压恒压阀，一处设置减压池，减压池也即调节清水池，容量 200 m^3，水池直径 9.0 m，深 3.5 m，采用圆形水池。

五、工程运行及效益分析

项目区供水水价 1.66 元/ m^3。

六、结论与评价

(1)山区引水，地形地貌复杂，管线翻山越岭、弯曲起伏，技术难度大，施工比较困难。

(2)采用多种管道材料，充分节省工程投资。

(3)扬水与重力流输水结合，扬程高。

(4)管道 5 次减压，其中 4 次减压采用恒压减压阀取代传统的减压池。

(5)采用调节清水池自压向用户全天候供水，运行管理方便。

(6)工程建设难度大，但工程投资省。

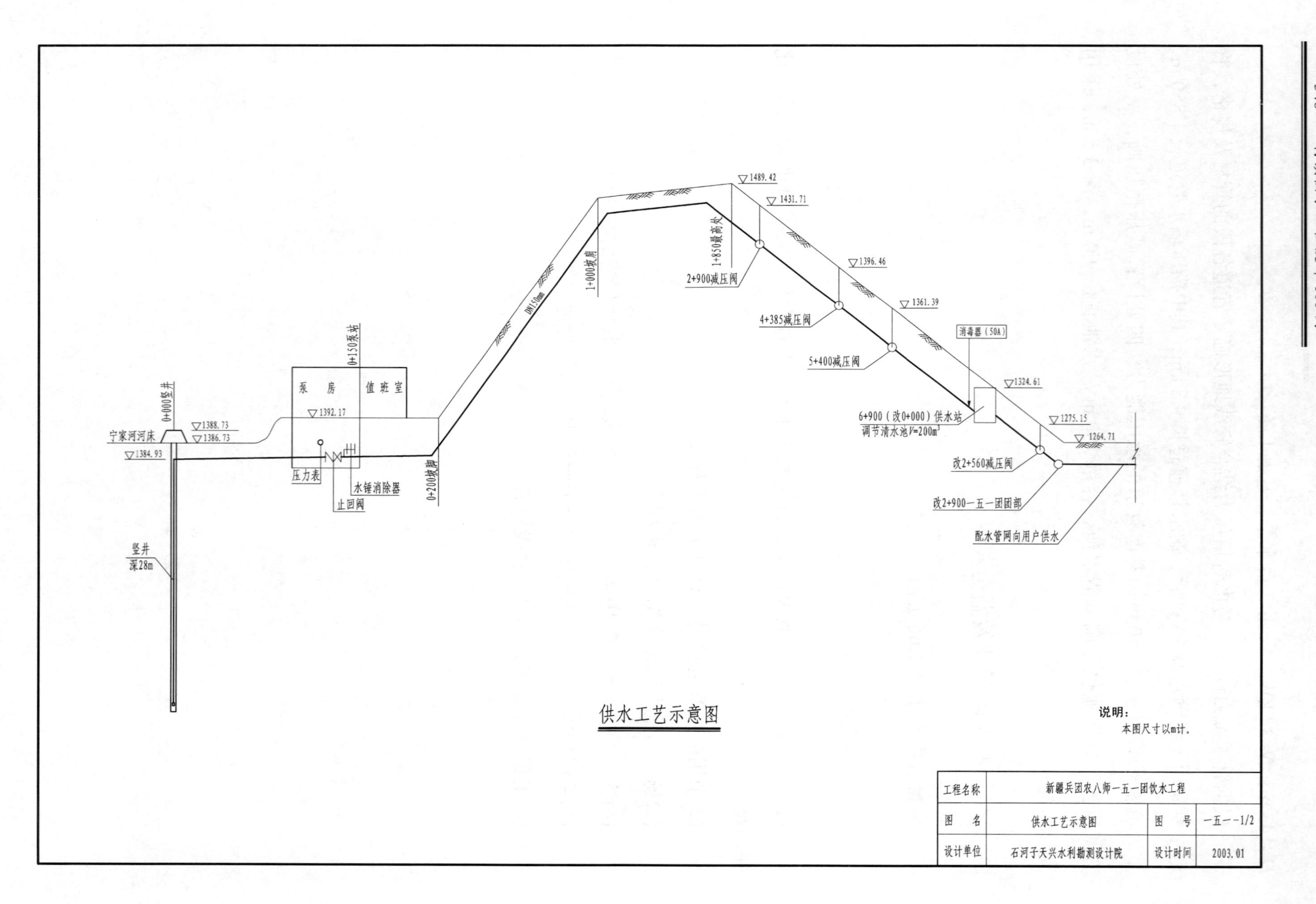

工程名称	新疆兵团农八师一五一团饮水工程		
图　名	供水工艺示意图	图　号	一五一-1/2
设计单位	石河子天兴水利勘测设计院	设计时间	2003.01

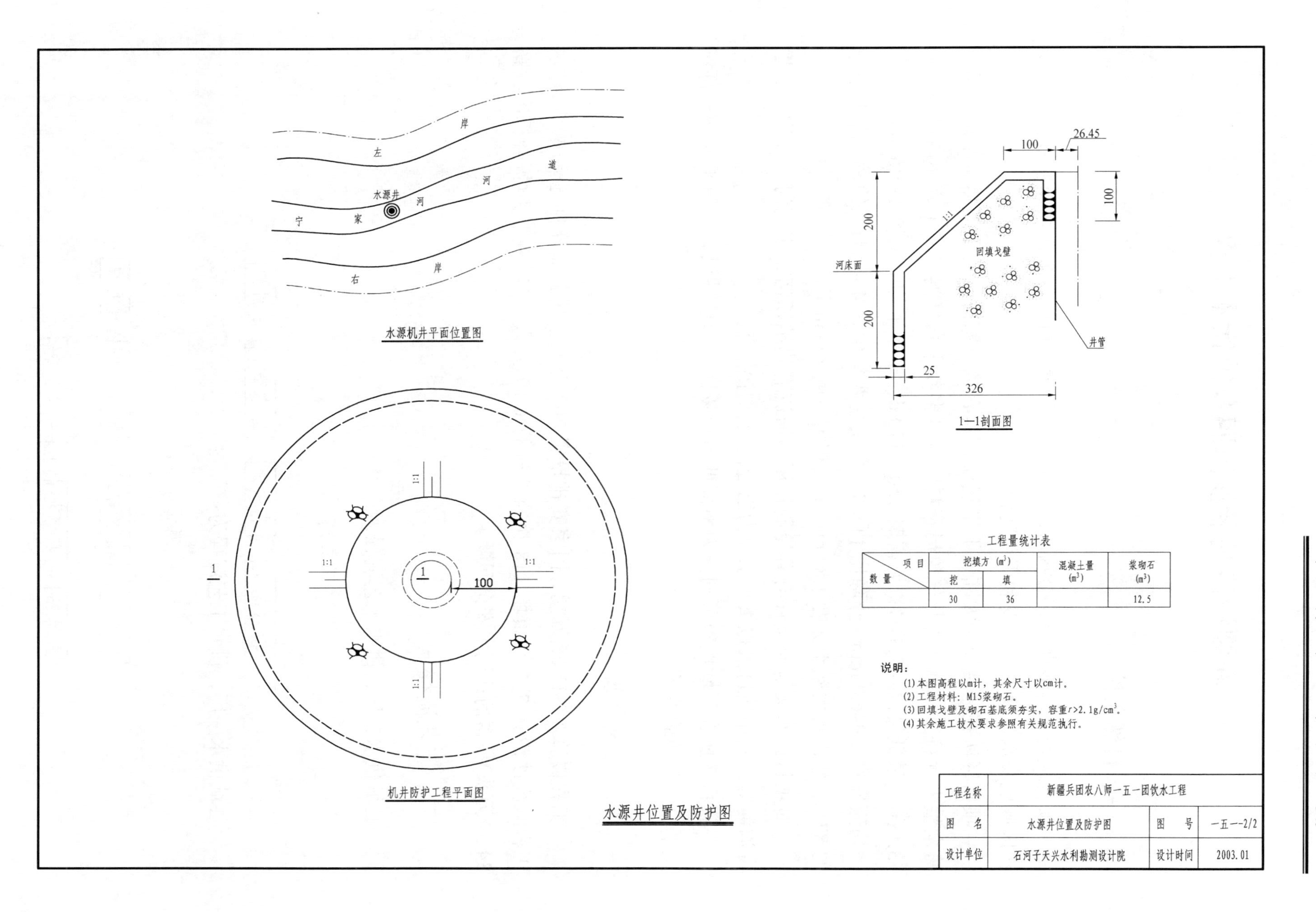

工程量统计表

数量 \ 项目	挖填方 (m^3)		混凝土量 (m^3)	浆砌石 (m^3)
	挖	填		
	30	36		12.5

说明：

(1) 本图高程以m计，其余尺寸以cm计。
(2) 工程材料：M15浆砌石。
(3) 回填戈壁及砌石基底须夯实，容重$r>2.1g/cm^3$。
(4) 其余施工技术要求参照有关规范执行。

工程名称	新疆兵团农八师一五一团饮水工程		
图 名	水源井位置及防护图	图 号	一五一-2/2
设计单位	石河子天兴水利勘测设计院	设计时间	2003.01

新疆沙湾县老沙湾四乡镇饮水工程

一、自然条件

项目区处于玛纳斯河、金沟河冲洪平原中下游。行政区划隶属新疆沙湾县，所在区域地表水、地下水开发利用程度较高。

项目区所在区域属于大陆性干旱气候，具有冬季寒冷，夏季炎热，干燥少雨，蒸发量大等特点。据沙湾县气象局资料：该区多年平均气温 5.6 ℃，年内最高气温 43.1 ℃，最低气温–42.3 ℃；无霜期 150 ~ 170 d；多年平均降水量 185.5 mm，多年平均蒸发量 2 046.0 mm，蒸降比 11∶1，蒸发主要集中在 4 ~ 9 月，约占全年蒸发量的 87%；年内最大冻土深度 1.82 m；最大积雪厚度 35 cm。

对项目区水文地质条件有着控制作用的河流有玛纳斯河、宁家河、金沟河、巴音沟河等，其中项目区拟供水水源为巴音沟河河床潜流。

项目区所在区域地貌可划分为南部低山丘陵区、山前冲洪积砾质平原和北部细土平原三个地貌单元。

二、工程概况

工程概算为 943.68 万元，国家安排投资 702 万元，其余部分自筹解决。该供水工程解决沙湾县 7 个乡镇场 118 个自然村的 6.19 万人、27.09 万头(折合标准牲畜 34.37 万头)牲畜的饮用水安全问题。

三、工艺流程

县城供水二厂，供水工艺流程为：

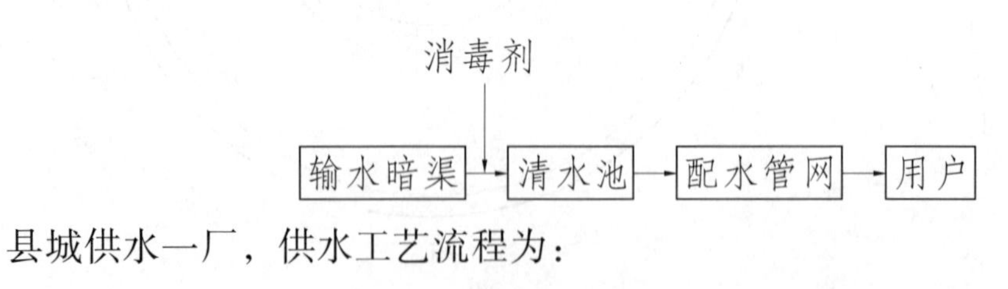

县城供水一厂，供水工艺流程为：

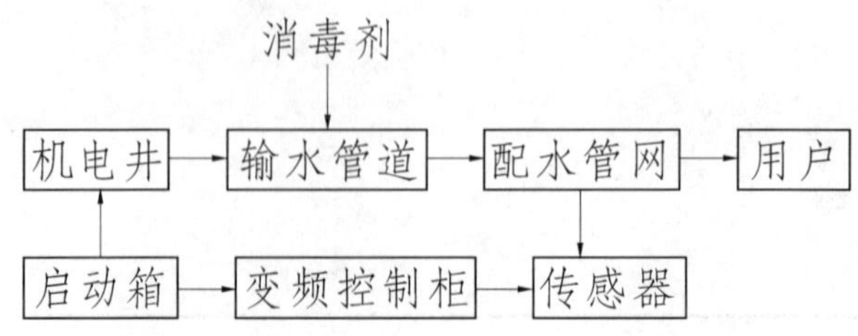

四、工程设计和构筑物选型

该工程新建水厂2座、清水池3座(分别为1 000 m^3、2 000 m^3和3 000 m^3)、检查井204座，安装变频调速器2台，管网318.53 km，日供水1.6万m^3。供水工程配水主干管道首部与县城供二厂处预留口相接。为了保证供水的安全性和可靠性，在柳树沟水库附近的沙湾河水源地修建供水一厂，利用沙湾河水源地现有的4眼井作为备用水源，该水源地井水量最小为240 m^3/h。

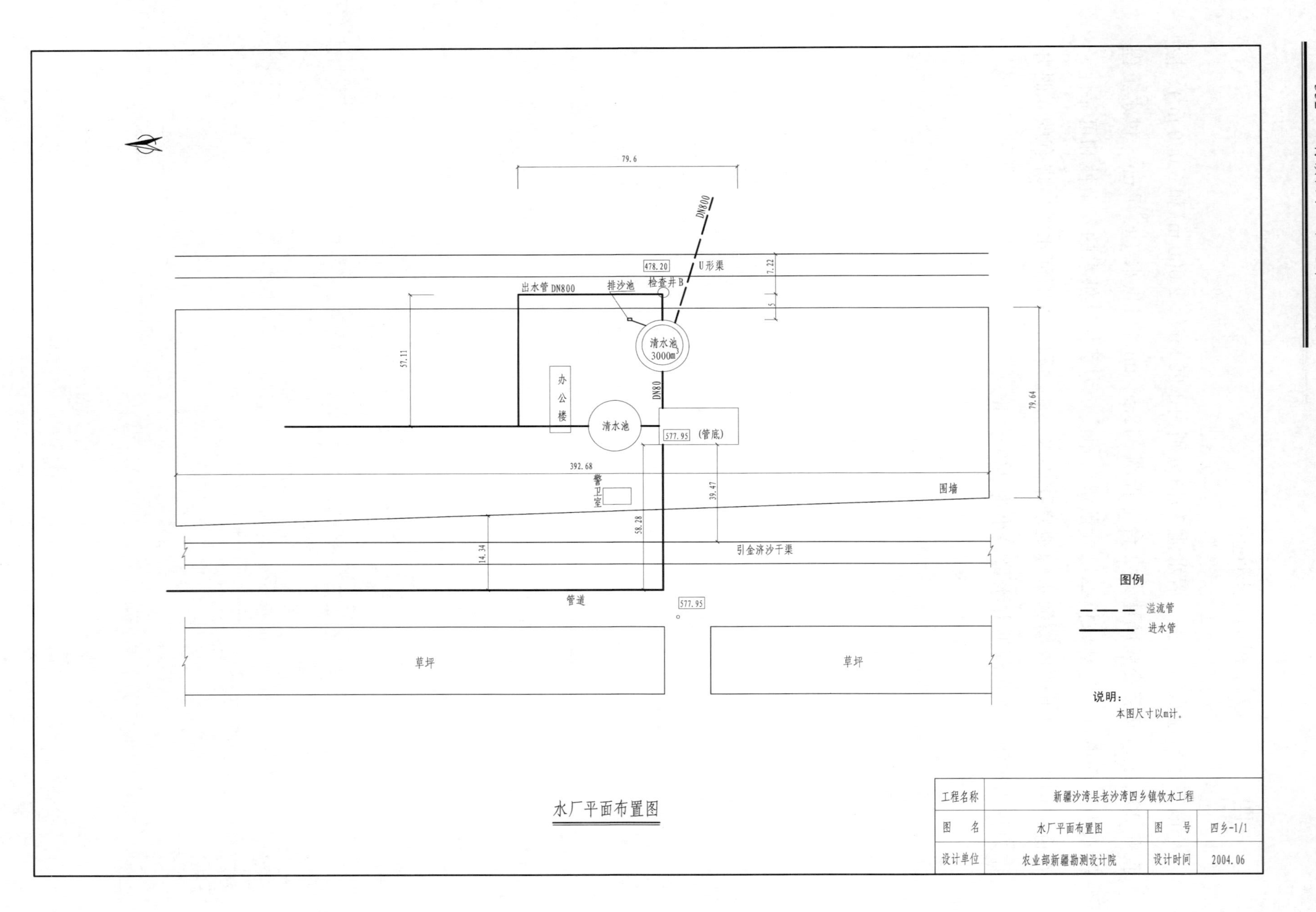

79.6
DN800
478.20
U形渠
7.22
出水管DN800
排沙池
检查井B
5
清水池 3000m3
57.11
办公楼
DN80
清水池
577.95 (管底)
79.64
392.68
警卫室
39.47
围墙
58.28
14.34
引金济沙干渠
管道
577.95
图例
溢流管
进水管
草坪
草坪
说明：
本图尺寸以m计。
水厂平面布置图
工程名称
新疆沙湾县老沙湾四乡镇饮水工程
图名
水厂平面布置图
图号
四乡-1/1
设计单位
农业部新疆勘测设计院
设计时间
2004.06

新疆兵团农一师七、八、十六团饮水工程

一、工程概况

工程项目区位于塔克拉玛干大沙漠北缘，天山南麓，阿克苏河、多浪河、和田河冲积平原三角洲交汇地带，行政区划上属于新疆阿拉尔市。

拟建工程场地地势平坦。该区处于塔里木地台北缘，地质环境相对稳定，无构造活动记录，第四纪松散覆盖层较厚，地层成因类型为塔里木河北岸洪积、湖积。风积细土平原，整个场区地形地貌简单，场区原为水稻地。

七、八、十六团饮水工程涵盖饮水困难人口 33 852 人，工程解决了三个团场 71 个连队的饮水问题。水处理厂根据划定的厂区进行合理布置，从厂区的平面布置图可以看出工程布局的科学性、合理性、实用性。调节池、清水池、过滤间、二级泵房、计量间、加氯间、加药间体现了各自的功能性，造型美观大方，结构简单，经济实用。水厂设计规模 4 200 m^3/d。

工程决算总投资 1 286 万元。

二、工程设计特点

(一)水源、水质条件好

工程取水水源为多浪水库水。该水库为年调节水库，库容 1.2 亿 m^3，死库容 0.38 亿 m^3，一年四季有水，用水保证率高，经化验水质良好，达到国家一级生活饮用水卫生标准。

(二)工艺合理实用

水处理工艺针对水源、水质条件选择水处理措施，科学合理，经济实用，达到安全供水状态，管理维护较简便。

(三)设备先进

水处理设施都是目前国内技术水平较高的设备，过滤设备是扬州澄露水处理设备厂提供的技术先进的过滤器。加氯、加药设备是全自动控制系统，达到安全工作状态。水位远程自动控制系统是目前国内同规模水厂较先进的技术，实现了供水系

统自动控制工作状态。

(四)保温材料

调节池、清水池原设计为当地土覆盖保温，在实施阶段决定改为苯板保温，既节省了工程投资，又美化了厂区环境。

(五)自动化程度高

多浪水厂取水点、过滤、水调度采用变频、恒压供水技术，完全达到自动化监控状态；加药、加氯采用自动定量控制系统，工作状态实现自动控制，水厂正常运行期间，中央控制室设1人看守，对水厂运行状态在显示器上进行观测，并定时做好记录。整个供水系统自动化控制水平较高，对工程运行管理提供了安全可靠的保障。

(六)管网布局合理

管网布局根据团场用水户(连队)的分布，选择最经济的管线，工程覆盖范围体现最大化，发挥工程最大效益。

三、工程水源及工艺流程

(一)工程水源

该工程水源选择多浪水库水。由于多浪水库为河道水，是经过存蓄沉淀的水，水质较好，且水库一年四季有水，供水保证率高。

(二)工艺流程

多浪水库(一级泵站)→输水管道→过滤→消毒→清水池→二级泵站→送水管网→用户

四、工程效益分析

(一)社会效益

该项目实施后，使原来饮用高含氟量、高矿化度且极不卫生的涝坝水、地下水的状况得到基本改变。同时解除了广大群众的后顾之忧，解放了劳动力，使人民群众把更多的精力投入到生产和经济建设中去。人民群众将减少因长期饮用不符合卫生条件的脏水、污染水和高氟水而导致的氟中毒等的危害，健康水平和生活质量得到提高。项目的实施将有力促进和维护地区社会稳定，具有十分重要的社会意义。

(二)经济效益

工程建成后，节省了运水的劳力、畜力、机械和相应的燃料、材料等费用；改善了水质，减少了疾病开销的医疗保健费用。从项目国民经济评价指标看，供水项目的内部收益率、经济净现值、经济效益费用比等指标均满足相应要求，说明该项目在经济上合理可行。

(三)环境效益

工程建设避开了居民区、耕地、林地等对环境有影响的区域，工程实施对环境影响很小，施工现场对环境的破坏，在工程完成后及时恢复，对环境的影响基本可消除，不会产生不利影响。

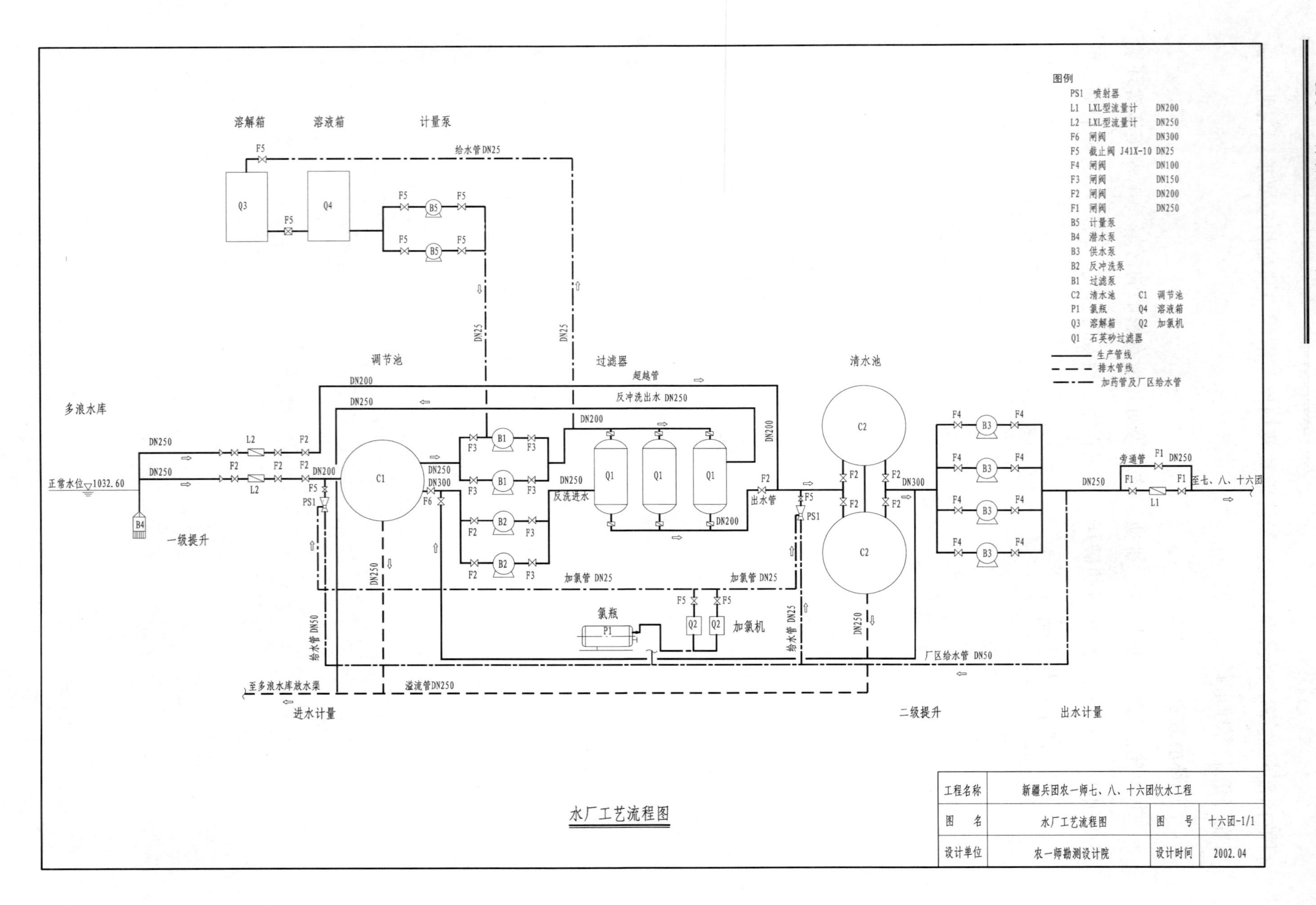
溶解箱
溶液箱
计量泵
给水管DN25
调节池
过滤器
清水池
多浪水库
正常水位1032.60
一级提升
超越管
反冲洗出水 DN250
反洗进水
出水管
加氯管 DN25
氯瓶
加氯机
给水管 DN50
给水管 DN25
厂区给水管 DN50
至多浪水库放水渠
溢流管DN250
进水计量
二级提升
出水计量
旁通管
至七、八、十六团
图例
PS1 喷射器
L1 LXL型流量计 DN200
L2 LXL型流量计 DN250
F6 闸阀 DN300
F5 截止阀 J41X-10 DN25
F4 闸阀 DN100
F3 闸阀 DN150
F2 闸阀 DN200
F1 闸阀 DN250
B5 计量泵
B4 潜水泵
B3 供水泵
B2 反冲洗泵
B1 过滤泵
C2 清水池 C1 调节池
P1 氯瓶 Q4 溶液箱
Q3 溶解箱 Q2 加氯机
Q1 石英砂过滤器
生产管线
排水管线
加药管及厂区给水管
工程名称 新疆兵团农一师七、八、十六团饮水工程
图 名 水厂工艺流程图 图 号 十六团-1/1
设计单位 农一师勘测设计院 设计时间 2002.04

水厂工艺流程图

索　引

集中供水

工程项目名称	设计供水能力	页码
湖北省丹江口市截潜流饮水工程	30 m^3/d	157
河南省林州市姚村镇水河村饮水工程	30 m^3/d	146
河北省遵化市芦子峪村饮水工程	42 m^3/d	15
江西省安义县新民乡丙田村饮水工程	68 m^3/d	99
内蒙古奈曼旗小城子村饮水工程	80.8 m^3/d	37
四川省平武县王朗自然保护区饮水工程	120 m^3/d	257
宁夏盐池县月儿泉饮水工程	125.63 m^3/d	324
河南省汝阳县上店镇庙岭村饮水工程	131 m^3/d	137
新疆兵团农五师八十五团二连饮水工程	133.21 m^3/d	335
吉林省白城市德顺乡德顺昭屯饮水工程	144 m^3/d	56
吉林省双辽市永加乡东洼子屯饮水工程	150 m^3/d	48
吉林省集安市头道镇米架子村饮水工程	150 m^3/d	52
山东省龙口市姚家村饮水工程	163.12 m^3/d	117
河北省青龙县青龙镇前庄村饮水工程	170 m^3/d	19
海南省三亚市梅西村饮水工程	200 m^3/d	215
浙江省余姚市梁弄镇汪巷村饮水工程	200 m^3/d	78
海南省澄迈县金江镇下大潭村饮水工程	235 m^3/d	224
黑龙江省阿城市小岭镇西川村饮水工程	237.15 m^3/d	59
江西省浮梁县经公桥村饮水工程	290 m^3/d	102
湖南省芷江县楠木坪村镇饮水工程	298 m^3/d	185
甘肃省渭源县北寨镇饮水工程	316.47 m^3/d	321
四川省武胜县三溪饮水工程	320 m^3/d	266

工程项目名称	设计供水能力	页码
广西合浦县沙岗镇七星岛饮水工程	322 m^3/d	203
湖南省永顺县列夕乡饮水工程	328 m^3/d	188
内蒙古宁城县大城子乡大梁东村饮水工程	360 m^3/d	33
内蒙古商都县玻璃忽镜乡镇饮水工程	370 m^3/d	41
浙江省余姚市三七市镇石步村饮水工程	400 m^3/d	82
四川省泸县得胜镇宋观饮水工程	400 m^3/d	253
四川省南溪县南溪镇西郊饮水工程	420 m^3/d	263
四川省蓬安县罗家饮水工程	440 m^3/d	260
四川省泸州市江阳区宜定饮水工程	450 m^3/d	250
浙江省玉环县鲜迭社区饮水工程	480 m^3/d	89
甘肃省泾川县王家嘴水厂	510 m^3/d	310
贵州省遵义县三渡镇水洋村饮水工程	520 m^3/d	273
甘肃省皋兰县南庄、北庄村饮水工程	521 m^3/d	298
新疆兵团农八师一五一团饮水工程	584.3 m^3/d	346
浙江省舟山市虾峙镇海水淡化工程	600 m^3/d	86
重庆市北碚区复兴镇大树水厂饮水工程	600 m^3/d	227
四川省邛崃市回澜水厂饮水工程	700 m^3/d	246
四川省巴中市巴州区后溪沟饮水工程	700 m^3/d	269
河北省永清县大良村饮水工程	780 m^3/d	30
河北省易县流井乡饮水工程	800 m^3/d	22
广西防城港市茅岭乡饮水工程	800 m^3/d	207
重庆市巴南区南泉镇刘家湾饮水工程	800 m^3/d	234
贵州省遵义县山盆镇饮水工程	800 m^3/d	277
甘肃省靖远县中堡饮水工程	850 m^3/d	303
山东省即墨市灵山镇驻地饮水工程	1 000 m^3/d	110
河南省项城市郑郭饮水工程	1 000 m^3/d	154
广东省廉江市雅塘镇饮水工程	1 000 m^3/d	191
广西苍梧县新地镇新科村饮水工程	1 000 m^3/d	199

工程项目名称	设计供水能力	页码
宁夏隆德县大水沟饮水工程	1 006 m^3/d	328
山东省临朐县龙岗镇饮水工程	1 096 m^3/d	119
陕西省汉中市汉台区西沟饮水工程	1 300 m^3/d	294
海南省屯昌县南坤镇饮水工程	1 347.3 m^3/d	221
河北省唐山市王辇庄乡饮水工程	1 370 m^3/d	11
宁夏海原县八斗农村饮水工程	1 494.1 m^3/d	332
陕西省眉县槐芽镇饮水工程	1 533 m^3/d	281
福建省和平县五寨乡饮水工程	1 700 m^3/d	96
湖北省枝江市问安镇饮水工程	1 900 m^3/d	168
甘肃省庄浪县洛水北调饮水工程	1 907.74m^3/d	314
陕西省澄城县东庄饮水工程	1 938.93 m^3/d	288
安徽省太湖县徐桥水厂	2 000 m^3/d	93
海南省安定县雷鸣地区饮水工程	2 000 m^3/d	218
江西省宁都县竹坑饮水工程	2 202 m^3/d	106
广西省钦州市钦南区康熙岭饮水工程	2 400 m^3/d	211
陕西省大荔县羌八饮水工程	2 998 m^3/d	285
浙江省淳安县威坪镇水厂	3 000 m^3/d	73
湖北省仙桃市西流河镇水厂	3 083 m^3/d	175
重庆市巴南区安澜饮水工程	3 200 m^3/d	230
河南省济源市邵原镇布袋沟饮水工程	3 500 m^3/d	150
新疆兵团农一师七、八、十六团饮水工程	4 200 m^3/d	353
甘肃省民乐县瓦房城水库饮水工程	4 740 m^3/d	306
北京市怀柔区雁栖镇饮水工程	5 000 m^3/d	7
辽宁省沈阳市新城子区新东水厂饮水工程	5 000 m^3/d	44
江苏省盱眙县王店乡饮水工程	5 000 m^3/d	63
江苏省射阳县海通地区水厂	5 000 m^3/d	66
山东省日照市岚山区巨峰镇饮水工程	5 000 m^3/d	122
河北省丰宁县土城饮水工程	5 110 m^3/d	26

工程项目名称	设计供水能力	页码
新疆伊宁县曲鲁海乡饮水工程	5 240 m^3/d	338
北京市通州区三元水厂	6 700 m^3/d	1
重庆市长寿区狮子滩饮水工程	8 000 m^3/d	238
新疆兵团农八师下野地灌区饮水工程	9 704 m^3/d	342
山东省无棣县三角洼农村饮水工程	10 000 m^3/d	126
河南省平顶山市石龙区饮水工程	10 000 m^3/d	141
湖南省张家界市仙人溪饮水工程	10 000 m^3/d	182
北京市昌平区北七家水厂	15 000 m^3/d	4
山东省莱西市饮水工程	15 000 m^3/d	113
湖北省潜江市田关联村水厂扩网改造工程	15 000 m^3/d	179
新疆沙湾县老沙湾四乡镇饮水工程	16 000 m^3/d	350
湖北省宜昌市鸦鹊岭水厂	18 000 m^3/d	160
河南省巩义市竹林等五镇饮水工程	20 000 m^3/d	133
山东省沾化县饮水工程	24 330 m^3/d	129
四川省成都市岷江水厂文星加压站工程	40 000 m^3/d	243
江苏省泗阳县众兴项目区饮水工程	85 000 m^3/d	70
广东省东莞市东城水厂扩建工程	240 000 m^3/d	195

分散供水

工程项目名称	设计供水能力	页码
湖北省宜都市拼装式水窖	20 m^3/窖	164
湖北省荆门市马河镇三里岗小学饮水工程	21 m^3/窖	171
湖北省利川市柏杨镇水窖	24 m^3/窖	173
甘肃省定西市青岚乡大坪村水窖工程	40 m^3/窖	317
陕西省志丹县任窑子水窖饮水工程	40 m^3/窖	291

感　谢

本书在编写过程中，得到了许多单位和朋友的积极支持和热心帮助，对以下单位和相关设计人员表示衷心的感谢！

北京市水利规划设计研究院	石建杰
北京昌平水利工程勘测设计所	石红梅
北京市水利规划设计研究院	戚兰英
河北省唐山市水利规划设计研究院	裴永杰
河北省唐山市水利规划设计研究院	鲁德海
河北青龙满族自治县水务局	刘印胜
河北易县水务局设计室	王凤才
北京市市政工程设计研究总院研究所　丰宁满族自治县项目办公室	刘学功
中国市政工程东北设计研究院	黄亚非
内蒙古赤峰市水利勘测设计院	刘国军
内蒙古通辽市水利勘测设计院	夏永发
内蒙古水利科学研究院	史宽治
辽宁省城乡建设规划设计院	郭岑昱
吉林省双辽市水利勘测设计处	胡香丽
吉林省通化市水利水电勘测设计研究院	李大强
吉林省白城市水利勘测设计院	庞　文
黑龙江省哈尔滨市水利规划设计研究院	赵万宏
江苏省射阳市水利勘测设计室	顾阳林
国家电力公司华东勘测设计研究院	张春生
浙江省余姚市江河水利建筑设计有限公司	吴　坚
国家海洋局杭州水处理技术开发中心　舟山市普陀水利设计所	谭永文
浙江省玉环净化集团有限公司	盛谨文

安徽省安庆市水利水电规划设计院	程　飏
福建省水利厅水利建设技术中心	林立群
江西省南昌市水利规划设计院	陈湘侠
江西省景德镇市水利规划设计院浮梁工作室	万胜章
江西省宁都县水利水电勘测设计院	谢贻赋
山东省即墨市水利勘测设计院	王　波
山东省青岛莱西市水利勘测设计院	李光福
山东省龙口市水利勘测设计室	柳杨科
山东省潍坊市水利建筑设计研究院	郭荣民
山东省日照市岚山区水利局　山东省日照市水利勘测设计院	王麦吉
山东省无棣县水利勘测设计室	陈连峰
山东省沾化县水利勘测设计室	苏玉杰
河南省城乡规划设计研究院	陈永信
河南省农田水利水土保持技术推广站　汝阳县水利电力勘测设计室	陈维杰
河南省平顶山市水利勘测设计院	赵庆民
河南省林州市水务局	李太生
河南省济源市水利勘测设计有限公司	刘君利
河南省农田水利水土保持技术推广站　项城市水利设计室	李中民
湖北省丹江口市水利水电勘测设计院	徐洪国
湖北省宜昌市鸦鹊岭自来水厂　宜昌市水利水电勘测设计院	张湘勇
湖北省宜都市水利局　宜昌市水利水电勘测设计院	曹光荣
湖北省葛洲坝股份有限公司勘测设计院	盛吴栋
湖北省荆门市东宝区水务局	雷国华
湖北省利川市水务局柏杨水管站	郭纯华
湖北省仙桃市汉江设计有限公司	金　峰
湖北省潜江市水利勘测设计院	章启泉
湖南省湘西自治州水利水电勘测设计院	金树熊
湖南省怀化市水利电力勘测设计研究院	谢顺胜

湖南省永顺县水利水电勘测设计室	向二宝
广东省廉江市水利水电勘测设计室	何汉章
中国市政工程中南设计研究院东莞分院	张建明
广西苍梧县水利电力设计室	姚　宁
广西合浦县水利水电工程设计室	花培松
广西防城港市防城区水利电力局勘测设计队	兰子金
广西钦州市钦南区水电建筑设计室	赵仁勇
海南省三亚市水利水电勘测设计院	余　明
海南省三亚市水利水电勘测设计院	胡　杰
海南省农村供水与环境卫生项目设计室	陈明福
海南蓝怡水处理科技有限公司	吴仕文
重庆市亚太水工业科技有限公司	张钢明
重庆市渝南水利电力建筑勘测设计院	罗正刚
四川省邛崃市水利电力局勘测设计队	罗　军
四川省泸州市水利水电勘测建筑设计院	龙成云
四川省泸县水利电力建筑勘测设计院	罗能均
四川省平武市水利电力勘测设计队	张绍菊
四川省剑阁县水利电力综合勘测设计队	任章玉
四川省蓬安县水利水电勘测设计院	杨仕全
四川省南溪县金马水利开发有限责任公司	王立柱
四川省武胜县水利水电工程勘测设计队	陈运光
四川省巴中市巴州区水利电力勘察设计院	王启学
贵州省遵义市水利水电勘测设计研究院	张　毅
贵州省遵义县水利水电勘测设计队	王淑均
陕西省眉县水利水电勘测设计队	刘剑光
长安大学工程设计研究院	聂建枝
陕西省澄城县水利电力工作队	韦智斌
陕西省志丹县水利工作队	刘进忠

陕西省汉中市汉台区水利工作队	雷保寿
甘肃省兰州市水利勘测设计院	李浩梅
甘肃省白银市水利勘测设计院	符敬乐
甘肃省张筱市甘兰水利水电建筑设计院	周志高
甘肃省平凉市水利水电勘测设计院	宋永峰
甘肃省平凉市水利水电勘测设计院	柳宗仁
甘肃省定西龙腾水利水保工程规划设计院	杜　琳
甘肃省渭源县水务局　定西市水利水电勘测设计院	余爱民
宁夏吴忠市水利工程勘测设计院	彭文霄
宁夏固原市水利勘测设计院	卜金道
新疆博乐农五师全新勘测设计有限公司	秦　玲
新疆伊犁州水利电力勘测设计研究院	米吉提
新疆石河子市天兴水利勘测设计院	王春生
新疆石河子市天兴水利勘测设计院	王廷寿
农业部新疆勘测设计院	郭德发
新疆生产建设兵团农一师勘测设计院	郝志耕
安徽太湖县水利水电勘测设计室	程　扬
中国市政工程西南设计研究院	朱　勇